高 等 院 校 园 林 专 业 系 列 教 材

"十二五"普通高等教育本科国家级规划教材·国家级精品课程

园林规划设计（第4版）

LANDSCAPE PLANNING AND DESIGN（4th Edition）

主编　王　浩　谷　康

编著　汪　辉　严　军　孙新旺　李晓颖　赵　岩
　　　苏同向　王成康　刘　源　陈硕蕾　董　琳

东 南 大 学 出 版 社·南 京

出版前言

　　推进风景园林建设,营造优美的人居环境,实现城市生态环境的优化和可持续发展,是提升城市整体品质,加快我国城市化步伐,全面建成小康社会,建设生态文明社会的重要内容。高等教育园林专业正是应我国社会主义现代化建设的需要而不断发展的,是我国高等教育的重要专业之一。近年来,我国高等院校中园林专业发展迅猛,目前全国有园林专业点近150个,风景园林专业点近200个,但园林专业教材建设明显滞后,适应时代需要的教材很少。

　　南京林业大学园林专业是我国成立最早、师资力量雄厚、影响较大的园林专业之一,是首批国家级特色专业。自创办以来,专业教师积极探索、勇于实践,取得了丰硕的教学研究成果。近年来连续3次荣获国家教学成果奖、4次江苏省教学成果奖,成果覆盖人才培养模式、课程体系、实践教学体系与教材建设等专业建设最核心的环节。囊括"'十二五'专业综合改革试点专业"和"卓越农林人才教育培养计划改革试点"两大国家级教学改革项目。拥有省级以上园林专业精品课程近20门,包括国家一流课程、国家精品在线开放课程、国家精品资源共享课程、国家精品视频公开课、江苏省在线开放课程等,类型和数量均名列前茅。拥有全国最全面的园林专业系列教材,2014年获国家教学成果奖二等奖,2021年获首届国家教材奖"全国教材建设先进集体"称号,教材成果包括国家级规划教材3部、省级重点教材4部,社会影响力全国领先。拥有两个国家级、一个省级园林专业实践教学平台,包括全国第一个"园林国家级实验教学示范中心"和全国第一个"园林国家级虚拟仿真实验教学中心"。拥有全国唯一的"风景园林规划设计"国家级优秀教学团队、"园林植物应用"江苏省高校"青蓝工程"优秀教学团队。

　　为培养合格人才,提高教学质量,我们以南京林业大学为主体组织了山东建筑工业大学、中国矿业大学、安徽农业大学、郑州大学等十余所院校中有丰富教学、实践经验的园林专业教师,编写了这套系列教材,准备陆续出版,不断更新。

　　园林专业的教育目标是培养从事风景园林建设与管理的高级人才,要求毕业生既能熟悉风景园林规划设计,又能进行园林植物培育及园林管理等工作,所以在教学中既要注重理论知识的培养,又要加强对学生实践能力的训练。针对园林专业的特点,本套教材力求图文并茂,理论与实践并重,并在编写教师课件的基础上制作电子或音像出版物辅助教学,增大信息容量,利于教学。

　　全套教材基本部分为15册,并将根据园林专业的发展进行增补,这15册分别为《园林概论》《园林制图》《园林设计初步》《计算机辅助园林设计》《园林史》《园林工程》《园林建筑设计》《园林规划设计》《风景名胜区规划》《城市园林绿地规划原理》《园林工程施工与管理》《园林树木栽培学》《园林植物造景》《观赏植物与应用》《园林建筑设计应试指南》,可供园林专业和其他相近专业的师生以及园林工作者学习参考。

　　编写这套教材是一项探索性工作,教材中定会有不少疏漏和不足之处,还需在教学实践中不断改进、完善。恳请广大读者在使用过程中提出宝贵意见,以便在再版时进一步修改和充实。

高等院校园林专业系列教材编审委员会

二〇二一年十二月

第 4 版前言

近年来,我国不断推进教育数字化,这对转型趋势下的风景园林教学建设提出了更高层次的发展要求。我们不断探索创新教学模式,加强课程体系建设,充实教学内容,提升教材的时效性和前瞻性,为读者提供更加全面的学习资源和更加多元的学习方式。我们对本教材再次修编,主要修编内容如下:

一、章节结构调整。结合园林规划教学及设计实际工作情况,对本教材章节在第 3 版基础上进行了重新编排。依据学习难度调整了章节顺序,将游园、城市广场放在社区公园前,综合公园放在专类公园后一章。修编后,全教材共12 章,仍然分为总论和各论两部分。前 3 章为总论部分,主要介绍了园林规划设计的一般性原理与方法;后 9 章为各论部分,分别对综合公园、专类公园等不同类型绿地的规划设计进行了详细介绍。

二、知识点内容调整。根据最新版的园林规划设计规范以及行业发展对教材部分内容进行调整与修改,如:每章节增加了知识框架思维导图和参考文献,方便读者学习;根据行业实践经验及实际需求,对指标体系、规划设计步骤等进行了更新;依据城市园林绿地分类,在专类公园等章节增加了遗址公园、游乐公园、森林公园、滨水公园、纪念性公园等内容;增加了数字化手段与成果的前沿热点知识介绍;根据章节调整,对各章节引用的规划设计方法及实际案例进行了更新。

三、数字化资源更新。通过组织专家、学生座谈,听取了 10 余位专家学者和 30 多名学生对教材结构、教材内容、学习习惯、专业诉求等多方面建议,建立了数字化资源库,主要包括实际项目案例库、优秀学生作业库以及随书知识点课程视频等。通过联系多家一线规划设计公司收集了 45 个实际案例,组织百余学生参与并筛选 26 份优秀作业,并依据教材内容录制了 58 个课程视频,以期为读者提供优质、系统、全面的学习资源,以便读者更加直观、高效、便捷地学习园林规划设计相关内容。

本教材由南京林业大学王浩教授、谷康教授主编,全书编写的分工如下:

谷康(第 1 章)

汪辉(第 8 章、第 9 章)

严军(第 5 章 5.3 节)

孙新旺(第 7 章 7.6 节,第 10 章)

李晓颖(第 12 章)

赵岩(第 6 章)

苏同向(第 11 章)

王成康(第 5 章 5.1~5.2 节)

刘源(第 4 章)

陈硕蕾(第 2 章,第 3 章,第 7 章 7.4、7.8 节)

董琳(第 7 章 7.2、7.3、7.5、7.7、7.9、7.10 节)

编　者

二〇二三年十月

第 3 版前言

近年来,我国风景园林行业有了较大发展,一些与园林规划设计紧密相关的规范有了较大调整,如《城市绿地分类标准》(CJJ/T 85—2017)、《公园设计规范》(GB 51192—2016)等,因此我们以教材的第 2 版为基础再次修编,主要修编内容如下:

一、章节结构调整。根据最新版《城市绿地分类标准》并结合园林规划设计工作中的实际情况,对教材章节进行了重新编排。修编后,全教材共 12 章,仍然分为总论和各论两部分。前三章为总论部分,主要介绍了园林规划设计的一般性原理与方法;后九章为各论部分,分别对综合公园、社区公园等不同类型绿地的规划设计进行了详细介绍。

二、知识点内容调整。根据最新版的园林规划设计规范以及行业发展对教材部分内容进行调整与修改,如:去掉了城市生产绿地、带状公园等内容;把街旁绿地内容替换为游园;对城市园林绿地分类、城市园林绿地指标等内容根据最新版规范进行了更新;增加了韧性景观等前沿热点知识内容;根据章节调整,增删了一些实际案例介绍及课后习题。

本教材由第 1 版主编南京林业大学王浩教授主审,全书编写分工如下:

谷康(第 1 章,第 2 章 2.1 节,第 3 章 3.1~3.3 节);

汪辉(第 2 章 2.2 节,第 3 章 3.4~3.6 节,第 4 章,第 6 章 6.1~6.3 节,第 9 章,第 10 章 10.5 节);

赵岩(第 5 章);

孙新旺(第 6 章 6.4 节,第 10 章 10.1~10.4 节);

严军(第 7 章,第 8 章);

李晓颖(第 11 章、第 12 章)。

编　者

二〇二一年六月

第 2 版前言

本教材自 2009 年出版以来，经有关院校教学使用，反映较好，并于 2012 年入选国家"十二五"规划教材。根据各院校使用者的建议，我们对本教材进行了修编，以切合风景园林学科近年来较大的发展和变化。在保持初版教材风格的基础上，着重从三方面进行内容调整及补充：

一、章节结构调整。根据实际教学要求并参照城市绿地分类相关标准，对本教材章节进行了重新编排，使内容更加系统化，逻辑性更强。修编后，全教材共 6 章，分为总论和各论两部分。前三章为总论部分，主要介绍了园林绿地规划设计的主要内容与方法；后三章为各论部分，分别对公园绿地、附属绿地、生产绿地、防护绿地等不同类型绿地的规划设计进行了详细介绍。

二、补充部分知识点。根据近年来各行业的发展以及园林规划设计实际工作需要，增加了园林规划设计的专业分工、快速园林设计方法、设计的相关法规与图集、社区公园设计等知识内容。

三、增加实际案例介绍。园林规划设计是一门实践性很强的课程，因此，本次修订中针对不同类型的园林绿地，增加了实际项目案例介绍，同时也配以课后设计练习，以在教学中更加注重理论联系实际，提高学生的设计实践能力。

本教材由原主编南京林业大学王浩教授主审，全书编写的分工如下：汪辉（第 2 章 2.2 节，第 3 章 3.4～3.6 节，第 4 章 4.1、4.3 节，第 5 章 5.1 节）、谷康（第 1 章，第 2 章 2.1 节，第 3 章 3.1～3.3 节）、严军（第 4 章 4.6～4.7 节）、孙新旺（第 4 章 4.4～4.5 节，第 5 章 5.2 节）、李晓颖（第 5 章 5.3 节，第 6 章）、赵岩（第 4 章 4.2 节）。由于时间仓促，加之作者水平有限，在书中定会有一些疏漏之处，恳望大家指正，以期共同进步。

编　者

二〇一五年六月

第 1 版前言

随着我国社会、经济发展的不断深入,综合实力不断增强,"园林"越来越显示出其在城乡建设中的重要性。园林是指在一定的地域内运用工程技术和艺术手段,通过改造地形(或进一步筑山、叠石、理水)、种植树木花草、营造建筑和布置园路等途径创作而成的美的自然环境和游憩境域。它不仅为城市居民提供了文化休憩以及其他活动的场所,也为人们了解社会、认识自然、享受现代科学技术带来了种种方便。同时,园林在美化城市面貌、平衡城市生态环境、调节气候、净化空气等诸多方面均起着积极的作用。

一个好的园林作品需要一个漫长的综合建设过程:规划设计→建造施工→养护管理,其中园林规划设计是整个建设体系中的基础,也是最重要的一环。设计为先,决定成败。所以在园林专业教学中,园林规划设计是最重要的专业必修课程之一,占有极其重要的地位。作为江苏省优秀教学团队,我们在多年的园林规划设计教学和实践中积累了大量经验,我们的专业课被评为园林规划设计国家级精品课程。我们一直期望对这些经验进行梳理和总结,今天终得如愿,期望此书对园林规划设计教学工作有所帮助。

全书分为 6 章。第 1 章主要介绍园林绿地基础。包括园林绿地的发展、功能与作用,城市园林绿地的类型及相关指标,并对园林绿地规划设计的步骤、内容及方法做了阐述。第 2 章介绍公园绿地规划设计。从城市公园的起源与发展谈起,并对各种类型的城市公园进行分类阐述,其中结合了近年来的实践案例,图文并茂、内容丰富。第 3 章主要介绍城市生产与防护绿地规划设计。第 4 章和第 5 章分别介绍居住绿地规划设计和单位附属绿地规划设计。第 6 章介绍道路绿地规划设计。

本书图文并茂,系统性强,并结合实际案例讲述,在作为高等院校园林、风景园林及相关专业教学用书的同时,也可供从事园林规划设计、环境艺术设计、城市规划、旅游规划等相关专业人员学习和参考。

由于时间仓促,加之作者水平有限,在书中可能会出现一些疏漏,望大家不吝指正,以期共同进步。

编　者
二○○九年六月

目　录

总论篇

1 园林绿地概述 ………………………………………………………………………… 1
　1.1 知识框架思维导图 ……………………………………………………………… 1
　1.2 园林绿地的发展 ………………………………………………………………… 2
　　1.2.1 古代园林绿地 ……………………………………………………………… 2
　　1.2.2 近现代园林绿地 …………………………………………………………… 3
　　1.2.3 现代园林绿地发展方向 …………………………………………………… 10
　　1.2.4 小结 ………………………………………………………………………… 19
　1.3 园林绿地的功能和作用 ………………………………………………………… 19
　　1.3.1 园林绿地的生态功能 ……………………………………………………… 19
　　1.3.2 园林绿地的使用功能 ……………………………………………………… 21
　　1.3.3 园林绿地的美化城市功能 ………………………………………………… 21
　1.4 城市绿地的类型和相关指标 …………………………………………………… 22
　　1.4.1 城市绿地分类 ……………………………………………………………… 22
　　1.4.2 城市绿地指标 ……………………………………………………………… 24
　讨论与思考 …………………………………………………………………………… 26
　参考文献 ……………………………………………………………………………… 26

2 园林规划设计的内容与步骤 ……………………………………………………… 29
　2.1 知识框架思维导图 ……………………………………………………………… 29
　2.2 园林规划设计的内容与专业分工 ……………………………………………… 29
　　2.2.1 园林规划设计的内容 ……………………………………………………… 29
　　2.2.2 园林规划设计的专业分工 ………………………………………………… 30
　2.3 园林规划设计的步骤 …………………………………………………………… 30
　　2.3.1 规划设计前期阶段 ………………………………………………………… 30
　　2.3.2 规划设计阶段 ……………………………………………………………… 32
　　2.3.3 后期服务阶段 ……………………………………………………………… 46
　讨论与思考 …………………………………………………………………………… 46
　参考文献 ……………………………………………………………………………… 46

3 园林规划设计方法 ………………………………………………………………… 47
　3.1 知识框架思维导图 ……………………………………………………………… 47
　3.2 园林方案生成 …………………………………………………………………… 47
　　3.2.1 方案立意构思 ……………………………………………………………… 47
　　3.2.2 多方案比较与选择 ………………………………………………………… 51
　3.3 园林要素规划设计 ……………………………………………………………… 52
　　3.3.1 地形 ………………………………………………………………………… 52

　　　3.3.2　水体 ………………………………………………………………… 54
　　　3.3.3　植物 ………………………………………………………………… 58
　　　3.3.4　园林建筑小品 ………………………………………………………… 61
　3.4　园林规划设计基本原理 ………………………………………………………… 67
　　　3.4.1　园林美学与造景 ……………………………………………………… 67
　　　3.4.2　园林空间与视觉 ……………………………………………………… 71
　　　3.4.3　园林人性化设计 ……………………………………………………… 74
　　　3.4.4　园林生态设计与可持续发展 …………………………………………… 75
　3.5　园林快速设计方法 ……………………………………………………………… 76
　　　3.5.1　快速设计的重要意义 …………………………………………………… 76
　　　3.5.2　快速设计的特点 ……………………………………………………… 76
　　　3.5.3　快速设计的方法 ……………………………………………………… 77
　　　3.5.4　应试快速设计 ………………………………………………………… 77
　3.6　园林规划设计相关法规及标准图集 …………………………………………… 77
　　　3.6.1　相关法规 ……………………………………………………………… 77
　　　3.6.2　相关标准图集 ………………………………………………………… 78
　讨论与思考 …………………………………………………………………………… 78
　参考文献 ……………………………………………………………………………… 78

各论篇

4　游园 …………………………………………………………………………………… 81
　4.1　知识框架思维导图 ……………………………………………………………… 81
　4.2　游园概述 ………………………………………………………………………… 82
　　　4.2.1　游园概念 ……………………………………………………………… 82
　　　4.2.2　游园发展概况 ………………………………………………………… 82
　　　4.2.3　游园特征 ……………………………………………………………… 90
　　　4.2.4　游园类型 ……………………………………………………………… 91
　　　4.2.5　游园功能与作用 ……………………………………………………… 96
　4.3　游园设计 ………………………………………………………………………… 98
　　　4.3.1　设计要点 ……………………………………………………………… 98
　　　4.3.2　规划设计方法 ………………………………………………………… 99
　讨论与思考 …………………………………………………………………………… 105
　参考文献 ……………………………………………………………………………… 106

5　城市广场 ……………………………………………………………………………… 107
　5.1　知识框架思维导图 ……………………………………………………………… 107
　5.2　城市广场概述 …………………………………………………………………… 107
　　　5.2.1　城市广场相关概念 …………………………………………………… 107
　　　5.2.2　城市广场类型 ………………………………………………………… 108
　　　5.2.3　城市广场历史沿革 …………………………………………………… 109
　5.3　城市广场规划设计 ……………………………………………………………… 117
　　　5.3.1　城市广场规划设计原则 ……………………………………………… 117
　　　5.3.2　城市广场规划设计要求 ……………………………………………… 117
　　　5.3.3　城市广场空间尺度设计 ……………………………………………… 117
　　　5.3.4　城市广场硬质景观设计 ……………………………………………… 118
　　　5.3.5　城市广场软质景观设计 ……………………………………………… 119
　　　5.3.6　城市广场人文景观设计 ……………………………………………… 121
　讨论与思考 …………………………………………………………………………… 122

　　参考文献 ……………………………………………………………………………… 122

6　社区公园 ……………………………………………………………………………… 123
　6.1　知识框架思维导图 ………………………………………………………………… 123
　6.2　社区公园概述 ……………………………………………………………………… 123
　　6.2.1　社区的概念 …………………………………………………………………… 123
　　6.2.2　社区公园概念 ………………………………………………………………… 124
　　6.2.3　社区公园功能 ………………………………………………………………… 124
　6.3　社区公园规划设计 ………………………………………………………………… 125
　　6.3.1　规划设计要点 ………………………………………………………………… 125
　　6.3.2　规划设计步骤和内容 ………………………………………………………… 126
　讨论与思考 ……………………………………………………………………………… 128
　参考文献 ………………………………………………………………………………… 128

7　专类公园 ……………………………………………………………………………… 129
　7.1　知识框架思维导图 ………………………………………………………………… 129
　7.2　植物园 ……………………………………………………………………………… 131
　　7.2.1　植物园概述 …………………………………………………………………… 131
　　7.2.2　植物园规划设计 ……………………………………………………………… 134
　7.3　动物园 ……………………………………………………………………………… 140
　　7.3.1　动物园概述 …………………………………………………………………… 140
　　7.3.2　动物园规划设计 ……………………………………………………………… 142
　7.4　遗址公园 …………………………………………………………………………… 144
　　7.4.1　遗址公园概述 ………………………………………………………………… 144
　　7.4.2　遗址公园规划设计 …………………………………………………………… 144
　7.5　游乐公园 …………………………………………………………………………… 152
　　7.5.1　游乐公园概述 ………………………………………………………………… 152
　　7.5.2　游乐公园规划设计 …………………………………………………………… 153
　7.6　城市湿地公园 ……………………………………………………………………… 158
　　7.6.1　城市湿地公园概述 …………………………………………………………… 158
　　7.6.2　城市湿地公园规划设计 ……………………………………………………… 161
　7.7　森林公园 …………………………………………………………………………… 164
　　7.7.1　森林公园概述 ………………………………………………………………… 164
　　7.7.2　森林公园规划设计 …………………………………………………………… 166
　7.8　儿童公园 …………………………………………………………………………… 167
　　7.8.1　儿童公园概述 ………………………………………………………………… 167
　　7.8.2　儿童公园规划设计 …………………………………………………………… 168
　7.9　滨水公园 …………………………………………………………………………… 173
　　7.9.1　滨水公园概述 ………………………………………………………………… 173
　　7.9.2　滨水公园规划设计 …………………………………………………………… 175
　7.10　纪念性公园 ……………………………………………………………………… 183
　　7.10.1　纪念性公园概述 …………………………………………………………… 183
　　7.10.2　纪念性公园规划设计 ……………………………………………………… 185
　讨论与思考 ……………………………………………………………………………… 187
　参考文献 ………………………………………………………………………………… 187

8　综合公园 ……………………………………………………………………………… 189
　8.1　知识框架思维导图 ………………………………………………………………… 189
　8.2　综合公园概述 ……………………………………………………………………… 189

8.2.1　综合公园概念 ………………………………………………………………… 189
8.2.2　面积和位置的确定 …………………………………………………………… 190
8.2.3　项目与活动内容 ……………………………………………………………… 190
8.3　综合公园规划设计 ………………………………………………………………… 191
8.3.1　方案构思 ………………………………………………………………………… 191
8.3.2　分区规划 ………………………………………………………………………… 197
8.3.3　交通系统规划设计 ……………………………………………………………… 213
8.3.4　园林要素规划设计 ……………………………………………………………… 219
8.3.5　游人容量 ………………………………………………………………………… 230
8.3.6　用地比例 ………………………………………………………………………… 230
讨论与思考 ……………………………………………………………………………………… 231
参考文献 ………………………………………………………………………………………… 232

9　居住用地附属绿地 ………………………………………………………………………… 233
9.1　知识框架思维导图 ………………………………………………………………… 233
9.2　居住用地附属绿地概述 …………………………………………………………… 234
9.2.1　居住区及其附属绿地概念 ……………………………………………………… 234
9.2.2　居住用地附属绿地规划设计条件分析 ………………………………………… 235
9.2.3　立意构思与功能布局 …………………………………………………………… 237
9.3　居住用地附属绿地规划设计 ……………………………………………………… 249
9.3.1　组团绿地 ………………………………………………………………………… 249
9.3.2　宅旁绿地 ………………………………………………………………………… 251
9.3.3　居住区道路绿地 ………………………………………………………………… 254
9.3.4　配套公建绿地 …………………………………………………………………… 255
讨论与思考 ……………………………………………………………………………………… 257
参考文献 ………………………………………………………………………………………… 257

10　单位附属绿地 …………………………………………………………………………… 259
10.1　知识框架思维导图 ………………………………………………………………… 259
10.2　单位附属绿地概述 ………………………………………………………………… 261
10.2.1　单位附属绿地特征 …………………………………………………………… 261
10.2.2　单位附属绿地设计步骤 ……………………………………………………… 261
10.3　行政办公用地附属绿地 …………………………………………………………… 261
10.3.1　大门入口绿地设计 …………………………………………………………… 261
10.3.2　行政办公楼周边绿地设计 …………………………………………………… 261
10.4　文化设施用地附属绿地 …………………………………………………………… 262
10.4.1　文化设施用地附属绿地构成及功能特征 …………………………………… 262
10.4.2　文化设施用地附属绿地分类设计 …………………………………………… 262
10.5　教育科研用地附属绿地 …………………………………………………………… 262
10.5.1　幼儿园绿地设计 ……………………………………………………………… 262
10.5.2　中小学绿地设计 ……………………………………………………………… 263
10.5.3　高校校园绿地设计 …………………………………………………………… 265
10.5.4　研发机构绿地设计 …………………………………………………………… 267
10.6　体育用地附属绿地 ………………………………………………………………… 268
10.6.1　体育用地组成 ………………………………………………………………… 268
10.6.2　体育用地绿地设计 …………………………………………………………… 268
10.7　医疗卫生用地附属绿地 …………………………………………………………… 268
10.7.1　医疗机构的类型及其规划特点 ……………………………………………… 269
10.7.2　医疗卫生用地附属绿地分区设计 …………………………………………… 269

　　　10.7.3　特殊医疗机构的绿地设计 ……………………………………………… 270
　　10.8　商业服务业设施用地附属绿地 …………………………………………………… 270
　　　10.8.1　酒店宾馆用地附属绿地设计 …………………………………………… 270
　　　10.8.2　零售商业用地附属绿地设计 …………………………………………… 271
　　10.9　工业用地附属绿地 ………………………………………………………………… 272
　　　10.9.1　工业用地组成 …………………………………………………………… 272
　　　10.9.2　工业用地附属绿地的功能 ……………………………………………… 272
　　　10.9.3　工业用地附属绿地的特点 ……………………………………………… 272
　　　10.9.4　工业用地附属绿地设计 ………………………………………………… 272
　　　10.9.5　工业用地附属绿地树种选择 …………………………………………… 275
　　讨论与思考 …………………………………………………………………………………… 276
　　参考文献 ……………………………………………………………………………………… 276

11　道路绿地 ……………………………………………………………………………………… 277
　　11.1　知识框架思维导图 …………………………………………………………………… 277
　　11.2　道路绿地概述 ………………………………………………………………………… 278
　　　11.2.1　道路绿地的功能 ………………………………………………………… 278
　　　11.2.2　道路绿地的类型及构成 ………………………………………………… 278
　　　11.2.3　道路绿地的发展概况 …………………………………………………… 280
　　11.3　道路绿地规划设计内容 ……………………………………………………………… 283
　　　11.3.1　道路绿地规划设计的要点 ……………………………………………… 283
　　　11.3.2　道路绿地规划设计的调研 ……………………………………………… 283
　　　11.3.3　道路绿地规划设计的风格定位 ………………………………………… 284
　　　11.3.4　道路绿地规划设计的布局 ……………………………………………… 284
　　11.4　各类型道路绿地规划设计 …………………………………………………………… 286
　　　11.4.1　对内交通道路绿地 ……………………………………………………… 286
　　　11.4.2　步行街道绿地 …………………………………………………………… 290
　　　11.4.3　对外交通道路绿化 ……………………………………………………… 291
　　　11.4.4　植物配置 ………………………………………………………………… 295
　　讨论与思考 …………………………………………………………………………………… 297
　　参考文献 ……………………………………………………………………………………… 297

12　防护绿地 ……………………………………………………………………………………… 299
　　12.1　知识框架思维导图 …………………………………………………………………… 299
　　12.2　防护绿地概论 ………………………………………………………………………… 299
　　　12.2.1　防护绿地的概念 ………………………………………………………… 299
　　　12.2.2　防护绿地的分类 ………………………………………………………… 299
　　　12.2.3　防护绿地的功能作用 …………………………………………………… 300
　　　12.2.4　防护绿地的布局形式 …………………………………………………… 300
　　　12.2.5　防护绿地的结构类型 …………………………………………………… 300
　　　12.2.6　国内外防护绿地发展概况 ……………………………………………… 301
　　12.3　防护绿地规划设计 …………………………………………………………………… 302
　　　12.3.1　防护绿地规划设计的原则 ……………………………………………… 302
　　　12.3.2　各类防护绿地规划设计 ………………………………………………… 302
　　讨论与思考 …………………………………………………………………………………… 304
　　参考文献 ……………………………………………………………………………………… 304

1 园林绿地概述

【导读】 园林是指在一定地域内,运用工程技术和艺术手段,通过因地制宜地改造地形、整治水系、栽种植物、营造建筑和布置园路等方法创作而成的优美游憩境域。城市绿地中自然植被和人工植被通常为主要空间形态,它包含两个层次的内容:一是城市建设用地范围内用于绿化的土地;二是城市建设用地之外,对城市生态、景观和居民休闲生活具有积极作用、绿化环境较好的区域。园林是城市绿地的一种特殊形式。

城市绿地是城市中的"绿洲",不仅为城乡居民提供了文化休憩及其他活动的场所,也为人们了解社会、认识自然带来了种种便利。此外,城市中的园林绿地对美化城市面貌、平衡城市生态环境、调节气候、净化空气等均有积极的作用。园林绿地既可以体现某个国家或地区的建设水平和艺术水平,同时也是展示当地社会生活和精神风貌的窗口。

1.1 知识框架思维导图

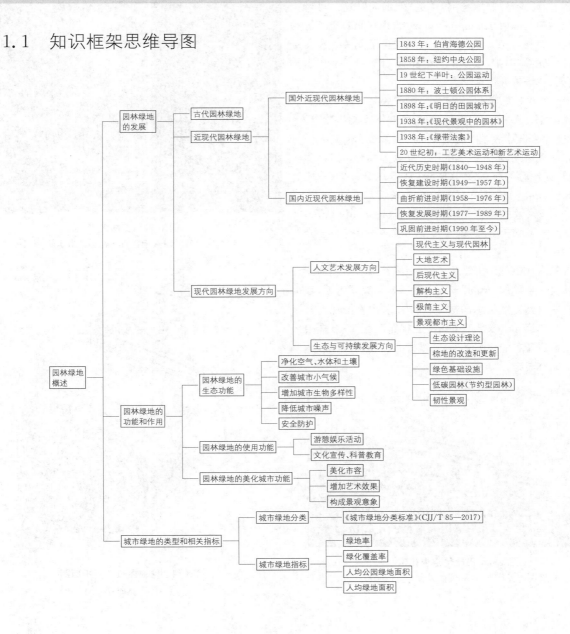

1.2 园林绿地的发展

从诞生城市的农业社会到工业革命前几千年的人类历史中,城市的发展一直是缓慢而平稳的。工业革命后,城市人口激增、城市规模扩张迅猛,资本主义大规模的工业生产破坏了自然界的生态平衡;人类社会与自然环境之间保持着的相对稳定的关系也在工业革命之后被打破。直到近代,人类才重新认识到保护环境、与自然和平共处的重要性。园林绿地也随着城市的发展,从过去长期处于为少数人服务的、封闭的、小规模的状态逐步转向今天为公众服务的、开放的、大规模的状态。

1.2.1 古代园林绿地

在西方,无论是《旧约全书》中的"伊甸园",还是可考的巴比伦空中花园(Hanging Gardens of Babylon,建于公元前 6 世纪)(图 1-1),均与公众的现实生活无关。在古希腊、古罗马的城市中,公众的户外游憩活动常常利用运动场、墓园、广场等城市空间。

中世纪的欧洲城市多呈封闭型。城市基本上通过城墙、护城河及自然地形与郊野隔离,城内布局十分紧凑密实。城市公共游憩场所除了教堂广场、市场、街道,常转向城墙以外。

文艺复兴时期,欧洲各国的不少皇家园林开始定期向公众开放,如伦敦的皇家公园(Royal Park)(图 1-2)、巴黎的蒙梭公园(Parc Monceau)(图 1-3)等等。

1810 年,伦敦的皇家花园摄政公园(Regent's Park)(图 1-4)的一部分被用于房地产开发,其余部分完全向公众开放。

中国的古代园林历史悠久。据《诗经》记载,早在周文王时期就有了早期的"苑囿"建设活动。春秋战国时期,我国已经开始营构自然山水园林,对土山、水体等景观元素有了进一步的运用。秦汉时期的"上林苑"(图 1-5)是中国历史上最负盛名的苑囿之一,其规模雄伟、气势恢宏,堪称古代的园林典范。

图 1-2 伦敦皇家公园

(刘扬,2010)

图 1-3 《蒙梭公园》

(莫奈,1879,现藏于纽约大都会艺术博物馆)

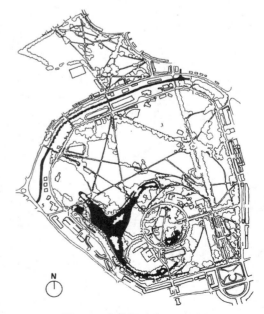

图 1-4 伦敦摄政公园平面图

(朱建宁,赵晶,2019)

图 1-1 巴比伦空中花园

(重庆市园林局,重庆风景园林学会,2007)

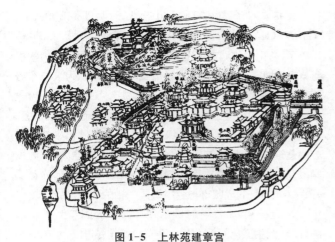

图 1-5 上林苑建章宫
（周维权，2008）

魏晋南北朝时期，佛教的兴盛及老庄哲学的流行，引发崇尚自然的造园热潮，私家园林异军突起，自然山水园林风格逐渐形成。

唐宋时期，中国古代的园林建设达到成熟阶段，不但有帝王修建的皇家苑囿，也有众多达官显贵的私家园林，其中文人雅士所建的园林将诗情画意用于园林经营之中，园林在体现自然美的技巧上取得了很大的成就。

明清时期是中国古典园林发展的最后一个高峰，江南的私家园林与北方的帝王宫苑在设计和建筑上都达到了巅峰。现代保存下来的园林大多属于明清时代，这一时期的园林代表有颐和园、避暑山庄、拙政园等（图 1-6）。

图 1-6 拙政园*

1.2.2 近现代园林绿地

1.2.2.1 国外近现代园林绿地

欧洲兴起的工业革命使城市发生了剧变。随着农村人口迅速向城市集聚，城市人口的激增和城市规模的膨

胀打破了原有城市环境的平衡状态，城市拥挤不堪，环境严重恶化。针对城市出现的问题，从 1833 年起，英国议会颁布了一系列法案，准许用税收建造城市公园和其他城市基础设施。1843 年，英国利物浦市用税收建造了公众可免费使用的伯肯海德公园（Birkenhead Park）（图 1-7），标志着第一座城市公园的诞生。这一时期，豪斯曼对巴黎的改造计划（Haussman's renovation of Paris）也已基本成形，该计划在大刀阔斧改建巴黎城区的同时，也开辟出了供市民使用的绿色空间。

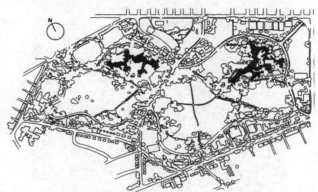

图 1-7 伯肯海德公园平面图
（朱建宁，赵晶，2019）

受英国的影响，在美国设计师唐宁（A. J. Downing）、奥姆斯特德（F. L. Olmsted）的竭力倡导下，纽约中央公园（Central Park of New York）（图 1-8）于 1858 年在曼哈顿岛建成。

19 世纪下半叶，欧洲、北美掀起了第一次城市公园规划与建设的高潮，被称为"公园运动"（Park Movement），这是人们改善城市环境、解决城市问题的首次努力。一系列自然风景式的城市公园与当时大城市的恶劣环境形成鲜明对比，并以其开放的姿态成为普通人生活的一部分。其后，专业实践的范畴逐步扩大到包括城市公园和居住区、校园、地产开发和国家公园的规划设计及其管理的广阔领域。

在"公园运动"时期，各国普遍认同城市公园具有五个方面的价值，即保障公众健康、滋养道德精神、体现浪漫主义（社会思潮）、提高劳动者工作效率、促使城市地价增值。

1880 年，美国设计师奥姆斯特德等人设计的波士顿公园体系，突破了美国城市方格网格局的限制。该公园体系以河流、泥滩、荒草地所限定的自然空间为基础，利用 200～1 500 英尺*宽的带状绿化，将数个公园连成一体，在波士顿中心地区形成了景观优美、环境宜人的公园体系（park system）（图 1-9）。如今，该公园体系的两侧分布着世界著名的学校、研究机构和富有特色的居住区。

---

* 本书中未标注来源的图表为作者自制。

* 1 英尺＝0.304 8 米

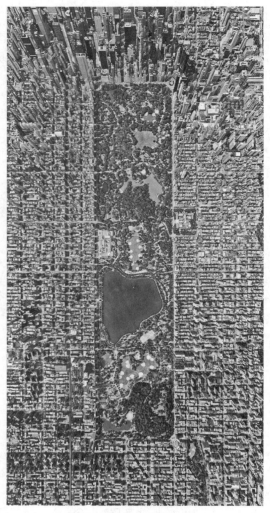

图1-8　纽约中央公园
（常俊丽，娄娟，2012）

1898年霍华德（E. Howard）出版了《明日的田园城市》（*Garden Cities of Tomorrow*）*，1915年格迪斯（P. Geddes）出版了《进化中的城市》（*Cities in Evolution*），两书成为人类重新审视城市与自然关系的新篇章。霍华德认为大城市是远离自然、灾害肆虐的重病号，"田园城市"（Garden City）是解决这一社会问题的方法（图1-10）。城市直径不超过2 km，人们可以步行到达外围绿化带和农田。城市中心是由公共建筑环抱的中央花园，其外围是宽阔的林荫大道（内设学校、教堂等），加上放射状的林间小径，整个城市鲜花盛开、绿树成荫，形成城市与乡村田园相融的环境。

20世纪初，瑞典斯德哥尔摩将城市公园作为一个系统，以功能主义为指导，使公园成为城市结构中为市民生活服务的网络，创造了有着广泛社会基础的、为城市功能结构服务的城市景观系统。1938年，英国人唐纳德（C. Tunnard）出版了被称为现代园林设计第一则声明的《现代景观中的园林》（*The Garden in the Modern Landscape*）一书，其中新理念的第一条就是从现代主义建筑中借鉴而来的功能主义。这些实践和理论对现代园林规划设计产生了巨大的影响，标志着功能理性在现代园林规划设计中的兴起。

以功能主义的理解，城市公园和绿地被看作是城市居民放松身心的功能空间，出于对公园绿地与城市居民身心健康关系的认识，城市绿化面积和人均绿地面积等指标成为衡量城市环境质量的重要指标。在具体的园林设计中，功能同样被认为应该是设计的起点，场地中各种功能的理性安排和分区成为设计考虑的首要目标，城市园林与城市居民的生活紧紧结合在一起。

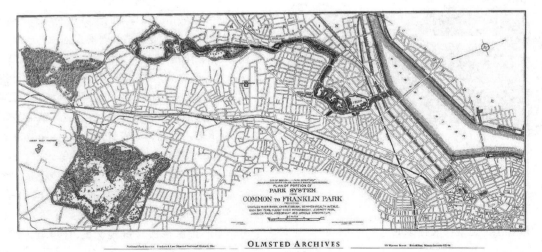

图1-9　波士顿公园体系
（刘扬，2010）

---

*　霍华德1898年出版《明日：一条通向真正改革的和平道路》（*Tomorrow：A Peaceful Path to Real Reform*），1902年第2版更名为"明日的田园城市"。

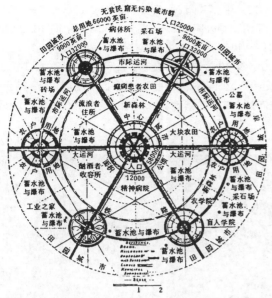

图 1-10 田园城市图示——中心城与田园城的关系示意
(李敏，2008)

图 1-11 上海黄浦公园
(刘洋，李宛泽，高婷，2015)

1938 年，英国议会通过了《绿带法案》(Green Belt Act)。1944 年的大伦敦规划，环绕伦敦形成一道宽达 5 英里*的绿带。1955 年，英国又将该绿带宽度增加到 6～10 英里。英国"绿带政策"的主要目的是控制大城市的无限蔓延、鼓励新城发展、阻止城市连体、改善大城市环境质量。

20 世纪初，西方的工艺美术运动和新艺术运动及其引发的现代主义浪潮创造出具有时代精神的新艺术形式，带动了园林风格的变化，对后来的园林产生了广泛影响，是现代主义之前有益的探索和准备，同时预示着现代主义时代的到来。

受到当时几种不同的现代艺术思想的启示，在设计界形成了新的设计美学观，它提倡线条的简洁、几何形体的变化与色彩的明亮。现代主义对园林的贡献是巨大的，它使得现代园林真正走出了传统的天地，形成了自由的平面与空间布局、简洁明快的风格、丰富多样的设计手法。

同城市规划一样，现代园林规划设计从技术的角度出发，面对社会需求和城市功能要求，采取理性的分析方法和线性的操作程序。在社会逐渐多元化的背景下，面对多样的选择，园林规划设计如何满足大众需求、如何兼顾个人喜好、如何使规划设计成果实现最大限度的社会满足等种种问题，建立在专业设计师、行业专家和管理部门的少数人的理性分析和判断上的现代主义园林规划设计逐渐遭到质疑。这种自上而下的精英主义设计和管理方法，在面对多元价值的评估、取舍和各类人群的需求时难免会产生偏差和不足。而一旦片面地、机械地追求城市绿化各项指标而忘却其背后为人服务的初衷，园林规划设计便失去了目标和方向。现代社会中优秀的设计需要多元的价值判断。西方园林设计方法的发展与变革体现了这一社会观念的变化，1960 年代以来，西方政治生活的公众参与浪潮兴起，1970 年代初开始影响专业实践领域，城市规划和园林规划设计的视点逐渐从宏观转到了微观，从鸟瞰的专家角度转到了市民的角度，由专业性集中的专家权力转到了感性、具体、自下而上的公众参与。现代园林规划设计综合平衡了多种使用者需求，创造了多元化的城市景观，合理而有效的公众参与为规划设计实践提供了广泛的社会基础。

与此同时，现代城市的不断扩张和人类对自然资源的无限制挥霍，使得人居环境受到了严重威胁，生物多样性不断消失，生态环境不断恶化。人类不得不面对的环境问题不仅包括交通堵塞、空气污染、绿地缺乏等城市问题，而且也包括水资源污染、野生环境破坏、土壤流失及沙漠化等区域性问题，这些现象越来越严重地影响了社会经济的发展，甚至逐渐威胁着人类自身的生存和延续。在这种背景下，对生态环境的改善与修复的考虑成为城市规划和园林规划设计中日趋重要的原则。

1.2.2.2 国内近现代园林绿地

20 世纪初叶，中国园林开始了现代化探索。1949 年新中国成立后，中国园林迎来了新的历史发展时期，主要分为以下几个时期：

1）近代历史时期（1840—1948 年）

在 1840 年鸦片战争国门被西方列强炮舰打开，中国饱受侵略和奴役。西方城市建设理论也开始登陆中国大地，

---

* 1 英里＝1.609 344 千米

中国近代园林开启了新阶段。1868 年建成的黄浦公园(图 1-11)是中国大陆最早的一个城市公园,完全为外国人享用。1917 年法国公园建立,1919 年极斯尔公园即中山公园建成。这一时期公园多采取法国规则式和英国风景式两种。这一时期的公园都只是为殖民者开放的公园。

辛亥革命之后,相继出现的公园有广州越秀公园(图 1-12)、中央公园、永汉公园等 9 处;汉口市府公园等 2 处;昆明翠湖公园等 9 处;北京颐和园(图 1-13)、北海公园(图 1-14);南京中山陵公园、玄武湖公园(图 1-15、图 1-16)等 6 处;还有无锡锡金公园(图 1-17)厦门中山公园、长沙天心公园等。蜂拥而起的公园运动,在上海完全是洋腔洋调;在内地其他城市,有的是在原有风景区、原有

图 1-12　广州越秀公园

(刘扬,2010)

图 1-13　北京颐和园

图 1-14　北京北海公园

图 1-15　南京中山陵音乐台

古园林上造的，也有的是在新址上参照欧洲公园特点建造的，其造园思想直接来源于欧洲的造园理论和实践。法国式、英国式园林比比皆是。在理论方面。1935年我国规划师莫朝豪的《园林计划》也写到"都市田园化与乡村城市化"等，其中的思想与1898年英国人霍华德的《明日的田园城市》里的思想相类似，在强调公众性、洋为中用的同时，过分强调了市政、工程等方面的物质因素而使得具有丰富文化内涵和文人气质的中国古典园林风格在新公园里淡若游丝，甚者荡然无存。

2）恢复建设时期（1949—1957年）

1949年至1952年，新中国成立初期，生产力落后、经济水平不高，新中国园林在起步、建设时期的城市公园在规划设计上深受苏联模式的影响。园林建设遵循"普遍绿化"原则，公园建设以开放或改造旧园林为主，在修整旧有公园、开放私园的基础上开展了一大批新的城市公园建设项目。如修复开放广州黄埔公园、南京午朝门公园、上海复兴公园、龙华烈士陵园等，新建北京陶然亭公园（图1-18）、北京紫竹院公园（图1-19）、天津水上公园、广州兰圃、杭州市花港观鱼公园等（图1-20）、长沙烈士公园（图1-21）等。1953—1957年，"苏联绿化模式"被引入与借鉴，"苏联经验"一度成为新中国风景园林规划与设计的标准，影响到行业

图1-18　北京陶然亭公园

（刘洋，李宛泽，高婷，2015）

图1-19　北京紫竹院公园

（刘洋，李宛泽，高婷，2015）

图1-16　南京玄武湖公园

图1-20　杭州花港观鱼公园

图1-17　无锡锡金公园

（刘扬，2010）

图1-21　长沙烈士公园

的定位、实践的领域、以及具体的园林绿地类型的规划设计方法等。"绿化祖国"的社论倡导在全国开展大规模的绿化运动，提出城市绿化工作的方针与任务是在普遍绿化的基础上，再考虑公园的建设，注重住宅街坊的绿化，鼓励群众利用郊区荒山荒地植树造林，并确立了"普遍绿化，重点提高"的绿化方针。这一阶段中国的城市绿化和园林建设是稳步前进全面发展的，无论公园绿地面积、栽植树木数量及苗圃面积都比解放初期成倍地增长，育苗生产和园林管理也都积累了一定经验为今后的工作打下的基础。

3）曲折前进时期（1958—1976年）

1958—1976年是一个园林建设指导思想多变的时期，虽然城市园林绿化部门贯彻过"社会主义内容、民族形式"与"古为今用、洋为中用"等方针，还出现过"大地园林化""绿化结合生产"和"大跃进"等政策，但由于受三年自然灾害以及工作中"左"的指导思想等影响，在这个阶段里，中国的城市绿化和园林建设出现了忽上忽下、左右摇摆的局面，但在曲折中也有所前进。

1956年，毛泽东主席在《同音乐工作者的谈话》一文中进一步提出"古为今用、洋为中用"的方针，并成为"新园林"建设的指导思想。"新园林"建设要求认真研究继承我国优秀的园林艺术遗产，发扬民族优良传统，同时要吸收国外园林艺术成就，努力创造具有民族形式、社会主义内容的园林艺术新风格。1958年，中国共产党八届六中全会明确提出要"实现大地园林化"，以发展生产和普遍绿化为核心思想，之后"大地园林化"派生出了"绿化结

合生产""以园养园"等政策，发动群众植树造林，大搞绿化植树，园林绿化美化取得了很大成绩。"大地园林化"的口号延续至今，当前仍有不少学者在大力提倡，是非常具有中国特色的区域规划思想。该时期建设了上海长风公园、无锡锡惠公园（图1-22）、南京药物园（图1-23）、南京白鹭洲公园等。1966—1976年，受"文化大革命"影响全国各城市的公园建设陷于停顿甚至出现前所未有的倒退局面。

4）恢复发展时期（1977—1989年）

1970年代末的改革开放使我国进入了一个快速发展的时期，人们的思想意识也得以解放。1978年，邓小平在全国科学大会上说："任何一个民族，一个国家，都需要学习别的民族、别的国家的长处，学习人家的先进科学技术。"中国在从"请进来"到"走出去"战略指引下，西方现代园林理论不断被介绍到中国，一批新的风景园林师迅速成长起来，为中国园林的转型带来发展契机和力量，中国园林进入一个快速多元发展的阶段。

1977—1979年，刚经历了十年浩劫的国民经济发展已是步履维艰，园林建设只能对之前损坏的园林绿地进行

图1-22　无锡锡惠公园
（常俊丽，娄娟，2012）

图1-23　南京药物园
（刘洋，李宛泽，高婷，2015）

图 1-24 北京双秀园
（刘洋，李宛泽，高婷，2015）

图 1-25 上海大观园
（刘洋，李宛泽，高婷，2015）

修修补补，在医治"文革"创伤的基础上重新起步，对原有绿地进行扩建，开辟些面积不大的绿地。尽管这段时期新建的园林绿地数量不多，但是在造园艺术上，园林设计人员开始积极探索民族化与现代化相结合的道路。1978年第三次全国城市园林绿化工作会议提出"恢复公园、风景区的本来面目。在恢复的基础上，要搞得更美丽"。这次会议，明确提出了城市园林绿化工作的方针、任务和加速实现城市园林化的要求，规定了城市公共绿地面积，为公园建设的重新起步铺平了道路。会议后各地园林部门陆续整治修复园林绿地如北京月坛公园、桂林七星公园等。1980年后，随着经济的发展，各地城市绿地的建设速度普遍加快，数量和质量都有较大的提高，如新建合肥环城公园、北京双秀园（图1-24）、上海大观园（图1-25）、上海松江方塔园等。

5）巩固前进时期（1990年至今）

1990年代，随着改革开放的深入我国经济高速发展，城市园林建设日新月异，中国持续大量引进和学习西方现代园林设计理念和技术，中国风景园林设计师积极实践，勇于探索，设计出一大批优秀的作品，中国园林呈现出百花齐放、百家争鸣的繁荣景象。

1990年，钱学森院士在给吴良镛院士的信中提出了"山水城市"的构想，并指出"能不能把中国的山水诗词、中国古典园林建筑和中国的山水画融合在一起，创造'山水城市'的概念"。山水城市的设想是城市园林建设与中华优秀传统文化的有机结合。1992年，建设部发起"园林城市"评选，并制定了园林城市评选标准，城市公园建设进入新的发展阶段，出现了一批优秀园林作品，如北京的雕塑公园（图1-26）、洛阳的牡丹园等。2004年，全国绿化委员会和国家林业局发起"国家森林城市"评选活动，提出"让森林走进城市，让城市拥抱森林"理念。我国城市绿化从注重视觉效果向兼顾视觉与生态功能转变，从注重绿化建设用地面积的增加向提高土地空间利用效率转变，从集中

在建成区的内部绿化美化向建立城乡一体的城市森林生态系统转变。2004年，建设部发起"国家生态园林城市"的创建，申报城市必须获得"国家园林城市""中国人居环境奖"等称号，它是一个理性与感性的完美组合，具有"生态城市"的科学因素和"园林城市"的美学感受，赋予人们健康的生活环境和审美意境。2018年初，习近平总书记在视察成都天府新区时第一次正式提出"公园城市"理念。公园城市是新时代城市发展新阶段提出的新理念，吸收了

图 1-26 北京雕塑公园

以往田园城市、韧性城市、新城市主义等理论思想的精华。2017年，习近平总书记在十九大会议上提出了"乡村振兴"这一发展战略，我国由此开启了美丽乡村建设新篇章，风景园林开始进入城乡一体化发展的新时代，为美丽中国建设打下坚实基础。

1.2.3 现代园林绿地发展方向

20世纪20至60年代，西方现代园林设计经历了从产生、发展到壮大的过程，1970年代后园林设计受各种社会的、文化的、艺术的和科学的思想影响，呈现出多样的发展。

1.2.3.1 人文艺术发展方向

1）现代主义与现代园林

现代主义为园林开辟了一条新路，使其真正走出了传统的天地，形成了自由的平面与空间布局、简洁明快的风格、丰富的设计手法。现代设计的一些基本特征，包括构图中强烈、简洁的几何线条，灵活运用各种形式；植物只是一种造园素材，而不像传统庭园作为主要内容，植物以自然形态为美，人工修剪或造型日渐稀少；用流动的线型或形体产生活泼与明快的空间，而不是仅用轴线或视线组织空间，重视经济可行性与空间的多用途性；追求非对称构图和动态平衡；注重具有亲切感和适于使用的室外空间创造；住宅庭园设计中重视室内外空间的渗透与室内生活在室外庭园空间中的延伸；非传统材料的使用和传统材料新的用法。现代园林设计从20世纪早期萌发到当代的成熟，这些设计特征也广为设计师所接纳而成为一种新的设计"语言"。一方面，设计追求良好的服务或使用功能，例如为人们漫步、坐憩、晒太阳、聊天、观望等户外活动提供充足的场地、解决好流线与交通关系、考虑到人们交往与使用中的心理与行为要求；另一方面，不再拘泥于明显的传统园林形式与风格，不再刻意追求繁琐的细部装饰，而是从构图、风格、功能、形式上形成自由、简约的现代园林风格。特别是在形式创造方面，在当代各种主义与思潮纷争的背景之下，现代园林设计呈现了前所未有的自由性与多元化特征。

2）大地艺术

1960年代，一部分富有探索精神的园林设计师不满足于现状，他们在园林设计中进行大胆的艺术尝试与创新，开拓了大地艺术（Land Art）这一新的艺术领域。这些艺术家摒弃传统观念，在旷野、荒漠中用自然材料直接作艺术表现，在形式上用简洁的几何形体，创作出巨大的超人尺度的艺术作品。大地艺术的思想对园林设计有着深远的影响，众多园林设计师借鉴大地艺术的手法，巧妙地将各种材料与自然变化融合在一起，创造出丰富的景观空间，使得园林设计的思想和手段更加丰富（图1-27）。

3）后现代主义

后现代主义是对现代主义的继承与超越。后现代的设计是多元化的设计，历史主义、复古主义、折中主义、文脉主义、隐喻与象征、非联系有序系统层、讽刺、诙谐都成了园林设计师可以接受的思想和手法。1992年建成的巴黎雪铁龙公园（Parc Andre Citrone）有着明显的后现代主义的一些特征（图1-28～图1-30）。

图1-27 沃尔特·德·玛利亚大地艺术作品《闪电原野》
（http://mms1.baidu.com）

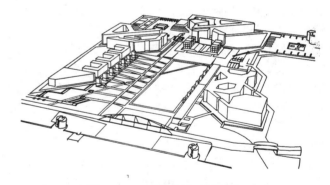

图1-28 巴黎雪铁龙公园鸟瞰图
（王晓俊，2000）

图1-29 巴黎雪铁龙公园喷泉广场和玻璃温室
（王晓俊，2000）

4) 解构主义

解构主义(Deconstructivism)最早是由法国哲学家德里达(J. Derrida)提出的,在1980年代成为西方建筑界的热门话题。"解构主义"可以说是一种设计中的哲学思想,它采用歪曲、错位、变形的手法,反对设计中的统一与和谐,反对形式、功能、结构、经济彼此之间的有机联系,产生一种特殊的不安感。解构主义的风格并没有形成主流,被列为解构主义的景观作品也极少,但它丰富了景观设计的表现力。为纪念法国大革命200周年而建设的九大工程之一的巴黎拉·维莱特公园(Parc de la Villette)(图1-31~图1-36)是解构主义景观设计的典型实例,它是由建筑师伯纳德·屈米(Bernard Tschumi)设计的。

5) 极简主义

极简主义(Minimalism)产生于1960年代,它追求抽象、简化、几何秩序,以极为简洁单一的几何形体或数个单一形体的连续重复构成作品。极简主义对于当代建筑和园林景观设计都产生相当大的影响。不少设计师在园林设计中从形式上追求极度简化,用较少的形状、物体和材料控制大尺度的空间,或是运用单纯的几何形体构成景观要素和单元,形成简洁有序的现代景观。美国景观设计师彼得·沃克(Peter Walker)的作品具有明显的极简主义特征(图1-37~图1-40)。

图1-30　巴黎雪铁龙公园系列花园
(王晓俊,2000)

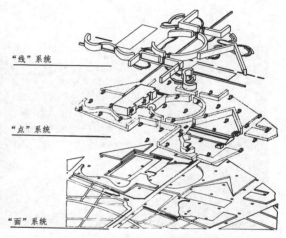

"线"系统

"点"系统

"面"系统

图1-31　拉·维莱特公园点线面系统
(王晓俊,2000)

图1-32　拉·维莱特公园中林荫道
(王晓俊,2000)

图1-33　拉·维莱特公园中红色小构筑物
(王晓俊,2000)

图 1-34　拉·维莱特公园部分鸟瞰图
（王晓俊，2000）

图 1-37　伯奈特公园鸟瞰
（王晓俊，2000）

图 1-35　拉·维莱特公园竹园
（王晓俊，2000）

图 1-38　伯奈特公园西侧小广场和水池雕塑墙
（王晓俊，2000）

图 1-36　拉·维莱特公园空中步道
（王晓俊，2000）

图 1-39　伯奈特公园水池带和喷泉
（王晓俊，2000）

图 1-40 伯奈特公园台阶

（王晓俊,2000）

图 1-41 高线公园铺装

（http://mms0.baidu.com）

图 1-42 高线公园座椅

（http://mms0.baidu.com）

图 1-43 高线公园周边新开发建筑

（COOK D,JENSHEL L,2011）

6）景观都市主义

1970 年代以后,以美国为主的西方国家工业经济普遍衰退,由此西方大城市都进入工业转型时期,整个社会对工业文明带来的严重环境问题进行了反省,人类转向重塑自然生态和人与自然的关系。但长期以来,建筑物决定城市的形态,在这种以城市建筑学思想主导下的城市设计忽视自然生态过程、侵蚀城市公共空间,因而导致城市形态混乱以及城市与自然环境的矛盾加剧。在这样的社会背景下,景观逐渐代替建筑,成为刺激新一轮城市发展的最基本要素,成为重新组织城市发展空间的最重要手段。查尔斯·瓦尔德海姆（Charles Waldheim）总结并发展了这种思想,提出"景观都市主义"（Landscape Urbanism）,他主张将建筑和基础设施看作景观的延续或是地表的隆起,景观不仅仅是绿色的景物或自然空间,更是连续的地表结构,它作为一种城市支撑结构,能够容纳以各种自然过程为主导的生态基础设施和以多种功能为主导的公共基础设施,并为它们提供支持和服务。

景观都市主义的内涵包括了三方面内容,即工业废弃地的修复、自然过程作为设计以及景观作为绿色基础设施。景观都市主义强调尊重场地的自然演变过程,以演变肌理为蓝本,并将其作为设计师构图时的基本形式,融合到场地的生态演变中,对后工业时代遗留下的大量具有潜在发展空间的工业废弃地采用景观优先、植物生态恢复及景观作为空间分割的手段等设计手法,实现场地的更新并刺激和带动周边城市地区的新一轮发展。在城市中心区复兴及新城开发领域,景观都市主义都能提供一种开放式、高适应性的解决策略。由詹姆斯·科纳（James Corner）主持设计的纽约高线公园被认为是近年来景观都市主义理论应用的一个成功案例（图 1-41～图 1-43）。

1.2.3.2 生态与可持续发展方向

1）生态设计理论

1970 年代初,美国宾夕法尼亚大学景观建筑学伊恩·

L.麦克哈格（Ian L. McHarg）提出并倡导将景观作为一个包括地质、地形、水文、土地利用、植物、野生动物和气候等等决定性要素相互联系的整体来看待的观点。他的《设计结合自然》（*Design With Nature*）一书使园林规划设计的视野扩展到了包括城市在内的多个生态系统的镶嵌体的大地综合体。这一设计方法强调园林规划应该遵从自然固有的价值和自然过程,以因子分层分析和地图叠加技术为核心,反对以往城市规划和园林规划中机械的功能分区的做法,强调土地利用规划应遵从自然的固有价值和自然过程,即土地的适应性,麦克哈格称这一生态主义的规划方法为"千层饼模式"。

随着人们对景观生态学的认识进一步加深,今天的生态主义园林规划理论强调水平生态过程与景观格局之间的相互关系,开始研究多个生态系统之间的空间格局及相互之间的生态流,包括物质流动、物种流动、干扰的扩散等,并用一个基本的模式"斑块(patch)—廊道(corridor)—基质(matrix)"来认识和分析景观,且以此为基础,发展了景观生态规划的方法。

生态设计的理论与方法赋予现代园林规划设计某种程度上的科学性质,使园林规划成为可以经历种种客观分析和归纳的、有着清晰界定的学科。对于现代园林规划设计者而言,生态伦理的观念告诉他们,除了人与人的社会联系之外,所有的人都天生地与地球的生态系统紧紧相连着。

2)棕地的改造和更新

棕地(Brown field),其定义有狭义和广义之分,狭义的是由美国环境保护局 1994 年定义的"棕地是因含有或可能含有危害性物质、污染物或致污物而使得扩张、再开发或再利用变得复杂的前工业和商业用地及设施"。这一棕地定义不包括许多具有棕地物理、化学性质的污染地及废弃地,如垃圾填埋场,因而在以后的设计实践过程中,棕地的概念被不断丰富、完善。在英国,棕地被定义为:"曾经利用过的、后闲置的、遗弃的或者未充分利用的土地。"在这样的定义下,棕地既指被污染的工业用地,也指那些城市中缺乏使用的"灰色"地带。这种概念的拓展,使得更多位于城市内部的闲置土地得到复兴发展的机会,从而有利于增强城市活力,实现城市可持续发展。

伴随棕地改造兴起的是 20 世纪生态学理论从浅层生态学向深层生态学的巨变,更多的学者在处理环境问题时从社会伦理道德的角度寻求解决途径,提出生态节制及最小干预的思想,对场地生态发展过程的尊重、对物质能源的循环利用、对场地自我维持和可持续处理技术的倡导,成为棕地改造时主要的生态设计思想。常见的棕地改造过程包含生态修复及艺术改造这两个部分,对于受污染的棕地土壤、水体等自然要素采用植被修复等一系列生态处理技术,利用自然生态过程净化污染环境。立体主义、超现实主义、风格派、构成主义、波普艺术、达达艺术、大地艺术等艺术流派的兴起、繁荣,也为景观设计师提供了场地改造时可资借鉴的艺术思想和形式语言,提高了景观质量和视觉价值。由德国景观设计师彼得·拉茨(Peter Latz)及其合伙人设计的,由炼钢厂改造的北杜伊斯堡景观公园(Landschaftspark Duisburg-Nord)(图 1-44～图 1-46)与詹姆斯·科纳(James Corner)设计的由纽约最大垃圾填

埋场改造的清泉公园(Freshkills Park)(图 1-47)是受关注度较高的棕地改造项目。

图 1-44 植被修复
(刘抚英,邹涛,栗德祥,2007)

图 1-45 由厂墙改造成的攀岩墙
(吴龙,2012)

图 1-46 极简主义风格的金属广场
(吴龙,2012)

图 1-47　清泉公园鸟瞰
（虞莳君，丁绍刚，2006）

废弃地的改造不仅复兴单一场地，更要带动周边区域的发展，最重要的是弥合由于废弃地存在而被分隔的城区间的裂缝，将城市生态环境联系起来，更好地发挥其生态效益。

3）绿色基础设施

绿色基础设施（Green Infrastructure，简称 GI）是相对于公路、下水道、公用设施线路等"灰色基础设施"（Gray Infrastructure），或者学校、医院等"社会基础设施"（Social Infrastructure）而提出的一种概念，其于 1990 年代中期被提出并付诸实践，其核心是由自然环境决定土地使用，突出自然环境的"生命支撑"功能，将社区发展融入自然，建立系统性生态功能网络结构。绿色基础设施以岛屿生态地理理论和景观生态学种群理论为基础，强调连接性，重视开放空间和绿地，并将其作为相互联系的系统的一部分；多功能性也是其一大特点，它试图在自然生态保育和游憩之间达到平衡。绿色基础设施作为一种发展模式，将影响城市空间形态的发展。

GI 在空间上是由网络中心（hubs）、连接廊道（links）和小型场地（sites）组成的天然与人工化绿色空间网络系统。网络中心是指包括保留地、本土风景、生产场地、公园和公共区域、循环土地在内的大片自然区域；连接廊道是指包括绿道、绿带、风景连接在内的线性生态廊道；小型场地是对前两者的补充，是独立于大型自然区域的，为动物迁移或人类休憩而设立的生态节点。GI 组成部分共同维持自然过程的网络，这些组成部分的尺度与形状随着保护资源的类型与尺度的变化而变化。

绿道（greenway）是绿色基础设施中重要的连接廊道，绿道相关理论的产生背景是西方国家在快速工业化、城市化进程中出现了城市无序蔓延、生态环境破坏等诸多问题，当时的学者都在探索一种能够实现经济发展与生态保护双赢的解决措施，于是绿道理论被提出并付诸实践。绿道概念最初可以追溯到风景园林大师弗雷德里克·劳·奥姆斯特德（Frederick Law Olmsted）规划的世界第一个公园系统——波士顿公园体系，其所体现的林荫道、步行道和公园大道等规划理念成为绿道概念的先驱。不同的学者对绿道概念有不同的阐述，杰克·埃亨（Jack Ahern）对绿道概念的阐述是目前大家普遍接受的，即"那些为了多种用途（包括与可持续土地利用相一致的生态、休闲、文化、美学和其他用途）而规划、设计和管理的由线性要素组成的土地网络"，其中体现了绿道的主要特性：连通性、多功能性、可持续性、整体性及线性结构。绿道的相关理论研究与生态学紧密相关，其线性结构的相关景观构成要素在生态学上被定义为"廊道"（corridor），不仅在景观中起到重要的结构作用，并且强烈影响到物质和能量的循环流动，因而绿道所涵盖的内容已不仅仅是那些人工景观，还是包含自然流域、生物栖息地在内的大区域景观生态格局。常见的绿道布局方式是利用沿河流、溪谷、山脊、风景道路等自然和人工道路将区域内主要的公园、自然保护区、历史遗址和居住区连接成一个具有连通性的绿色网络格局，以优化区域经济、社会、生态效益（图 1-48，图 1-49）。

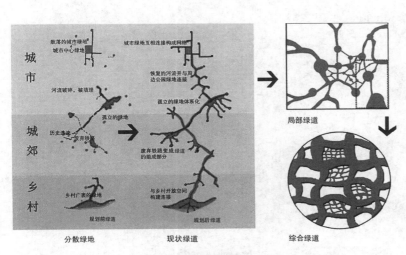

图 1-48　绿道结构构成方式图
（秦小萍，魏民，2013）

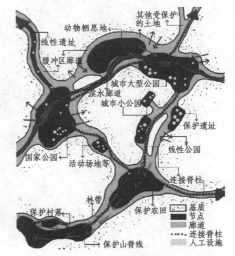

图 1-49　绿道构成图
（秦小萍，魏民，2013）

基于景观生态学相关理论与方法,GI 在景观尺度上的构建不光着眼于景观单元内各自然、社会要素与人类活动及土地利用之间的垂直过程和联系,即麦克哈格提出的基于垂直生态过程的"适宜性"分析,更加重视水平生态过程,比如物种迁徙等的景观格局,并积极应对自然栖息地破碎化的消极影响。借助科学的生态分析方法,GI 规划具有前瞻性和主动性,相较于前面的生态网络和绿道而言,它更加强调规划与土地利用及城市基础设施发展之间的联动,并倾向于以一种较为主动的方式去建设、管理、维护、修复,甚至重建绿色空间网络,从而为城市提供一个生态化、可持续的未来发展框架。

绿道的相关实践在我国起步较晚,但已被众多学者所认同,以陕西省浐灞生态区绿色基础设施(图 1-50)和广州、深圳为代表的城市已经成功地进行绿道实践(图 1-51、图 1-52)。

图 1-50 陕西省浐灞生态区绿色基础设施
(http://mms1. baidu. com)

图 1-52 深圳盐田绿道海滨步行道
(http://mms2. baidu. com)

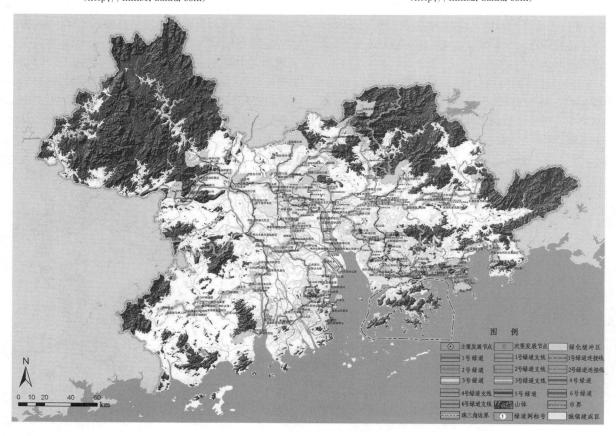

图 1-51 珠三角绿道网布局图
(广州市城市规划勘测设计院,深圳市北林苑景观及建筑规划设计有限公司,2010)

4）低碳园林（节约型园林）

通俗地讲，节约型园林就是要求资源和能源的投入最小化，产生的生态、环境和社会效益最大化，有利于促进人与自然和谐相处的园林绿化建设模式，是一种生态化、可持续的建设模式。建设节约型园林除了狭义理解上的最大限度地节约各种资源、提高资源的利用率、减少能源消耗外，更加提倡生态环境的治理与保护，强调尊重自然规律、顺应自然能力，善于利用水、土、植物等自然要素，以生态工程技术为指导，营造具有自然特性和自然能力的游憩空间。在具体实施方法上，讲求对地方材料的应用以及废弃材料的改造、循环利用，如雨水收集与循环使用（图1-53、图1-54）、返还枝叶（图1-55）等，其次是"利用自然做功"，善于利用大自然本身的净化功能、演替过程，去修复受损的城市生态环境，形成城市的生态防护体系，改善一系列如热岛效应、空气污染等环境问题。低碳园林是指在风景园林规划设计、景观材料与设备生产、施工建造与日常管理以及使用的整个生命周期内，尽量减少化石能源的使用，提高能效、降低二氧化碳排放量，形成以低能耗、低污染为特征的"绿色"风景园林。

低影响开发（Low Impact Development，简称LID）是低碳园林中的一个较为重要的分支，LID是一个跨学科的城市雨洪管理理念，即模拟自然水文循环环境，采用源头控制理念实现雨水控制与利用的一种雨水管理方法。在具体工程设施上主要采用雨水花园、屋顶绿化、植被浅沟、雨水塘、景观水体等调蓄设施，实现对暴雨、洪水等极端天气引起的水灾害的天然管理。LID增强了城市应对雨洪问题时的弹性，如今已从核心的雨水系统扩展到包括径流污水处理、雨洪管理等在内的完整的城市水循环处理体系。德国的波茨坦广场（Potsdamer Plaza）、美国的波特兰雨水花园（Rainwater Garden of Portland），以及我国北京奥林匹克公园都是近年来成功的具有雨洪管理性质的景观设计案例（图1-56～1-58）。

图1-54 结合雨水净化设计的路侧景观
（LUCAS W，2011）

图1-55 落叶作为天然肥料
（付莹，2013）

图1-53 沿道路的雨水排放沟渠
（LUCAS W，2011）

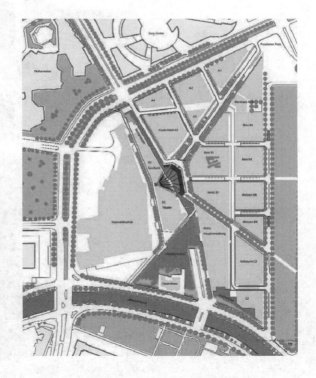

图1-56 波兹坦广场总平面图
（https://oss.gooood.cn）

5）韧性景观

在人类的发展历程中,自然灾害和人为灾难频繁发生。在此背景下,园林景观规划设计需要以一种更加积极的姿态从各种层次上应对未来环境变化的挑战。韧性景观的提出与发展,为解决这一困境提供了新的视角,如深圳小梅沙的生态护岸设计与洪涝调蓄设计(图1-59、图1-60)。

图1-57 波特兰雨水花园
（翟俊,2012）

图1-58 北京奥林匹克公园
（张宇,2015）

图1-59 基于韧性城市理论的深圳小梅沙三种生态护岸
（何刚,杨铭,韦易伶,等,2021）

图1-60 基于韧性城市理论的深圳小梅沙洪涝调蓄设计
（何刚,杨铭,韦易伶,等,2021）

韧性（resilience）一词最初由拉丁语"resilio/resilire"转变而来，意思是"弹回、跳回"。自 1973 年，生态学家霍林（Holling）首次将韧性概念引入到生态学领域以来，经过了数十年的发展，韧性概念已经成为了社会-生态系统概念性框架的核心理论（王群等，2014）。韧性强调社会-生态系统阻止、抵御、吸收、适应外来干扰而保持自身基本结构与功能的能力，为人类不断适应复杂的社会-生态系统提供了一种新的生存方式。景观作为社会-生态系统的一个重要组成部分，是土地与土地上空间和物体及人的感知所构成的综合体，是一个涵盖自然景观、人工景观和人文景观的综合地理单元（郑丽娜，2013）。以韧性视角引导景观发展就是在景观规划设计的过程中，努力提高人类生存环境的韧性，使其能够抵御和缓冲外界干扰，具有自适应力，能够自我修复和再生，并富有可持续性（夏臻等，2015）。

以韧性的思维引导园林景观与环境的建设，使景观设计具有前瞻性，能够更好地应对环境变化与社会发展带来的未知挑战，从而改进我们的社会-生态系统，使其更快地从当下以及未来的冲击与干扰中恢复。韧性景观规划设计理论与实践将为风景园林专业的发展带来无限的契机。

1.2.4 小结

现代园林规划设计以其独具特征的社会性和生态性，在不断地拓展与变化中已经发展成为一个多元价值观的实践行业。现代园林从产生、发展到壮大的过程都与社会、艺术和建筑紧密相连。虽然各种风格和流派层出不穷，但是发展的主流始终没有改变，现代园林设计仍在被丰富。与传统交融，强调园林中人与自然的和谐、社会价值的体现、对愉悦精神的诉求，是园林设计师们追求的共同目标。

1.3 园林绿地的功能和作用

对城市园林绿地功能的认识，是随着科学技术的发展，以及人民物质精神生活水平的提高而逐步深化的。多样的园林绿地在城市中发挥着积极的作用。归纳起来，城市园林绿地功能可分为生态功能、使用功能、美化功能三种。

1.3.1 园林绿地的生态功能

随着工业发展，城市污染日益严重，人们越来越关注赖以生存的生态环境。20 世纪 60 年代末 70 年代初，全球兴起了保护生态环境的热潮。在欧洲，1970 年被定为欧洲环境保护年。联合国在 1971 年 11 月召开了人类与生物圈计划（Man and Biosphere Programme，简称 MAB）国际协调会，并于 1972 年 6 月在斯德哥尔摩召开了第一次联合国人类环境会议，会议通过了《人类环境宣言》（Declaration of the Human Environment）。许多国家都制定了有关的法律，我国在 1979 年也颁布了《中华人民共和国

环境保护法（试行）》。要改善和保护城市环境，先要从根本上杜绝污染源，还要进行有效防治。人们从实践中认识到，园林绿化对于保护环境、防治污染有极其重要的作用，主要表现在以下几方面：

1.3.1.1 净化空气、水体和土壤

1）吸收二氧化碳、放出氧气

人们在呼吸及燃烧的过程中要排出大量的二氧化碳。通常情况下，大气中的二氧化碳含量为 0.03% 左右。城市工厂集中、人口密集，产生的二氧化碳特别多，其含量可达 0.05%～0.07%，局部地区甚至高达 0.20%。当空气中二氧化碳的含量为 0.05% 时，人就会呼吸不适；到 0.2% 时，就会头昏耳鸣、心悸、血压升高；达 10% 时，就会迅速丧失意识、停止呼吸，以至死亡。氧气是人类生存必不可少的物质，大气中氧的含量通常为 21%，当其含量减至 10% 时，人就会恶心呕吐。随着工业的发展，整个大气圈的二氧化碳含量有不断增加的趋势，这种情况已引起许多科学家的忧虑。

植物通过光合作用吸收二氧化碳、放出氧气，又通过呼吸作用吸收氧气和排出二氧化碳；但是，光合作用所吸收的二氧化碳要比呼吸作用排出的二氧化碳多 20 倍，因此总是消耗了空气中的二氧化碳，增加了空气中的氧。由此可见，植物的生长过程与人类的生命活动之间相互协调、保持着动态平衡关系。

2）吸收有害气体

污染空气的有害气体种类很多，最主要的有二氧化硫、氯气、氟化氢、氨以及汞和铅的蒸气等。这些有害气体虽然对园林植物生长不利，但是在一定浓度条件下，有许多种类的植物对它们具有吸收能力从而净化了空气。

在这些有害气体中，以二氧化硫的数量较多，分布较广、危害较大。在燃烧煤、石油的过程中都要排出二氧化硫，工业城市的上空，二氧化硫的含量通常较高。

人们研究了植物吸收二氧化硫的能力，发现空气中的二氧化硫主要是被各种物体表面所吸收，而植物叶片的表面吸收二氧化硫的能力最强。硫是植物必需的元素之一，当植物处于二氧化硫污染的大气中时，其含硫量可为正常含量的 5～10 倍。随着植物叶片的衰老凋落，它所吸收的硫也一同落下，树木长叶、落叶，二氧化硫也就不断地被吸收、释放。

因此，在散发有害气体的污染源附近，选择与其相应的抗性强且具有吸收能力的树种进行绿化，对于防止污染、净化空气是有益的。

3）吸滞烟灰和粉尘

城市空气中含有大量尘埃、油烟、炭粒等。有些微尘颗粒虽小，但其在大气中的总含量却很惊人。在人呼吸时，这些烟灰和粉尘、飘尘进入肺部，有的附着于肺细胞上，容易导致气管炎、支气管炎、尘肺、硅肺等疾病。1952 年英国

伦敦燃煤粉尘危害使四千多人死亡,造成了骇人听闻的"烟雾事件"。空气中灰尘多,对于现代某些行业的生产(如精密仪器)也颇为不利。

植物,特别是树木,对烟灰和粉尘有明显的阻挡、过滤和吸附作用。一方面由于枝冠茂密,具有强大的减低风速、下降大粒尘的作用;另一方面则由于叶子表面不平,有茸毛,有的还分泌黏性的油脂或汁浆,空气中的尘埃经过树林时,便附着于叶面及枝干的下凹部分等。蒙尘的植物经雨水冲洗,又能恢复其吸尘的能力。

树木的滞尘能力是与树冠高低、总的叶片面积、叶片大小、着生角度、表面粗糙程度等条件有关。草地的茎叶不仅和树木一样,具有吸附灰尘的作用,并且还可固定地面的尘土以防止其飞扬。由于绿色植物的叶片面积远远大于它的树冠的占地面积,如森林叶片面积的总和是其占地面积的六七十倍,生长茂盛的草皮也有二三十倍,因此其吸滞烟尘的能力是很强的。

由此可见,在城市工业区与生活区之间营造卫生防护林、扩大绿地面积、种植树木、铺设草坪,是减轻粉尘污染的有效措施。

4)减少空气中的含菌量

城市人口众多,空气中悬浮着大量细菌。绿化植物可以减少空气的细菌数量,这是由于绿地上空灰尘减少,从而减少了黏附其上的细菌;另外,还由于许多植物本身能分泌杀菌素,具有杀菌的能力。

5)净化水体

城市和郊区的水体常受到工厂废水及居民生活污水的污染。绿色植物有一定的净化污水的能力。树木可以吸收水中的溶解质,减少水中的细菌数量。许多水生、沼生植物有明显的净化污水作用。有些国家已把芦苇用于污水处理的最后阶段。

6)净化土壤

植物的地下根系能吸收大量有害物质而具有净化土壤的能力。有植物根系分布的土壤中好气性细菌的数量比没有根系分布的土壤多几百倍至几千倍,能促使土壤中的有机物迅速无机化,既净化了土壤,又增加了肥力。因此,城市绿化不仅能改善地上的环境卫生,还能改善地下的土壤卫生。

1.3.1.2 改善城市小气候

树木、花草叶面的蒸腾作用,能降低气温,调节湿度,吸收太阳辐射热,对改善城市小气候有着积极的作用。城市郊区大面积的森林和宽阔的林带,道路上浓密的行道树和城市其他各种公园绿地,对城市各地段的温度、湿度和通风都有良好的调节效果。

1)调节气温

影响城市小气候最突出的有物体表面温度、气温和太阳辐射温度,而气温对人体的影响是最主要的。绿地的蔽

阴表面温度低于气温,而道路、建筑物及裸土的表面温度则高于气温。夏季时,人在树荫下和在直射阳光下的感觉差异是很大的。这种温度感觉的差异不仅仅是 3~5℃气温差带来的,最主要的是太阳辐射温度决定的,而茂盛的树冠能挡住 50%~90%的太阳辐射热。除了局部绿化所产生的不同气温、表面温度和辐射温度的差别外,大面积的绿地覆盖对气温的调节作用则更加明显。

大片绿地和水面对改善城市气温有明显的作用。绿化是城市郊区温度低于市区的因素之一。因此,在城市地区,特别是在炎热地区,应该大量种树,提高绿化覆盖率,将全部裸土用绿色植物覆盖起来,并尽量考虑建筑的屋顶绿化和墙面的垂直绿化,以调节城市的气温。

2)调节湿度

空气湿度过高,易使人厌倦疲乏,过低则感干燥烦躁。一般认为最舒适的相对湿度为 30%~60%。绿化植物因其叶片表面积大,故能不断地向空气中输送大量水蒸气,从而提高空气湿度。绿地中舒适、凉爽的气候环境与绿化植物调节湿度的作用是密不可分的。

3)通风防风

绿地对降低风速的作用是明显的,其效果随着风速的增大而增强。当气流穿过绿地时,树木的阻截、摩擦和过筛作用将气流分成许多小涡流,消耗了气流的能量。布置在城市上风位置垂直于主导风向的绿地,能很好地减弱冬季的大风。而在夏季,与城市主导风向一致的城市带状绿地,以及由行道树组成的绿色走廊,都能成为通风廊道,使空气的流速加快,从而将城市郊区的新鲜空气引入城市中心,改善城市空气质量。

1.3.1.3 增加城市生物多样性

生物多样性是某一地区或全球所有生态系统、物种和基因的总称。城市绿地系统不仅保护了大量的植物种类及其基因,而且还增加了城市生境的多样性,为野生动物提供了必要的生存条件,保护了生物的多样性。

1.3.1.4 降低城市噪声

汽车、火车、飞机等交通工具以及工厂生产和工程建设等城市活动使城市居民经常受到各种噪声的干扰,身心健康受到严重影响,轻则使人疲劳、降低工作效率,重则会引起心血管或中枢神经系统方面的疾病。植物,特别是林带对降低噪声有一定的作用,树木能减低噪声,是因为声能投射到树叶上会被反射到各个方向,造成树叶微振而使声能消耗减弱。噪声的减弱与林带的宽度、高度、位置、配置方式以及树木种类等有密切关系。

1.3.1.5 安全防护

园林绿地具有防震防火、蓄水保土、防御放射性污染和备战防空的作用。

1）防震防火

绿地的防震防火作用，过去并未被人们认识，直到1923年9月，日本关东发生大地震，同时引起大火灾，城市公园意外地成为避难所，公园绿地才被认为是保护城市居民生命财产的有效公共设施。1976年7月当北京受唐山地震的波及时，即利用总面积400多公顷15处公园绿地，疏散居民20余万人。一般地震情况下，树木不致倒伏，可以利用树木搭棚，创造临时避震的生活环境。我国有许多城市位于地震区内，这些城市的绿地规划，特别是在居住区的绿地规划中更应该考虑到避震、疏散、搭棚的要求。

许多绿化植物，枝叶含有大量水分，一旦发生火灾，可以阻止火势蔓延、隔离火花飞散，如珊瑚树，即使叶片全部烤焦也不发生火焰；银杏在夏天即使叶片全部燃尽仍能萌芽再生；其他如厚皮香、山茶、海桐、槐树、白杨等都是很好的防火树种。因此，在城市规划中应该把城市公园、体育场、游戏场、广场、停车场、水体、街坊绿地等统一规划、合理布局，构成一个避灾的绿地空间系统。

2）防御放射性污染和有利备战防空

绿化植物能过滤、吸收和阻隔放射性物质，减低光辐射的传播和冲击波的杀伤力，阻挡弹片飞散，并对重要建筑、军事设备、保密设施等起隐蔽作用，尤其是密林更为有效。多建设绿地也是防御放射性污染和备战防空必不可少的技术措施。

3）蓄水保土

绿地有致密的地表覆盖层和地下的树根、草根层，因而有良好的固土作用。保持水土对保护自然景观、建设水库以及防止山塌岸毁、水道淤浅、泥石流等有重要意义。园林绿地对水土保持有显著的效果。树叶能防止暴雨直接冲击土壤，草地覆盖地表阻挡了流水冲刷，植物的根系能紧固土壤，所以可以固定沙土石砾，防止水土流失。当自然降雨时，将有15%～40%的水量被树林树冠截留或蒸发，有5%～10%的水量被地表蒸发，地表的径流量不到1%，大多数的水，即占50%～80%的水量被林地上一层厚而松的枯枝落叶所吸收，然后逐步渗入土壤中，变成地下径流。这种水经过土壤、岩层的不断过滤，流向下坡或泉池溪涧。

1.3.2 园林绿地的使用功能

园林绿地的使用功能与社会制度、历史传统、民族习惯、科学文化、经济生活以及地理环境等有密切关系。城市园林绿地是城市居民生活空间的一部分。

1.3.2.1 游憩娱乐活动

人类的日常休闲生活可分为动、静两类，活动内容包括文娱活动、体育活动、儿童活动、安静休息等。环境优美、空气新鲜的城市绿地是人们开展活动、调节心情、进行游憩的良好场所。这些活动对于体力劳动者来说，可消除疲劳、恢复体力；对于脑力劳动者来说，可调剂生活、振奋精神、提高工作效率；对于儿童来说，可培养勇敢、活泼、伶俐的素质，并有益于健康成长；对于老年人来说，则可享受阳光空气、增进生机、延年益寿。园林绿地的规划设计必须充分考虑以上活动的要求，提供相关活动场地、配置活动设施、组织活动内容，为人们提供健康、舒适的游憩休闲环境与场所。

我国幅员辽阔，风景资源丰富；历史悠久，文物古迹众多；城市建设多姿多彩、各具特色，园林艺术负有盛誉；这些都是发展旅游事业的优越条件。随着我国人民物质文化水平的提高，国内旅行游览事业也日益兴旺，人们可通过有效的经营手段和途径，将城市生态环境的改善转换为经济优势，从而带动周边地区商贸、旅游等第三产业的快速发展。

由于风景区常具景色优美、气候宜人的自然条件，可为人们提供休疗养的良好环境。许多国家从区域规划角度安排休疗养基地，充分利用某些特有的自然地理条件，如海滨、高山气候、矿泉等作为较长期的休疗养之用。我国有许多在自然风景区中开发的休疗养基地，从城市规划的角度来看，主要是选取城市郊区的森林、水域附近风景优美的园林绿地作为人们的疗养地，特别是休假活动用地，有时也与体育娱乐活动结合在一起。

1.3.2.2 文化宣传、科普教育

城市园林绿地是进行文化宣传、开展科普教育的场所：书画、摄影、雕塑、工艺品等的展览可提高人们的艺术修养；文物古迹、科技成果等的展出可以丰富人们的历史与科技知识，陶冶情操。另外，与城市园林绿地的经常接触，有利于少年儿童对自然界的认识，弥补课堂教育的不足。

1.3.3 园林绿地的美化城市功能

园林绿地能美化市容，丰富城市景观。园林绿地的景观功能包括美化市容、增加艺术效果、构成城市景观意象组成三个方面。

1.3.3.1 美化市容

城市中的道路、广场绿化对于市容影响很大。园林绿地能够美化市容，绿地修饰了裸露的地面，遮挡有碍观瞻的景象，使城市面貌更加整洁、生动；街道旁边的绿化广场，既可以供行人短暂休息、观赏街景，又可以丰富空间、美化城市环境。

1.3.3.2 增加艺术效果

园林绿地的色彩和形态丰富着城市建筑群体的轮廓线，烘托着城市景观，增加了艺术效果，使城市环境兼具美的统一性和多样性；同时又给都市带来田园风貌，给人们

带来静谧雅洁的环境,令人心旷神怡。

1.3.3.3 构成景观意象

园林绿地是城市景观意象的重要组成部分。从通道、边界、区域、节点、标志等五个方面来看,园林绿地中的景观道路、滨水绿地、城市公园、重点绿地、标志性景观绿地等是城市景观意象的重要组成内容。

1.4 城市绿地的类型和相关指标

为使各类绿地更好地协调发展,统一于城市绿地系统之中,明确的绿化分类至关重要。城市园林绿地的相关指标是城市园林绿化水平的基本标志,反映着一个时期的经济水平、文化生活水平和城市环境质量。

1.4.1 城市绿地分类

新中国成立以来,有关的部门和学者从不同角度出发,提出过多种绿地分类方法。世界各国国情不同,规划、建设、管理的机制不同,所采用的绿地分类方法也不同。

1961年出版的高等学校教科书《城乡规划》中,将城市绿地分为公共绿地。小区和街坊绿地,专用绿地和风景游览、休疗养区的绿地四大类。其中,"公共绿地是由市政建设投资修建,并有一定设施内容,供居民游览、文化娱乐、休息的绿地。公共绿地包括公园、街道绿地等"。

1963年中华人民共和国建筑工程部的《关于城市园林绿化工作的若干规定》中关于绿地的分类是我国第一个法规性的绿地分类,其将城市绿地分为公共绿地、专用绿地、园林绿化生产用绿地、特殊用途绿地和风景区绿地五大类。其中公共绿地包括各种公园、动物园、植物园、街道绿地和广场绿地等。

1979年10月第一次全国园林绿化学术会议上,朱钧珍发表的《城市绿地分类及定额指标问题的探讨》一文提出将城市绿地分为公园、一般绿地和特种绿地,以"公园"替代"公共绿地"。

1982年版高等院校试用教材《城市园林绿地规划》(同济大学等合编)将城市绿地分为六大类,即公共绿地、居住绿地、附属绿地、交通绿地、风景区绿地和生产防护绿地。

1991年3月起施行的《城市用地分类与规划建设用地标准》(GBJ 137—90)中将城市绿地分为公共绿地和生产防护绿地两类。而将居住区绿地、单位附属绿地、交通绿地、风景区绿地等各归入生活居住用地、工业仓库用地、对外交通用地、郊区用地等用地项目之中,没有单独列出。

1993年建设部编写的《城市绿化条例释义》中,将城市绿地分为公共绿地、居住区绿地、单位附属绿地、防护绿地、生产绿地和风景林地等六类。它基本包括了城市各类绿地,也反映出各类绿地的功能和特征。

1995年12月中国林业出版社出版的全国高等林业院校试用教材《城市园林绿地规划》(杨赛丽主编),将城市绿地分为公共绿地、生产绿地、防护绿地、风景游览绿地、专用绿地和街道绿地六类。

经建设部批准,2002年9月1日起《城市绿地分类标准》(CJJ/T 85—2002)开始实施。该标准将城市绿地分为公园绿地、生产绿地、防护绿地、附属绿地和其他绿地,共五大类、十三中类、十一小类。至此,我国城市绿地分类有了明确的标准。

2018年6月1日起经建设部批准,《城市绿地分类标准》(CJJ/T 85—2017)(简称《标准》)开始实施,原行业标准《城市绿地分类标准》(CJJ/T 85—2002)同时废止。

《标准》所称城市绿地是指在城市行政区域内以自然植被和人工植被为主要存在形态的城市用地。它包含两个层次的内容:一是城市建设用地范围内用于绿化的土地;二是城市建设用地之外,对城市生态、景观和居民休闲生活具有积极作用、绿化环境较好的区域。这个概念建立在充分认识绿地生态功能、使用功能和美化功能以及城市发展与环境建设互动关系的基础上,是对绿地的一种广义的理解,有利于建立科学的城市绿地系统。

《标准》将绿地分为大类、中类、小类3个层次,共5大类、15中类、11小类,以反映绿地的实际情况以及绿地与城市其他各类用地之间的层次关系,满足绿地的规划设计、建设管理、科学研究和统计等工作使用的需要。

为使分类代码具有较好的识别性,便于图纸、文件的使用和绿地的管理,该标准使用英文字母与阿拉伯数字混合型分类代码。大类用英文字母组合表示,或采用英文字母和阿拉伯字母组合表示;中类和小类各增加一位阿拉伯数字表示,如:G1表示公园绿地,G13表示公园绿地中的专类公园,G131表示专类公园中的动物园。

标准同层级类目之间存在着并列关系,不同层级类目之间存在着隶属关系,即每一大类包含着若干并列的中类,每一中类包含着若干并列的小类。

5大类绿地分别是公园绿地、防护绿地、广场用地、附属绿地和区域绿地。公园绿地可以分为4个中类:综合公园、社区公园、专类公园和游园。其中,专类公园分出6个小类:动物园、植物园、历史名园、遗址公园、游乐公园和其他专类公园。附属绿地又分为7个中类,分别是居住用地附属绿地、公共管理与公共服务设施用地附属绿地、商业服务业设施用地附属绿地、工业用地附属绿地、物流仓储用地附属绿地、道路与交通设施用地附属绿地和公用设施绿地附属绿地。区域绿地可分为4个中类:风景游憩绿地、生态保育绿地、区域设施防护绿地和生产绿地。其中风景游憩绿地分出5个小类:风景名胜区、森林公园、湿地公园、郊野公园和其他风景游憩绿地(表1-1)。

表 1-1　城市绿地分类

类别代码			类别名称	内容	备注
大类	中类	小类			
G1			公园绿地	向公众开放,以游憩为主要功能,兼具生态、景观、文教和应急避险等功能,有一定游憩和服务设施的绿地	
	G11		综合公园	内容丰富,适合开展各类户外活动,具有完善的游憩和配套管理服务设施的绿地	规模宜大于 10 hm²
	G12		社区公园	用地独立,具有基本的游憩和服务设施,主要为一定社区范围内居民就近开展日常休闲活动服务的绿地	规模宜大于 1 hm²
	G13		专类公园	具有特定内容或形式,有相应的游憩和服务设施的绿地	
		G131	动物园	在人工饲养条件下,移地保护野生动物,进行动物饲养、繁殖等科学研究,并供科普、观赏、游憩等活动,具有良好设施和解说标识系统的绿地	
		G132	植物园	进行植物科学研究、引种驯化、植物保护,并供观赏、游憩及科普等活动,具有良好设施和解说标识系统的绿地	
		G133	历史名园	体现一定历史时期代表性的造园艺术,需要特别保护的园林	
		G134	遗址公园	以重要遗址及其背景环境为主形成的,在遗址保护和展示等方面具有示范意义,并具有文化、游憩等功能的绿地	
		G135	游乐公园	单独设置,具有大型游乐设施,生态环境较好的绿地	绿化占地比例应大于或等于 65%
		G139	其他专类公园	除以上各种专类公园外,具有特定主题内容的绿地。主要包括儿童公园、体育健身公园、滨水公园、纪念性公园、雕塑公园以及位于城市建设用地内的风景名胜公园、城市湿地公园和森林公园等	绿化占地比例宜大于或等于 65%
	G14		游园	除以上各种公园绿地外,用地独立,规模较小或形状多样,方便居民就近进入,具有一定游憩功能的绿地	带状游园的宽度宜大于 12m;绿化占地比例应大于或等于 65%
	G2		防护绿地	用地独立,具有卫生、隔离、安全、生态防护功能,游人不宜进入的绿地。主要包括卫生隔离防护绿地、道路及铁路防护绿地、高压走廊防护绿地、公用设施防护绿地等	
	G3		广场用地	以游憩、纪念、集会和避险等功能为主的城市公共活动场地	绿化占地比例宜大于或等于 35%;绿化占地比例大于或等于 65% 的广场用地计入公园绿地
XG			附属绿地	附属于各类城市建设用地(除"绿地与广场用地")的绿化用地。包括居住用地、公共管理与公共服务设施用地、商业服务业设施用地、工业用地、物流仓储用地、道路与交通设施用地、公用设施用地等用地中的绿地	不再重复参与城市建设用地平衡
	RG		居住用地附属绿地	居住用地内的配建绿地	
	AG		公共管理与公共服务设施用地附属绿地	公共管理与公共服务设施用地内的绿地	
	BG		商业服务业设施用地附属绿地	商业服务业设施用地内的绿地	
	MG		工业用地附属绿地	工业用地内的绿地	
	WG		物流仓储用地附属绿地	物流仓储用地内的绿地	
	SG		道路与交通设施用地附属绿地	道路与交通设施用地内的绿地	
	UG		公用设施用地附属绿地	公用设施用地内的绿地	

类别代码			类别名称	内容	备注
大类	中类	小类			
EG			区域绿地	位于城市建设用地之外,具有城乡生态环境及自然资源和文化资源保护、游憩健身、安全防护隔离、物种保护、园林苗木生产等功能的绿地	不参与建设用地汇总,不包括耕地
	EG1		风景游憩绿地	自然环境良好,向公众开放,以休闲游憩、旅游观光、娱乐健身、科学考察等为主要功能,具备游憩和服务设施的绿地	
		EG11	风景名胜区	经相关主管部门批准设立,具有观赏、文化或者科学价值,自然景观、人文景观比较集中,环境优美,可供人们游览或者进行科学、文化活动的区域	
		EG12	森林公园	具有一定规模,且自然风景优美的森林地域,可供人们进行游憩或科学、文化、教育活动的绿地	
		EG13	湿地公园	以良好的湿地生态环境和多样化的湿地景观资源为基础,具有生态保护、科普教育、湿地研究、生态休闲等多种功能,具备游憩和服务设施的绿地	
		EG14	郊野公园	位于城区边缘,有一定规模、以郊野自然景观为主,具有亲近自然、游憩休闲、科普教育等功能,具备必要服务设施的绿地	
		EG19	其他风景游憩绿地	除上述外的风景游憩绿地,主要包括野生动植物园、遗址公园、地质公园等	
	EG2		生态保育绿地	为保障城乡生态安全,改善景观质量而进行保护、恢复和资源培育的绿色空间。主要包括自然保护区、水源保护区、湿地保护区、公益林、水体防护林、生态修复地、生物物种栖息地等各类以生态保育功能为主的绿地	
	EG3		区域设施防护绿地	区域交通设施、区域公用设施等周边具有安全、防护、卫生、隔离作用的绿地。主要包括各级公路、铁路、输变电设施、环卫设施等周边的防护隔离绿化用地	区域设施指城市建设用地外的设施
	EG4		生产绿地	为城乡绿化美化生产、培育、引种试验各类苗木、花草、种子的苗圃、花圃、草圃等圃地	

《城市绿地分类标准》(CJJ/T 85—2017)

该标准把绿地作为城市整个用地的有机组成部分,首先,把城市用地平衡中单独占有用地的绿地和不单独占有用地的绿地分开;其次,在单独占有用地的绿地中,按使用性质,把为居民游憩服务的绿地和为了生产、防护等目的的绿地分开;最后,城市中附属在其他用地里的各类绿地与城市用地有相对应的关系。

1.4.2 城市绿地指标

城市绿地指标作为衡量城市绿色环境数量及质量的量化标准,反映了城市绿化水平的高低、城市环境的好坏及居民生活质量的优劣。判断一个城市绿化水平的高低,除了要看该城市拥有绿地的数量,还要看该城市绿地的质量和城市的绿化效果,即自然环境与人工环境的协调程度。城市绿化指标大致有:绿地率、人均公共绿地面积、绿视率、城市拥有的公园数量、人均公园面积、人均绿地面积、人均设施拥有量等。

由于城市绿地类型的多样性、绿地功能的多重性和植物组成结构的不同,要确定合适的人均绿地面积、绿地率等,除了要考虑城市自身特点和环境质量外,还应考虑绿地的主要功能和绿地的植物组成。有关人均绿地面积究

竟多少合适,不同国家和地区都曾进行了探讨。联合国生物圈生态与环境组织就首都城市提出了"城市绿化面积达到人均 60 m² 为最佳居住环境"的标准;美国曾在 1962 年"华盛顿规划方案"中提出城市应该把为市民每人规划 40 m² 的绿地面积作为指标;我国城市绿地的量化指标正随着经济的发展而逐步提高。1950 年代,城市绿地指标主要有树木株数、公园个数与面积、公园每年的游人量等;到 1979 年,国家城建总局转发的《关于加强城市园林绿化工作的意见书》中出现了"绿化覆盖率"这一指标。目前,我国关于城市绿地数量与城市绿化水平高低的衡量指标主要有以下几个:绿地率、绿化覆盖率、人均绿地面积和人均公园绿地面积。

以上 4 项指标表现了城市绿化的整体水平,具有可比性与实用性,但都属于二维的平面绿化概念,不能表示绿地的分布形态与布局状况,具有一定的局限性。除了上文这 4 项指标外,还有其他一些绿量指标,如原建设部城建司颁发的《城市园林绿化统计指标》有 35 项相关指标;原建设部计财司印发的《城市建设统计指标解释》中有 37 项统计指标;历年来原建设部计财司归口编印的《城市建设统计年报》中,涉及城市园林绿化的指标则有 11 项。

我国的城市绿地建设指标在不同的时期各有不同,从总体上来说是逐渐提高的,尤其是近十多年来的城市园林绿地的指标逐年增长,并被纳入城市基础建设之列。一些城市的绿地指标已达到一定的水准(表1-2)。

表1-2 我国部分地区绿地和园林建设指标现状(2018年)

地区	城市绿地面积/hm²	建成区绿化覆盖率/%	公园面积/hm²
全国	3 047 108	41.1	494 228
北京	85 286	48.4	32 619
上海	139 427	36.2	2 565
江苏	293 765	43.1	30 546
安徽	107 515	42.5	15 893
浙江	167 370	41.2	20 432

根据国家统计局2019年发布的《中国统计年鉴(2018年)》绘制

为了加快城市园林绿化建设,推动城市生态环境建设水平,建设部自1992年起在全国开展创建国家园林城市活动,并颁布了相关的评选标准与要求。1993年,我国建设部正式发布了《城市绿地规划建设指标的规定》,把指标按人均建设用地指标的高低分为三个级别(表1-3):人均建设用地指标不足75 m²的城市,人均公共绿地面积到2000年应不少于5 m²。根据《关于印发〈国家园林城市申报与评选办法〉、〈国家园林城市标准〉的通知》(建城〔2010〕125号)中的规定,其绿地指标如下(表1-4):建成区绿化覆盖率不小于36%;建成区绿地率不小于31%;人均公园绿地面积按人均建设用地指标分为三个级别:人均建设用地小于80 m²的城市,人均公园绿地面积不小于7.5 m²,人均建设用地80~100 m²的城市,人均公园绿地面积不小于8.0 m²,人均建设用地大于100 m²的城市,人均公园绿地面积不小于9.0 m²。文件规定,国家园林城市的申报需满足所有基本项的要求,而国家生态园林城市需满足所有基本项和提升项的要求。截至2019年12月,中国共有19个市被列入国家生态园林城市名单,另有385个国家园林城市、354个国家园林县城、27个国家园林城镇。为贯彻落实新发展理念,推动城市高质量发展,发挥国家园林城市在建设宜居、绿色、韧性、人文城市中的作用,2022年,我国建设部正式发布了修订后的《国家园林城市申报与评选管理办法》,其中《国家园林城市评选标准》生态宜居目标的具体指标包括:城市绿地率、城市绿化覆盖率、人均公园绿地面积、公园绿化活动场地服务半径覆盖率、城市绿道服务半径覆盖率、10万人拥有综合公园个数、城市生态廊道达标率、城市生物多样性保护达标率;健康舒适目标的具体指标包括:城市林荫路覆盖率、城市道路绿化达标率、立体绿化实施率、园林式居住区(单位)达标率;安全韧性目标的具体指标包括:建成区蓝绿空间占比、防灾避险绿地设施达标率、城市湿地保护实施率;风貌特色目标的具

体指标包括:具有历史价值的公园保护率、古树名木及后备资源保护率、园林绿化工持证上岗率。具体指标数据见表1-5。

表1-3 城市绿化规划建设指标

人均建设用地/(m²/人)	人均公共绿地/(m²/人)		城市绿化覆盖率/%		城市绿地率/%	
	2000年	2010年	2000年	2010年	2000年	2010年
<75	≥5	≥6	≥30	≥35	≥25	≥30
75~105	≥6	≥7	≥30	≥35	≥25	≥30
>105	≥7	≥8	≥30	≥35	≥25	≥30

根据建设部1993年发布的《城市绿化规划建设指标的规定》绘制

表1-4 国家园林城市绿地建设指标

序号	指标		国家园林城市标准	
			基本项	提升项
1	建成区绿化覆盖率/%		≥36	≥40
2	建成区绿地率/%		≥31	≥35
3	城市人均公园绿地面积/m²	人均建设用地小于80 m²的城市	≥7.50	≥9.50
		人均建设用地80~100 m²的城市	≥8.00	≥10.0
		人均建设用地大于100 m²的城市	≥9.00	≥11.0

根据住建部2010年发布的《国家园林城市标准》绘制

表1-5 国家园林城市评选标准

序号	指标	具体要求	
		国家生态园林城市	国家园林城市
1	城市绿地率/%	≥40%;城市各城区最低值不低于28%	≥40%;城市各城区最低值不低于25%
2	城市绿化覆盖率/%	≥43%;乔灌木占比≥70%	≥41%;乔灌木占比≥60%
3	人均公园绿地面积(m²/人)	≥14.8 m²/人;城市各城区最低值不低于5.5 m²/人	≥12 m²/人;城市各城区最低值不低于5.0 m²/人
4	公园绿化活动场地服务半径覆盖率/%	≥90%	≥85%
5	城市绿道服务半径覆盖率/%	万人拥有绿道长度≥1.2 km;服务半径覆盖率≥70%	万人拥有绿道长度≥1.2 km;服务半径覆盖率≥60%
6	10万人拥有综合公园个数(个/10万人)	≥1.5个	≥1个
7	城市生态廊道达标率	达标	达标
8	城市生物多样性保护达标率	达标	达标
9	城市林荫路覆盖率/%	≥85%	≥70%

续表

序号	指标	具体要求	
		国家生态园林城市	国家园林城市
10	城市道路绿化达标率（%）	≥85%	≥80%
11	立体绿化实施率（%）	≥15%	≥10%
12	园林式居住区（单位）达标率（%）	≥60%	≥50%
13	建成区蓝绿空间占比（%）	≥45%	≥43%
14	防灾避险绿地设施达标率（%）	100%	100%
15	城市湿地保护实施率（%）	100%	100%
16	具有历史价值的公园保护率（%）	100%	100%
17	古树名木及后备资源保护率（%）	100%	100%
18	园林绿化工持证上岗（%）	100%；三级工以上≥20%	100%

根据住建部 2022 年发布的《国家园林城市标准》绘制

这些指标要求作为衡量城市绿色环境数量及质量的量化标准，有助于城市绿地建设向较高的水平发展，一定程度上可以指导城市绿地系统的规划。

为统一绿地主要指标的计算工作，便于绿地系统规划的编制与审批，以及有利于开展城市间的比较研究，《城市绿地分类标准》(CJJ/T 85—2017)提出了人均公园绿地面积、人均绿地面积、绿地率三项主要的绿地统计指标的计算公式。三项指标的计算公式既可以用于现状绿地的统计，也可以用于规划指标的计算；计算城市现状绿地和规划绿地的指标时，应分别采用相应的城市人口数据和城市用地数据；规划年限、城市建设用地面积、规划人口应与城市总体规划一致，统一进行汇总计算。

1) 绿地率

绿地率是指城市各类绿地总面积占城市面积的比率。

计算公式：

绿地率＝[（公园绿地面积＋防护绿地面积＋广场用地中的绿地面积＋附属绿地面积)/城市的用地面积（与上述绿地统计范围一致)]×100%

2) 绿化覆盖率

绿化覆盖率是指城市中乔木、灌木和多年生草本植物所覆盖的面积占全市总面积的百分比，其中乔木和灌木的覆盖面积按树冠的垂直投影估算；乔灌木下生长的草本植物不再重复计算。利用遥感和航测等现代科学技术，可以准确地测出一个城市的绿地面积，从而计算出绿化覆盖率。按照植物学原理，一个城市的绿化覆盖率只有在30%以上，才能达到自身调节的需要。绿化覆盖率是传统的评价城市二维绿量的指标之一。

计算公式：

城市绿化覆盖率＝城市内全部绿化种植垂直投影面积/城市面积×100%

3) 人均公园绿地面积

人均公园绿地面积反映了每个城市居民占有的公园绿地，对民众身心发展具有直接影响。2021 年 3 月 11 日，全国绿化委员会办公室发布的《2020 年中国国土绿化状况公报》显示，2020 年全国开展国家森林城市建设的城市达 441 个，城市人均公园绿地面积达 14.8 m²。人均公园绿地面积是评选各级园林城市的重要指标。

计算公式：

人均公园绿地面积（m²）＝公园绿地面积/城市人口数量

4) 人均绿地面积

人均绿地面积是测量城市人口获得的开阔绿地面积，它是一个有关生活质量的重要指标。据计算，每个城市居民平均需要 10～15 m² 绿地，而工业运输耗氧量大约是人体的 3 倍，因此，整个城市要保持二氧化碳与氧气的平衡应该使得人均绿地达到 60 m² 以上。

计算公式：

人均绿地面积（m²）＝（公园绿地面积＋防护绿地面积＋广场用地中的绿地面积＋附属绿地面积)/人口规模（按常住人口进行统计)

为了加快城市园林绿化建设，建设部开展了创建国家园林城市与生态园林城市活动，各省也相继开展了创建省级园林城市活动。各地各级都颁布了相应的评选标准，对绿化指标提出了具体要求，可作为规划指标分级的参照标准。

■ **讨论与思考**

1. 现代园林设计有哪几个方向？其主要内容是什么？
2. 试述城市园林绿地的功能与作用。
3. 城市园林绿地的类型有哪几种？每一类各包括哪些绿地？
4. 《城市绿地分类标准》(CJJ/T 85—2017)中提出了哪些绿地统计指标？这些指标如何计算？

■ **参考文献**

常俊丽，娄娟，2012. 园林规划设计[M]. 上海：上海交通大学出版社.

陈向远，2008. 城市大园林[M]. 北京：中国林业出版社.

重庆市园林局,重庆风景园林学会,2007.园林景观规划与设计.北京:中国建筑工业出版社.

COOK D, JENSHEL L,2011.摄影大赛获奖作品[J].国家地理,(4).

付莹,2013.构建节约型园林促进人与自然和谐发展[J].才智,(25):280.

广州市城市规划勘测设计院,深圳市北林苑景观及建筑规划设计有限公司,2010.珠三角绿道网总体规划纲要[J].建筑监督检测与造价,3(03):10-70.

何刚,杨铭,韦易伶,等,2021.韧性城市视角下海岸带地区景观规划设计探索:以深圳市小梅沙海岸带地区为例[C]//中国城市规划学会,成都市人民政府.面向高质量发展的空间治理——2020中国城市规划年会论文集(01城市安全与防灾规划).北京:中国建筑工业出版社. DOI:10.26914/c.cnkihy.2021.029745.

李敏,2008.城市绿地系统规划[M].北京:中国建筑工业出版社.

刘抚英,邹涛,栗德祥,2007.后工业景观公园的典范:德国鲁尔区北杜伊斯堡景观公园考察研究[J].华中建筑,25(11):77-84+86.

刘庭风,2000.缺少批评的孩子:中国近现代园林[J].中国园林,16(5):26-28.

刘扬,2010.城市公园规划设计[M].北京:化学工业出版社.

刘洋,李宛泽,高婷,2015.园林规划设计[M].延吉:延边大学出版社.

柳尚华,1999.中国风景园林当代五十年:1949—1999[M].北京:中国建筑工业出版社.

LUCAS W,2011.永远不要让完美成为美好的敌人[J].景观设计学,(6):44-47.

秦小萍,魏民,2013.中国绿道与美国Greenway的比较研究[J].中国园林,29(4):119-124.

王群,陆林,杨兴柱,2014.国外旅游地社会—生态系统恢复力研究进展与启示[J].自然资源学报(5):894-908.

王先杰,梁红,2021.城市公园规划设计[M].北京:化学工业出版社.

王晓俊,2000.西方现代园林设计[M].南京:东南大学出版社.

王晓俊,王建国,苏志国,2006.疯狂与数字:对伯纳德·屈米两个公园设计竞赛方案的解读[J].新建筑(6):90-94.

吴龙,2012.废弃空间改造经典案例:杜伊斯堡LANDSCHAFT公园景观设计[EB/OL].[2013-02-16]http://blog.sina.com.cn/s/blog_673c8b9e0100zkrd.html.

夏臻,刘小钊,吕龙,2015.基于弹性景观理念的江心洲岛规划设计研究:以南京新济洲为例[J].中外建筑(2):92-93.

杨雪锋,2018.公园城市的理论与实践研究[J].中国名城(5):36-40.

虞莳君,丁绍刚,2006.生命景观从垃圾填埋场到清泉公园[J].风景园林(6):26-31.

翟俊,2012.《雨水收集与利用的景观途径》案例之美国波特兰唐纳溪水公园[EB/OL].[2013-02-13]http:/blog.sina.com.cn/s/blog_659b3be901010saa.html.

张宇,2015.长沙洋湖湿地公园雨水收集利用规划设计研究[D].长沙:中南林业科技大学.

赵纪军,2009a.新中国园林政策与建设60年回眸(一)"中而新"[J].风景园林(1):102-105.

赵纪军,2009b.新中国园林政策与建设60年回眸(二)苏联经验[J].风景园林(2):98-102.

赵纪军,2009c.新中国园林政策与建设60年回眸(三)绿化祖国[J].风景园林(3):91-95.

郑丽娜,2013.城乡结合部的环境景观规划与建设问题探讨:以杨凌示范区北部城乡结合部为例[D].杨凌:西北农林科技大学.

周维权,2008.中国古典园林史[M].3版.北京:清华大学出版社.

朱建宁,赵晶,2019.西方园林史:19世纪之前[M].3版.北京:中国林业出版社.

2 园林规划设计的内容与步骤

【导读】 园林规划设计的内容是相关园林部门对园林绿地的具体规划安排,合理的设计内容和正确的设计步骤有助于园林绿地的建设发展。园林规划设计涉及的内容广泛、复杂,项目的完成往往需要多专业规划设计人员共同配合。了解规划设计包含的内容与步骤是学习园林规划设计的必经阶段,本章从园林规划设计的内容与专业分工、园林规划设计的步骤两个方面加以介绍。

2.1 知识框架思维导图

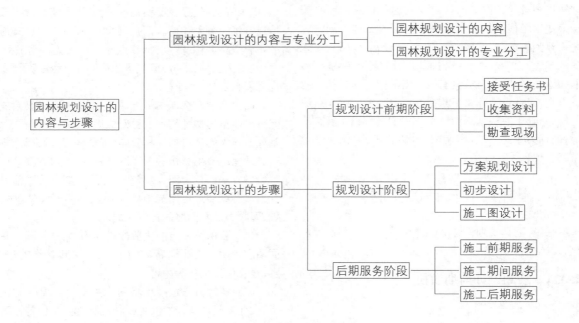

2.2 园林规划设计的内容与专业分工

2.2.1 园林规划设计的内容

园林规划是指明未来园林绿地发展方向的设想安排,其主要任务是按照国民经济发展需要,提出园林绿地发展的战略目标、发展规模、速度和投资等。这种规划是由各级园林行政部门制定的。由于这种规划是对若干年以后园林绿地发展的设想,因此常分为远期规划、中期规划和近期规划,用以指导园林绿地的建设,这种规划也叫发展规划。另一种是指对某一个园林绿地(包括已建和拟建的

园林绿地)所占用的土地进行安排和对园林要素如山水、植物、建筑等进行合理的布局与组合,如一个城市的园林绿地规划,结合城市的总体规划,确定出园林绿地的比例等。要建一座公园,也要进行规划,如需要划分哪些景区,各布置在什么地方,要多大面积以及投资和完成的时间等。这种规划是从时间、空间方面对园林绿地进行安排,使之符合生态、社会和经济的要求,同时又能保证园林规划设计各要素之间取得有机联系,以满足园林艺术要求。园林绿地设计是为了满足一定目的和用途,在规划的原则下,围绕园林地形,利用植物、山水、建筑等园林要素创造出具有独特风格的园林环境。园林绿地设计的内容包括地形设计、建筑设计、园路设计、种植设计及园林小品等方面的设计。

2.2.2 园林规划设计的专业分工

园林规划设计是综合性很强的工作,项目的完成往往需要多专业规划设计人员共同配合。

一般说来,从总体规划设计的层面看,完成一个园林规划设计项目除了园林专业外,根据项目的具体情况,还需要城市规划、生态、给排水、电气等多专业人员配合。园林规划设计师的工作重点为:分析建设条件,研究存在问题,确定园林方案的构思与立意,确定园林主要职能和建设规模,控制开发的方式和强度,进行平面布局与交通组织、植物规划等。从扩初设计与施工图设计的层面上看,一个园林设计的项目需要园林、结构、给排水等多个专业的设计人员共同配合才能完成,另外根据不同项目的要求,有些项目还需要增加建筑、道桥、雕塑、设备等其他专业的设计人员,各专业的协调统一工作是由园林规划设计师来承担的。

园林规划设计工作中园林专业的这种特点对园林规划设计师提出了很高的要求。一个称职的园林规划设计师首先需要关心社会,了解人民的生活与需要,树立为人民服务的观念。其次,在业务方面,设计师不但要掌握本专业的知识技能,同时还应具有较广博的知识储备和艺术修养。再次,园林设计师要不断提高自己分析问题和解决问题的能力,善于解决规划设计工作中的各种错综复杂的矛盾,协调相关专业一起,密切配合,协同工作,优质高效地完成整个规划设计任务。

2.3 园林规划设计的步骤

一般来说,园林规划设计的步骤可以分为规划设计前期、规划设计、后期服务三个阶段。

2.3.1 规划设计前期阶段

2.3.1.1 接受任务书

一般情况,建设项目的业主(甲方)通过直接委托或招标的方式来确定设计单位(乙方)。乙方在接受委托或招标之后,必须仔细研究甲方制定的规划设计任务书,并与甲方人员尤其是甲方的项目主要负责人多交流、沟通,以争取尽可能全面地了解甲方的需求与意图。

设计任务书一般包括以下内容:

(1) 项目的定位和任务、服务半径、使用要求;

(2) 项目用地的范围、面积、位置、游人容量;

(3) 项目用地内拟建的大型设施项目的内容;

(4) 建筑物的面积、朝向、材料及造型要求;

(5) 项目用地在布局风格上的特点;

(6) 项目建设近、远期的投资计划及经费;

(7) 地貌处理和种植设计要求;

(8) 项目用地分期实施的程序;

(9) 完成日程和进度。

2.3.1.2 收集资料

在进行园林规划设计之前对项目情况进行全面、系统的调查与资料收集,可为规划设计者提供细致、可靠的规划设计依据。

1) 项目用地图纸资料

包括地形图、遥感影像地图、局部放大图、地下管线图、树木分布位置现状图等。

(1) 地形图 园林规划设计师根据面积大小,一般要求甲方提供 1∶5 000、1∶2 000、1∶1 000、1∶500 等不同比例的地形图。一般来说,基地面积大的规划类项目需要大比例的地形图,反之,基地面积小的设计类项目需要小比例地形图。图纸应明确显示以下内容:设计范围(红线范围、坐标数字),基地范围内的地形、标高及现状物(现有建筑物、构筑物、山体、植物、道路、水系,还有水系的进、出口、电源等)的位置。现状物中,要求将保留、利用、改造和拆迁等情况分别注明。四周环境情况:与市政交通联系的主要道路名称、宽度、标高点数值以及走向和道路排水方向、周围机关、单位、居住区、村落的名称、范围,以及今后发展状况(图 2-1)。

(2) 遥感影像地图 遥感影像地图按获取渠道的不同分为航空影像地图和卫星影像地图。一般情况下,在对基地面积大的项目如森林公园、湿地公园等进行规划设计时必须借助遥感影像地图完成各种现状分析(图 2-2)。

(3) 局部放大图 局部放大图主要用于局部单项设计。该图纸要满足建筑单体设计及其周围山体、水系、植被、园林小品及园路的详细布局。

(4) 要保留使用的主要建筑物的平、立面图 建筑平面图应注明室内外标高,立面图要标明建筑物的尺寸、色彩、建筑使用情况等内容。

(5) 树木分布位置现状图 主要标明要保留树木的位置,并注明种类、胸径、生长状况和观赏价值等。有较高观赏价值的树木最好附有彩色照片。

(6) 地下管线图 一般要求与施工图比例相同。图内应包括要保留和拟建的上水、雨水、污水、化粪池、电信、电力、暖气沟、煤气、热力等管线位置及井位等。除平面图外,还要有剖面图,并需要注明管径的大小、管底或管顶标高、压力及坡度等。

2) 其他资料

包括项目所在地区的相关资料、项目用地周边的环境资料、项目用地内的环境资料、上位规划设计资料、相关的法规资料、同类案例资料等。

(1) 项目所在地区的相关资料 自然资源,如地形地貌、水系、气象、动物、植物种类及生态群落组成等;社会经济条件,如人口、经济、政治、金融、商业、旅游、交通等;人文资源,如历史沿革、地方文化、历史名胜、地方建筑等。

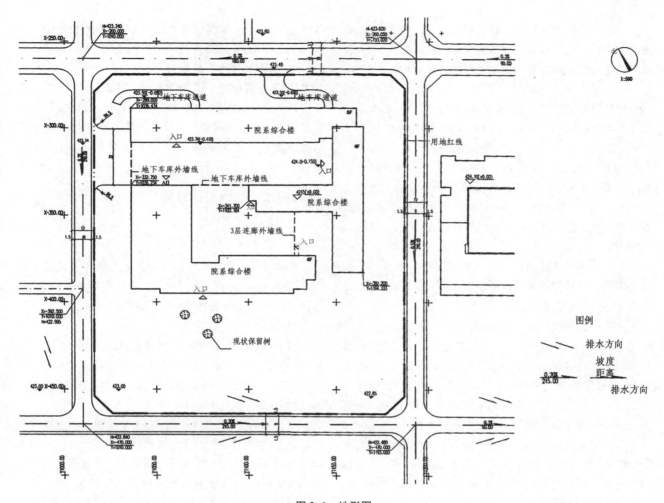

图 2-1　地形图
（中国建筑标准设计研究院，2006）

图 2-2　遥感影像图

（2）项目用地周边的环境资料　周围的用地性质、城市景观、建筑形式、建筑的体量色彩、周围交通联系、人流集散方向、市政设施、周围居民类型与社会结构等。

（3）项目用地内的环境资料　自然资源，如地形地貌、土壤、水位及地下水位、植被分布、日照条件、温度、风、降雨、小气候等；人工条件，如现有建筑、道路交通、市政设施、污染状况等；人文资源，如文物古迹、历史典故等。

（4）上位规划设计资料　在规划设计前，设计师要收集项目所在区域的上一级规划、城市绿地系统规划等相关资料情况，以了解对项目用地规划设计的控制要求，包括用地性质以及对于用地范围内构筑物高度的限定、绿地率要求等。

（5）相关的法规资料　园林规划设计中涉及的一些规范是为了保障园林建设的质量水平而制定的，在规划设计中要遵守与项目相关的法律规范。

（6）同类案例资料　规划设计前，有时需要选择性质相同、内容相近、规模相当、方便实施的同类典型案例进行资料收集。内容包括一般技术性了解（对设计构思、总体布局、平面组织和空间组织的基本了解）和使用管理情况两部分。资料收集的成果应以图文形式呈现出来。对同类案例的调研可以为规划设计提供很好的参考。

（7）其他资料　如项目所在地区内有无其他同类项目；建设者所能提供用于建设的实际经济条件与可行的技术水平；项目建设所需主要材料的来源与施工情况，如苗木、山石、建材等。

2.3.1.3　勘查现场

无论现场面积大小、设计项目的难易，设计者都必须到现场进行认真勘查。一方面，核对、补充所收集的图纸资料，如建筑、树木等的现状情况，水文、地质、地形等自然条件；另一方面，设计者到现场，可以根据周围环境条件，进入构思阶段。"俗则屏之，嘉则收之"，发现可利用、可借景的景物要予以保留，不利或影响景观的物体，在规划过程中要加以适当处理。根据具体情况（如面积较大、情况较复杂等），必要时勘查工作要进行多次。现场勘查时，要拍摄一定的环境现状照片，以供规划设计时参考。

目前，新兴技术不断发展，涌现了更多的前期场地勘查与分析手段，例如无人机航拍与航测（图2-3）。

无人机的应用大体上可以分为航拍和航测2种方式。作为无人机较为简单且常见的应用方式，航拍主要使用操控简单的消费级多旋翼无人机拍摄照片和视频，而不进行遥感影像处理。与航拍相比，航测更为复杂且更具难度，它涉及多学科的知识和技术，包括测量学、遥感、地理信息系统等。航测主要应用于传统航测、倾斜摄影、多种传

器遥感等方面，其数字化成果包括：数字高程模型（digital elevation model，DEM）、数字地表模型（digital surface model，DSM）、数字正射影像图（digital orthophoto map，DOM）、三维实景模型等（韩炜杰等，2019）。

以上的任务繁多，在具体规划设计中，我们或许只用到其中一部分工作成果。但是要想获得关键性资料，必须认真细致地对全部内容进行深入系统的调查、分析和整理。

2.3.2　规划设计阶段

2.3.2.1　方案规划设计

方案设计的要求如下：应满足编制初步设计文件的需要；应能据以编制工程估算；应满足项目审批的需要。方案设计包括设计说明与设计图纸两部分内容。

1）设计说明

（1）现状概述　概述区域环境和设计场地的自然条件、交通条件以及市政公用设施等工程条件；简述工程范围和工程规模、场地地形地貌、水体、道路、构筑物和植物的分布状况等。

（2）基地分析　基地分析是在客观调查和主观评价的基础上，对基地及其环境的各种因素做出综合性的分析与评价，使基地的潜力得到充分发挥。若项目基地范围广且地势复杂，空间数据等基础资料需求量较大，进行现场踏勘和数据分析的难度高，可用GIS技术解决这些难题。设计者可以运用GIS，将项目场地的地形、水体、植被等数据进行整合，建立空间模型并通过分析评价找出场地特征。

例如宜昌黄柏河湿地公园，综合水文资料和现状标高，通过GIS进行洪水位淹没范围分析，建立后续规划中各项分析、布局的基础（图2-4、图2-5）。

图2-3　无人机航拍
（https://699pic.com）

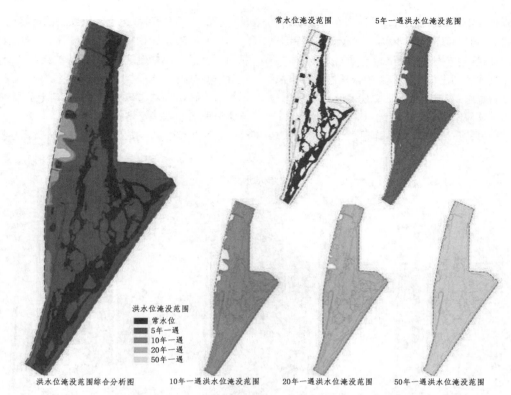

图 2-4 宜昌黄柏河湿地公园洪水位淹没范围综合分析（蔡家河段湿地）

（杭州园林设计院股份有限公司，2019）

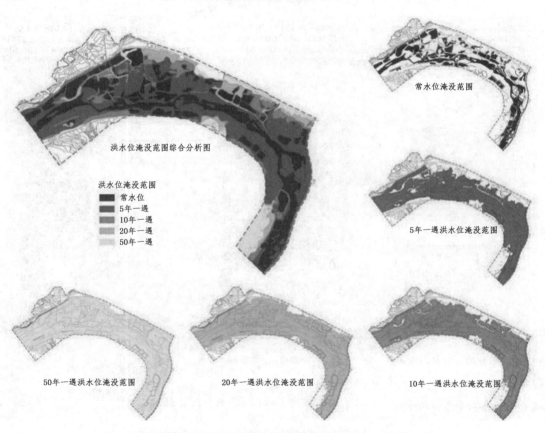

图 2-5 宜昌黄柏河湿地公园洪水位淹没范围综合分析（下坪段湿地）

（杭州园林设计院股份有限公司，2019）

33

再如休斯敦植物园和自然中心,设计师在对现场调查和取样的基础上,利用 GIS 对场地水流、地形、坡度等信息进行了分析,为后续的方案设计提供了依据(图 2-6)。

(3)设计依据 列出与设计有关的依据性文件。

(4)设计指导思想和设计原则 概述设计指导思想和设计遵循的各项原则。

(5)总体构思和布局说明 设计理念、设计构思、功能分区和景观分区,概述空间组织和园林特色。

(6)专项设计说明 竖向设计、园路设计与交通分析、绿化设计、园林建筑与小品设计、结构设计、给水排水设计、电气设计。

(7)技术经济指标 计算各类用地的面积,列出用地平衡表和各项技术经济指标。

(8)投资估算 按工程内容进行分类,分别进行估算。

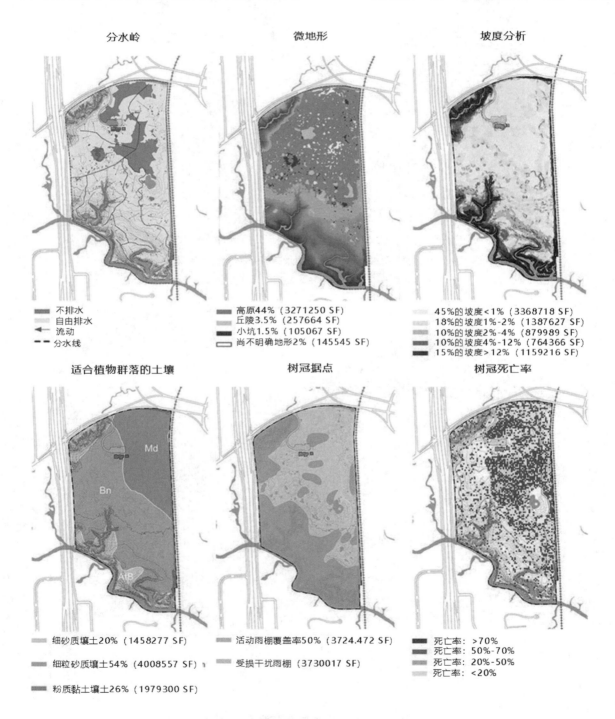

图 2-6 休斯敦植物园和自然中心基底分析图

(https://cn.bing.com)

2) 设计图纸

(1) 区位图 标明用地在城市的位置及其与周边地区的关系。

(2) 用地现状图 标明用地边界、周边道路、现状地形等高线、道路、有保留价值的植物、建筑物和构筑物、水体边缘线等。

(3) 现状分析图 对用地现状做出各种分析图纸(图2-7)。

(4) 总平面图 标明用地边界、周边道路、出入口位置、设计地形等高线、设计植物、设计园路铺装场地;标明保留的原有园路、植物和各类水体的边缘线、各类建筑物和构筑物、停车场位置及范围;标明用地平衡表、比例尺、指北针、图例及注释(图2-8)。

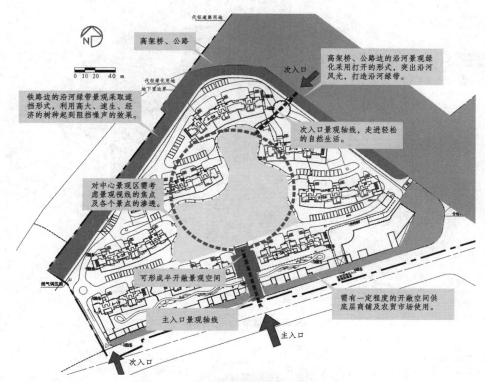

图 2-7 现状分析平面图

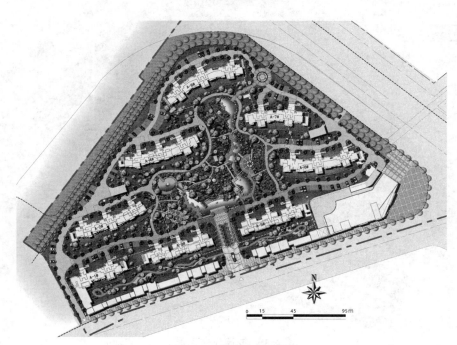

图 2-8 方案总平面图

35

（5）功能分区图或景观分区图　用地功能或景区的划分及名称(图 2-9)。

（6）园路设计与交通分析图　标明各级道路、人流集散广场和停车场布局;分析道路功能与交通组织(图 2-10)。

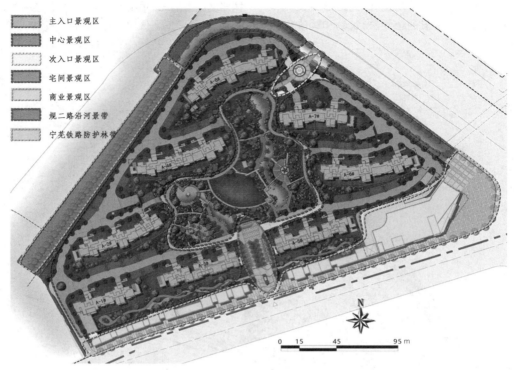

主入口景观区
中心景观区
次入口景观区
宅间景观区
商业景观区
规二路沿河景带
宁芜铁路防护林带

图 2-9　景观分区平面图

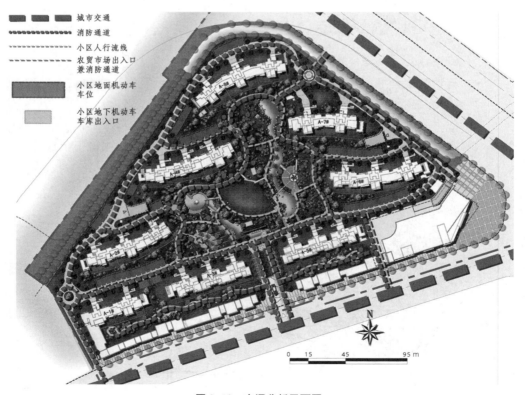

城市交通
消防通道
小区人行流线
农贸市场出入口兼消防通道
小区地面机动车车位
小区地下机动车车库出入口

图 2-10　交通分析平面图

（7）竖向设计图　标明设计地形等高线与原地形等高线；标明主要控制点高程；标明水体的常水位、最高水位与最低水位、水底标高；绘制地形剖面图（图2-11）。

（8）绿化设计图　标明植物分区、各区的主要或特色植物（含乔木、灌木）；标明保留或利用的现状植物；标明乔木和灌木的平面布局（图2-12）。

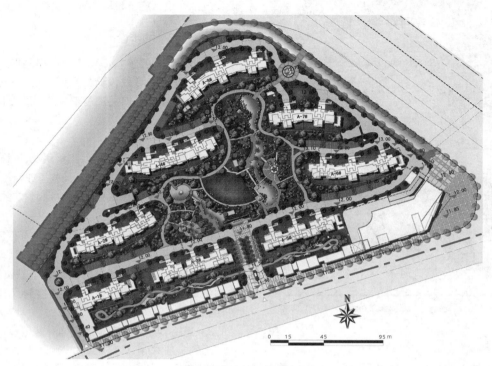

图2-11　竖向标高总平面图

宁芜铁路防护林带

宁芜铁路绿化带是设计在小区西北侧的防护密林带，目的是确保小区内部不受到铁路沿线噪音的干扰，同时创造丰富的、多层次的、立体式的绿化空间，主要采用杨树、珊瑚树、八角金盘等。

规二路沿河景观带

沿河绿带的环境对人与水的关系起到了极为重要的作用，规二路沿河景观带为人们提供了接触水的机会，同时此绿带还对规二路交通要道对小区的干扰形成了一定的屏蔽作用。该区水边以垂柳、水杉为主，周围栽植广玉兰、榉树、枫香等，小乔木以樱花、海棠、碧桃、红枫等，池边种干屈菜、花叶芦竹等水生植物。

宅间景观区

宅间绿地利用植物围合空间，进行分层设计，形成乔木—灌木—地被的空间模式，各宅间庭院绿地以特色植物形成场地空间强烈的标识，但同时要注意各类植物的花期在时间上的连续性，使各空间各具植物季相特色，而在其他季节亦有欣赏主题。

主入口区

为凸显主入口区气势磅礴，花坛内的植物采用高大乔木，如棕榈科高大植物，或者香樟等。

中心景观区是全社区的亮点，也是设计的中心。结合其地位优势和业态特点，将之塑造成一块清新自然的绿色休闲空间；在植物栽培设计上，采用江南传统的优秀基调树种和观花树种，充分发挥不同植物的造景特长以满足设计师对色彩和肌理变化的追求，注意速生、慢生树种的搭配，常绿、色叶、绿叶的搭配，如采用香樟、栾树、枫香、垂柳、碧桃等。

中心景观区

图2-12　植物配置意向图

图 2-13 主入口方案平面图

图 2-14 主入口特色跌水效果图

（9）主要景点设计图　包括主要景点的平、立、剖面图及效果图等（图 2-13、图 2-14）。

（10）其他必要的图纸　在方案的设计阶段，风景园林师通常利用 CAD 图纸来进行初步设计，但二维的图纸有时会使施工方难以理解设计的意图，从而影响方案实施和后期施工进度。随着技术的发展，建筑信息模型（building imformation model，简称 BIM）技术逐渐兴起。BIM 技术是通过导入 CAD 图纸进行基础建模，为设计方案提供三维可视化的基础，还可通过相关软件（如：Revit、Navisworks、Lumion 等）的漫游系统进行虚拟漫游，不仅可

以直观地了解工程项目的整体效果，还可以了解不同构件的三维信息，从而方便合理布置室外景观模型、绿化植物等，同时还可以及时发现不合理之处，避免返工，促使项目设计方案在设计施工阶段顺利呈现并趋于完美。

2.3.2.2　初步设计

初步设计的要求如下：应满足编制施工图设计文件的需要；应满足各专业设计的平衡与协调；应能据以编制工程概算；提供申报有关部门审批的必要文件。设计文件内容包括：

1）设计总说明

包括设计依据、设计规范、工程概况、工程特征、设计范围、设计指导思想、设计原则、设计构思或特点、各专业设计说明、在初步设计文件审批时需解决和确定的问题等内容。

2）总平面图

比例一般采用 1∶500、1∶1 000。内容包括基地周围环境情况、工程坐标网、用地范围线的位置、地形设计的大致状况和坡向、保留与新建的建筑和小品位置、道路与水体的位置、绿化种植的区域、必要的控制尺寸和控制高程等（图 2-15）。

3）道路、地坪、景观小品及园林建筑设计图

比例一般采用 1∶50、1∶100、1∶200。内容包括：a. 道路、广场应有总平面布置图，图中应标注出道路等级、排水坡度等要求；b. 道路、广场主要铺面要求和广场、道路断面图；c. 景观小品及园林建筑的主要平面、立面、剖面图等（图 2-16、图 2-17）。

4）种植设计图

内容包括：

（1）种植平面图　比例一般采用 1∶200、1∶500，图中标出应保留的树木及新栽的植物。

（2）主要植物材料表　表中分类列出主要植物的规格、数量，其深度需满足概算需要。

（3）其他图纸　根据设计需要可绘制整体或局部种植立面图、剖面图和效果图。

5）结构设计文件

（1）设计说明书　包括设计依据和设计内容的说明。

（2）设计图纸　比例一般采用 1∶50、1∶100、1∶200，包括结构平面布置图、结构剖面等。

6）给水排水设计文件

（1）设计说明

① 设计依据、范围的说明。

② 给水设计，包括水源、用水量、给水系统、浇灌系统等方面说明。

③ 排水设计，包括工程周边现有排水条件简介、排水制度和排水出路、排水量、各种管材和接口的选择及敷设方式等方面说明。

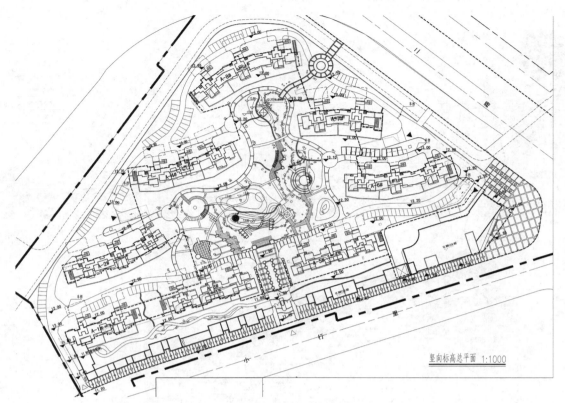

竖向标高总平面 1:1000

图 2-15　扩初总平面

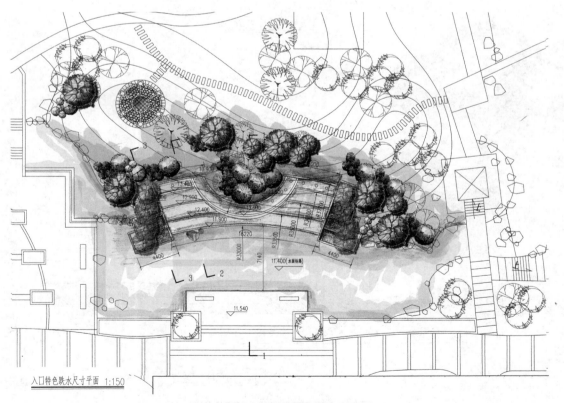

入口特色跌水尺寸平面 1:150

图 2-16　主入口特色跌水扩初平面图

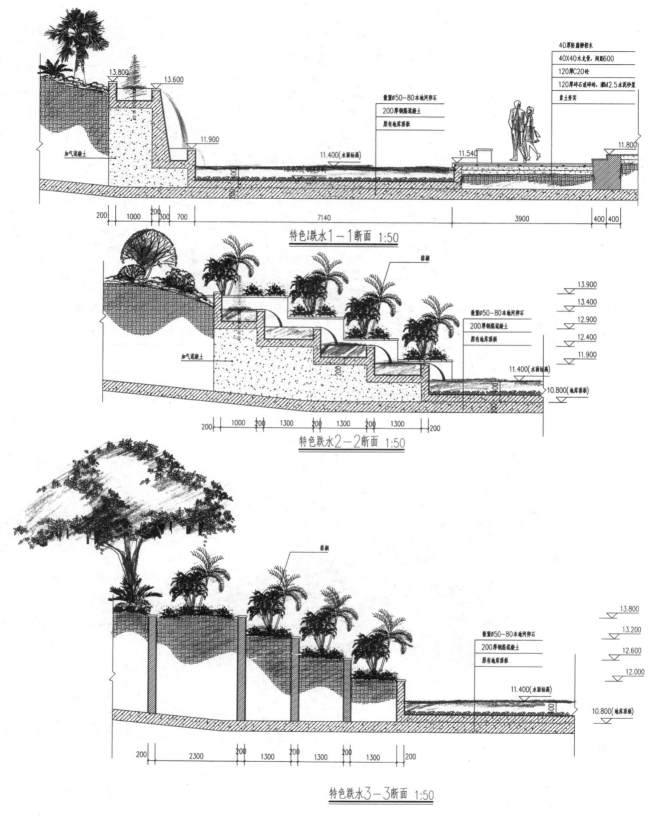

特色跌水1—1断面 1:50

特色跌水2—2断面 1:50

特色跌水3—3断面 1:50

图 2-17 主入口特色跌水扩初断面图

（2）设计图纸　给水排水总平面图，图纸比例一般采用：1∶300、1∶500、1∶1 000。

（3）主要设备表。

7）电气设计文件

（1）设计说明书　包括设计依据、设计范围、供配电系统、照明系统、防雷及接地保护、弱电系统等方面的说明。

（2）设计图纸　包括电气总平面图、配电系统图等内容。

（3）主要设备表。

8）设计概算文件

由封面、扉页、概算编制说明、总概算书及各单项工程概算书等组成，可单列成册。

2.3.2.3　施工图设计

施工图设计应满足施工、安装及植物种植需要；满足施工材料采购、非标准设备制作和施工的需要，能据以编制工程预算。设计文件包括目录、设计说明、设计

图纸、施工详图、套用图纸和通用图、工程预算书等内容。只有经设计单位审核和加盖施工图出图章的设计文件才能作为正式设计文件交付使用。园林规划设计师应经常深入施工现场，一方面解决现场的各类工程问题，另一方面通过现场经验的积累，提高自己施工图设计的能力与水平。

1）设计总说明

（1）设计应依据政府主管部门批准文件和技术要求、建设单位设计任务书和技术资料及其他相关资料。

（2）应遵循国家现行的主要规范、规程、规定和技术标准。

（3）简述工程规模和设计范围。

（4）阐述工程概况和工程特征。

（5）各专业设计说明，可单列专业篇。

2）总平面图

比例一般采用1∶300、1∶500、1∶1 000。包括各定位总平面、索引总平面（图2-18）、竖向总平面（图2-19）、道路铺装总平面等内容。

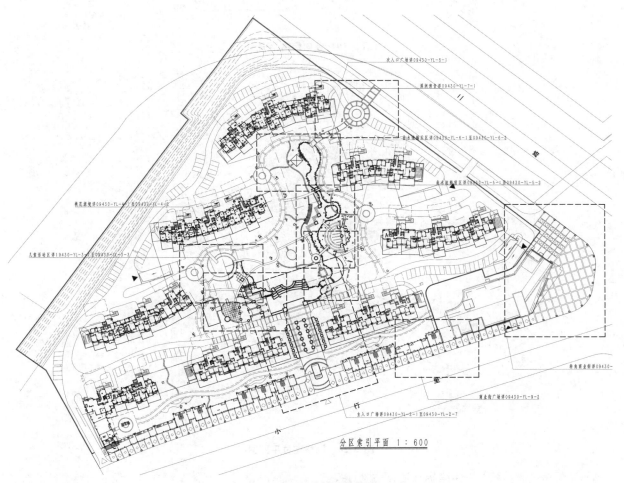

图2-18　分区索引平面图

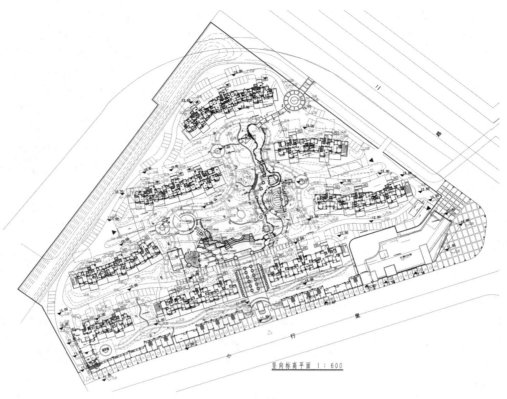

图 2-19　竖向标高平面图

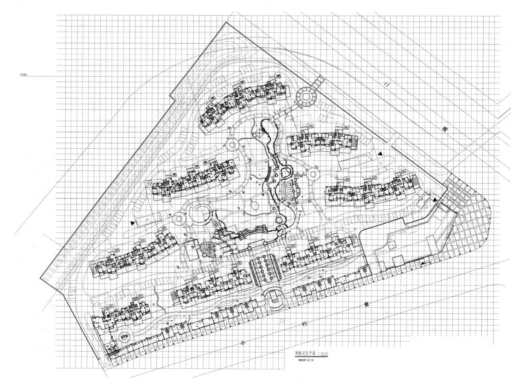

图 2-20　网格定位平面图

（1）定位总平面　可以采用坐标标注、尺寸标注、坐标网格等方法对建筑、景观小品、道路铺装、水体等各项工程进行平面定位(图 2-20)。

（2）索引总平面　对各项工程的内容进行图纸及分区索引(图 2-21、图 2-22)。

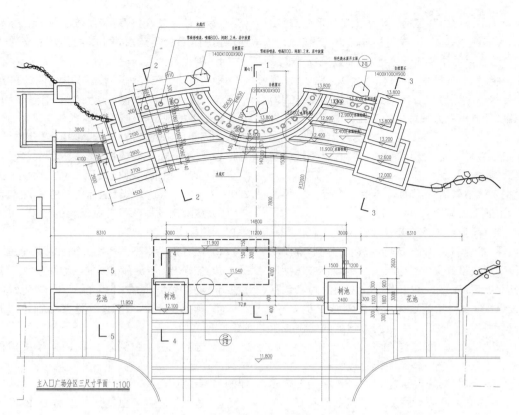

图 2-21 主入口广场分区尺寸平面图

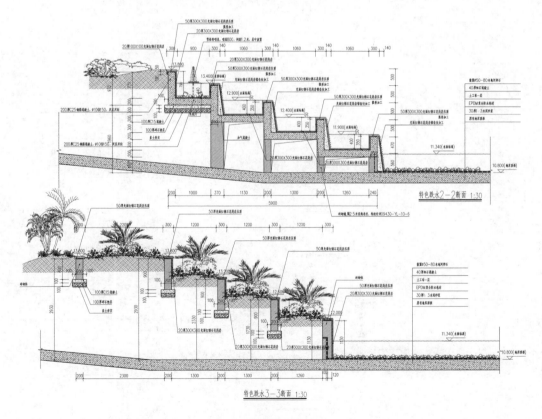

图 2-22 特色跌水断面

43

（3）竖向总平面　内容包括：标明人工地形（包括山体和水体）的等高线或等深线（或用标高点进行设计）；标明基地内各项工程平面位置的详细标高，如建筑物、园路、广场等标高，并要标明其排水方向；标明水体的常水位、最高水位与最低水位、水底标高；标明进行土方工程施工地段内的原标高，计算出挖方和填方的工程量与土石方平衡表等。

（4）道路铺装总平面　标明道路的等级、道路铺装材料及铺装样式等。

（5）根据工程的具体情况的其他相关内容　总平面工程简单时，上述图纸可以合并绘制。

3）道路、地坪、景观小品及建筑设计

道路、地坪、景观小品及建筑设计应逐项分列，宜以单项为单位，分别组成设计文件。设计文件的内容应包括施工图设计说明和设计图纸。施工图设计说明的内容包括设计依据、设计要求、引用的通用图集及对施工的要求。施工图设计说明可注于图上。单项施工图纸的比例要求不限，以表达清晰为主。施工详图的常用比例1：10、1：20、1：50、1：100。单项施工图设计应包括平、立、剖面图等。标注尺寸和材料应满足施工选材和施工工艺要求。单项施工图详图设计应有放大平面、剖面图和节点大样图，标注的尺寸、材料应满足施工需求。标准段节点和通用图应诠释应用范围并加以索引标注（图2-23）。

4）种植设计

种植设计图应包括设计说明、设计图纸和植物材料表。

（1）设计说明　种植设计的原则、景观和生态要求；对栽植土壤的规定和建议；对树木与建筑物、构筑物、管线之间的间距作出规定；对树穴、种植土、介质土、树木支撑等作必要的要求；应对植物材料提出设计要求。

（2）设计图纸　种植设计平面图比例一般采用1：200、1：300、1：500；设计坐标应与总图的坐标网一致。

① 应标出场地范围内拟保留的植物，如属于古树名木应单独标出。

② 应分别标出不同植物类别、位置、范围。

③ 应标出图中每种植物的名称和数量，一般乔木用株数表示，灌木、竹类、地被、草坪用每平方米的数量（株）表示。

④ 种植设计图，根据设计需要分别绘制上木图和下木图。

⑤ 选用的树木图例应简明易懂，不同树种甚至同一树种应采用相同的图例；同一植物规格不同时，应按比例绘制，并有相应表示。

⑥ 重点景区宜另出设计详图（图2-24）。

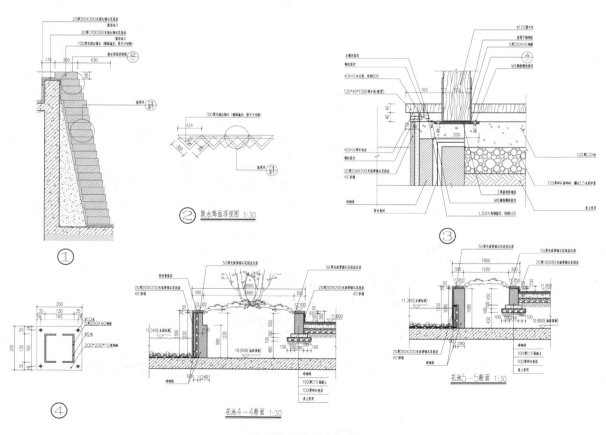

图2-23　其他节点详图

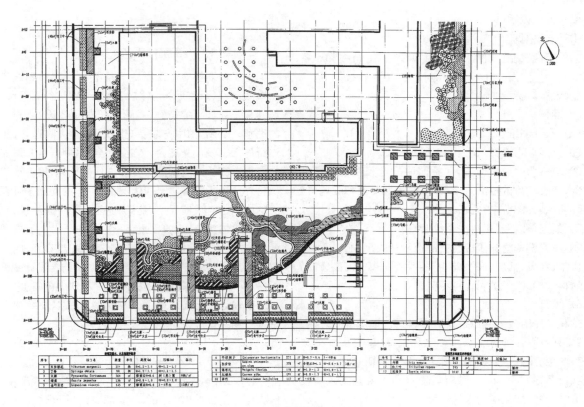

图 2-24 植物种植图
（中国建筑标准设计研究院，2006）

（3）植物材料表　植物材料表可与种植平面图合一，也可单列。

① 列出乔木的名称、规格（胸径、高度、冠径、地径）、数量（宜采用株数或种植密度）。

② 列出灌木、竹类、地被、草坪等的名称、规格（高度、蓬径），其深度需满足施工的需要。

③ 对有特殊要求的植物应在备注栏加以说明。

④ 必要时标注植物拉丁文学名。

5）结构

结构专业设计文件应包含计算书（内部归档）、设计说明、设计图纸。

（1）计算书（内部技术存档文件）　一般有计算机程序计算与手算两种方式。

（2）设计说明

① 主要标准和法规，相应的工程地质详细勘察报告及其主要内容。

② 采用的设计荷载、结构抗震要求。

③ 不良地基的处理措施。

④ 说明所选用结构用材的品种、规格、型号、强度等级、钢筋种类与类别、钢筋保护层厚度、焊条规格型号等。

⑤ 地形的堆筑要求和人工河岸的稳定措施。

⑥ 采用的标准构件图集，如特殊构件需作结构性能检验，应说明检验的方法与要求。

⑦ 施工中应遵循的施工规范和注意事项。

（3）设计图纸　包括基础平面图、结构平面图、构件详图等内容。

6）给水排水

给水排水设计文件应包括设计说明、设计图纸、主要设备表。

（1）设计说明

① 设计依据简述。

② 给排水系统概况，主要的技术指标。

③ 各种管材的选择及其敷设方式。

④ 凡不能用图示表达的施工要求，均应以设计说明表述。

⑤ 图例。

（2）设计图纸

① 给水排水总平面图。

② 水泵房平、剖面图或系统图。

③ 水池配管及详图。

④ 凡由供应商提供的设备如水景、水处理设备等应由供应商提供设备施工安装图，设计单位加以确定。

（3）主要设备表　分别列出主要设备、器具、仪表及管道附件配件的名称、型号、规格（参数）、数量、材质等。

7）电气

包括设计说明、设计图纸、主要设备材料表。

（1）设计说明

① 设计依据。

② 各系统的施工要求和注意事项（包括布线和设备安装等）。

③ 设备订货要求。

④ 图例。

（2）设计图纸

① 干线总平面图（仅大型工程出此图）。

② 电气照明总平面图，包括照明配电箱及各类灯具的位置、各类灯具的控制方式及地点、特殊灯具和配电（控制）箱的安装详图等内容。

③ 配电系统图（用单线图绘制）。

④ 主要设备材料表应包括高低压开关柜、配电箱、电缆及桥架、灯具、插座、开关等，应标明型号规格、数量，简单的材料如导线、保护管等可不列。

8）预算

预算文件组成内容应包含封面、扉页、预算编制说明、总预算书（或综合预算书）、单位工程预算书等，应单列成册。封面应有项目名称、编制单位、编制日期等内容。扉页有项目名称、编制单位、项目负责人和主要编制人及校对人员的署名，加盖编制人注册章。

2.3.3 后期服务阶段

后期服务是园林规划设计工作内容极其重要的环节。首先，园林规划设计师应为甲方做好服务工作，协调相关矛盾，与施工单位、监理单位共同完成工程项目。其次，一些园林规划设计的成果如地形、假山、种植的设计，在施工过程中可变性极强，只有设计师经常深入现场不断把控，才能保证项目的建成效果，充分地体现设计意图。最后，由于图纸与现实总有实际的偏差，因此，有时设计师在施工现场需要对原设计进行合理的调整，才能达到更好的建成效果。

2.3.3.1 施工前期服务

施工前需要对施工图进行交底。甲方拿到施工设计图纸后，会联系监理方、施工方对施工图进行看图和读图。看图属于总体上的把握，读图属于对具体设计节点、详图的理解。之后，由甲方牵头，组织设计方、监理方、施工方进行施工图设计交底会。在交底会上，甲方、监理、施工各方提出看图后所发现的各专业方面的问题，各专业设计人员将对口进行答疑。一般情况下，甲方的问题多涉及总体上的协调、衔接；监理方、施工方的问题常提及设计节点、大样的具体实施，双方侧重点不同。由于上述三方是有备而来，并且有些问题往往是施工中的关键节点，因而设计方在交底会前要充分准备，会上要尽量结合设计图纸当场答复，现场不能回答的，回去考虑后尽快做出答复。另外，施工前设计师还要对硬质工程材料样品以及绿化工程中备选植物进行确认。

2.3.3.2 施工期间服务

施工期间，设计师应定期与不定期地深入施工现场，解决施工单位提出的问题。能解决的，现场解决；无法解决的，要根据施工进度需要，协调各设计专业人员尽快给出设计变更图解决。同时，也应进行工地现场监督，以确保工程按图施工；还要参加施工期间的阶段性工程验收，如基槽、隐蔽工程的验收。

2.3.3.3 施工后期服务

施工结束后，设计师还需要参加工程竣工验收，以签发竣工证明书。另外，有时在工程维护阶段，甲方要求设计师到现场勘察，并提供相应的报告叙述维护期的问题。

■ **讨论与思考**

1. 园林规划设计的主要内容有哪些？涉及哪些专业分工？

2. 园林规划设计步骤分为哪几个阶段？各阶段的具体内容是什么？

3. 方案设计阶段包括哪两个方面，设计图纸主要包括哪些内容？

4. 方案设计中的初步设计阶段所需的设计文件包括哪些内容？

■ **参考文献**

韩炜杰，王一岚，郭巍，2019. 无人机航测在风景园林中的应用研究[J]. 风景园林，26(5)：35-40.

李清亚，2013. 浅析园林施工图绘制[J]. 四川建筑(6)：62-63.

刘慧，2019. 对园林项目预算编制、概算造价的研究[J]. 现代农业(6)：128-129.

汪辉，吕康芝，2014. 居住区景观规划设计[M]. 南京：江苏科学技术出版社.

伍朝晖，2014. GIS技术在城市公园坡地景观规划中的应用探究[D]. 广州：仲恺农业工程学院.

中国建筑标准设计研究院，2006. 建筑场地园林景观设计深度及图样：06SJ805[S]. 北京：中国计划出版社.

3 园林规划设计方法

【导读】 在对园林景观进行规划设计时,要按照设计要求,在完成基地调查和分析的基础上,确定立意与用地规划,并根据园林构成要素,遵循园林设计相关法规、标准及设计要求进行具体规划,掌握这一方法对于初学者是十分重要的。本章从园林方案的生成、园林要素规划设计、园林规划设计基本原理、园林快速设计方法、园林规划设计相关法规及标准图集五个方面介绍园林规划设计的流程与要求。

3.1 知识框架思维导图

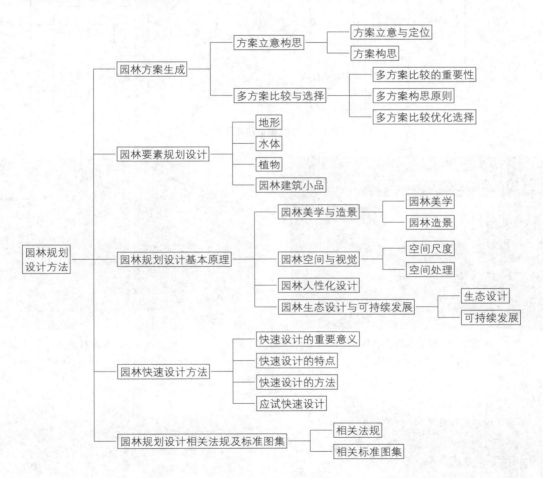

3.2 园林方案生成

3.2.1 方案立意构思

3.2.1.1 方案立意与定位

在园林设计中,方案的立意与定位往往具有举足轻重

的地位,其优劣往往对整个设计的成败有着极大的影响,特别是对一些内容复杂、规模庞大的园林设计项目。立意与定位是园林规划设计中最核心的工作,是整个规划设计的灵魂所在。

项目的立意与定位和任务书以及基地现状的分析紧密相关,灵感有时也是在这一分析过程中产生的。在项目伊始,首先应根据项目基地的现状、当地的历史文化、项目本身的特点和项目的特殊性等因素,充分考虑客户需求,结合团队情况和领导建议,对项目的定位和设计立意进行初步判断,进而列出场地条件清单,从不同角度和定位分析场地条件,从而建立设计概念。在这一步,设计团队中通常会产生多种替代性概念(alternatives),通常情况下要对每组替代性概念进行评估(evaluation),分析利弊,可选取或充分结合各个替代性概念的优点,从而合成最佳立意方案(图3-1)。

直接从大自然中汲取养分,获得设计素材和灵感是创造新的园林境界的方法之一。在此之上,设计师结合画理创造意境,对讲究诗情画意的我国古典园林来说,也是一种较为常用的创作手法。例如著名的扬州个园以石为构思线索,从春、夏、秋、冬四季景色中寻求意境,结合园林创作手法,形成"春山澹冶而如笑,夏山苍翠而如滴,秋山明净而如妆,冬山惨淡而如睡"之佳境(图3-2～图3-5)。

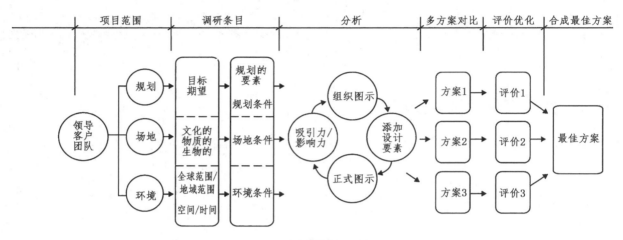

图 3-1 方案概念提取流程图

图 3-2 个园笋石春山竹林
(https://699pic.com)

图 3-3 个园太湖石夏山
(https://baijiahao.baidu.com)

图 3-4 个园黄石秋山
(https://zhuanlan.zhihu.com)

图 3-5 个园宣石冬山与墙壁风洞
(https://baijiahao.baidu.com)

除此之外,还应善于发掘与设计有关的题材或素材,并用联想、类比、隐喻等手法加以艺术的表现。玛莎·舒瓦茨(Martha Schwartz)在剑桥怀海德生化所(Whitehead Biochemical)的屋顶花园——拼合园的设计中,巧妙地利用该研究中心从事基因研究的线索,将法国树篱园和日本枯山水两种传统园林原型"拼合"在一起,它们分别代表着东西方园林的基因,隐喻它们可通过基因重组结合起来创造出新的形式(图3-6)。

图 3-6 拼合园
(https://www.sohu.com)

当然,设计师在构思的过程中,与使用者及设计伙伴的交流也可能产生灵感的火花。

3.2.1.2 方案构思

方案构思是方案设计过程中至关重要的一个环节,它是在立意的思想指导下,把第一阶段分析研究的成果具体落实到图纸上。方案构思的切入点是多样的,应该充分利用基地条件,从环境特点、功能、形式入手,运用多种手法形成一个方案的雏形。

1)从环境特点入手

某些环境因素如地形地貌、景观水体以及道路等均可成为方案构思的启发点和切入点。例如在两面临街、一侧为商店专用停车场的小块空地上建一街头休憩空间,其中设置座凳、饮水装置、废物箱、栽种树木以及做一些地面铺装,要求能符合行人行走路线,并为购物或候车者提供休憩的空间。

根据上述环境特点,构思主要从以下几点入手:
① 场地中设置的内容与任务书要求一致;
② 利用基地外的环境景色,比如街对面的广场喷泉;
③ 入口位置的确定考虑行人的现状穿行路线;
④ 停车场地、商店能便利地与该休憩地相连接;
⑤ 候车区域应设置供休憩的座凳且应有遮荫设施;
⑥ 饮水装置、废物箱的位置应选在人流线附近,使用方便的地方。

根据以上分析,可做出如图3-7两种不同的方案设计。

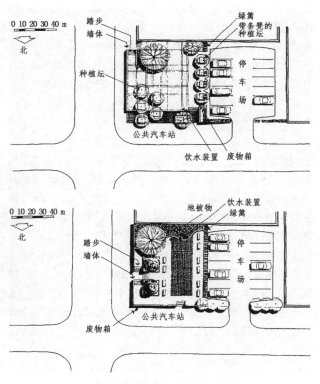

图 3-7 某场地设计
(王晓俊,2000)

2)从功能入手

以平面设计为起点,重点研究功能需求,再注重空间形象组织。园林用地的性质不同,其组成内容也不同。合理的功能关系能使各种不同性质的活动、内容完整而有秩序。如图3-8、图3-9,在方案构思功能泡泡图上,优先确定都市农园、广场和展示花园的位置,而后将泡泡图进一步细化,分隔展示花园,优化流线,最后补充藤架、碎石路等细节,得出最终平面方案(图3-10)。再如琼海龙寿洋田野公园,先确定休憩区、观光区、科创区、康养区、栖居

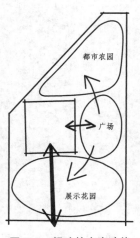

图 3-8 粗略的方案功能泡泡图

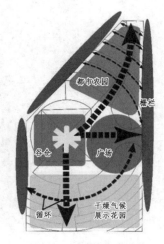

图 3-9 细致的方案功能泡泡图

区、游乐区六大分区,对应"拾穗、四季、野趣、养生、雅舍、嘉年华"六大主题,在方案总平面上对每个分区进行节点深化,形成丰富多彩的游览体验(图3-11、图3-12)。从功能平面入手,这种方法更易于把握,有利于尽快确立方案;但是很容易使空间形象设计受阻,在一定程度上制约了园林形象的创造性设计。

3)从形式入手

重点研究空间组织与造型,然后再进行功能的填充。在构思的过程中,可以将一些自然现象及变化过程加以抽象,用艺术形式表现出来。如伊拉·凯勒水景(Ira Keller Fountain Plaza)广场,平面近似方形,占地约0.5 hm²,除了面向市政大楼外,其余三侧均有绿地和浓郁的树木环绕。水景广场分为源头广场、跌水瀑布和大水池及水中平台三部分,广场形式来源于自然中水的运动过程,设计师结合园林设计要素,通过艺术的手段成功地再现了水的自然流动。这种方法更易于自由发挥个人的想象与创造力,设计出富有新意的空间形象,但是后期的功能调整工作有一定的难度(图3-13)。

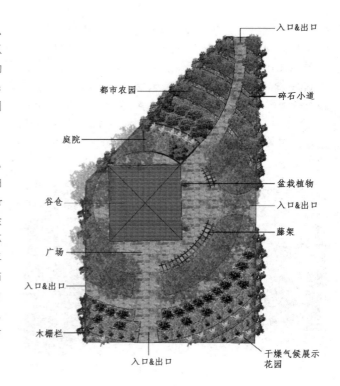

图3-10 方案形式生成

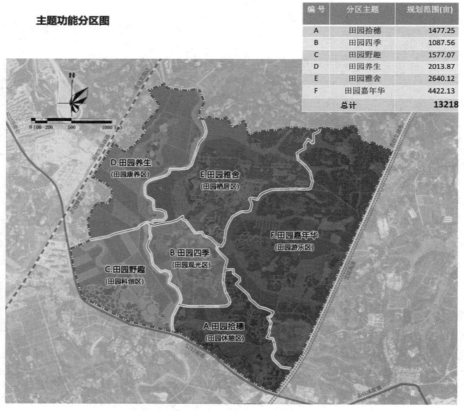

编号	分区主题	规划范围(亩)
A	田园拾穗	1477.25
B	田园四季	1087.56
C	田园野趣	1577.07
D	田园养生	2013.87
E	田园雅舍	2640.12
F	田园嘉年华	4422.13
总计		13218

主题功能分区图

图3-11 琼海龙寿洋田野公园方案设计功能分区
(https://www.zhulong.com)

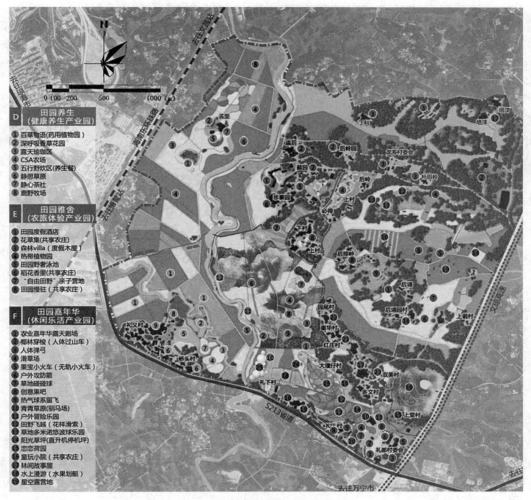

图 3-12 琼海龙寿洋田野公园方案
(https://www.zhulong.com)

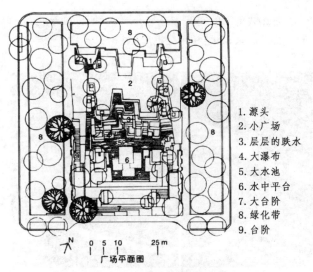

1. 源头
2. 小广场
3. 层层的跌水
4. 大瀑布
5. 大水池
6. 水中平台
7. 大台阶
8. 绿化带
9. 台阶

广场平面图

图 3-13 伊拉·凯勒水景广场平面
(https://mooool.com)

3.2.2 多方案比较与选择

3.2.2.1 多方案比较的重要性

对于园林设计而言,由于影响设计的因素很多,因此认识和解决问题的方式和结果是多样的、相对的和不确定的,从而导致了方案的多样性。只要设计没有偏离正确的园林设计方向,所产生的不同方案就没有对错之分,而只有优劣之别。

对于园林设计而言,多方案构思最终目的是获得一个相对优秀的实施方案。通过多方案构思,我们可以拓展设计思路,从不同角度考虑问题,并通过对交通路线、功能分区等内容的分析、比较、选择,最终得出最佳方案。

3.2.2.2 多方案构思原则

为了实现方案的优化选择,多方案构思应基于以下原则:

其一,多出方案,而且方案间的差别尽可能大。差异

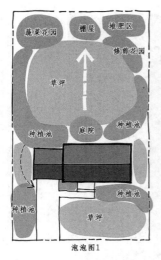 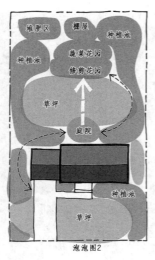

泡泡图1　　泡泡图2

图3-14　方案比选

性保障了方案间的可比较性,而相当的数量则保障了方案比选的科学性。通过多方案构思来实现在整体布局、形式组织以及造型设计上的多样性与丰富性(图3-14)。

其二,任何方案的提出都必须满足设计的环境需求与基本的功能。我们应随时否定那些不现实、不可取的构思,以免浪费时间和精力。

3.2.2.3　多方案比较优化选择

当完成多个方案后,我们将对方案展开分析比较,从中选择出理想的发展方案。分析比较应着重于三个方面:

1)比较设计要求的满足程度

是否满足基本的设计要求,包括功能、环境、结构等诸因素,是衡量一个方案是否合格的起码标准。

2)比较个性特色是否突出

缺乏个性的方案平淡乏味,难以给人留下深刻的印象。

3)比较修改调整的可能性

有的方案难以修改,无法使方案设计深入下去。如果进行彻底的修改不是带来新的更大的问题,就是完全失去了原有方案的特色和优势,那么,我们对此类方案应保持谨慎,以防留下隐患。

3.3　园林要素规划设计

在园林设计中,山石、水体、建筑、植物是构成园林空间的主要形态要素。

3.3.1　地形

园林中的地形主要包括土丘、台地、斜坡、平地、湿地或因台阶和坡道所引起的变化的小地形。地形设计牵涉园林的艺术形象、山水骨架、种植设计、土方工程等问题。

1)地形与平面布局

园林设计中的地形处理主要是利用地貌的变化创造不同类型的活动场地。从地形的外部形态来讲大体可以分为自然式和规则式两种形态。

规则式地形主要可分为四种形态,即下沉广场、规则土丘、台阶和平地(图3-15~图3-18)。下沉广场的广场地坪标高低于场外地面标高,其雏形是希腊雅典卫城广场。现代园林中规则土丘地形的新形式较多,土丘的形状有圆形、椭圆形、水滴形、正方形、条带形等形式。台阶在园林中十分常见,是连接不同高程界面的主要元素,常见于地形有高差的场地中。另外,台阶也可用来形成空间的过渡,加强场地的独立性。规则式地形中的平地与自然式地形的平地有一些差别。自然式地形的平地多为草坪,而规则式平地多为硬质场地,多出现在城市广场中。

自然式地形的空间形态可分为六种,即凹地形、凸地形、山谷、山脊、坡地和平坦地形(图3-19~图3-24)。

图3-15　广州天环广场下沉广场
(https://zhuanlan.zhihu.com)

图3-16　苏格兰宇宙思考花园圆形土丘
(https://www.baidu.com)

图 3-17 现代城市水泥台阶
（奥雅设计，2023）

图 3-18 大连星海广场
（ https://baijiahao. baidu. com）

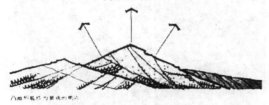

图 3-19 凸地形
（布思，1989）

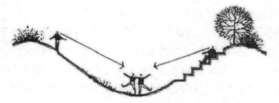

图 3-20 凹地形
（布思，1989）

图 3-21 山谷
（布思，1989）

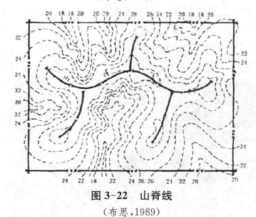

图 3-22 山脊线
（布思，1989）

图 3-23 坡地
（布思，1989）

图 3-24 平地
（陈益峰，2007）

2) 地形与分区规划

地形设计还应结合各分区规划的要求，如安静休息区、老人活动区需要一定山林地、溪流蜿蜒的水面，或利用山水组合造成局部幽静的环境；而文娱活动区域，地形不宜过度陡峭，以便游人开展活动。儿童活动区不宜选择过于险峻的地形，以保证儿童活动的安全。例如在 Race Street 码头公共公园的地形设计中，公园利用地形分为两层，上层是行人散步、骑自行车和慢跑的"空中长廊"，而下层则作为自由的休闲活动区域。此外，整体的坡道连接了两块活动平台，进一步增强了公园的空间感和通达性，同时还遮挡来自市区方向的视线干扰。一系列人造木制长椅沿着倾斜的坡道排列，界定了 12 英尺（约 3.66 m）高的二层平台边界，同时也将两个不同的空间整合在一起。层列式的平台还能作为灵活的座椅，增加整个空间的雕塑感。总之，该公园巧妙地利用地形创造了不同功能的空间，大大丰富了公园的活动体验（图 3-25～图 3-27）。

3）地形与竖向控制

地形设计中，竖向控制应包括下列内容：山顶或坡顶标高、坡底标高；主要挡土墙标高；最高水位、常水位、最低水位标高；水底、驳岸顶部标高；园路主要转折点、交叉点和变坡点标高，桥面标高；公园各出入口内、外地面标高；主要建筑的屋顶、室内和室外地坪标高；地下工程管线及地下构筑物的埋深；重要景观点的地面标高《公园设计规范》（GB 51192—2016）。

4）地形与植物种植

地形设计还应与植物种植规划紧密结合。不同地形的植物景观存在差异性。凸地形的制高点具有较好的视线外延性，为充分发挥山顶视线优势，可成片栽植花木或色叶树以形成较好的远景效果。坡地主要形态可分为山脊和山谷，多具有空间开放、视野开阔等特点，并且排水良好，利于植物生长。植物配置以自然式为主，多选用护坡植物，防止地表径流对坡地土壤过度冲刷。公园山林地坡度应小于33％，草坪坡度不应大于25％。凹地形的植物配置需要注意坡向以及光照条件。光照较弱的地区需要考虑植物的耐阴性。同时，凹地形的阳坡需要考虑大乔木的围合、遮荫的作用。平坦地形的植物配置一般分为两种类型：一种是自然草坪为主的地形；另一种是人工硬质场地，这种场地的植物配置多利用树阵、花池等规则式植物种植方式。

3.3.2 水体

水景向来是园林造景中的点睛之笔，有着其他景观无法替代的动感、光韵和声响（图 3-28、图 3-29）。园林中设

图 3-25 Race Street 码头公共公园鸟瞰
（https://www.gooood.cn）

图 3-26 连接上下两层的坡道
（https://www.gooood.cn）

图 3-27 草坪和层列式的平台
（https://www.gooood.cn）

图 3-28 人工水景一
（https://huaban.com）

图 3-29 人工水景二
（奥雅设计，2023）

置水景,不只是满足人们观赏的需要,给予人们视觉美的享受,还可以使人们在生理上、心理上产生宁静、舒适的感受。水景可调节环境小气候的湿度和温度,对生态环境的改善有着重要作用(图3-30)。

中国古典园林的山与水是密不可分的,掇山理水,"水随山转,山因水活"。水与凝重敦厚的山相比,显得透迤婉转、妩媚动人、别有情调,能使园林产生很多生动活泼的景观,有扩大空间的效果。从园林艺术上讲,水体与山体还可形成开朗的空间和较长的风景透视线(图3-31)。

不同形式的水体设计方法:

1) 河流

在园林中组织河流,平面宜随地形弯曲,河床应有宽有窄,以形成空间上的开合变化,河岸随山势、地形应有缓有陡,丰富沿岸景致(图3-32)。

图 3-30 自然水景

图 3-31 山与水的对比

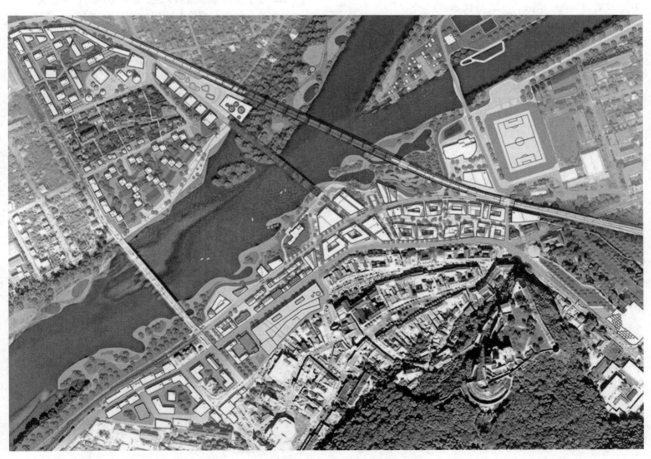

图 3-32 特伦辛市河流景观设计平面图

(https://www.gooood.cn)

2）溪涧

在自然界中,水流平缓者为溪,湍急者为涧,可在园林山坡地适当之处设置溪涧,溪涧的平面应蜿蜒曲折、有分有合、有收有放,构成大小不同的水面或宽窄各异的水流。多变的水形及落差,配合山石的设置,可使水流忽急忽缓、忽隐忽现,形成各种悦耳的水声,给人以视听上的双重享受,如无锡寄畅园的八音涧(图3-33)、北京颐和园的玉琴峡,都是仿效自然的溪涧精品。

3）瀑布

瀑布是优美的动态水景。大的风景区中,常有天然瀑布可以利用,如贵州的黄果树大瀑布、庐山香炉峰大瀑布等。人工园林可以模仿天然瀑布的意境,创造人工小瀑布。通常的做法是将石山叠高,山上设池做水源,池边开设落水口,水从落水口流出形成瀑布(图3-34、图3-35)

4）喷泉

地下水向地面上涌出谓泉,泉流速大,涌出时水体会高于地面或水面。城市园林绿地中的喷泉以人工为主,一般布置在城市广场上、大型建筑物前、入口处、道路交叉口等处,与水池、雕塑、花坛、彩色灯光等组合成景。作为局部的构图中心,为使喷泉线条清晰,可以深色景物为背景,如高绿篱或绿墙、深色的建筑墙面等。另外喷泉喷头的形式不同也会产生不同的喷射效果(图3-36、图3-37)。

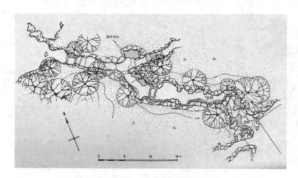

图 3-33　寄畅园八音涧
(杨鸿勋,2011)

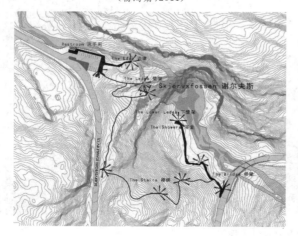

图 3-34　挪威谢尔夫斯(Skjervsfossen)瀑布游览系统平面图
(https://www.gooood.cn)

图 3-35　挪威谢尔夫斯瀑布实景
(https://www.gooood.cn)

a　重庆新光天地广场喷泉
(https://huaban.com)

b　迪拜音乐喷泉
(https://baijiahao.baidu.com)

c　欧式喷泉
图 3-36　喷泉示例

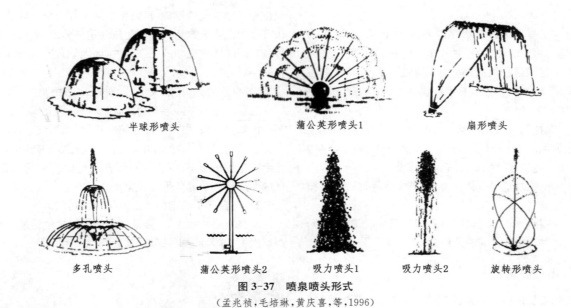

半球形喷头　　　　蒲公英形喷头1　　　　扇形喷头

多孔喷头　　蒲公英形喷头2　　吸力喷头1　　吸力喷头2　　旋转形喷头

图3-37　喷泉喷头形式

（孟兆祯，毛培琳，黄庆喜，等，1996）

5）岛、半岛

四面环水的陆地称岛。岛可以划分水面空间，增加水中观赏内容及水面层次、抑制视线、避免湖岸风光一览无余，还可引发游人的探求兴趣，吸引游人游览。岛是一个眺望湖周边景色的重要地点，可分为山岛、平岛、池岛（图3-38、图3-39）。

图3-38　成都云朵乐园岛屿

（https://www.gooood.cn）

山岛突出水面，与水形成方向上的对比，岛上的建筑、植物常成为全园的主景或眺望点，如北京北海的琼华岛。平岛似天然的沙舟，岸线平缓地伸入水中，给人以舒适及与水亲近之感；还可在水边配置芦苇之类的水生植物，形成生动而具野趣的自然景色。池岛即湖中有岛，岛中有湖，在面积上壮大了声势，在景色上富于变化，具有独特效果，但最好用于大水面中，如杭州西湖"三潭印月"。

半岛是指陆地一半伸入湖泊，一半同大陆相连的地貌形态，它的其余三面被水包围，如浙江的穿山半岛、象山半岛等。

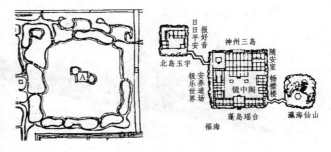

图3-39　北京圆明园福海内"一池三山"

（黄东兵，2003）

6）驳岸

园林中驳岸有土石基草坪护坡、自然山石驳岸、条石驳岸、钢筋混凝土驳岸、木桩护岸等（图3-40～图3-42）。同时驳岸也是园景的组成部分，必须在经济、实用的前提下注意美观，使之与周围的景观协调。

7）闸、坝

闸、坝是控制水流出入某段水体的工程构筑物，主要作用是蓄水和泄水，设于水体的进水口和出水口。园林中的闸、坝多与建筑、园桥、假山等组合成景。

（1）水闸按功能可分为进水闸、节制水闸、分水闸、排洪闸等。

（2）水坝有土坝、草坪或铺石护坡；石坝有滚水坝、阶梯坝、分水坝等；橡皮坝可充水、放水。

3.3.3 植物

植物配置是进行规划设计时较为重要的一项内容，其

对整体绿地景观的形成、良好生态环境和游憩环境的塑造起着极为重要的作用。设计时应注重整体性，突出重点和特色。同时尊重植物的生态特性，因地制宜选用合适的植物品种。

1）全面规划，重点突出，远期和近期相结合

应利用用地内的原有树木，尽快形成景观骨架。在重要区域如主入口、主要景观建筑附近、重点景观区，以及主干道的行道树，宜移植大苗来进行植物配置；其他地区，则可用合格的出圃小苗；快生与慢长的植物品种相结合，以尽快形成持久的绿色景观效果。

2）符合各类绿地的性质及其内部功能需求

园林植物种植设计，要从风景园林绿地的性质和主要功能出发，不同性质的绿地，其功能也不相同。

图3-40　自然草坡护岸

（https://huaban.com）

图3-41　自然山石驳岸

（http://www.bjshanshihui.cn）

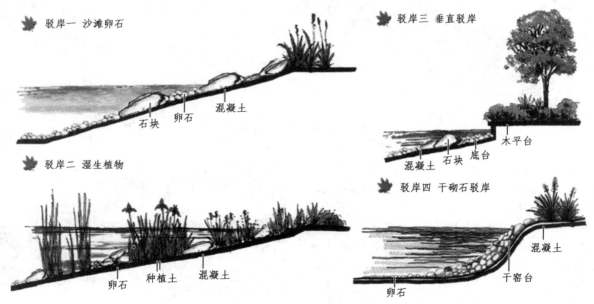

图3-42　驳岸做法手绘剖面

（https://ziliao.co188.com）

例如,对于公园绿地,根据人们游览观赏的要求,除了用建筑材料铺装的道路和广场外,整个公园应全部由绿色植物覆盖,地被植物一般选用多年生花卉和草坪,某些坡地可以用匍匐性小灌木或藤本植物。对于游人活动较多的城市广场,应栽植株距较大(8～12 m)、林冠展开的遮阳树。

就某一城市绿地来说,其内部区域由于功能不同,种植设计也应因地制宜,结合植物造景、游人活动、景观布局要求来布置安排。

主要园路应利用树冠开展、树形较美的乔木作为行道树,一方面形成优美的纵深绿色植物空间,另一方面也起到遮阳的作用。规则的道路宜采用规则行列式的行道树。自然式的道路,多采用自然种植形式以形成自然景观。

主要建筑物和活动广场在进行植物景观配置的时候也要尽量创造良好的小气候,冬季有寒风侵袭的地方,要考虑防风林带的种植;在游憩亭榭、茶室、餐厅、阅览室、展览馆的建筑物西侧,应配植高大的庇荫乔木,以抵挡夏季西晒。

疏林草地是很受人们欢迎的一种配置类型,在耐阴性较强的草坪上,栽植株距较大(8～15 m)的速生落叶乔木,既可遮阳,又有草坪,适于开展多种活动(图3-43)。

3) 注意植物的生态条件,创造适宜的植物生长环境

按生态环境条件,植物可分为陆生、水生、沼生、耐寒喜高温及喜光耐阴、耐水湿、耐干旱、耐贫瘠等类型。喜光照充足的,如梅花、马尾松、黑松、木棉、杨树、柳树;耐阴的,如罗汉松、山楂、珍珠梅、杜鹃;喜水湿的,如柳树、池杉、水松、丝棉木;耐贫瘠的,如沙枣、柽柳、胡杨等。在园林中,在不同的生态环境下选用不同的植物品种易形成该区域的景观特色。

(1) 由于园林建设用地的土质优劣差异较大,宜选耐瘠薄、生长健壮、病虫害少、管理粗放的乡土树种,这样可以保证树木生长茂盛,绿化收效快,并具有地方特色。

(2) 在停留时间较长的区域,选择树冠大、枝叶茂密,落叶阔叶乔木的树种,在酷暑中可以获得大面积的遮阴,同时也能吸附一些灰尘、减少噪声,使得环境安静、空气新鲜,冬季又不遮阳光。此类树种如北方的国槐、臭椿、杨树,南方的榉树、悬铃木、香樟等。

(3) 在公共绿地的重点绿化地区或居住庭院中,小气候条件较好的地方,可选栽姿态优美、花色、叶色丰富的植物,如雪松、油松、红叶李、枫树、紫薇、丁香等。

(4) 根据环境,因地制宜地选用那些具有防风、防晒、防噪声、调节小气候,以及能监测和吸附大气污染的植物,也可选用那些不需施大肥、管理简便的果、蔬、药材等经济作物,如核桃、葡萄、枣等既好看又实惠的品种。

4) 突出植物特色,注重植物品种搭配

首先,各类绿地在植物配植上应有自己的特色,突出某一种或几种植物景观,形成绿地植物特色。如杭州西湖的中山公园以梅花为主景,曲院风荷以荷花为主景,西山公园以茶花、玉兰为主景,花港观鱼以牡丹为主景,柳浪闻莺以垂柳为主景,形成各自的特色,成为公园的代表景点(图3-44、图3-45)。

其次,应注意植物基调及主配调的规划。在树种选择上,应该有1个或2个树种作为基调,分布于整个绿地内,在数量和分布范围上占优势;还应视不同的景色突出不同的主调树种,形成不同景区的各自植物主题,使各景区在植物配置上各有特色。植物配置除了有主调以外,还应有配调,使之相得益彰。植物布局既要达到各景区各有特色,相互之间又要统一协调,达到多样统一的效果(图3-46、图3-47)。

同时,常绿树与落叶树应有一定的比例。在公园绿地中,一般在华北地区常绿树占30%～40%,落叶树60%～70%;华中地区常绿树50%～60%,落叶树40%～50%;华南地区常绿树70%～80%,落叶树20%～30%,以达到四季常青,景观各异(图3-48)。

图3-43　疏林草地
(https://blog.sina.com.cn)

图3-44　西湖曲院风荷
(https://www.meipian.cn)

图 3-45　柳浪闻莺
(https://699pic.com)

图 3-46　水杉作为主调树种形成的植物景观
(https://699pic.com)

图 3-47　樱花景观
(https://699pic.com)

图 3-48　常绿与落叶结合
(http://k.sina.com.cn)

图 3-49　春季植物景观
(https://699pic.com)

图 3-50　夏季植物景观
(http://www.yytpark.com)

5）设计四季景观和专类园突出植物艺术造景

"造景所藉,切要四时",春、夏、秋、冬四季植物景观的创作是比较容易出效果的。植物在四季的表现不同,游人可尽赏其各种风采,春观花、夏纳荫、秋观叶品果、冬赏干观枝。结合地形、建筑、空间变化因地制宜地将四季植物搭配在一起便可形成特色植物景观。

专类园指按照一定造园意图进行园林布局的花园。

专类园中的植物选择通常为观花植物,也有选择观叶植物和观果植物的。因此,花繁叶茂、色彩绚丽的专类花园是游人乐于游赏的地方。专类园不仅为游人提供观赏美景、陶冶性情的场所,还可进行关于植物、园艺等方面的科普教育活动,并且可供植物收集、比较、保存、培育等方面的科学研究之用。常见的专类园有:牡丹园、槭树园、菊园、竹园、宿根花卉园等(图 3-49～图 3-52)。

图 3-51　秋季植物景观
(http://k.sina.com.cn)

图 3-52　菊园
(https://news.sina.cn)

3.3.4　园林建筑小品

建筑小品是指既有功能要求,又具有点缀、装饰和美化作用的,从属于某一建筑空间环境的小体量建筑,也包含游憩观赏设施和指示性标志物。

环境建筑景观是园林绿地空间设计的一部分,是形成园林绿地面貌和特点的重要因素。景观建筑功能简明,造型新颖别致,带有意境与特色,具有组合空间、美化环境、提供游憩活动等作用。另外,景观建筑的造价低、见效快,对环境起到点缀、陪衬、填白等强化景观的辅助作用,所以也愈来愈受到重视,成为环境景观设计中不可或缺的一部分。

建筑景观的设置要根据用地周边建筑的形式、风格,使用人群的文化层次与爱好,空间的特性、色彩、尺度,以及当地的民俗习惯等,选用适合的材料。建筑景观的形式

与内容要与环境和谐统一,相得益彰,成为有机的整体。

1)大门与入口

大门与入口起到分隔地段、空间的作用,一般与围墙结合围合空间,标志不同功能空间的限界,限定过境行人、车辆穿行。

作为一个相对独立于环境内外空间的分隔界面,大门及入口赋予人们一种视觉和心理上的转换和引导。同时,作为联系内外空间的枢纽,它们是控制与组织人流、车流进出的要道。在建筑的外部环境景观中,大门及入口又是一个重要的视觉中心,一个设计独特的大门及入口将成为室外环境的一个亮点。大门与入口的形式多种多样,有门垛式(在入口的两侧对称或不对称砌筑门垛),还有顶盖式、标志式、花架式、花架与景墙结合等形式。有的入口处将人行与车行分道,在步行道的入口处采用门洞式,以示车辆不可入内,以保证内部环境的宁静(图3-53)。

a　生态公园大门
(https://www.sohu.com)

b　现代小区大门
(https://huaban.com)

c　校园大门
(https://699pic.com)

d　城墙大门
(https://699pic.com)

图 3-53　大门示例

2）围栏（墙）

围栏（墙）是纯粹的围合界面，与大门一样，起着围合与隔离的作用，体现在三个方面：一是防御与安全的作用；二是不同空间区域之间的界定作用；三是环境的美化作用。随着时代的变迁，围栏（墙）的防御和安全作用已开始减弱，而对空间的界定作用和环境的美化作用逐渐加强（图3-54）。

3）亭及廊架

（1）亭　亭主要是为满足人们在旅游活动中的休憩、停歇、纳凉、避雨、极目眺望之需。亭在造型上，要结合具体地形、自然景观和周围环境设计，生成其特有的形象与周围的建筑、绿化、水景等结合而构成园林景观（图3-55）。

（2）廊架　廊架可分隔景物，联络局部，遮阳、休憩；也可替代植物作为背景；其上攀缘藤木花卉，可作为主景观赏。花架按其材质、结构可以分为：竹木廊架、钢廊架，其中，轻钢廊架主要用于荫棚、单体与组合式廊架，造型活泼自由，挺拔轻巧（图3-56）。

4）桥

园桥为跨越水流、溪谷，联络道路而必需设置的构筑物，有连贯交通和划分空间的作用。园桥还兼具景观欣赏的意义，有些园桥专为点缀景观而设置（图3-57）。

图3-54　通透式围墙
(https://huaban.com)

a　现代景观亭
（奥雅设计，2021）

b　园林中的亭子

c　公园中的亭子

d　社区中的亭子
（奥雅设计，2021）

图3-55　亭

a 小区廊架
(https://bbs. zhulong. com)

a 汀步
(https://bbs. zhulong. com)

b 金属结构廊架
(https://699pic.com)

b 平桥
(https://699pic.com)

c 复古廊架
(https://699pic.com)

图 3-56 廊架

c 拱桥
(https://bbs. zhulong. com)

图 3-57 桥

5）雕塑小品

雕塑小品与周围环境共同塑造出一个完整的视觉形象，同时赋予景观空间环境以生机和主题。雕塑小品通常以其巧妙的构思、精美的造型来点缀空间，使空间宜人而富于意境，从而提升整体环境景观的品质（图 3-58、图 3-59）。

6）铺地

铺地是空间界面的组成部分，其丰富的寓意、精美的图案，都给人以美的享受。它影响着环境空间的景观效果，是园景的重要组成部分（图 3-60、图 3-61）。常见铺地类型包括：花街铺地、卵石铺地、嵌草铺地、块料铺地、整体路面、步石等。

图 3-58　简洁艺术的草坪雕塑
（https://huaban.com）

图 3-59　精致的雕塑小品结合水景
（https://huaban.com）

图 3-60　卵石铺地
（https://www.jianshu.com）

图 3-61　嵌在草坪中的条形花岗岩步石
（https://huaban.com）

7）台阶

台阶，一般是指用砖石、混凝土等筑成的供人上下通行的构筑物。

（1）台阶的设计要点有：

① 通常室外台阶设计应在一定高度范围内。若降低台阶踢面高度，增加踏面宽度，可提高台阶的舒适性。

② 踢面高度（h）与踏面宽度（b）的关系如下：$2h + b = 60 \sim 65$ cm。

③ 若踢面高度过低，设在 10 cm 以下，行人上下台阶时容易磕绊，比较危险。因此，应当提高台阶上下两端路面的排水坡度、调整地势，或取消台阶，或将踢板高度设在 10 cm 以上，也可以考虑做成坡道。

④ 台阶踏步数不应少于 2 级。

⑤ 台阶每升高 1.2～1.5 m，宜设置休息平台，平台进深应大于 1.2 m。位于特陡山地时，宜根据具体情况增加台阶数，但不宜超过 18 级。

（2）台阶做法有很多种，以下为几种典型的台阶剖面。

① 混凝土台阶（图 3-62）；

② 花砖、石板台阶（图 3-63）；

③ 料石台阶（图 3-64）；

④ 圆木桩台阶（图 3-65）；

⑤ 卵石砌筑台阶（图 3-66）。

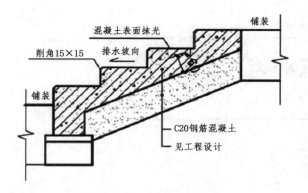

图 3-62 混凝土台阶剖面
（中国建筑标准设计研究,2016）

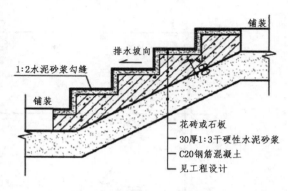

图 3-63 花砖、石板台阶剖面
（中国建筑标准设计研究,2016）

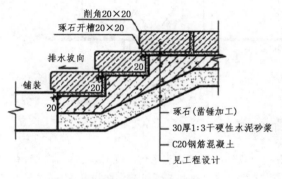

图 3-64 料石台阶剖面
（中国建筑标准设计研究,2016）

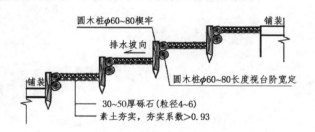

图 3-65 圆木桩台阶剖面
（中国建筑标准设计研究,2016）

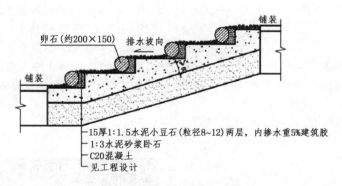

图 3-66 卵石砌筑台阶剖面
（中国建筑标准设计研究,2016）

8）园灯

园灯主要分为明视照明及饰景照明两大类。前者是以满足园林环境照明基本要求为主的安全性照明；后者则是从景观角度出发,显示出与白天完全不同的夜景装饰性照明。

照明按光线照射方式主要分为两大类：定向照明和漫射照明。

（1）定向照明 定向照明是指入射光主要是从某一特定方向投射到工作面和目标上的照明。定向照明运用于园林,根据光源与被照明物体的相对位置,分为重点照明、柔和顶光照明、内嵌式台阶照明、低矮安全照明、背光照明、泛光照明、剪影照明、水下照明八种类型。

（2）漫射照明 漫射照明是指入射光线并非主要来自单一特别方向之照明方式。

常见的园灯类型,根据光源高度,可分为低杆式、低位式、地埋式、嵌入式四种（图 3-67）。根据放置位置的不同,有以下几种：

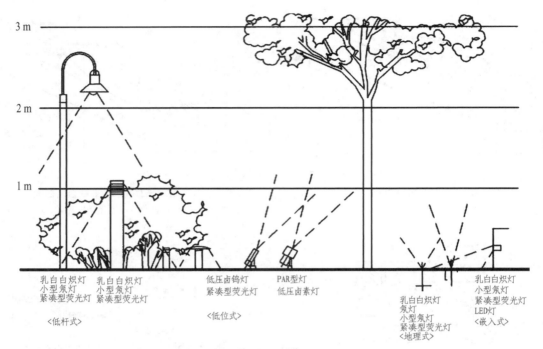

3 m

2 m

1 m

乳白白炽灯
小型氖灯
紧凑型荧光灯

乳白白炽灯
小型氖灯
紧凑型荧光灯

低压卤钨灯
紧凑型荧光灯

PAR型灯
低压卤素灯

乳白白炽灯
氖灯
小型氖灯
紧凑型荧光灯
〈地理式〉

乳白白炽灯
小型氖灯
紧凑型荧光灯
LED灯
〈嵌入式〉

〈低杆式〉

〈低位式〉

图 3-67 各种园灯示意图

① 门灯：庭院出入口与建筑的大门包括在矮墙上安装的灯具，可以分为门顶灯、门壁灯、门前座灯等。

② 庭园灯：用在庭院、公园与大型建筑物的周围，既是照明器材，又是艺术小品，因此庭园灯在造型上应美观新颖。庭园中常有树木、草坪、水池，各处庭园灯的形态、性能也各不相同。

③ 园林小径灯：竖在庭园小径边，与树木、建筑物相衬，使庭园显得幽静舒适。园林小径灯的造型多样，选择园林小径灯时必须注意与周围建筑物相谐调，其高度要根据小径边树木与建筑物的高度来确定（图 3-68）。

④ 草坪灯：草坪灯一般为 40～70 cm 高，最高不超过 1 m。灯具外形尽可能艺术化，有的像大理石雕塑，有的像亭子，造型多样。有些草坪灯还会播放音乐，使人们在草坪上休息散步时更加心旷神怡（图 3-69）。

⑤ 水池灯：具有十分好的水密性，灯具中的光源一般选用卤钨灯，其具有连续光谱，光照效果很好。光经过水的折射，会产生色彩艳丽的光线，特别是照射在喷泉的水柱上时，缤纷的光色与水柱令人陶醉（图 3-70）。

⑥ 地灯：埋设于地面的低位路灯，常镶嵌于建筑构件、地面或小品内部，尽量避免突出自身的造型和光源所在的位置（图 3-71）。

图 3-68 园林小径灯
（https://699pic.com）

图 3-69 草坪灯
（https://zhuanlan.zhihu.com）

66

图 3-70 水池灯结合喷泉

(https://bbs.zhulong.com)

图 3-71 地灯

(https://699pic.com)

9）茶室

主要是指供人们品茗、休息、聊天、娱乐的公共休闲活动空间。茶室的设计与园林景观紧密融合，不仅可供日常休闲娱乐，还可以传承和传播中国传统茶文化。茶室的设计需充分了解茶室建筑空间与周围环境，使茶室内外空间有机结合和统一。茶室通常设置在贴近自然、环境较为幽静的位置，应具有良好的景观视线。

10）厕所

厕所是园林中必不可少的服务性建筑物，其设计在满足实用性、方便性和清洁卫生等要求外，还需要对选址和外形多加注意。一般来说园林中厕所的设计不作特殊风景建筑类型处理，外形尽量朴实无华，并尽可能与周围环境相协调，其选址以藏而不露为宜（图 3-72）。

3.4 园林规划设计基本原理

3.4.1 园林美学与造景

园林绿地景观空间的构成要素包括地形、植物、地面铺装、构筑物、小品等，这些构成要素之间有着色彩、造型、质感等错综复杂的组合关系。为了妥善处理这些关系，设计人员就要遵循一定的形式规律对它们进行构思、设计并进而实施建造。使绿地表现出鲜明的时代性和艺术性，创造出具有合理的使用功能、良好的经济效益和高质量的园林景观。

3.4.1.1 园林美学

1）对比与调和

对比指通过设计使布局中的体量、色彩等要素，呈现显著的差异，由此烘托、对比，从而突出景观的特点。对比的手法可分为：形象的对比、体量的对比、方向的对比、开闭的对比、明暗的对比、虚实的对比、色彩的对比、质感的对比。调和则更强调矛盾间的联系，差异程度较小，从而营造和谐的观赏氛围。园林设计中，要在对比中求调和，在调和中求对比，使景观既丰富生动，又能突出主题，协调风格。例如网师园利用高大山墙削弱亭、轩尺度，建造小体量假山和三步小拱桥反衬湖面，通过对比营造"一峰则太华千寻，一勺则江湖万里"的意境（图3-73）。

2）对称与均衡

除悬崖等需要营造动势达到险峻效果的景观，一般来讲，景物群体的各景点之间应形成对立统一的空间关系，从而满足观赏者心理平衡安定的需求。均衡可分为对称均衡和非对称均衡。

（1）对称均衡（静态均衡） 有明显的轴线，采取轴线两侧对称的构图形式，正中往往设置吸引注意力的焦点。对称均衡较工整，给人以稳定、庄重和理性的感觉，因此在规则式绿地中采用得较多。如南京雨花台烈士陵园采取中轴对称的构图（图3-74）。

图 3-72 南京牛首山景区公共厕所

a 网师园建筑对比
(https://699pic.com)

图 3-74 南京雨花台烈士陵园中轴对称
(https://699pic.com)

b 网师园小拱桥
图 3-73 对比与调和

图 3-75 凡尔赛宫绿植不对称均衡
(https://699pic.com)

图 3-76 桂林园博园立方体的重复

（2）不对称均衡（动态均衡） 较自然，注意力焦点不放在中间，形式上是不对称的，在实际操作中可以通过调整虚实、质感、疏密、体形、数量等多种构成要素，产生静中有动的感觉。当需要对称布局的园林绿地，由于地形等条件制约而无法采用完全对称的形式时，也可以考虑不对称均衡的手法（图 3-75）。

3）重复与渐变

重复是指构图中某一因素的反复出现。重复的设计手法可以加强整体的统一性。构图中有线的重复、形的重复、质感的重复等。渐变是指重复出现的构图要素，在长短、宽窄、疏密、浓淡、数量等某一方面做有规律的逐渐变化所形成的构图（图 3-76、图 3-77）。

4）节奏与韵律

只有简单的重复而不产生变化，会审美疲劳。景观要素通过有规律的重复、有组织的变化，就会产生节奏，如水的波纹。韵律是节奏的深化，通过抑扬起伏变化产生律动感，如自然山峰的天际线、人工植物群落的林冠线等。常见的韵律构图手法有：交替的韵律、渐变的韵律、起伏曲折韵律、拟态的韵律等（图3-78）。

5）颜色与质感

园林无论软质景观（花卉、树叶、树干等）还是硬质景观（园路、铺地、亭台等）都涉及颜色的运用。一方面，重复的颜色可以造成鲜明愉悦的氛围，不同的颜色可以降低统一性、突出重点。设计时最好选用一种主导性色彩，再结合其他一种或数种色彩。另一方面，颜色的冷暖影响了人的心理和空间感受。暖色调，如红色、橘红色、黄色，产生向前和温暖的感觉；冷色调，如蓝色、绿色，趋向于后退和宁静的感觉。冷色能使较小的园林看起来比实际大一些；暖色则相反。如北京颐和园佛香阁运用暖色调，在色彩运用上以红色为主，辅以黄色，主次分明的色彩关系使这座主建筑得到了既统一而又富于变化的色彩效果（图3-79）。

3.4.1.2 园林造景

1）主景与配景

主景是园林绿地的核心，一般一个园林由若干个景区组成，每个景区都有各自的主景，但景区有主次之分，而主景区中的主景是园林中的主题和重点；配景起衬托主景的作用，像绿叶与红花的关系一样，主景必须突出，配景则必不可少，但不能喧宾夺主，要能对主景起到烘云托月的作用。常用的突出主景的方法有以下几种：

（1）主景升高　为了使构图主题鲜明，常把主景在高程上加以突出。例如北京北海公园的白塔（图3-80）、颐和园万寿山景区的佛香阁建筑群等。

（2）中轴对称　在规则式园林和园林建筑布局中，常把主景放在总体布局中轴点，两侧配置一对及以上的配景，强调主景的庄严和壮丽，如北京天安门建筑轴线（图3-81）。另外，一些纪念性公园也常采用这种方法来突出主体。

（3）对比与调和　配景经常通过对比的形式来突出主景，包括体量、色彩、形体等的对比。例如，在堆山时，主峰与次峰是体量上的对比；蓝天作为青铜像的背景产生色彩对比；规则式的建筑以自然山水、植物作形体的对比陪衬等。如印度的泰姬陵，陵园主体晶莹光润的白色建筑与背景空灵而纯洁的天空形成了鲜明的对比，使主体建筑更为端庄秀丽、婀娜多姿（图3-82）。

（4）视线焦点　把主景放在视线或风景透视线的焦点上加以突出，如北海白塔体量、色彩突出，自然成为全园焦点。

图 3-77　颐和园十七孔桥的渐变

（https://699pic.com）

图 3-78　美国蒙大拿州冰川国家公园天际线

（https://pixabay.com）

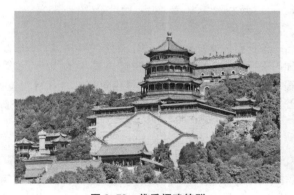

图 3-79　佛香阁建筑群

（https://699pic.com）

图 3-80　北海公园白塔

（https://baijiahao.baidu.com）

图 3-81　天安门建筑轴线
（https://699pic.com）

图 3-82　泰姬陵白色建筑与蓝天形成对比
（https://699pic.com）

（5）重心处理　在园林构图中，常把主景放在整个构图的重心上，例如中国传统假山，就是把主峰放在偏于某一侧的位置，主峰切忌居中，如环秀山庄主山位于园林的重心上（图3-83）。

（6）动势集中　一般四面环抱的空间，例如水面、广场、庭院等周围次要的景色要有动势，趋向一个视线的焦点上。例如西湖中央的主景"孤山"就位于被水面所环绕园林构图的中心（图3-84）。

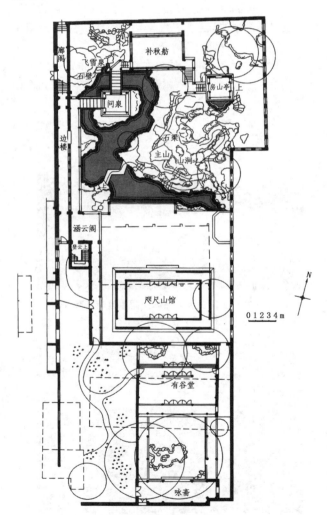

图 3-83　环秀山庄平面
（刘少宗，1997）

图 3-84　孤山
（https://699pic.com）

2）借景

借景，即根据园林周围环境特点和造景需要，把园外的风景组织到园内，成为园内风景的一部分，达到扩大空间、丰富园景的效果。借景的方法根据景物的方位和视点的高低，分为远借、邻借、仰借、俯借等（图3-85）。

3）对景

位于园林轴线及风景线端点的景物叫对景。一般选择园内透视画面最精彩的位置供游人逗留，例如休息亭、榭等。这些建筑在朝向上应与远景相向对应，能相互观望、相互烘托。如杭州西湖北面保俶塔和南面雷峰塔（图3-86）。

4）障景、抑景

障景与抑景都是用树木、建筑、土山等园林材素材将景观遮挡起来。障景是指遮挡与园内风景格格不入的劣景；抑景指中国古典园林中常运用的"山重水复疑无路，柳暗花明又一村"的先藏后露的造园方法，如留园入口营造曲折的通道，欲扬先抑，到达园内则有豁然开朗、别有洞天之感（图3-87）。

图 3-85　寄畅园远借锡山景
（余笑，2023）

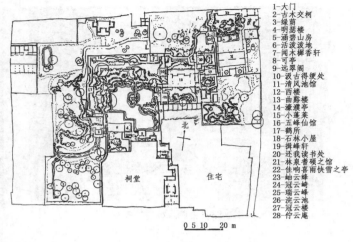

1-大门
2-古木交柯
3-绿荫前楼
4-明瑟楼
5-涵碧山房
6-活泼泼地
7-闻木樨香轩
8-可亭
9-远翠阁
10-汲古得绠处
11-清风池馆
12-西楼
13-曲谿楼
14-濠濮亭
15-小蓬莱仙馆
16-五峰仙馆
17-鹤所
18-石林小屋
19-揖峰轩
20-还我读书处
21-林泉耆硕之馆
22-佳晴喜雨快雪之亭
23-岫云峰
24-冠云峰
25-瑞云峰
26-浣云池
27-冠云楼
28-伫云庵

0 5 10　　20 m

a　平面图

图 3-86　西湖雷峰塔对景
（https://699pic.com）

b　入口实景
（李坤兰，2019）

图 3-87　留园

5）框景

利用门窗洞、柱间、乔木枝条等合抱而成边框，将具有观赏价值的自然或人文景色收入其中，形成一幅天然的风景图画，称"框景"。如清代李渔所创的"尺幅窗和无心画"，利用窗框作画框，透过窗洞观赏屋后的假山。漏景由框景发展而来，强调若隐若现，主要是通过围墙和廊的漏窗来透视园内风景（图 3-88）。

6）点景

顾名思义，在园林中点缀景物，称为"点景"。要根据景物特点形成诗画意境，营造静中有动、浑然天成的园林艺术效果（图 3-89）。

3.4.2　园林空间与视觉

根据景观视线的效果，园林空间可分为开敞空间、半开敞空间、闭合空间、垂直空间、覆盖空间、虚空间（图 3-90）。

其中，开敞空间视线通透、外向、无封闭性，可用于外放性、集会性的场所；半开敞空间有一定的视线导向性，对游人的视线有较好的引导作用，适于滨水空间等；闭合空间幽闭感强，具有一定私密性，适于静谧的场所；垂直空间，两侧几乎封闭，头顶和前方视线较开敞，易产生"夹景"的效果，可以引导游线，并且突出前端的主体景物；覆盖空间，即顶部覆盖而四周开敞的空间；虚空间指利用草坪、树干等界定空间的同时不遮挡游人的视线，给人以轻松、自由的感受。

3.4.2.1　空间尺度

空间所传达的感受，或密闭或开放，不依赖实际测量的尺寸，而取决于观察者与空间构成的边界间的距离，以及观察者和实体的高差。评价一个空间是否均衡的标准是人和空间的比例。

图 3-88 古典园林中的漏窗

图 3-89 留园冠云峰点景
（https://www.sohu.com）

a 开敞空间 b 半开敞空间

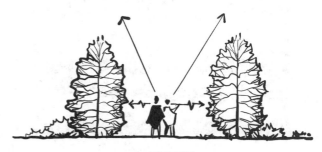

c 闭合空间 d 垂直空间

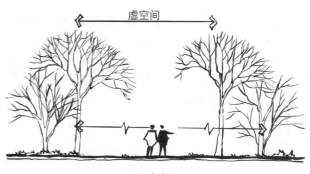

e 覆盖空间 f 虚空间

图 3-90 园林空间类型

社会心理学家研究了人的关系和人际距离之间的关系，E. T. 霍尔（E. T. Hall）认为人际距离有四种：亲密距离（父母与子女之间、夫妻之间交往的距离），约为 0.5 m；私人距离（朋友或熟人之间的交往距离），一般为 0.5～1.2 m；社会距离（一般认识者之间交往的距离），约为 1.2～3.5 m；公共距离（陌生人之间、上下级之间交往的距离），一般为 3.5～7.5 m。

3.4.2.2　空间处理

1）空间的分隔与组合

空间的分隔是通过墙、柱、廊等要素将整个空间分隔成多空间。如根据地形起伏、水面与道路的曲折、人的感知变化等因素划分空间，从而使大尺度空间变为接近人尺度的空间。空间的组合，即把不同大小的空间单元在平面和竖向上排列与组合，从而形成丰富的空间效果（图 3-91）。

图 3-91　采用连廊分隔空间
（https://699pic.com）

2）空间的渗透

当相邻空间采用虚面作围合面时，视线就能透过这些虚面看到对面空间的景观元素。两个空间相互因借，彼此渗透，空间的层次变得更加丰富（图 3-92）。

图 3-92　空间的渗透
（https://699pic.com）

3）空间的序列

当游览者穿行于园林中亲身体验每个空间，最终得到对空间序列的感受。空间序列的设计以人的空间感知为依据，设计空间的整体结构及各个空间的具体形态，呈现"起承转合"的完整脉络。

如乾隆花园以串联的形式沿一条轴线组织开合有致的四进院落，形成大小、明暗相互对比，富有节奏的空间序列（图 3-93）。

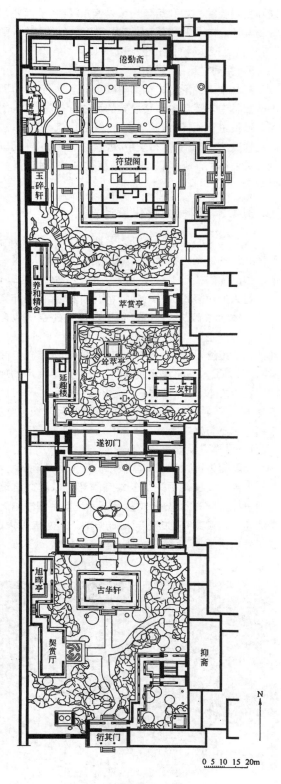

0　5　10　15　20m

图 3-93　乾隆花园空间序列
（周维权，2008）

73

4）焦点与视线控制

园林中的焦点是那些容易吸引人们视线的景观要素，如地面铺设的图案、雕塑、小品等。视线控制包括遮蔽视线和引导视线。如利用障景可以遮挡视线，从而将视线引导到其他方向，如果用障景遮蔽多个方向的视线，则加强了空间的围合感和私密性（图3-94）。

5）空间与运动

园林要素的形态与构图随着人的运动而变化，即中国古典园林中常运用的步移景异的手法。首先，对人的观察点和动线进行设计，如设置亭、台等驻足点。其次，应考虑运动的速度，如在高速行驶中，近景快速闪过，中远景相对近景更值得关注；随着人运动速度的减慢，对近景的关注程度会加大。

3.4.3　园林人性化设计

人本主义心理学的奠基人马斯洛（A. Maslow）认为，科学必须把注意力投射到"对理想的、真正的人，对完美的或永恒的人的关心上来"。因此，所谓人性化的空间，就是能满足人们对舒适、亲切、轻松、愉悦、安全、自由和充满活力等的体验和感觉的空间。创造人性化的空间包含两方面内容：一是设计者利用设计要素构筑空间的过程；二是涉及人的维度，是设计者在构筑空间的同时赋予空间的意义，进而满足人不同需要的过程。通常园林绿地的规划设计应以人为本，为人们提供休憩的空间，满足不同使用者的基本需求，关照普通人的空间体验，摈弃对纪念性、非人性化的展示与追求。

1）无障碍设计

无障碍设计强调在科学技术高度发达的现代社会，一切与人类衣食住行相关的公共空间环境以及建筑设施的规划设计，都必须充分考虑具有不同程度生理缺陷者和正常活动能力衰退者（如残疾人、老年人）的使用需求，满足这些需求的服务功能与设备，营造一个充满人文关怀、保障弱势群体安全、便利舒适的现代生活环境（图3-95）。

2）通用设计

通用设计是指对于产品的设计和环境的考虑，尽可能地面向所有的使用者的设计活动。通用设计也称全民设计、全方位设计或是通用化设计，指无需改良或特别设计就能为所有人使用的产品、环境。它所传达的是：如果能被失能者所使用，就更能被所有的人使用。

通用设计更加注重设计的普适性和包容性，而无障碍设计则更加关注特殊群体的需求。在实际应用中，两者可能会相互交叉和融合，以创造更加人性化、易于使用的设计。

3）场所精神

挪威著名城市建筑学家克里斯蒂安·诺伯格-舒尔茨（Christian Norberg-Schulz）于1979年提出了"场所精神"（Genius Loci）的概念，并认为"场所精神"可追溯至古罗马时代。古罗马人认为，所有独立的本体，包括人与场所，都有其"守护神"，同时也决定了其特性和本质。某种意义上，"场所"是一个人记忆的物体化和空间化，也就是城市学家所谓的"sense of place"，或可解释为"对一个地方的认同感和归属感"。场所精神与当地的历史、传统、文化、民族等密切相关。它是一种总体气氛，是人的意识和行动在参与的过程中获得的一种场所感，一种有意义的空间感。例如多彩贵州城展示区，通过对贵州民族元素的解构，提取竹篓与渔网的编织元素，形成了黔地特有的场所精神（图3-96）。

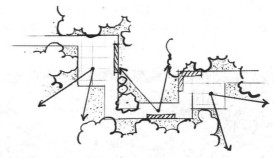

图3-94　视线控制

图3-95　无障碍坡道与扶手
（https://mooool.com）

图3-96　多彩贵州城展示区入口编织元素
（https://www.tlaidesign.com）

3.4.4　园林生态设计与可持续发展

3.4.4.1　生态设计

生态设计,指运用生态学原理,对人与自然资源开发、利用和转化的关系,进行综合长远地评价、规划和协调,考虑设计在全生命周期中对环境的影响。生态设计的理论与方法在某种程度上赋予现代园林规划设计以科学性质,使园林规划成为能够经过种种客观分析和归纳的、有着清晰界定的学科。现代园林规划设计者应具备生态伦理的观念,即除了人与人的社会联系之外,所有的人都天生与地球的生态系统息息相关。其原理有以下五点:

1)地方性

第一,尊重传统文化和乡土知识。依据当地人的经验,找到其日常所需(如食物、水等的获取途径。第二,适应场所自然过程。结合带有场所特征的自然元素,如光、风、土壤、植被及能量等,维护场所的健康。第三,当地材料,包括植物和建材的使用。这不只因为乡土物种最适宜在当地生长,管理和维护成本最低,还因为物种的消失已成为当代最主要的环境问题。

2)保护与节约自然资本

地球上的自然资源分为可再生资源(如水、森林等)和不可再生资源(如石油、煤炭等)。人类应深入认识地球资源有限性,对不可再生资源需进行合理开发、利用和保护,而对可再生资源也应根据其再生能力的限制,进行合理开发、利用和再生。

3)尊重自然

自然为人类提供了全方位的服务,人与自然是合作和共生的关系,在设计过程中尊重自然规律,减少对自然的干预,可以显著降低人类活动对自然的影响。

例如浙江台州永宁公园,通过保护和恢复河流的自然形态、停止河道渠化、内河湿地打造生态化的旱涝调节系统和乡土生境等手段,把一个以防洪为单一目的的硬化河道,重建为充满生机的生态游憩地(图 3-97)。

4)显露自然

通过将复杂或看不见的自然元素及自然过程显露,引导人们体验自然。如通过生态设计(图 3-98)使雨水

图 3-97　浙江台州永宁公园
(https://new.qq.com)

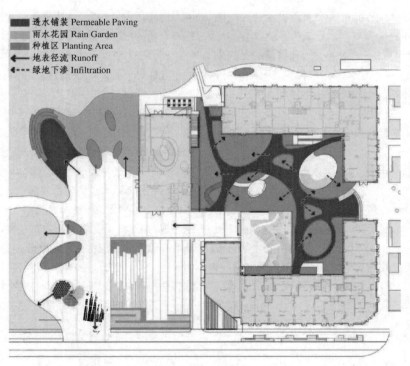

图 3-98　生态设计
(https://mp.weixin.qq.com)

的引流、收集和再利用的过程形成独特的城市景观,拉近人与自然的距离。如河北白洋淀新区高质量建设生活实验区项目,全区可渗水面积达 67%,设置具有科普意义及参与性的雨水花园(图 3-99),呼应海绵城市及绿色环保的发展理念。

图 3-99　参与性雨水花园
(https://mp. weixin. qq. com)

5) 土地利用适宜性

土地利用适宜性是指土地在一定条件下对不同用途的适宜程度。土地适宜性评价的重要意义在于为合理利用土地,调整用地结构,制定土地利用规划提供科学依据。

3.4.4.2 可持续发展

1987 年,世界环境与发展委员会将可持续发展定义为:"既满足当代人的需要,又不对后代人满足其需要的能力构成危害的发展。"可持续发展理念已成为人类社会的共识,地球的承载能力是有限的,既要承受一定数量的生物生存下去,又不能对它所依赖生态体系造成无法弥补的破坏。可持续发展的风景园林应是合理利用自然资源,维护人与自然的互利共生关系。如在景区的开发中,人们应在有效保护的前提下,合理开发景观资源,使其得到永续利用。

3.5　园林快速设计方法

通常一项工程的设计,需要设计师投入大量的时间精力对设计方案进行修改、完善、反复推敲,以便尽可能在图纸上解决设计矛盾。同时,设计过程还要遵循固有的程序,多次将设计方案交给建设方征求意见,最终还要得到主管部门或审批部门的认可。因此,方案设计周期视项目规模、性质及各种错综复杂的外因而定,少则一两个月,多则一年半载。但是,在一些情况下,没有足够的时间让设计师不慌不忙地对方案进行深入的研究。况且,有时需要设计师在很短的时间内拿出一个方案设想。设计师打破设计常规,高速优质地在较短时间内草拟出可供发展的设

计方案的工作方法,就是快速设计。

3.5.1　快速设计的重要意义

1) 快速设计是实际工作中应急的需要

在工程实践中,设计师有时会遇到紧急设计任务,如要求在很短的期限内拿出方案,供领导决策。在这种情况下,设计师只能运用快速设计来完成任务。

如今,园林景观业蓬勃发展,大量应急的设计任务不断涌现,设计师也要以快速设计去满足社会的需要。

2) 快速设计是检测设计能力与素质的有效手段之一

对设计师设计能力的考核可以通过日常创作实践和工程业绩加以评定。对学生的设计能力评价可以通过各课程设计等综合考查得出。但是,为了测试不同人员的设计水平,多数情况下是通过设计同一任务进行现场考核,以便选拔人才。快速设计便是这种考核所采取的较为有效的手段之一。因为,应试者在快速设计中能真实地反映其设计素质与潜力、创作思维活跃程度、图面表达基本功底等。

3) 快速设计可训练设计师思维能力和创作能力

设计师在创作中为寻求最佳方案,总是要进行多方案比较。学生在课程设计中,为学习设计方法也要进行若干方案的探讨。上述多方案比较的过程,以及思维方法、设计成果表达等都包含在快速设计中。因此,多方案比较的设计研究使设计师和学生的思维能力和创作能力不断得到训练,久而久之,自然而然地陶冶了设计修养,提高设计素质。然而,许多设计者常常以计算机辅助设计的现代化手段替代方案设计初始阶段的快速设计。这种趋势虽然在一定程度上提高了设计效率,但潜藏着导致设计素质、修养和能力逐渐退化的危险。殊不知,设计之始,对问题的分析都是模糊、不确定的,这是一种探索性的求解过程。相应的图示表达也只能是一种试探性的、模糊的、有待不断完善的演示,不能马上得出一个明晰的答复。而电脑屏幕上的图示却是肯定的线条,这就与模糊的分析产生了思维与表达上的矛盾。何况,电脑的演示速度远比头脑的思维活动迟缓,会制约思维的速度,从而导致在方案设计过程中,设计者的思维能力得不到充分训练。久而久之,设计者的素养也逐渐下降,最终导致设计水平与能力倒退。而快速设计可以在方案设计初始阶段充分发挥其优势,不但能促成设计方案迅速生成,并沿着正确的设计方向发展,而且更重要的是能不断增强设计者的业务素质和修养。许多设计大师的成长证明了这一点。因此,在方案设计的初始阶段,快速设计的工作方法是计算机辅助设计所不及的。把快速设计作为提高设计者设计修养、设计素质的手段是很重要的。

3.5.2　快速设计的特点

1) 设计过程快速

快速设计往往要求在较短时间内完成,如八小时、

两天之内，整个设计过程的各个环节都要加快速度，快速理解题意、快速分析设计要求、快速理清设计的内外矛盾，要充分发挥灵感的催化作用，尽快找到建立方案框架的切入点、快速地构思立意、快速地推敲、完善方案，直至快速地用图示表达出来。快速设计的速度与强度都是远超常规设计过程的，有时会令设计者达到废寝忘食的地步。

2）设计思维敏捷

由于设计时间短、速度快，要充分调动创作情绪，捕捉创作灵感，搜索脑海中的信息，快速分析设计矛盾，果断决策方案建构思路。这一系列思维过程是相当敏捷、高度紧张的，对矛盾的分析、综合很多都是在脑海中同步思考的，甚至是一闪念间产生的；很多对方案的比较与决策也是要求闪电般地进行。可以说，在快速设计过程中思想高度集中，动作熟练迅捷。

3）设计成果简练

快速设计要求抓住影响设计方案的全局性的大问题，如环境设计、功能分区、平面布局、造型设计等，用核心的图纸与简约的设计手法表达方案，而不拘泥于方案细枝末节的设计。

4）设计表现奔放

鉴于上述快速设计在设计目标、设计过程、设计思考方面的特点，相应的设计表现就不可能，也没有必要像常规设计图那样表达得非常精致准确，甚至逼真。相反，图面表达可以自由奔放、不拘一格，整个图面应是大手笔之作。

3.5.3 快速设计的方法

1）快速理解设计的题意

这是决定设计方向的关键性一步。理解对了，可以把设计引向正确方向；理解偏了，则会导致设计步入歧途。题意要从任务书的要求，包括命题上细细琢磨，每一字句都要留心，不可粗心大意。

2）快速分析设计条件

条件分析可从任务的外部条件和内部条件两方面进行。其目的就是为下一步展开设计提供依据。

3）快速立意与构思

所谓"意在笔先"就是设计者要在动手设计之前，在原有知识与经验的基础上，充分发挥想象力，理解题意、分析条件，从中捕捉创作灵感，明晰要表达的创作意图。

有了立意而没有实现它的思考方式是不够的。一个好的构思，绝不是玩弄手法的胡思乱想，它是紧扣立意，充分发挥创意，以独特的、富有表现力的设计语言而达成新颖设计的过程。而且，这个思考过程必须贯彻设计始终。

对于园林创作来说，立意与构思是相辅相成的。两者必须在设计中共同发挥作用。立意是目标，构思是手段。如果没有准确的立意，那么构思也发挥不了作用；而有一个好的立意，却没有好的构思，也实现不了创作目标。

因此，好的立意与构思对于推动整个设计过程，实现设计目标，提高设计质量起着重要作用。

4）快速进行方案设计

方案设计首先要观察设计场地。因为快速设计通常都有特定的地形条件，考虑场地现状，是进行方案设计的前提条件。接下来就是用平面图、竖向图、剖面图等，表现出园林各部分的功能和空间关系，然后再不断地细化、深入，直到完成。

3.5.4 应试快速设计

应试快速设计一直受到关注，研究生入学考试、职业资格考试都包含快速设计。

以测试为目的的快速设计是一个高度紧张而又持续相当时间的过程，少则3～6小时（研究生考试），多则12小时（注册建筑师考试）。要想做到忙而不乱，井井有条地开展快速设计，首先要以平常心去面对快速设计，在临场时正常发挥个人应有的设计水平。实际上，快速设计命题的内容基本是设计者熟悉或训练过的，只不过是要求在短时间内完成而已。临场心理坦然是基于设计者的实力，只要设计者具备了较强的设计能力，就会胸有成竹地进入应试状态。其次，把时间分配好，做到设计进程心中有数，也是稳定心理、完成快速设计的重要方法。

快速设计表现，除去需要丁字尺、三角板、比例尺等常规绘图工具外，还要选择合适的笔。快速设计常用的笔有铅笔、炭笔、钢笔、马克笔以及彩色铅笔等，哪一种合适取决于表现的目的和设计者个人擅长。一般来说，做方案过程最好用稍软的铅笔（如 B、2B 等），因为粗线条可以不拘泥于方案的细部考虑，从而帮助设计者加速思维流动。一旦方案确定，可以用 H 铅笔画出方案定稿，以使表现。最后用炭笔或钢笔描绘稿，刻画明暗。还可以选择由彩铅、马克笔或二者结合进行色彩表现。

3.6 园林规划设计相关法规及标准图集

园林规划设计相关法规通过对园林规划设计与建设行为的规范，同时通过法规保证园林建设的顺利实施。园林规划设计相关标准图集对设计图纸提出了规范性要求，掌握相关法规及标准图集，是园林规划设计师完成园林设计的必要条件。

3.6.1 相关法规

园林建设的相关法规包括法律、规章、标准、制度及各类规范性文件等，是园林规划设计的依据，园林规划设计师必须了解、掌握并遵照执行。梳理这些相关法规的法律效力和适用范围，可大致分为三类：

1）国家法律、法规和国家标准等

表 3-1　国家法律、法规和国家标准示例

法规或规范类型	国家法律	国家条例	国家标准
法规或规范名称	《中华人民共和国城乡规划法》《中华人民共和国环境保护法》《中华人民共和国建筑法》《中华人民共和国森林法》《中华人民共和国国有土地管理法》《中华人民共和国文物保护法》	《城市绿化条例》《风景名胜区条例》《中华人民共和国自然保护区条例》《历史文化名城名镇名村保护条例》	《城市绿地设计规范》(GB 50420—2007)(2016 年版)《风景名胜区总体规划标准》(GB/T 50298—2018)《风景名胜区详细规划标准》(GB/T 51294—2018)《城市居住区规划设计规范》(GB 50180—2018)《历史文化名城保护规划规范》(GB/T 50357—2018)《公园设计规范》(GB51192—2016)《国家森林公园设计规范》(GB/T 51046—2014)

2）部门类规章、规范和行业标准等

表 3-2　部门类规章、规范和行业标准示例

规范类型	管理办法	设计规范	行业标准
规范名称	《城市绿线管理办法》《城市紫线管理办法》《城市蓝线管理办法》	《城市道路绿化规划与设计规范》(CJJ 75—97)《公路环境保护设计规范》(JTGB 04—2010)《城市湿地公园规划设计导则》	《风景园林基本术语标准》(CJJ/T 91—2017)《风景园林图例图示标准》(CJJ/T 67—2015)《风景名胜区分类标准》(CJJ/T 121—2008)《城市绿地分类标准》(CJJ/T 85—2017)

3）全国各省、市、县(区)的地方性法规、规章及地方标准及政府规范性文件

表 3-3　北京市标准与规范性文件示例

规范类型	条例	设计规范
规范名称	《北京市城市绿化条例》《北京市公园条例》	《居住区绿地设计规范》(DB11/T 214—2016)《园林设计文件内容及深度》(DB11/T 335—2006)《公园无障碍设施设置规范》(DB13_T2068—2014)《北京市级湿地公园建设规范》(DB11/T 768—2010)《北京市级湿地公园评估标准》(DB11/T 769—2010)《公园绿地应急避难功能设计规范》(DB11/T 794—2011)

3.6.2　相关标准图集

园林规划设计相关的标准图集提供了代表性、示范性的工程做法及图示方法，是园林规划设计师必备的工具书，包括全国性标准图集及地区性标准图集两类。

比较常用的标准图集有《建筑场地园林景观设计深度及图样》(06SJ805)《室外工程》(12J003)《环境景观——室外工程细部构造》(15J012—1)(图 3-100)《环境景观——绿化种植设计》(03J012—2)《环境景观——亭廊架之一》(04J012—3)《环境景观——滨水工程》(10J012—4)《挡土墙(重力式、衡重式、悬臂式)》(17J008)，中南地区图集《园林绿化工程附属设施》(05ZJ902)，浙江省图集《园林桌凳标准图集》(99 浙 J27)、江苏省图集《室外工程》(苏 J08—2006)《施工说明》(苏 J01—2005)等。

■ **讨论与思考**

1. 请简述基地调查和分析的主要内容。
2. 园林的构成要素有哪些？请简述其主要内容。
3. 园林规则设计相关的法规及标准图集有哪些？试举例说明。

■ **参考文献**

布思,1989. 风景园林设计要素[M]. 北京:中国林业出版社.

陈益峰,2007. 现代园林地形塑造与空间设计研究[D]. 武汉:华中农业大学.

黄东兵,2003. 园林规划设计[M]. 北京:中国科学技术出版社.

李嘉明,2016. 浅谈园林设计中的地形要素[J]. 现代园艺(11):99-100.

刘少宗,1997. 中国优秀园林设计集(二)[M]. 天津:天津大学出版社.

孟兆祯,毛培琳,黄庆喜,等,1996.园林工程[M].北京:中国林业出版社.

苏雪痕,1994.植物造景[M].北京:中国林业出版社.

泰特,2005.城市公园设计[M].周玉鹏,肖季川,朱青模,译.北京:中国建筑工业出版社.

汪辉,汪松陵,2022.风景园林规划设计[M].增订本.北京:化学工业出版社.

王晓俊,2000.风景园林设计[M].2版.南京:江苏科学技术出版社.

肖磊,2012.城市公园地形设计方法与实践研究[D].南京:南京林业大学.

杨鸿勋,2011.江南园林论[M].北京:中国建筑工业出版社.

杨巍,2007.论现代茶馆的园林景观生态设计[J].福建茶叶(1):42-43.

俞孔坚,李迪华,吉庆萍,2001.景观与城市的生态设计:概念与原理[J].中国园林(6):3-10.

中国建筑标准设计研究院,2016.环境景观:室外工程细部构造:15J012-1[S].北京:中国计划出版社.

仲国鎏,1985.小议"园林厕所"[J].中国园林(2):16.

中华人民共和国住房和城乡建设部,2016.公园设计规范 GB51192—2016[S].北京:中国建筑工业出版社.

中华人民共和国住房和城乡建设部,2017.城市绿地分类标准 CJJ/T 85—2017[S].北京:中国建筑工业出版社.

周维权,2008.中国古典园林史[M].3版.北京:清华大学出版社.

4 游园

【导读】 游园是公园绿地的一种,指用地独立、规模较小、形状多样,方便附近居民使用,具有一定游憩功能的绿地。在实际使用中,游园已成为人们城市和社区生活的重要场所,也是城市绿地服务体系优化的主要工具。在本章的学习中,应结合游园的袖珍性、便捷性、公共性、多样性和时代性等现实特点,全面掌握游园的针对性规划设计方法。

4.1 知识框架思维导图

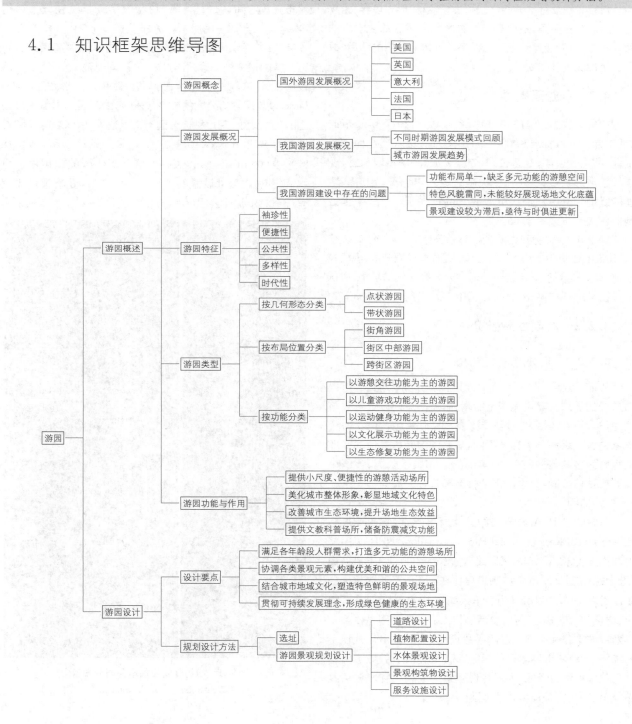

4.2 游园概述

近年来,随着城市建设的发展、人民生活水平的提高,城市环境、城市园林的建设日益受到各方面的重视。其中体量较小、见效较快的游园起到显著作用,游园是城市绿地当中具有数量多、分布广、可达性强等特点的一种绿地类型,它与城市居民日常生活密切相关,在美化城市和保护生态环境发挥着重要作用。近年来,随着城市更新的需求,游园凭借着见缝插针的分布方式和规模较小、形式多样、见效快等特点崭露头角,是提高中心城区和老城区绿化水平的重要形式,同时还为附近居民提供就近休闲游憩的场所,故受到了市民的普遍欢迎。

4.2.1 游园概念

中华人民共和国住房和城乡建设部 2017 年颁布的《城市绿地分类标准》中将游园定义为:"除以上各种公园绿地(即综合公园、社区公园、专类公园)外的用地独立,规模较小或形状多样,方便居民就近进入,具有一定游憩功能的绿地。"其中,"带状游园的宽度宜大于 12 m,绿化占地比例应大于或等于 65%"。

2022 年在《住房和城乡建设部办公厅关于推动"口袋公园"建设的通知》中指出:"口袋公园"是面向公众开放,规模较小,形状多样,具有一定游憩功能的公园绿化活动场地,面积一般在 400~10 000 m² 之间,类型包括小游园、小微绿地等。

4.2.2 游园发展概况

4.2.2.1 国外游园发展概况

目前,世界上许多国家十分重视城市游园建设,市民对游园的需求及建设意识不断增强,游园景观设计注重与周边环境相互协调,体现城市形象和文化特色。由于各个国家的城市绿地分类标准不同,与我国游园相类似的绿地类型有许多其他的名称,如美国的近邻娱乐公园、市区小公园或袖珍公园,日本的街区公园和近邻公园等。

1) 美国

美国的《NRPA 城市公园分类标准》(简称"NPRA 标准";National Recreation and Park Association, NRPA)中,将游园称作迷你公园、口袋公园或者袖珍公园(Pocket Park),面积一般不超过 2 hm²,主要满足居住在 400 m 范围内居民的活动需求,服务水平标准为每千人约 0.1~0.2 hm²,具有微小、便捷、亲切、安全、位置灵活等特点。袖珍公园是作为一种解决城市公共空间问题的手段而出现的,城市化进程不断加剧,导致城市用地日益紧张、人口密度剧增、城市街道使用效率和活力降低,人们将现有空地或废弃物堆放点改造为小型的公园,其实质是小型公共开放空间。

美国袖珍公园发展伊始便与社区更新密切相关。1960 年代初美国宾夕法尼亚大学景观设计系师生与低收入社区居民合作开展"邻里公共空间"项目,旨在将社区内的空地和废弃地改造成花园和游憩区域供居民使用,这便是美国袖珍公园的雏形。美国风景园林师罗伯特·泽恩(Robert Zehn)于 1963 年 5 月阐述"为纽约服务的新公园"的提议,并基于对现有城市公园系统与市民对公园需求之间发展不平衡的认识,提出针对纽约这样的高密度大都市的一种新型公园——袖珍公园的概念,即规模很小的城市开放空间,它们常呈斑块状散落或隐藏在城市结构中,直接为当地居民服务。分布更趋向于离散,相互之间没有关联,是由一块空地或被遗忘的空间发展起来的。

美国最初的袖珍公园注重功能,同时侧重于绿化、休息设施、水体等,使市容市貌得到充分改善。佩雷公园(Paley Park)是美国袖珍公园的典型代表,它的开园标志着袖珍公园的正式诞生,其后袖珍公园运动迅速展开,以曼哈顿和费城最为突出,6 年内共建立了 60 多个袖珍公园,面积从 800~8 000 m² 不等,以关注儿童和老年人的使用需求为主,弥补城市公共设施的不足。时至今日,曼哈顿岛建设有近 600 个袖珍公园(图 4-1)。

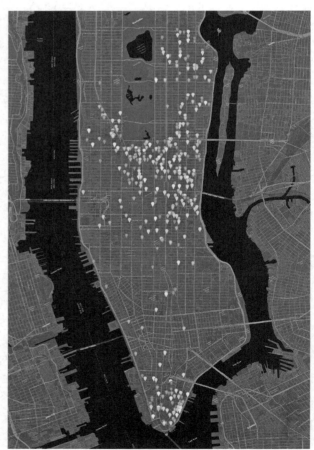

图 4-1　纽约曼哈顿袖珍公园分布示意
(https://graph.baidu.com)

佩雷公园位于纽约53号大街,由Zion & Breen事务所设计,基地周围的建筑密度很高,设计师在基地的尽端布置了一面水墙,潺潺的水声掩盖了街道的嘈杂(图4-2)。水墙两侧的矮墙被绿色蔓性植物所覆盖,围合成一处私密且自然的空间,花岗岩弹石铺装的广场上种植着槐树,树冠限定了空间的高度。精致的白色镂空桌椅和随意摆放的盆花,营造出温馨、亲切的氛围(图4-3)。对于市中心的购物者和公司职员来说,这里是一处令人愉悦的休息空间,每当夜幕降临时,水墙底侧的灯光亮起,如梦如幻,令人流连忘返。

国会大厦广场(Capitol Plaza)由托马斯·贝斯利(Thomas Basley)设计,位于曼哈顿的第五、第六大道与第29街之间。该袖珍公园中设置了不同形式的座椅,除座椅本身,台阶、矮墙以及广场的岩石也可以坐憩,这一系列景观小品的设置使得这个横穿街区的公园备受欢迎。考虑到人流穿行的安全性,设计确保视线通透、避免盲区,充满活力的橙色镀锌钢板墙则成为场地的背景。经过巧妙的设计,国会大厦广场将原本是城市"死角"的空间,变成了可供休憩的宜人场所,也成为这一地区最具活力的场所之一(图4-4)。

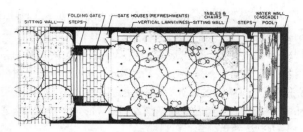

图4-2 佩雷公园平面
(https://huaban.com)

图4-3 佩雷公园实景
(https://huaban.com)

a 横穿街区的狭长公园空间

b 丰富的坐憩空间

c 相对隔离的穿行与坐憩区

d 国会大厦广场实景

图4-4 国会大厦广场平面及实景
(https://travel.qunar.com)

绿亩公园（Greenacre Park）由佐佐木英夫（Hideo Sasaki）设计，位于曼哈顿第二、第三大道和51街之间，于1971年建成开放。该公园在营造舒适小气候及温馨的多层次空间氛围方面是一个成功的案例。公园内皂荚树林立，树冠阻隔强烈的阳光，同时遮挡邻近的建筑物，形成温和的户外环境。水沿着墙壁缓缓流下，形成一条小溪，通向公园尽头的主喷泉（图4-5）。

剑桥北角公园（NorthPoint Park in Cambridge）位于马萨诸塞州剑桥市一座20层高住宅楼的北角门户，其设计目的是优化私人空间与场地周围公共区域之间的连通性。公园增建高架步行公园及中央绿地，提供与MBTA（马萨诸塞州海湾交通管理局）铁路线的连接通道。高架公园由郁郁葱葱的绿色墙壁和起伏不平的景观带组成，路径交叉处设置座位以便行人沿途休息（图4-6）。

印第安纳州塞勒姆遗址公园（Salem，IN—Heritage Park）位于印第安纳州塞勒姆市，LAA Office在塞勒姆中央广场和约翰海中心之间这片占地5英亩的园区中创造了一条新的线性路径景观，将当地历史博物馆和华盛顿历史协会运营的历史建筑这两个分离的文化建筑连接起来。公园将充满活力的蓝与黄色调的图案绘制在沥青上形成地标，以此鼓励行人探索城市，并沿途纪念塞勒姆市的先驱女性（图4-7）。

2）英国

英国在游园的发展中提出"乡村在门外"的概念，注重公众可达性和参与性，是其游园的突出成就之一。任何可利用的空间都可作为游园，英国修建了大量从居民自家花园到游园再到公园的便利通道，通过绿色网络连接城市各级绿地，营造了一个高质量的城市绿色休闲空间体系。

图4-5 绿亩公园实景
（https://bbs.zhulong.com）

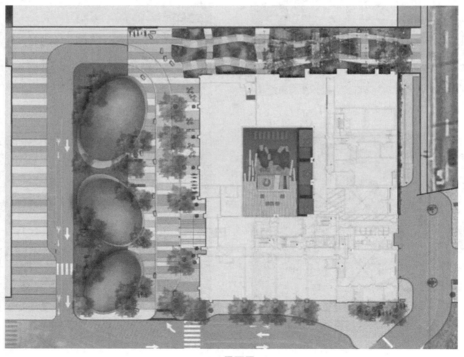

a 平面图

b 实景

图 4-6 剑桥北角公园

(https://www.landworks-studio.com)

图 4-7 塞勒姆遗址公园实景

(https://mooool.com)

英国伦敦小巷公园公共项目在小巷子里放置大小各异的由混凝土预制排水管改装的种植箱,错落的植物重新装点公共空间,将伦敦市中心的巷道网络转变为公园,有效改善人居环境,提升居民生活品质(图 4-8)。

3)意大利

意大利的游园继承古罗马时期规则式台地园林的风格,多沿着从中心广场辐射出的道路合理分散布局,从而丰富城市街道景观,形成城市特色。

意大利感官花园(图 4-9)作为社区的"私家客厅",旨在重塑社区空间创造趣味式的互动感官体验,将以水泥、树脂为主要代表的人工元素和以植物为主的自然元素作为特色,通过高度、倾斜度以及尺寸的变化而形成步移景异的景观体验,填补现有社区游园的空白,为人们创建一个体验空间。

4)法国

法国不仅在巴黎市中心修建了大量袖珍广场和袖珍绿地,并且将袖珍绿地逐渐延伸到其南部的部分偏僻村庄。法国巴黎 B4 街区社区花园,通过种植具有中等发育和轻叶树种以保持花园的光照与亮度(图 4-10)。该花园以起伏的地形与植被为绿色基底,上方的混凝土平台如同悬于地表,赋予社区生长的活力。

图 4-8　英国伦敦小巷公园实景

（https://gooood.com.cn）

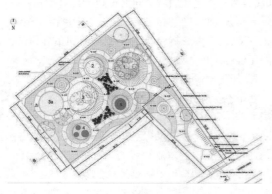

a　平面图

b　实景

图 4-9　意大利感官花园
(https://mooool.com)

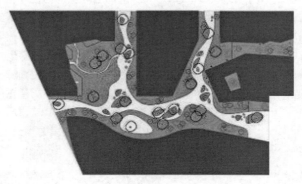

a　平面图

b　实景一

c　实景二

图 4-10　法国巴黎 B4 街区社区花园平面及实景
(https://mooool.com)

5）日本

日本都市公园体系建构标准与设计指引，将日本的游园称为街区公园或近邻公园：街区公园面积 0.25 hm²，服务半径 250 m；近邻公园面积 2 hm²，服务半径 500 m。街区公园和近邻公园人均目标值分别为 1.0 m²/人 和 2.0 m²/人。

日本的游园多称为街区公园、近邻公园，是日本公园绿地中数量最多、分布最广的绿地形式，在保护环境，为人们特别是老人和小孩提供休息娱乐场所等方面发挥着重要作用。日本非常重视城市游园的建设，日本东京城市公

园绿地建设目标中，街区公园和近邻公园人均目标值分别为 1.0 m² 和 2.0 m²。

1919 年日本政府规定规划区面积的 3% 应作为公园，促进了新市区小公园的诞生。1920 年代至 1930 年代，受关东大地震的影响，街区公园、近邻公园等城市绿地开始注重防灾避险功能，东京市区的公园系统向由大复兴公园和小公园组成的具有强大防灾功能的城市公园系统转变。1940 年代中期至 1950 年代中期，日本进入战灾绿地建设复兴期，城市开发受到严格管控并留有大量开敞空间。街

区公园、近邻公园建设开始注重系统性。1960年代,受东京奥运会的影响,日本把"运动空间"概念引用到城市的公园绿地系统中来,游园中的活动空间加入一定的运动设施,为居民提供户外体育活动场所。1970年代至1990年代,为缓和环境污染、缓解人地矛盾,日本更加重视游园的发展,日本政府规定高层建筑周边必须修建一定数量的袖珍绿地。同时,由于土地价格增长,在市区修建大型公园的成本也相应增长,按服务半径修建小型公园的公园体系应运而生。20世纪末至今,日本游园的发展更加追求舒适人居环境和城市可持续发展。以江户川区为例,据统计,江户川区拥有的公园数量为475个,在东京都排行第五位。

菊池袖珍公园位于日本熊本县菊池市,A基地有三个凹陷水池,B基地有一系列的管道户外家具,C基地有一棵大树般的中心大亭。设计师充分利用现状,将A基地Kiriake打造成水上公园,三个凹陷水池与日本传统枯山水结合,像是自然形成的水洼。B基地Yokomach位于十字路口,其主题是流动与交流,基地中由管子形成座凳和公厕,还有各个不同的漩涡般的空间。C基地Kamimachi位于神社前的古老保护区,因此在此处设置圣树般的户外小筑(图4-11)。

4.2.2.2 我国游园发展概况

游园的形成大致可以分为两种:一种是由新区开发而形成的,另一种是由旧城更新而形成的,并且后一种形成方式更具有普遍性。旧城改造中游园的产生主要是结合老旧小区改造、违章建筑拆除等工程,这一系列的建设成为城市游园见缝插绿的最佳选择且一般具有较高的使用率。

1)不同时期游园发展模式回顾

我国有关城市游园的研究起步较晚,直到1970年代,我国才有关于城市绿色开放空间的相关研究。1970年代末以前,游园面积严重不足。1980年代受改革开放政策影响,游园开始得到发展。张春阳、郭恩章教授1989年在《袖珍绿地的规划建设》中介绍了袖珍公园的定义、类型及特点,同时对袖珍公园的规划建设提出建议,这是我国与游园的研究相关且出现最早的著作,同时也为以后城市街头游园的研究做了铺垫。这一时期的城市游园相对孤立化,与周边环境沟通性不强,对城市景观改善有限。1990年代,由于城市快速发展导致环境恶化,人地矛盾加剧,城市游园的发展得到重视,大致分为以装饰为主要作用的装饰性游园和提供休息场所的街头休息游园两大类。进入21世纪后,有关游园的理论研究和实践逐渐增多并形成体系,城市景观建设更注重城市游园的发展。城市游园以其分布灵活、开放共享、功能多元、面积微小、就近享有等特点倍受市民喜爱并得到蓬勃发展,成为我国最为普遍的开放空间形式。

a 基地A

d 日本菊池袖珍公园实景

b 基地B

c 基地C

图4-11 日本菊池袖珍公园

(https://www.gooood.cn)

2) 城市游园发展趋势

近年来,随着人们生活水平的提高以及对城市绿地的不断重视,游园也得到了飞速的发展。尤其是自从 2018 年习近平总书记在视察成都天府新区时提出"公园城市"的概念后,城市发展理念发生了从"园在城中"到"城在园中"的根本转变,城市游园作为见缝插绿式的开放空间,更是得到了蓬勃发展。如上海印发了《上海市口袋公园建设技术导则》,明确以口袋公园完善城市绿地 500 m 服务半径体系,其中诸如新华路口袋公园(图 4-12)、昌里园(图 4-13)等,均成为口袋公园的典例。南京、杭州、铜川等多个城市也以"300 米见绿、500 米见园,打造绿色生活圈"为目标,积极推进口袋公园、城市游园的建设,让市民推窗见绿、出门进园,真正做到还绿于民,还景于民。

此外,城市游园的发展进一步与城市微更新结合。城市结合旧城改造、老城更新、见缝插绿、拆墙透绿、破硬增绿,对小微空间展开景观微更新,成为激活城市公共空间的一剂良药。如苏州昆山市相关部门发起的"昆小薇"(图 4-14)城市微更新活动,以建设 37 个口袋公园为重头戏,辅以活力街巷、特色花道、魅力街角、健身环道等的建设,把绿化建设与区域更新改造、宜居城市建设相结合,植入服务功能和文化元素,让群众更便捷、更舒适地享受绿色空间,成功打造满足居民需求的复合型活动空间,有效提升城市公共空间品质,让居民出门见园,转角遇见美。

图 4-12　上海新华路口袋公园实景
(https://www.shuishi.com)

图 4-13　昌里园沿街界面
(https://www.gooood.cn)

a　"昆小薇"地图

b　昆山高新区口袋公园改造前

c　昆山高新区口袋公园改造后

图 4-14　苏州昆山"昆小薇"
(https://mp.weixin.qq.com)

4.2.2.3 我国游园建设中存在的问题

城市游园以其微小、便捷,且具有观赏性、休闲性、生态环保性得到城市居民的青睐,成为城市公园及其他休闲开放空间的重要补充。我国城市游园虽然在建设上取得了一定的成绩,但同样也存在着一些问题。

1)功能布局单一,缺乏多元功能的游憩空间

城市游园绿地主要提供静态观赏、短暂游憩,多以植物造景、大面积硬质景观空间。但随着居民室外活动的愈加频繁、活动类型愈加丰富以及使用人群需求愈加多元化,单调的游园空间设计已不能满足人群多样的功能需求(图4-15)。

2)特色风貌雷同,未能较好展现场地文化底蕴

城市建设过程中,城市游园的数量骤增,一部分快速建成的城市游园形式相似、功能雷同,设计趋同现象明显(图4-16),缺乏城市和场地文化特色的呈现。场地内的设施系统和景观构筑多为批量采购布置,未能充分做到因地制宜、融入地域文化特色、打造出展现历史风貌和场地精神的特色游园。

3)景观建设较为滞后,亟待与时俱进更新

游园的时代性有待加强,主要体现在园内设施和空间设计与人们的使用需求、审美需求偏离(图4-17)。在城市绿地更新建设进程中,游园绿地的服务设施,忽视了使用人群中弱势群体,尤其是老年人等对游园的功能需求。

4.2.3 游园特征

不同类型的游园在服务对象、功能定位、景观特色等方面各有侧重,通常城市游园具有以下特征:

1)袖珍性

游园的规模一般在3 000 m²以内。"见缝插针"式的游园是在当前城市土地资源紧张、环境恶化的背景下应运而生的,它占地面积小、布局灵活多变,很多游园呈带状或斑块状布置。这样的游园既能缓解城市用地矛盾,又能增加城市公园绿地面积,是最贴近人们生活的绿地空间。

图4-15 单一的硬质活动空间

图4-16 不同游园内形式相似、功能雷同的空间

a 景观建设滞后

b 园内设施偏离人的审美需求

图 4-17 游园的时代性不强

2）便捷性

游园在城市空间中分布广泛、灵活，通常位于街道旁、商业区、城市居住区附近，可达性较强，人群可直接步行到达，其服务半径一般在 300～500 m，营造出"推窗见绿、出门见园"的城市生态环境，成为居民便捷可达的生活空间。游园的便捷性使它在所有城市的公共开放空间中具有较高的使用频率。

3）公共性

游园贴近市民生活，是城市居民休闲娱乐、接近自然的重要场所，是现代城市生活中不可或缺的部分。游园也是城市的公共空间，供附近居民和行人免费使用，方便可达。游园通常利用城市街区内部闲置地、边角地等设置游憩活动场地，方便城市居民在其内开展各种公共活动。

4）多样性

游园可以有多样的类型、丰富的主题，还可以将艺术与自然结合形成丰富多样的形态。在自然景观上，植物形成城市的绿色基底，带来丰富的季相变化。各种植物蓬勃生长，给单调的城市人工环境带来变化和生动的自然气息。

5）时代性

随着人们生活方式、审美习惯的改变，游园的功能和形式也会顺应改变，如增减场地设施、调整场地线，甚至进行整合、重组或改建，以满足使用者的需求变化。相比于城市硬质景观，游园的范围调整、形式变化更具灵活性，能在城市变迁中留下场所印记、展示历史风貌。

4.2.4 游园类型

4.2.4.1 按几何形态分类

1）点状游园

指在城市中形态为点状零星分布、面积较小的游园，常分布在人群活动较为集中的区域，有的仅以植物造景为主，不设置硬质铺装和游憩设施；有的在其中安排简单的

户外活动和休息设施，就近为周边居民和路人提供一处休憩运动的场所（图 4-18）。

2）带状游园

主要指依附于道路或水滨空间建设，以带状形态分布为主，具有一定游憩和生态功能的绿地。带状游园的宽度

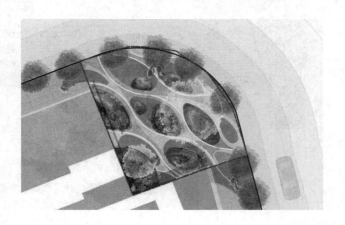

图 4-18 浙江嘉兴口袋公园

（https://www.gooood.cn）

宜大于 12 m,根据相关研究表明,宽度 7~12 m 是可以形成生态廊道效应的阈值。从游园的景观和服务功能需求来看,宽度 12 m 是可设置园路、休憩设施并形成宜人游憩环境的宽度下限。游园规模没有下限要求,在建设用地日趋紧张的条件下,应予以鼓励见缝插绿建设游园(图 4-19、图 4-20)。

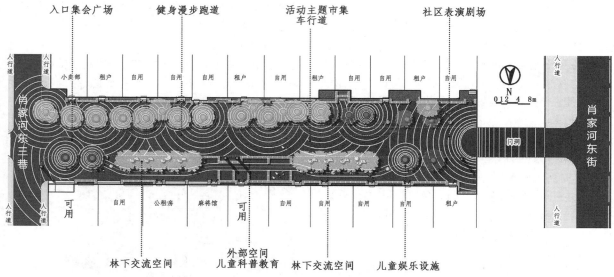

图 4-19　成都永丰家园共享街道景观
(http://www.landscape.cn)

图 4-20　宜兴西山口袋公园
(http://www.atelier-xuk.com.cn)

图 4-21 王府井街道整治之口袋公园
(https://mp.weixin.qq.com)

图 4-22 厦门老剧场文化公园
(https://bbs.zhulong.com)

4.2.4.2 按布局位置分类

1) 街角游园

街角游园一般地处道路交口处街边的缓冲区域,两面临路,开放性较强,在游园中能够较直接观察到周边环境情况。同时,临近两条道路的街角游园具有良好的通达性供行人取近道横穿街角,亦利于提供公共休憩的场地(图4-21)。

2) 街区中部游园

街区中部游园指的是分布在城市道路中部的游园,一般只有一个面向街道的出入口,其长宽比控制在 2.5∶1~4∶1 之间,利于创造一个完整安静的场所,适合老人休闲、儿童游戏、运动健身等活动需求(图4-22)。

3) 跨街区游园

跨街区游园意味着它位于城市的两条道路之间,将相邻街区有机串联。使用游园连接两条道路,使行人能够更加便利地穿行于两条道路之间,为人们提供了一个安静清爽的步行空间,同时也为人们提供了放松身心的公共空间(图4-23)。

4.2.4.3 按功能分类

1) 以游憩交往功能为主的游园

主要为周边人群提供就近的休闲活动场所,游园内配备一定服务设施,种植适量乡土植物,具有使用频率高、方便快捷等特点。这类游园多设置在居住区旁或候车亭、公交站台、汽车站附近为行人提供短暂休憩的空间,如三元桥万科时代中心位于机场高速与写字楼之间,提供了短暂游憩空间(图 4-24、图 4-25)。

2) 以儿童游戏功能为主的游园

以儿童游戏功能为主的游园主要是为儿童提供游乐场地和设施,创造符合儿童心理特点和使用需求的场所,提供便捷、有趣且安全性强的儿童专属活动空间。游园内配备各种各样的游戏和游乐设施,让儿童在活动中接触大自然,热爱大自然,并且锻炼身体,增长知识,使其在德、智、体诸方面健康成长(图4-26)。

3) 以运动健身功能为主的游园

以运动健身功能为主的游园主要是为周边人群提供适合的运动场所和健身器材,满足人们日常的运动需求,缓解人们的生活节奏,为人们提供活动、休闲、放松的空间。该类游园将绿地与运动场所有机地融为一体,在创造出优美而内涵充实的自然景观的同时,也建成了运动健身场地,既维护居民身心健康发展,又使人与自然之间的关系更趋和谐(图4-27)。

图4-23　圣路易斯花园
(https://www.gooood.cn)

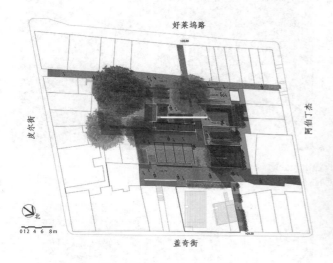

图 4-24　香港百子里公园
（https：//www. gooood. cn）

图 4-25　三元桥万科时代中心
（https：//mp. weixin. qq. com）

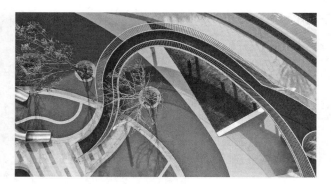

图 4-26　长春拾光公园

(http://www.landscape.cn)

图 4-27　澳大利亚墨尔本 A'Beckett 城市运动广场

(https://www.ideabooom.com)

4）以文化展示功能为主的游园

该类游园主要分为两大类：城市特色风貌展示型和历史文化展示型。城市特色风貌展示型游园一般位于城市沿街或者交通、视线汇聚处，以展示具有城市特色的雕塑和乡土植物为主，配备一定休憩设施。历史文化展示型游园一般依附一些体量较小且具有一定文化价值的场地，主要在原有文化基底上通过布置一些体现地域文化的景墙、雕塑、小品等元素来修复、强化、完善场地的历史风貌，如深圳甘李路文化街道，以"白鹭"为符号，体现上坑客家的历史文化；长春万科蓝山公园通过改造彰显工业遗产（图 4-28、图 4-29）。

5）以生态修复功能为主的游园

生态修复型游园多分布在旧城、旧工业区等棕地空间，主要利用植物美化空间、净化污染物、营造小气候等功能恢复场地活力，还可结合当代"智慧＋"理念发挥修复城市生态、完善城市水循环的作用，如波特兰塔纳溪水公园在工业废弃地重现湿地，深圳梅丰公园将荒废地块变为生态的裂缝花园（图 4-30、图 4-31）。

4.2.5　游园功能与作用

1）提供小尺度、便捷性的游憩活动场所

游园由于规模较小，可灵活布置在城市各个角落，不仅为市民提供日常游憩活动场所，而且增加人们接触自然的机会。

丹麦设计师扬·盖尔（Jan Gehl）在《交往与空间》（*Life Between Buildings*）中提到居民户外活动可分为三种类型：必要性活动、自发性活动与社会性活动。游园多为开敞型空间，紧邻人群较为密集的生活和商业区，人们无需付出较高的出行成本，便可享受绿色公共活动空间，促进人与人、人与自然的交流，缓解精神压力。游园以其小尺度、便捷性的特点，贴近市民日常生活，为市民就近提供休闲游憩场所，满足市民多样的活动需求。

2）美化城市整体形象，彰显地域文化特色

游园是构成城市绿地景观的有机组成部分，不仅能充分利用城市零散不规则空间美化城市整体形象，而且能在设计中融入当地风土人情，彰显城市地域文化特色。

而游园规模较小，分布自由，多以植物种植为主，在建筑密度较大、用地紧张的老城区能够发挥作用，游园不仅可以提高老城区的绿化水平，提高人民的生活质量，而且能够最大程度利用土地资源。

对于新城区而言，城市景观面临的是个性与特色的逐渐消失，城市风貌的日趋雷同。由于游园受自然环境的影响更大，所以其形式较建筑物有较大的可塑性，比较容易结合当地特有的自然环境和文化，产生有特色的设计，凸

图4-28　深圳甘李路文化街道
（https：//www.gooood.cn）

图4-29　长春万科蓝山公园
（https：//www.gooood.cn）

显地方特色。构思巧妙、风格独特的游园能极大地赋予城市绿地景观独特的地域文化特色。

3）改善城市生态环境，提升场地生态效益

游园把自然因素引入城市街头，满足了人们与自然环境接触的心理需要，使现代城市生活变得更健康、更有活力、更丰富多彩。

图 4-30 波特兰塔纳溪水公园
(https://mbd.baidu.com)

图 4-31 深圳梅丰社区公园
(https://www.zzkj.pro)

单个游园面积较小,故生态价值有限,但其以见缝插针的方式分布在整个城市内部,在一定程度上有效地改善了城市生态环境,提升了场地生态效益。游园作为城市中小型绿色开放空间,绿化比例通常较高,具有良好的生态功能,可以在一定范围内净化城市空气、降低城市噪声,并调节局部区域的小气候。

4)提供文教科普场所,储备防震减灾功能

城市游园内一般都设有各种小品、雕塑、纪念物等,来体现当地的历史文化和精神面貌,并满足人们的精神需要。游园通过具有当地特色的主题,向人们展示城市的历史印记,并通过内部的雕塑、小品等传达科学及文化信息,增加文化知识,陶冶人们的情操,达到寓教于乐的目的。市民会经常在游园中举办一些文体活动,如歌舞、表演、室外展览等,这些市民可以亲身体验的活动既丰富了人们的生活经验,也提高了文化水平。例如:日本东京根据儿童的好奇心,设计了三座微型公园:"听的绿洲""时间的绿洲""赤脚的绿洲",绿地中以不同形状的听筒、时钟、巨型脚印作为主题环境小品,巧妙地将知识趣味结合在绿地设计之中,对少年儿童极具吸引力,让他们在玩耍中获得知识。

城市游园不仅是人们聚集活动的场所,而且在城市防火、防灾、避难等方面能发挥重要的作用。城市游园分布于城市建筑之间,可以有效地降低建筑密度,隔离火灾,使灾害的破坏程度降低。游园内的诸多植物都有隔离火灾、抗震、监测大气污染的作用。例如日本多发地震,其国内分布着大量的城市游园,有效减少了地震带来的灾害。

4.3 游园设计

4.3.1 设计要点

游园是提供人们休息、交流、锻炼及一些小型文化娱乐活动的场所,是城市公共绿地活动的重要组成部分,在有限的空间中打造出符合市民需求的娱乐活动场所,设计师要把握如下几个要点:

4.3.1.1 满足各年龄段人群需求,打造多元功能的游憩场所

游园是居民进行户外活动不可缺少的场所,它是服务于人群的,所以游园的规划设计也要围绕人的需求进行。对游园进行规划设计时,不仅要满足一般成年人的使用需

求,而且要重视老年人、儿童和一些特殊人群就近活动的需求,配置相应的活动与休憩设施。

在进行游园空间营造时,应考虑空间尺度的合理性,只有适宜的尺度才会让人有放松感和安全感,要"以人为本",将游园打造成为一个真正被人们需要的场所。

4.3.1.2 协调各类景观元素,构建优美和谐的公共空间

由于游园面积都比较小,具有袖珍性的特点,所以在设计中景观元素不宜过于复杂,以免使整体环境有混杂的感觉。要以较少的元素表达到更为优美的设计效果,展现令人心旷神怡的游园风景。

4.3.1.3 结合城市地域文化,塑造特色鲜明的景观场地

将独具特色的城市文化融入游园的规划设计中,可以给市民文化认同感和对乡土文化的自豪感。在进行游园景观设计时,应扎根于城市的文化特色,从中汲取"养分"。

4.3.1.4 贯彻可持续发展理念,形成绿色健康的生态环境

在打造游园景观时,应优先选用自然材料或可降解及循环再利用的材料,选用渗透性强的材质,尊重生物多样性原则,配置可持续发展的植物群落,不宜采用需耗费大量人力物力建造维护的景观设施,不宜设计太多的硬质铺装等。

4.3.2 规划设计方法

4.3.2.1 选址

城市游园规模较小、形式多样,常以斑块状分布在城市结构中,以游憩功能为主,游园所处位置也相对灵活,方便居民就近使用。

游园的位置选择要以服务群众和为城市居民日常室外活动带来便利为目标,为周边人群提供宜人的活动和游憩空间。通常会将城市游园布置在交通便利且人流量大的区域,如居住区、商业区附近等,以提高游园的使用率;也可面积狭小、用地零碎的区域,如沿街布置或在楼宇之间见缝插绿,或以绿化带的形式阻隔噪声或通过植物组团造景。

4.3.2.2 游园景观规划设计

1) 道路设计

城市游园的道路将游园内各个小空间串联到一起并与周边的城市道路相衔接,是使用者运动、游览的主要路线,同时也为周边的居民穿越绿地空间提供了便捷的通道。游园的道路应当是便捷、通达的,并具备一定的美感,在设计时应注重其形式和铺装材质。

(1) 设计原则 游园的道路需具备良好的可达性和美观效果。对于尺度较小的游园空间来说,除了满足快速可达的需求,还需有效连接周边场地。

首先,游园道路设计应遵循可达性原则。人们往往希望通过游园道路最快、最便捷地到达自己的目的地,但设计师在进行游园道路设计时常不重视人们的交通需求,使得游园中常出现一些人们"踩"出的小路,影响植物生长,破坏绿地景观。因此设计师在设计道路时,应当充分考虑人们的交通需求。在不希望行人穿行的区域,可以采取一些有效阻隔手段,如选择加高加密的灌木绿篱等进行空间阻隔;而在希望引导行人前进的区域,也可以通过道路方向性的暗示指引游人前进。

其次,游园道路设计也应具备一定的美观性。游园道路设计不仅要满足人们的交通需求,也需强调设计美感。游园道路的线型有自然式和规则式两种,根据游园的特点设计应构图优美和谐。城市游园道路的铺装设计也是产生景观视觉美感的要素,其材质和色彩的变化往往具有交通导向作用及空间划分作用。

(2) 设计方法 游园中的道路设施主要起着组织交通、分隔空间、引导游览的作用,包括园路、集散小广场、坡道、台阶等等。

游园道路形式往往基于游园场地本身的形状,根据场地空间特点呈现两种设计形式:一种方式是呈两个轴向设计,沿着狭长方向延伸而形成平行于城市街道的主轴,垂直主轴或与主轴相交的方向会根据周边环境适当设置次轴,次轴与绿地周边街道形成出入口或者小型出入口广场,这种方式适合于本身狭长型的带状游园;另一种是将主路设计成环路,在环路上设计次要通道与绿地周边的街道形成出入口,这种方式适合于块状的城市游园(图 4-32)。

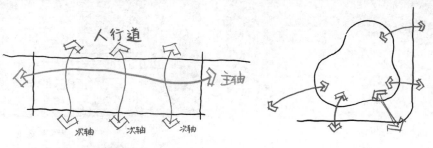

狭长形绿地道路设计　　　　　块形绿地道路设计

图 4-32　狭长型、块状绿地道路设计

在满足游园内部连通、可达性需求的同时,游园可以使用如直线、折线、曲线、异形构图等为主的构图形式。丰富游园道路的线型设计可以优化游览体验和增添场地趣味性。

城市游园道路设计中,除了平面构图形式外,地面铺装设计也是重要组成部分。合理的地面铺装设计,一方面可以为城市游园景观带来视觉美感,另一方面具有划分场地、警示、诱导和指示等功能(图4-33)。铺装设计应基于人的行为习惯和步行需求来设计,主要体现在铺装的安全性设计和人性化设计。

首先,铺装的安全性设计体现在材料选择上。户外空间一般不使用过于光滑、坚硬的地面铺装,因为降雨和冰雪容易使人滑倒。其次铺装表面的孔洞不宜过多,以提高步行舒适度。在一些健身场地或儿童活动空间,要采用一些柔软度较高的铺装,如橡胶类高分子铺装材料等(图4-34)。

其次,铺装的人性化设计体现在无障碍设计方面。供轮椅通过的道路宽度至少在1.2 m以上,纵向断面坡度在1/25以下,当这种坡度持续50 m以上时,应设置1.5 m长度以上水平部分作为休息平台以便停息。铺地应采用防滑材料,形成平坦没有凹凸的地坪,不宜铺设石子路。当绿地与人行道之间有高差时,一般入口最好全部或部分采用坡道的形式,方便轮椅的进出。当园内有不同高差的场地需要用台阶连接时,也应该在台阶附近设置坡道方便残疾人的上下。在一些需要设置台阶而又无法设置坡道的地方,可以使用供轮椅上下的专用设备。

2)植物配置设计

城市游园不仅是让人回归自然、暂时忘却城市喧嚣和嘈杂的重要场所,也是平衡城市生态的重要空间。植物是城市游园中不可或缺的景观元素,植物种植不仅有改善环境、净化空气、降低噪音、吸收粉尘、调节小气候等生态功能,而且可以通过植物造景或植物配置来布置视觉效果良好的景观空间。

(1)植物配置设计手法 对于城市游园的植物配置设计,主要的设计手法有:

a 铺装划分场地

b 铺装引导游线

图4-33 铺装的功能性设计

a 健身场地软铺装

b 无障碍坡道

图4-34 铺装的安全性设计

第一,因地制宜,适地适树。由于植物的生长习性不同,有喜光、喜阴、喜干燥、喜湿润等区别,若其立地条件与其生长习性相悖,植物往往会生长不良或死亡。乡土树种具有易成活、来源广、维护成本低且可以快速成景等特点,在种植设计中具有突出优势。例如,城市游园选址一般在人群集中、交通便利地带,临近道路的绿地空间受汽车尾气污染、粉尘污染较为严重,因此选择植物时要考虑其耐受力、抗烟尘能力等;地被植物考虑选择耐踩踏、长势强的植物种类。

第二,注重植物景观层次,采用乔灌草相结合的栽植方式,从水平和垂直两个方向同时考虑,发挥空间潜能,增大绿化面积。植物种植时,应对大小乔木、灌木、藤本植物、草本等地被植物进行科学有机组合,形成形态各异、习性各异植物的合理搭配。城市游园中,受场地空间限制,乔木的数量有限,少而大的乔木往往可以形成更好的视觉效果。丰富的植物群落可以增强绿地在保护环境、改善气候、平衡生态等方面的功能。自然界中的植物多以群落形式存在,且植物在自然界的种群关系,比单个植物更具保护性。

第三,注意植物形态、色彩和文化性的合理搭配。为了更好地凸显植物种植的美学艺术和地域文化特色,可以充分借助植物不同的形态和色彩展现场地人文风情,呼应环境主题。如在场地中使用垂柳、罗汉松、银杏等具有文化感的树种,其叶形叶色、树形体态都能反映相应的文化底蕴,让植物配置从选种到组合种植方式都呈现出地域特色,如雕塑小品一样将植物配置的文化性展现得淋漓尽致。

(2)植物造景 植物造景是园林设计重要的造景手法之一。由于城市游园空间尺度较小,不适合大型建构筑物的修建,所以利用植物本身特点造景,对于城市游园设计尤为重要,可以塑造场地的直观视觉形象,起到美化城市景观,打造城市生态空间,提升城市面貌的作用。

① 同种植物群植造景:同种植物组合式群植,会因为植株大小和植物层次而产生不同的景观效果,线型感强的植物排列种植对人群的前进方向有很强的指引性。游园中通过植物行列式种植替代分级园路的引导性作用,通过植物种植和铺装线型构成对游人的方向指引。球形是大量植物的基本形态,没有明显的方向性,常组合作为点景或背景林空间(图4-35);塔形植物形态独特,构造新颖,通常选择群植,成为视觉焦点。

② 植物群落造景:在城市游园中,更为常见的是结合植物形态、颜色、大小、层次来进行植物群落造景。前景的乔木与中景的植物群落完美组合,形成一幅优美图画。高矮错落的植物群落与背景建筑硬朗的轮廓线通过起伏的林冠线协调地联系起来,再通过前后景的层次、竖向高低的变化组合,产生视觉上的和谐,如画境一般(图4-36)。

图4-35 同种植物群植造景

图4-36 植物群落造景

图 4-37　植物季相变化

(https://www.gooood.cn)

③ 植物季相变化：春生、夏荣、秋收、冬藏的季相变化，是植物特有的自然特征，所谓"四时之景不同，而乐意无穷也"。季相变化给人以变幻多姿的感官体验，更能增加人们的游览趣味性。利用植物的季相变化营造游园的季节性景观、季节性花卉主题或者是不同季节的色彩特征都会给人以不同的心理感受。城市游园的开放性使得场地人流量较大，良好的视觉体验能够满足人们对自然的向往和期盼(图 4-37)。

3）水体景观设计

水体作为景观设计要素之一，在城市游园设计中也是非常重要的部分。水景可以增强景观的生动性、活泼性，提升游人的感官视听体验。与此同时，水景可以与生态修复、自然保护联系起来，维护城市生态环境、净化水体，营造优美的景观氛围。

结合游园中水景发挥的功能和游憩性需求，应在水景布置中发挥水的流动、渗透等特点，营造出动静结合的景观效果。由于空间限制因素，城市游园中往往不能实现大面积的水景，所以一般以低浅的姿态出现，例如景观水池、喷泉、镜面水等，可以作为入口景观、重点区域的视觉中心或者是以辅助主景的形式出现。

在游园中布置水景时，首先要确定水景在空间中发挥的作用，其次选择水景的风格和形式，要考虑与整体景观空间相协调。合理布置水景，不仅可以提升空气质量、节能减排、调节区域小气候，而且将"自然"的声音带入公共空间，从视觉、听觉、触觉层面丰富游人空间活动类型和体验(图 4-38)。

4）景观构筑物设计

游园中的景观构筑物通常包括景亭、廊架、雕塑、景墙、置石等。设计师应该充分利用这些特色景观构筑物，用现代景观的语言来营造具有地域文脉的城市景观，这也是避免设计效果同质化的有效手段。局部的小品与装饰往往是整个游园主题的"点睛之笔"，可以让人在细节上更加深刻地感受城市地域文化特征，从多个层面向游人展示丰富的地方文化。

（1）景亭　景亭类景观构筑在游园空间中往往起到画龙点睛的作用，既具有使用功能，也具有造景功能(图4-39)。景亭的设计首先应当满足休憩功能的需求，提供座椅等休憩设施；其次，其材质选择、建筑形式应顺应游园的整体布局构架。

图 4-38　纽约佩雷公园水景

(http://www.360doc.com)

图 4-39　浙江宁波明楼公园景亭

（2）廊架 游园中的廊架功能多样，形式多变。廊架的主要功能是满足游人乘凉、休憩的需求，游园中的廊架常用攀援植物作垂直绿化形成绿荫空间，吸引游人在此乘荫纳凉（图4-40）。除此之外，廊架也可用于文化宣传，结合宣传设施将廊架打造成文化宣传空间也是游园中常见的做法。

（3）景墙 景墙在游园中的应用频率较高，其不仅可以有效划分空间、引导游线、阻挡视线，而且可以通过选择其材质、造型和呈现的内容来弘扬城市地域文化，展现城市风采和特色（图4-41）。

图4-40 浙江宁波明楼公园休憩廊架

图4-41 永丰库遗址公园景墙

5）服务设施设计

（1）休憩设施 游园中的休憩设施主要包括座椅、花坛边缘等能够让游人坐下来休憩的设施。因为游园的主要功能是为居民提供优美舒适的户外休憩空间，所以休憩设施的质量和舒适度直接影响到游园的使用率。

① 休憩设施的尺度：主要指座椅的尺寸。根据对普通成年人休息坐姿的测量，将普通座椅设计成坐面高38～40 cm、坐面宽40～45 cm；单人椅宽60 cm、双人椅宽120 cm、三人椅宽180 cm左右；靠背座椅的靠背倾角为100°～110°。

比较接近人体坐姿尺度的相关设施，如花坛边、台阶、矮墙等，都是可供人们小坐休憩。特别是在人流量波动较大的游园，应该有意识地将这些设施设计成接近人体坐姿的尺度，以便在人流高峰期游园中座椅数量不足的情况下为人们提供更多的休憩场所。

② 座椅的材料和质感：座椅的制作材料十分丰富，有木材、石材、混凝土、铸铁、钢材、塑料等等，各种材料质感有较大的差别（图4-42）。

木材是一种极好的制作座椅的材料，触感、质感好，热传导性弱，所以其触感基本上不受气温变化的影响，且易于加工，色彩比较自然，容易让人产生亲切感。在以游憩为主要功能的游园中使用木质材料的休憩设施能给使用者带来良好的休憩体验。

石材质地坚硬，触感凉，不易加工，但其耐久性极好，观赏性好，若布置得当，也是不错的户外座椅材料。游园景观中置石也是常用的布景元素，考虑选择适当尺度的石材，造景的同时也能提供休憩功能。

总之，在游园空间中座椅是主要的休憩设施，座椅的材料和质感直接影响到游人的舒适度。所以，制作座椅的材料的质感要好，并应具有足够的强度，这是保障休憩设施舒适性和安全性的基本前提。

（2）游乐健身设施 户外游乐健身器具是十分受居民青睐的设施，人们不仅可以在绿色空间中锻炼身体，还可以与其他锻炼的人交流聊天。在城市游园中顺应体量

图4-42 游园中不同材质的座椅

图 4-43　游园儿童游乐设施

图 4-44　游园老人活动设施

布置适当的游乐健身设施,一方面可以满足使用者的活动健身需求,一方面可以增加游园的使用频率。城市游园中的游乐健身设施应当基于游园的整体构图、布局,以多样的形式呈现,从而使得城市游园整体和谐统一。

　　游乐健身设施的主要服务对象是老人和儿童。设置儿童游乐设施场地的地面应该比较柔软,可以选用沙子或橡胶地面(图 4-43)。老人健身空间的游乐健身器具要足够牢固,避免出现尖锐的部件等(图 4-44)。临近马路的游园,可以通过绿化隔断外部交通。这样既可以减少活动人群与城市交通的相互干扰,又可以在一定程度上减少汽车排放的废气给活动人群带来的不良影响。

　　(3)照明设施　游园中的照明设计十分重要,合理布置和利用照明设施,能够方便使用者,有效延长游园空间的使用时长,吸引人群,增添人气。照明设施的设计要兼顾实用与美观,在人流量集中和通行的区域保证足够的照明,并选用节能灯具,恰当使用形式各异的照明设施,丰富夜间景观。

　　游园中的照明设施主要有路灯(图 4-45)、草坪灯、埋地灯、台阶灯、水底灯等,应结合场地内的构筑物、通行空间等布置。游园中,由于场地本身空间有限,常结合场地内的景墙(图 4-46)、构筑物小品(图 4-47)、台阶(图 4-48)等消隐式地布置照明灯具。这样不仅体现场地的整体性布局,而且还能营造空间氛围感。

图 4-45　路灯照明
(https://www.163.com)

图 4-46　景墙照明
(https://www.163.com)

图 4-47　构筑物小品照明
(https://huaban.com)

图 4-48　台阶照明
(https://www.hhlloo.com)

（4）卫生设施　游园中的卫生设施主要包括垃圾箱、洗手器等（图4-49）。这些设施的造型应与环境相协调，并且要便于管理，否则不但不能服务于景观，还会严重破坏周围环境。

游园中垃圾桶的设计，除了考虑正常的使用间距外，在人流量大或人群可能集中停留的区域应当增加垃圾桶的数量，斟酌垃圾桶的摆放位置。出于安全卫生角度的考虑，城市游园内的垃圾桶应该闭合，防止垃圾桶内的细菌飞散传播。出于环保的考虑，应当对可回收和不可回收垃圾进行分类。

（5）信息系统　游园中的信息标识系统主要是指为游人提供相关信息的各种标志、标识、宣传展板、警示牌以及智能指示牌等等，一般采用文字、图画或智能动画等形式向人们传递信息（图4-50、图4-51）。

标识设施一般设置在游园入口、重要的景观节点、岔路口等人们易关注到的位置。这些看上去不太起眼的小型设施的设计不仅能够为游人指引游览路线，而且在某些重要景点用图文向人们介绍景物，使游人深入理解在细微之处体现出人文关怀的游园设计意图。

游园中的宣传展板可供进行科普教育。即使是一些警示牌，也应尽量避免使用如"禁止""严禁"等带有命令口吻的话语，而应使用诸如"小草在生长，请勿打扰"等既能起到警示作用，又充满人情味的话语来引导游人。此外，游园中的智能指示牌在逐渐增多，智能显示屏、AI互动等技术帮助人们快速了解游园空间，知晓场地提供的服务设施等，为市民带来更好的游园体验。

图4-49　分类垃圾桶与洗手台
（https://graph.baidu.com）

图4-50　警示标牌　　　　　　**图4-51　指示标牌**

■ **讨论与思考**

1. 游园的主要功能是什么？地位如何？
2. 游园作为与市民联系最紧密的公园绿地类型，设计中应注意哪些方面？

■ 参考文献

Andrew Burns Architect,2013. 小巷公园公共项目,英国[EB/OL]. （04－17）https：//www. gooood. cn/GIBBON-SRENT-By-Andrew-Burns. htm.

成都市公共设施配套建设领导小组办公室,2013. 成都市公共设施配套绿地建设管理[R/OL]. （11－13）http：//www. cdcc. gov. cn/detail. action? id＝28778.

丁玲玲,2010. 长春市街旁绿地地域性景观设计研究[D]. 长春:吉林建筑工程学院.

盖尔,2002:交往与空间[M]. 何人可,译. 北京:中国建筑工业出版社.

郭庭鸿,董靓,刘畅,2020. 健康视角下影响城市游园使用的环境特征识别研究[J]. 中国园林,36(4):78-82. DOI:10. 19775/j. cla. 2020. 04. 0078.

吉韵洁,2020. 城市街旁游园景观规划设计[J]. 城市建筑,17(21):150-151. DOI:10. 19892/j. cnki. csjz. 2020. 21. 060.

亢锴,2016. 老龄化背景下的城市街旁绿地景观设计研究:以重庆渝中半岛为例[D]. 重庆:重庆大学.

李小冬,2013. 城市街旁绿地景观设计研究:以永州市零陵区为例[D]. 长沙:中南林业科技大学.

刘滨谊,鲍鲁泉,裘江,2001. 城市街头绿地的新发展及规划设计对策:以安庆市纱帽公园规划设计为例[J]. 规划师,17(1):76-79.

刘滨谊,等,2005. 纪念性景观与旅游规划设计[M]. 南京:东南大学出版社.

马惠,2014. 苏州城市小游园的互动性景观研究[D]. 苏州:苏州大学.

马杰,2012. 杭州口袋公园设计研究[D]. 杭州:浙江大学.

马库斯,弗朗西斯,2001. 人性场所:城市开放空间设计导则[M]. 俞孔坚,等译,北京:中国建筑工业出版社:139-163.

NABITO architects,2022. 身临其境,感官花园[EB/OL]. https：//mooool. com/sensational-garden-by-nabito-architects. htm.

任妙华,2015. 城市街头游园设计研究:以天津市为例[D]. 天津:河北工业大学.

孙伟,2018. 城市街旁绿地的景观设计研究:以合肥市为例[D]. 合肥:安徽农业大学.

Takao Shiotsuka,2012. 熊本县菊池市袖珍公园,日本[EB/OL]. （05－16）https：//www. gooood. cn/kikuchi-pocket-park-by-takao-shiotsuka. htm.

王进,2009. 城市口袋公园规划设计研究[D]. 南京:南京林业大学.

肖霓,2011. 广州城市街旁绿地的景观设计研究[D]. 广州:华南理工大学.

许璐,吴丽娟,2021. 全球城市绿地规划建设趋势及对广州的思考[C]//面向高质量发展的空间治理:2020 中国城市规划年会论文集(08 城市生态规划). 成都:2020 中国城市规划年会:198-207.

禹忠云,2009. 街旁绿地边界空间景观设计研究[D]. 北京:北京林业大学.

曾美华,2016. 基于"口袋公园"概念下小型休憩绿地的规划设计研究[D]. 南昌:江西农业大学.

张春阳,郭恩章,1989. 袖珍绿地的规划建设[J]. 城市规划,13(4):49-51.

张梦佳,2018. 中美两国城市公园分类标准解析及典型案例剖析[D]. 杨凌:西北农林科技大学.

张鹭鹭,2007. 袖珍公园在当代城市公共空间中的应用[D]. 成都:西南交通大学.

张文英,2007. 口袋公园——躲避城市喧嚣的绿洲[J]. 中国园林,23(4):47-53.

赵慧蓉,2006. 城市街旁绿地景观空间设计研究:以长沙市为例[D]. 长沙:中南林业科技大学.

赵丽莎,2018. 现代城市小型公园规划与设计研究:以太原市为例[D]. 太原:太原理工大学.

中华人民共和国住房和城乡建设部,2017. 城市绿地分类标准 CJJ/T 85—2017[S]. 北京:中国建筑工业出版社.

周建猷,2010. 浅析美国袖珍公园的产生与发展[D]. 北京:北京林业大学.

周连英,2015. 城市街旁绿地景观设计研究:以福州市为例[D]. 福州:福建农林大学.

LABUZ R,2019. Pocket Park：A New Type of Green Public Space in Kraków (Poland)[J]. IOP Conference Series：Materials Science and Engineering:471(11).

MERTES J D,HALL J R,1995. Park, recreation, open space and greenway guidelines[M]. Rev. ed. Arlington, Va. ：—National Recreation and Park Association.

PESCHARDT K K, SCHIPPERIJN J, STIGSDOTTER U K,2012. Use of small public urban green spaces(SPUGS)[J] Urban Forestry & Urban Greening,11(3):235-244.

5 城市广场

【导读】 城市广场作为城市空间的核心组成部分,不仅在物理形态上是城市的"客厅"和"起居室",更在精神层面上承载着城市的灵魂和文化,它们是社会交流的枢纽、公共活动的聚集地,以及城市历史与现代文明的交汇点。在规划和设计城市广场时,需要融合城市规划、建筑学、景观设计、环境心理学等多学科的理论与实践,以确保广场能够满足市民多样化的需求,同时反映城市的特色和精神。随着城市建设的不断推进,城市广场的重要性日益凸显,它们不仅是市民日常休闲场所,也是城市文化传承和创新的舞台,通过融入绿色智能照明系统、信息显示屏、智能导航系统等智能技术,广场设计不仅能够提升市民生活质量,还能促进城市建设的高质量可持续发展。

5.1 知识框架思维导图

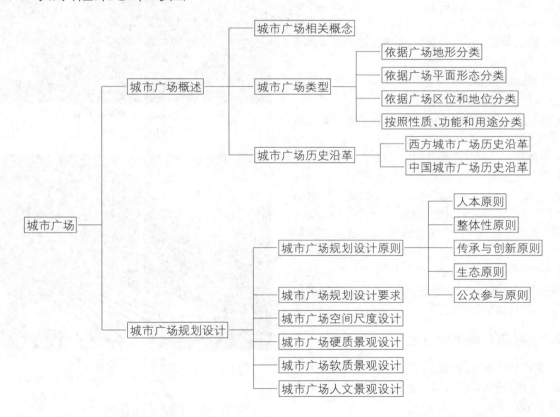

5.2 城市广场概述

5.2.1 城市广场相关概念

古今中外,对广场的定义众说纷纭。凯文·林奇(Kevin Lynch)认为:"广场位于一些高度城市化区域的中心部位,被有意识地作为活动焦点。通常情况下,广场经过铺装,被高密度的构筑物围合,有街道环绕或与其相通。它应具有可以吸引人群和便于聚会的要素。"

美国克莱尔·库柏·马库斯(Clare Cooper Marcus)与卡罗琳·弗朗西斯(Carolyn Francis)编著的《人性场所——城市开放空间设计原则》(*People Places—Design Guidelines for Urban Open Space*)一书中指出:"广场是一个主要为硬质铺装的,汽车不得进入的户外公共空间。其主要供人们漫步、休闲、用餐或观察周围世界。与人行道不同的是,它是一处具有自我领域的空间,而不是一个用于经过的空间。当然可能会有树木、花草和地被植物的存在,但占主导地位的是硬质地面;如果草地和绿化区域超过硬质地面的面积,我们将这样的空间称为公园,而不是广场。"

《城市规划原理》(第3版)提出"广场是由城市功能的要求而设置的,供人们活动的空间。它通常是城市居民社会生活的中心,广场上可进行集会、交通集散、游览休憩、商业服务及文化宣传等"。而《中国大百科全书》中认为城市广场是"城市中由建筑物、道路或绿化地带围绕而成的开敞空间,是城市公众社会生活的中心,又是集中反映城市历史文化和艺术面貌的建筑空间。"

根据《城市绿地分类标准》(CJJ/T 85—2017),城市绿地分类中对广场用地的定义为"以游憩、纪念、集会和避险等功能为主的城市公共活动场地"。

综上可以看出,城市广场的概念,大到形成一个城市的中心或公园,小到一块空地或一片绿地,是城市公共空间的一种重要空间形式,是人文景观和物质景观的结合体;它是城市中环境宜人,适合大众的公共开放空间,体现并继承和发展历史文脉;它对城市有典型意义,是城市风貌、个性的体现,并顺应市民的需求,为市民提供了室外活动和公共社交的场所。

城市广场是城市外部公共空间体系的一种重要构成形态,具备独特的个性特征,主要表现在:

(1)公共性 城市广场供公共使用,任何市民都可以用以通行或休息。

(2)开放性 任何时间都可供公众通行或休息。

(3)综合性 城市广场不仅可作为市民休闲、娱乐的室外场所,同时它还可以根据其定位不同加载其他的功能,比如可以在广场中注入文化、历史、宗教等元素,使它除了可供公众休闲之外,还能承担起更多的社会任务和责任。

现代城市的规划和设计是一个复杂的系统工程,城市的总体规划中对广场的布局、数量、面积等取决于城市的性质、规模和广场的功能定位。

5.2.2 城市广场类型

1)依据广场地形分类

依据广场的地形的不同,可以分为水平式广场、下沉式广场、提升式广场。

(1)水平式广场 地平没有落差变化,多出现在一些交通集散、商业街等区域(图5-1)。

(2)提升式广场 地平呈抬升的趋势,其空间层次划分为三级:平坦区域、提升区域、高点区域(图5-2)。

(3)下沉式广场 广场的主要区域低于水平面,一般呈三个梯级,即平坦区域、下沉区域、低点区域(图5-3)。

提升式与下沉式比水平式广场富于空间层次的变化,但要注意起伏要适度,既不能过高也不能过低,否则会对人的心理和行为产生影响。

图5-1 水平式广场

图5-2 提升式广场
(https://m.sohu.com)

图5-3 下沉式广场
(https://www.sohu.com)

2)依据广场平面形态分类

依据广场的平面形态,可以分为单一形态和复合形态。

(1)单一形态 这类广场的平面空间形态都是由单一的规则或者不规则的几何图形构成,通常又可以分为正方形、梯形、长方形、圆形、椭圆形和自由型广场。如巴黎旺多姆广场,布鲁塞尔大广场。

(2)复合形态 这类广场是指由数个基本几何图形有序或无序地组合而成。如罗马帝国广场、威尼斯圣马可广场。

3）依据广场区位和地位分类

依据广场区位和地位划分，可分为三个结构等级，即城市级、地区级、街区级，它们构成城市广场系统。

（1）城市级　为全市区域提供服务的广场；

（2）地区级　为地区范围提供服务的广场；

（3）街区级　为居住区提供公共服务的小游园、户外活动场地等。

4）按照性质、功能和用途分类

按照性质、功能和用途的不同，可以将城市广场分为以下几类：

（1）市政广场　是用于进行集会、庆典、游行、检阅、礼仪和传统民间节日活动的广场。市政广场多毗邻城市行政中心而建，其周围建筑以提供行政办公空间为主，也可能会有其他重要的公共建筑物。

（2）纪念广场　是为了缅怀历史事件和历史人物而修建的广场。纪念广场多结合城市历史，与意义重大的纪念物配套设置。通常突出某一主题，形成与主题相一致的环境气氛，广场内设置各种纪念性建筑物、纪念碑和纪念雕塑等，供人们瞻仰、凭吊。

（3）商业广场　是用作集市贸易、展销购物、顾客休憩的广场，一般设置在商业中心区或大型商业建筑附近，可连接邻近的商场或市场，使商业活动趋于集中。现代的商业广场以步行环境为主，集购物、休息、娱乐、观赏、饮食和社会交往于一体，内外建筑空间相互渗透，广场设施齐全，建筑小品尺度和内容富有人情味。

（4）文化广场　是用作文化娱乐活动的广场，常与城市的文化中心或文物古迹结合设置，其周围设置文化、教育、体育和娱乐性公共建筑。

（5）游憩广场　是供市民休憩、交往和观光的广场，周围一般是商业、文化、居住和办公建筑。游憩广场是居民进行城市生活的重要场所，与城市居住区联系密切，并常与公共绿地结合设置。游憩广场贴近市民的生活，它是城市中富有生气的场所，也是最为普遍的广场类型。

此外，在城市建设过程中，出现了一些交通广场。它们是由于城市公共绿地欠缺而对交通岛进行改造而来的。由于它们对交通与市民的安全影响较大，已经逐渐消失。

5.2.3　城市广场历史沿革

5.2.3.1　西方城市广场历史沿革

城市广场一直是"西方文化中最重要的社交性外部空间形态"，是西方城市空间的重要构成元素，也是与其市民生活密不可分的户外活动场所。同时宗教是西方古代文化的集中体现，西方古代城市广场多有着宗教氛围。国外城市广场的发展经历了一个漫长而有序的过程。

1）古希腊城市广场

古希腊文明是西方文明最重要的组成部分之一。城市广场的产生是与古希腊城邦奴隶民主制下居民的公共生活的发展分不开的。最初的广场应当源于古希腊之 Agora（广场）——一个谈天、交易甚至辩论的宗教场所。早期的古希腊广场多顺应地形，呈不规则形状，如阿索斯广场（Assos Agora），以建筑物或神庙围合的空间，供市民休憩（图5-4）。

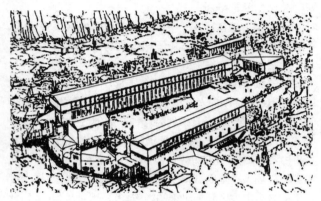

图5-4　阿索斯广场

（曾思玲，2012）

2）古罗马城市广场

宗教和君权在古罗马时期大行其道，使得城市建设以体现政治力量和组织性为目标。城市广场（Forum，也称方场）是城市社会宗教与政治的中心，形式上在继承古希腊形式的基础上有所发展，注重尺度与比例关系；与古希腊不同的是，它的尺度、比例体现于广场建筑之间，与人似乎无关。古罗马广场善于利用规整的空间突出广场的形象，具有严格的轴线关系。广场周围建筑以神殿、法院、市场为主，并有古罗马时期使用最多的空间元素"券柱廊"围绕广场。古罗马人首先提出了场所精神，而古罗马帝国之君主将这种"场所精神"演变成现实的物质空间，即为帝王服务的罗马帝国广场群：恺撒广场、奥古斯都广场、韦帕香广场、乃尔维广场和图拉真广场等（图5-5），这些广场具有较高的艺术价值和优美的空间，但却忽视了生活功

图5-5　罗马帝国广场群

（http://m.tigeryou.com）

能,较少考虑人的尺度。从上述可见,西方城市广场在初期是与政治、宗教紧密相连的,但城市广场是人们聚会、交往的场所,注定要由神圣走向世俗与人性。

3）中世纪的城市广场

这一时期的城市广场可以说是君权、教权向世俗的过渡。中世纪的城市拥有统一而强大的教权,世俗一直在与宗教斗争。中世纪的城市广场是市民生活的大起居室,是各种民间活动和政治活动的集合,是集市、贸易的中心,是富有生活气息的场所。

正如扬·盖尔所说:"中世纪城市由于发展缓慢,可以不断调节并使物质环境适应于城市的功能,城市空间至今仍能为户外生活提供极好的条件,这些城市和城市空间具有后来的城市中非常罕见的内在质量,不仅街道和广场的布局考虑到了活动的人流和户外生活,而且城市的建设者们具有非凡的洞察力,有意识地为这种布置创造了条件。"中世纪的城市广场在注重人性的同时,形式上多为不规则形,布局自由灵活,围合性较好,并注重与人的尺度相宜。中世纪的城市广场大多是因城市生活需要自发形成的,是从高度密集的城市中央区开拓出来的区域,多采用封闭构图,如意大利著名的锡耶纳市市中心坎波广场(图5-6)。

图5-6　锡耶纳市市中心坎波广场

（https://www.douban.com）

4）文艺复兴时期的城市广场

文艺复兴时期的广场是欧洲古代最具影响力的广场。文艺复兴的到来使宗教被贬抑,科学得以弘扬,世俗精神得到确定,人文主义突破了封建的局限,产生了专门的市民广场。广场是城市生活的主体,成为市民交往的空间,同时也成为组织城市空间的主要手段。文艺复兴时期的城市广场注重构图的完整性,古典美学法则被广泛运用,追求人为的视觉秩序和庄严的艺术效果,对形式的追求近乎完美(图5-7)。文艺复兴时期的形式设计原则与古希腊、古罗马及中世纪一样都来源于一门古老的学科——数学。在古希腊哲学理论中,毕达哥拉斯(Pythagoras)认为"万物皆数",数是宇宙秩序的控制者。文艺复兴不仅仅将数、比例作为一种技术手段,而且将其作为一种"艺术意图"。对文艺复兴时期而言,比例理论具有不可估量

的价值,它使广场的形式空间得到了空前的发展,为后人留下了许多辉煌的广场作品。理论家阿尔伯蒂(L. B. Alberti)曾试图通过对维特鲁威(Vitruvius)的理论研究来寻求长方形广场的最佳比例关系。

被拿破仑称为"欧洲最美丽的客厅"的威尼斯圣马可广场,是威尼斯的中心广场,广场起源于9世纪,直至18世纪达到完美(图5-8、图5-9)。广场呈L形,面积约

图5-7　文艺复兴时期的城市广场

（https://sy.jiaju.sina.cn）

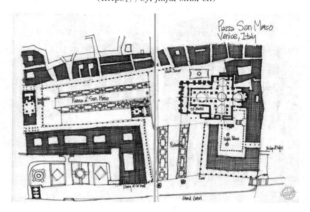

图5-8　威尼斯圣马可广场平面图

（http://www.iarch.cn）

图5-9　威尼斯圣马可广场俯瞰

（http://www.360doc.com）

1.28 hm²，由两个小广场组成：Piazza 和 Piazzetta，前者是市民广场，后者是从海上进入威尼斯的主要入口广场。广场中心的方塔是广场的标志，它与空间的焦点——圣马可大教堂有机地将两个广场联系在一起，使之浑然一体。两个小广场均呈不规则形，增加了透视感，广场空间的布置手法高超，建筑的构成复杂而精巧，堪称经典。

5）工业革命带来城市空间之"冬天"

文艺复兴之后，对西方城市空间产生巨大影响的是以蒸汽机的发明为标志的工业革命。工业革命带来了城市的扩大，城市人口迅速增加，建筑变得密集，城市建设趋向无序，汽车抢占广场空间，绿地减少，居住条件恶化。城市广场的发展停滞不前，人文的生活方式被技术取代，富于人文环境、尺度宜人的传统城市广场湮没在城市钢筋混凝土"森林"中。在这种形势下，1933 年国际现代建筑会议（CIAM）第四次会议提出的《雅典宪章》（Chapter of Athens）强调从功能需求出发，现代城市应解决好居住、工作、游憩、交通四大功能。但功能主义的过分强调却使城市广场等城市空间的文脉被忽略，城市广场的个性与主题丧失，不同城市的空间差异越来越小，正如扬·盖尔所说："在整个人类定居生活的历史进程中，街道和广场都是城市的中心和聚会的场所，而随着功能主义的到来，街道和广场被认为是多余的，代之以公路、行人道和无际的草地……"城市广场对人的关怀和其对城市生活的积极意义未能体现。如巴西的新首都巴西利亚之三权广场，有合理的功能分区和丰富的形式构图（呈三角形广场），但因其缺乏对人的关怀被建筑师约翰·波特曼（John Portman）称为"不理解人的尺度和毫无人情味的地方"（图 5-10、图 5-11）。鉴于此，CIAM 第九次会议上对功能主义提出了质疑，提出了城市应具有可识别性的要求，在其后的几次会议中，功能主义受到了冲击，人与环境的问题得到重视。

6）人性回归成为现代西方城市广场设计主题

城市广场是市民的"起居室"，是居民交往、休闲之场所，它应该是一个充满人性的场所。二次大战之后，百废待兴，随着物质逐渐丰富，市民意识到"富裕生活"不是占

图 5-11　巴西利亚三权广场鸟瞰
(http://www.360doc.com)

有物质的多少，而是生活本身，开始崇尚参与社会活动，追求个性，寻求生活的意义。城市广场设计顺应需求，蓬勃发展，形成了城市广场建设的又一高峰期。现代城市广场主要具有以下特点：

（1）建立以"人"为主题的设计取向　广场的设计在注重形式与功能的同时，以人为主体，充分考虑人的需求与活动。广场空间趋向小型化，尺度宜人，功能以休闲为主。

荷兰蒂尔堡山广场是一个三角形状的平台，在三角形空间的中间有一棵菩提树（图 5-12～图 5-14），广场边缘种植了一排梧桐树。人的活动是广场的主要焦点，雕塑和植栽仿佛剧场的布景。广场上的座凳后靠草坪，面临大树，旱喷提供了很好的景观。旱喷天然地拥有聚集人流的优势，作为动态的景观，它能吸引人的参与，尤其能为孩子们提供很好的互动场所。隧道出入口的设计非常人性化，很好地考虑了无障碍通行的要求。平台中设计了很多的空间，为当代使用者提供了许多使用的机会。

（2）珍视文化传统，保护历史遗迹　现代城市广场对

图 5-10　巴西利亚三权广场实景
(https://www.sohu.com)

图 5-12　荷兰蒂尔堡山广场平面图
(https://huaban.com)

历史文化的有机继承不仅使城市空间具有个性和可识别性，也使得城市空间具有时空连续性，并使市民对广场具有归属感与认同感。

美国国家 911 纪念广场位于世贸中心"双子大厦"遗址，广场中两个下沉式的空间，象征了两座大楼留下的倒影，也可以理解为两座大楼曾经存在过的印记。巨大的高差，让大瀑布格外壮观；水流的不断漫下，让人能感觉到时间的流逝不再复返，也以此缅怀曾经的"双子大厦"与遇难者，更深刻地理解生命的意义。跌水池的护栏使用了金属板饰面，并镂空刻上了超过 3 000 名遇难者的名字（图 5-15、图 5-16）。

（3）综合考虑环境质量　市民对自然的渴求，使现代城市广场设计由硬铺装面积大、绿化少的广场转向尺度宜人、富有生机的"自然"广场。这是现代与古代城市广场的重要区别之一。植物与水等软质素材被大量引入城市广场，同时还出现了一些以某种自然元素为主题的城市广场。

伊拉·凯勒水景广场（劳伦斯·哈普林设计）就是波特兰大市大会堂前的喷泉广场（Auditorium Forecourt Plaza）（图 5-17）。水景广场的平面近似方形，广场四周道

图 5-13　荷兰蒂尔堡山广场实景一
（https://bbs.zhulong.com）

图 5-14　荷兰蒂尔堡山广场实景二
（https://bbs.zhulong.com）

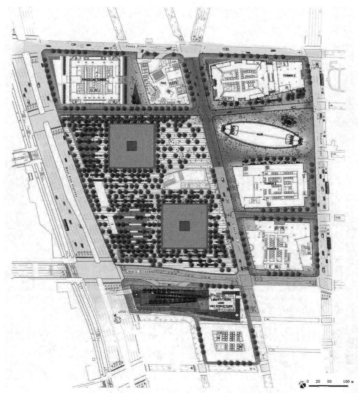

图 5-15　美国国家 911 纪念广场平面图
（阿拉德，2004）

图 5-16　美国国家 911 纪念广场局部鸟瞰
（https://m.ximalaya.com）

图 5-17　伊拉·凯勒水景广场实景
（https://huaban.com）

路环绕,正面向南偏东,对着第三大街对面的市政厅大楼。除了南侧外,其余三面均有绿地和浓郁的树木环绕。水景广场分为源头广场、跌水瀑布和大水池及中央平台3个部分。最北、最高的源头广场为平坦、简洁的铺地和水景的源头,铺地标高基本和道路相同。水通过曲折、渐宽的水道流向广场的跌水和大瀑布部分。跌水为折线形、错落排列。水瀑层层跌落,颇得自然之理。经层层跌水后,流水最终形成十分壮观的大瀑布倾泻而下,落入大水池中。

虽然东西方仍存在文化的差异,但是人们对于城市公共活动空间的需求,对自然的渴望,并不存在东西方的差别。回顾中外城市广场,人性空间是最具有活力的,注重人性、尊重历史文脉是城市广场赖以发展的基础,人性是中西方广场的共同主题。这使得注重文化传统、环境质量、以人为本的城市休闲广场成为市民的"起居室"、城市的"客厅",也为人的社会生活注入了活力,成为一种积极的城市空间。

5.2.3.2　中国城市广场历史沿革

城市广场一直是西方文化中最重要的社交性外部空间。中国古代是否有城市广场一直有争论。很多学者认为中国传统城市空间注重内向式庭院空间,而西方传统城市空间则突出广场这一外向式空间形态。然而,城市广场的本质是一个供公众休憩交往的中介空间,仅从这点看,中国古代已具有这种空间性质的广场。但中西文化、观念、习俗与政治体制的不同,造成中西广场的发展不平衡,并使中国古代城市广场呈隐性发展状态。

1)中西不同的广场观

中西城市空间模式的不同使得中国古代城市广场在城市中处于附属空间地位。西方城市规划中城市广场不仅占据着重要的地理位置,同时也是居民政治活动及社交文化中心(图5-18)。L.克里尔(Léon Krier)甚至称没有广场和标志物的城市不是真正意义上的城市。而中国的城市在其漫长的形成过程中,一般将宫城置于城市之中心。《考工记》有云:"匠人营国,方九里,旁三门,国中九经九纬,经涂九轨,左祖右社,面朝后市,市朝一夫。"朝代的城市规划多深受其影响,这种严谨、封闭的以宫城为中心的古代城市空间格局使中国古代早期少有公共活动空间。这也导致了对中国古代城市广场的研究大多停留在个案之中,无法探究出一条有序、清晰的脉络。

2)中国古代"自上而下"与"自下而上"的广场

关于城市规划,东南大学王建国教授提出以下理论,即"自上而下"是指主要通过人为的作用,依某一阶层甚至个人的意愿和理想模式来设计、建设城镇的方法;"自下而上"是指主要通过"自然的力"或"客观的力"的作用,遵循生物有机体的生长原则,经过多年累积叠合,自发形成城镇的方法。城市广场是城市空间的构成要素,在其形成及发展过程中也顺应这些人为的或自然的作用。

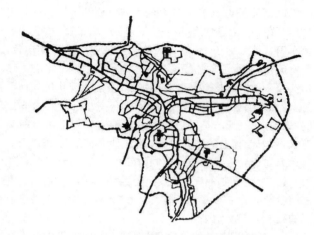

a　西方城市的城市广场作为城市的中心

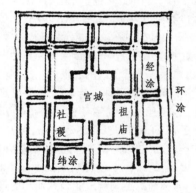

b　中国城市规划以宫城为中心

图 5-18　中西不同的城市空间观

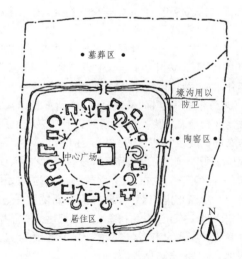

图 5-19　西安半坡村遗址示意图

(1)"自上而下"的广场案例

① 最初的"聚落广场"形态——原始社会多被以氏族聚居,这种所谓城市萌芽的聚居形态并不能被称为城市,但其形成的空间模式值得研究。其中最有代表性的遗址——西安半坡遗址(图5-19)距今6 000余年,东西宽约

200 m，南北长约 300 m，分居住、陶窑、墓葬三区。在其居住区域内，40 余座住房环绕一个中心广场布置，广场中心偏东有一处大房子，可能是氏族公共活动——氏族会议、节日庆祝、宗教活动的场所。这种布局方式以一中心广场形成整个部落的核心是部落精神的内聚，体现了氏族社会生产、生活的集体性以及成员之间的平等性。这种内向式的"聚落广场"形态在同一时期的其他聚居部落中也时有存在，如陕西临潼的姜寨遗址，但这种最初的"广场"形态已随着封建制度及城市里坊制的确立而逐渐消失了。

②"台场"空间——奴隶社会后期的殷末周初，台与囿的结合造就了中国古典园林的雏形。台，是指用土堆筑而成的高台，《黄帝内传》中说："……因立台榭，无屋曰台，……"台最初的功能是登高以观天象，近神明，并逐渐演变为登高远眺，观赏风景。这种供帝王将相游观、交往、娱乐的开放的"台场"空间，结合植物与水体，不仅是园林的雏形，也是中国古代城市中不多见的公共开放空间之一。

③寺观"广场"空间——魏晋南北朝是中国园林的转折期，也是思想领域十分活跃的时期，儒、道、释、玄诸家争鸣，彼此阐发，寺观发展迅速。寺观园林不仅是举行宗教活动的场所，也是居民公共活动的中心。《洛阳伽蓝记》曰："京邑士子，至于良辰美日，休沐告归，征友命朋，来游此寺。云车接轸，羽盖成阴。"到了唐朝，佛教兴盛，城市中寺观园林较多，当时市民居住在封闭的坊里之内，公共活动较少，寺观园林前的空间就成了公共活动的场所。佛教提倡"是法平等，无有高下"，佛寺更是成了各阶层市民平等交往的公共中心。寺观前场地经常举行法会、斋会，还有杂技、舞蹈表演及设摊买卖等交易行为，是一个极为生动的"广场"空间。

④"市"与"瓦"——最早起源于里坊制中的"市"，周边以高墙包围，市内排列店铺，中设广场。但早期的"市"多为商业场所，并实行宵禁，严格管理，直到经济繁荣的唐代，"市"才逐渐取消禁锢，昼夜喧呼，成为真正意义上的普通市民商业交往及情感交流的场所。而从宋代之后，开放式城市布局促成了"市"逐渐被"瓦"所取代。"瓦"，宋元时城市娱乐场所，也叫"瓦舍""瓦肆"，设有表演杂剧、曲艺、杂技等勾栏，也有卖药、估衣、饮食之摊所，北宋东京之钧容直（军乐队）时常在此排练助兴，是市民主要的娱乐、交往场所。历史上也多有记载，耐得翁《都城纪胜》："瓦者，野合易散之意也。"张端义在其《贵耳集》中阐述"瓦"为"士大夫必游之地，天下术士皆聚焉"。

（2）"自下而上"的广场案例　中国古代的一些城镇多顺应地形以及居民共同遵奉的社俗和道德准则而有机形成。这样形成的城镇广场较少受到人为的、统一的规划观念的影响，而以功能合理、自给自足、适应地域条件为准则，形态自然，具有很高的艺术价值，极富生命力。这些广场空间多散布于自然村镇中，如四川罗城中心广场，广场平面呈纺锤形，为一街道空间的变异，视觉中心为一基底抬起

的戏台，广场利用透视原理及障景等手法使狭长的广场空间具有丰富的序列和层次感（图 5-20）。再如，江南水乡中兼作贸易、交往及休憩功能的桥头广场及传统村镇中以戏台、照壁、民居建筑所界定的交往空间，都属于此类广场。

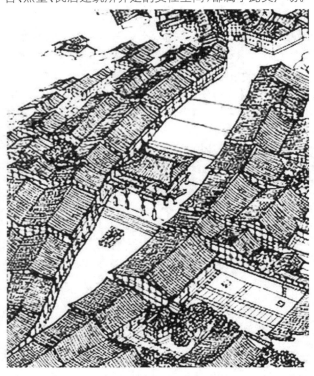

图 5-20　四川罗城中心广场
（卢济威，王海松，2001）

综上所述，中国古代城市中具有多种公共开放空间形式，这些公共空间在形式上自然整合，从内容本质上看，具有广场空间性质。它们在封建压抑的政治社会中为市民提供了平等交往、娱乐场所，是极富人性和生命力的"广场"空间。

3）鸦片战争后中国的城市广场

鸦片战争后，帝国主义的侵略使中国沦为半封建半殖民地国家，侵略者不仅将许多城市划为租界，而且按其规划意图建设了一些城市，如大连、青岛、哈尔滨等。受当时西方盛行的形式主义规划手法影响，这一时期中国的城市广场多注重形式美，平面造型及植物配置多以放射形、对角线形、圆形为主。如沙俄殖民统治时期建造的大连尼古拉广场即今中山广场平面呈圆形，周围与十条道相连，呈放射形（图 5-21）。又如青岛总督府前广场，其布局呈现出明显的对角线特征。但这些具备形式主义烙印的城市广场只不过是城市空间形式上的补充，它们或是烘托主体建筑，或是作为交通的枢纽，而鲜见对市民的公共参与性的关注。

4）新中国成立初期受苏联影响的城市广场

新中国成立初期，百废待兴，我国先后建成了许多城市集会广场，如改建后的天安门广场、太原五一广场、兰州东方红广场等，但广场的建设深受苏联的影响，具有很强

的政治纪念性。这些广场具有以下特征：

（1）模式化 布局、构图追求规则、对称，广场以举行大型群众集会为主，平面模式较单一。东南大学刘敦川先生曾经对1950年代的城市广场做过调查并得出了如图5-22所示的模式。

（2）大型化 广场规模较大，注重营造浓厚的纪念气氛。

（3）忽视环境 忽视城市文脉，缺乏对人的关怀，绿化较少，可停留性差。

5）人性空间成为当前中国城市广场的主题

1990年代，随着物质生活不断丰富，市民开始更多地参与社会活动，追求个性，寻求生活的意义。城市广场的设计与发展顺应需求，形成高峰期，具有鲜明个性的城市广场相继建成，如改造后的大连人民广场、上海人民广场、深圳南国花园广场、北京西单文化广场、南京鼓楼广场等。

目前，我国城市广场一般具有以下特征：

（1）以人为本设计取向得以建立 广场的设计在注重功能与形式的同时，以人为主体，充分考虑人的需求与活动。人是城市广场空间的主体，离开了人的广场是毫无意义的。人性化广场空间的创造是基于对人关怀的物质建构，它包括空间领域感、舒适感、层次感、易达性等方面的塑造。现代中国城市广场的设计充分考虑人的尺度，满足人的行为心理，运用多种素材、手段努力营造宜于沟通、交流、共享的人性空间。位于重庆石坪桥商圈中心的万科西九广场就是充分体现人性化设计的典型案例，设计师充分利用地形，设计了一种独特的路面形式、线性水景与木质座椅，表现了重庆山脉连绵和两江交汇的特色景象，形成一个半封闭的活动空间，吸引不同年龄、不同兴趣爱好的人来此休闲活动，从而营造出一个独特创新、充满活力的城市广场景观（图5-23、图5-24）。

图 5-21 大连中山广场
（http://mms1.baidu.com）

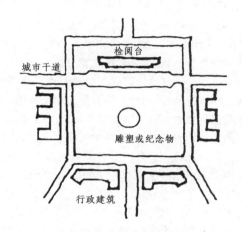

图 5-22 刘敦川先生得出的模式

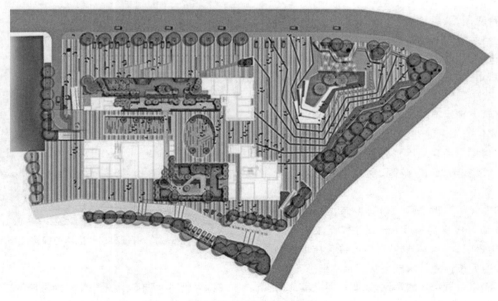

图 5-23 西九广场平面图
（https://huaban.com）

图 5-24 西九广场效果图
(https://huaban.com)

图 5-25 西安大雁塔广场夜景
(https://www.meipian.cn)

(2) 城市广场注重历史文脉 城市广场是具有独特环境特征的城市空间,这种特征不仅包括客观事物,如空间、植物、水体、人的活动等,也包含难以触知的文化联系和历史环境氛围。现代城市广场的设计以人为主体,关注历史、文化等人文因素,尊重地方特色。如南京汉中门广场以古城墙为基础,体现南京六朝古都的历史风貌;深圳南国花园广场在体现现代时尚的同时,以乡土植物造景诠释了南国风情;以水景为特色的西安大雁塔广场在设计上以突出大雁塔慈恩寺以及唐文化为主轴,结合了传统与现代的元素构成,成为全国重要的唐文化广场(图 5-25)。

(3) 综合考虑自然环境质量 城市广场是一个从自然中限定的比自然更有意义的城市空间。它不仅是改善城市环境的节点,也是市民向往的自然休闲的场所。追求自然景观是现代城市广场赢得市民喜爱的重要因素。现代中国城市广场设计中,植物与水等软质自然要素被大量引入。植物和水体的可塑性也是创造多姿多彩的城市广场空间的物质基础之一。如安徽芜湖中心广场乔、灌木多重组合,并结合雕塑、跌泉、旱喷等,营造出一个市民向往的生机盎然的自然空间。

(4) 城市广场活动内容丰富 由于广场空间具有平等开放的特点,市民的广泛参与促成了城市广场空间设计的多样化。现代中国城市广场充分利用各种软、硬质材料及造景手段来营造满足不同年龄、不同层次的市民活动空间,并通过多样化空间来促进、丰富广场活动,增强广场的活力。如南京鼓楼广场利用地形及植物,结合喷泉、构筑物,构造出可供集会、商贸、游憩、健身、科普的多功能广场。

(5) 空间形式得到了加强 设计在考虑形式的基础上融合了古典和现代多种空间设计手法,强化了景观设计,丰富了城市景观。深圳笋岗片区中心绿化广场借助强有力的视觉和空间设计手段形成自身完整的形态,其表面肌理强烈的方向感引导着人的活动,以此把用地南北两侧的街道联结起来,与地表流动的线条一起编织成一方城市绿洲(图 5-26、图 5-27)。

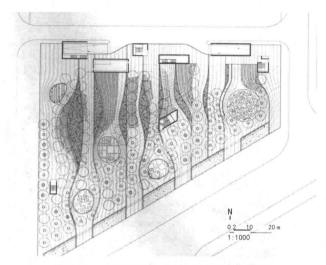

图 5-26 深圳笋岗片区中心绿化广场平面图
(吴彪,2012)

图 5-27 深圳笋岗片区中心绿化广场鸟瞰
(吴彪,2012)

综上所述,城市广场是一个不断发展的城市空间形式。从西安半坡的"广场空间"、唐宋之瓦市到如今的休闲广场,展示了从原始社会演变到现代社会的文明历史,以人为本、尊重历史文脉是城市广场赖以发展的原则之一。人性空间是中国乃至世界城市广场的主题。富有人性的城市广场才能成为城市真正的"客厅",市民心中的"起居室"。

5.3　城市广场规划设计

5.3.1　城市广场规划设计原则

5.3.1.1　人本原则

城市广场是人们进行交往、观赏、娱乐、休憩活动的重要城市公共空间,其规划设计的目的是使人们更方便舒适地进行多样性活动。因此现代城市广场设计要贯彻以人为本的人文原则,要特别注重研究人在休闲广场上的环境心理和行为特征,创作出不同性质、不同功能、不同规模、各具特色的城市广场空间,以适应不同年龄、不同阶层、不同职业市民的多样化需求。人本原则涉及与人相关的环境心理学、行为心理学,这些理论在城市休闲广场设计中有着重要作用。

5.3.1.2　整体性原则

"节点"是城市空间环境的有机组成部分,好的城市广场往往是城市的标志。但在城市公共空间体系中,城市广场有功能、性质和规模的区别,每一个广场只有正确地认识自己的区位和性质,恰如其分地表达和实现其功能,才能共同形成城市广场空间的有机整体。因此,必须对城市广场在城市空间环境体系中的分布作全面的把握。设计初期的广场定位是很重要的。

5.3.1.3　传承与创新原则

城市空间环境,特别是城市广场,作为人类文化在物质空间结构上的投影,其设计要尊重历史、延续文脉,又必须立足当下,反映当代的特征,有所创新,有所发展,应实现真正意义上的历史延续和文脉承传。因此在城市广场规划设计中应充分重视、大力倡导继承和创新有机结合的原则。

5.3.1.4　生态原则

在城市广场设计中要转变过去那种只重视硬质环境而忽视软质环境的设计,加强两者的结合。一方面应用园林设计的方法,通过融入、嵌入、美化和象征等手段,在点、线、面等不同层次的空间领域中引入自然,再现自然;另一方面要强调其生态小气候的合理性,在气温、声音、日照等方面做到以人为本。

5.3.1.5　公众参与原则

参与是指在事件活动之中,人以各种行为方式与客体发生直接和间接的关联。在广场空间环境中应引导公众积极投入"活动参与"和"决策参与",使"人尽其才,物尽其用",发挥主客体直接的互动作用。调动市民参与的积极性,首先是对内驱力的唤醒,从需求着眼让广场关联到每个人,使更多的人从更多方面参与城市广场的建设活动;其次是为人们提供多种选择的自由性和多层次性,诱发市民的积极参与;最后,作为活动的空间载体,广场富有较高的文化内涵,要使人既受到文化的感染又愿意积极参与文化意义的认知和理解活动,从而具有永久生命力。有了市民的身心投入,才能增强广场空间的生命活力,逐步使广场具有人情味。广场的活动内容具有吸引力,可调动人们参与的积极性,并使参与者在活动中发挥自己的创造性潜力,从而增强活动的深度与广度,实现在更大范围内的社会交往、思想交流和文化共享,并为参与者提供展现自我、体验生活的机遇。

参与性不仅表现在市民对广场活动的参与,也体现了设计师在广场初步设计过程中充分了解到市民的意愿、意见并发挥市民的群体智慧,使广场设计更具有合理性。对于设计师而言,应该注重让公众参与政策、方案制订的全过程,让公众了解规划的全部内容,使公众的自身利益得到保护,让公众真正成为广场的主人。

5.3.2　城市广场规划设计要求

从城市规划的工作阶段上看,广场规划设计属于修建性详细规划阶段。但是由于城市广场与其他城市空间相比,在建设上的要求有所不同,其规划设计在内容和深度上既有修建性详细规划的共性,又有自己的特殊性。

城市广场规划设计的主要任务是:以广场规划研究为依据,详细规定建设用地内的空间布局与各种设施,用以指导广场的施工图设计和施工。

广场规划设计内容除了《城市规划编制办法实施细则》要求的修建性详细规划的内容外,还应包括以下方面:

（1）提出广场地区的建筑布置与控制要求,形成良好的空间围合界面。

（2）进行广场地区的道路交通规划设计,确定各类静态交通设施的位置与规模。

（3）进行环境艺术工程意向设计。

① 地上标志物(雕塑、景墙等)与小品建筑建设要求。

② 各类水体用地范围、形式及喷泉喷射高度和造型要求。

③ 夜间照明设计及装饰照明设计要求。

④ 广场地面铺砌设计要求。

⑤ 广场色彩设计要求。

（4）提出植物配置、植物造型与植物色彩要求。

5.3.3　城市广场空间尺度设计

城市广场空间尺度很难度量,文艺复兴时期,艺术家用其高超的造诣寻求广场的最佳尺度。西特（Sitte）认为："西方古老城市的巨大广场平均尺度为 142 m×58 m，这个范围内的尺度是可以给人深刻印象的。当然，这还取决于广场空间体的高与宽的比例关系及建筑特征。"而广场与周边建筑的关系也影响着城市广场的尺度以及身处其中的市民的感受（表 5-1、表 5-2）。

表 5-1　广场与周边建筑的关系

D/H	人的感受
<1	有压迫感，建筑间互相干扰过强
1～2	空间比例较匀称、平衡，是最为紧凑的尺寸
>2	有远离感，广场的封闭性开始薄弱
>4	建筑间相互影响薄弱

注：D 为广场两边建筑的间距；H 为建筑高度。

表 5-2　广场的封闭性

d/h	α/(°)	D/H	封闭性
1	45	2	广场的封闭感好
2	27	4	可以看到建筑整体和部分天空，且注意力开始分散，是封闭感的最小限度
3	18	6	可以看到远处群建，注意力分散
4	14	8	无空间的容积感

注：d 为人的视野距离；h 为眼视点以上的建筑高度；α 为人的观察视角。

由上表可以得出，$1 \leq d/h \leq 2$（$1 \leq D/H \leq 4$）时城市广场的封闭感适中，尺度宜人。但是，以上广场尺度的研究是建立在西方古老的城市广场与建筑的紧密联系之上的。现代城市广场与建筑的结合较松散，空间上受建筑的影响微弱。广场的空间尺度由以下两个方面构成：

1) 整体空间尺度

城市广场平面尺度的迥异会产生不同的公众形象。相较于较大空间，小空间给人的印象更深，事实上在超过某一限度时，广场越大给人的印象越模糊。西特认为给人深刻印象的城市广场面积约为 0.83 hm²，而得到普遍认同的城市广场有：威尼斯圣马可广场（1.28 hm²）、美国威廉斯广场（0.563 hm²）、南京汉中门广场（2.2 hm²）、南京鼓楼广场（1.86 hm²）、大连中山广场（2.26 hm²）、深圳南国花园广场（1.5 hm²）、日本埼玉县榉树广场（1.8 hm²）……由此可以看出城市广场的空间尺度趋向小型化，抛弃其他因素，其本身的平面尺度以 1～2 hm² 为宜。受城市规划、周边建筑关系、广场自身功能定位等因素的影响，可以根据前人的设计尺度和模数经验，对城市广场的面积进行定性定量的调控，使广场成为宜人、亲和、生动的城市空间。

2) 次空间尺度（广场的二次围合）

受地价、交通的影响，在城市提供符合人的尺度和美学法则的整体广场空间比较困难。另外，由于人的行为及年龄层次的不同，所处场所需可进行多种活动，这就需要对城市广场进行二次围合，以"场中场"手法进行布局（即在广场中产生多个次广场）。这种围合的方式和手法很多，如：

（1）界面上升。

（2）界面下沉。

（3）绿化限定　是具有积极意义的限定，绿化软性分割了广场空间，形成公共性、半私密性、私密性的空间，有利于开展多种活动。

（4）构筑物限定　其一为构筑物围合形成次空间，其二为构筑物占领形成空间。广场的二次围合丰富了广场空间层次，对围合方式的运用必须从人的自身尺度中寻找设计依据。弗雷德里克·吉伯德（Frederik Gibberd）通过对人视野的研究得出了以下结论：当两人相距 0.9～2.4 m 时，可以看清面部表情，认清一个朋友的最远距为 24.38 m，而辨认身体姿态的最大距离是 137 m；对于城市空间而言，亲切的城市空间，其宽度一般不大于 24.38 m，文雅的空间一般不大于 137 m。将人的自身尺度原则运用到广场的空间围合尤其对空间的二次围合中去，可在小型广场内产生具有宏伟感的文雅空间，也可在巨大广场内营造文雅的、亲切的甚至私密的空间，使广场的主体——人的活动具有多样性，从而使城市广场更具人性和生命力（图 5-28）。

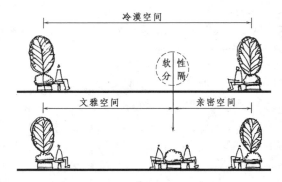

图 5-28　绿化软性分割示意图

5.3.4　城市广场硬质景观设计

从形态上看，广场由点、线、面和空间实体等几何要素构成，其中作为实体环境的具体要素主要指可视形象。单个或多个环境要素的组合可能隐含人的空间行为、情感要素和文化内涵等。广场硬质实体环境的具体要素一般包括建筑、铺地、雕塑、小品、照明等。

5.3.4.1　建筑

建筑是城市的细胞，是城市文化和历史集中的体现。在城市不同地段所布置的标志性建筑、景观建筑、窗口建筑等构成城市空间特质。广场中的建筑是广场形象的第一体现者,当人身处广场的时候,对广场的第一印象首先来自建筑的整体形象与色调,这里的建筑既包括围合建筑,也包括在广场中占主导地位的建筑。如巴黎的市府大厦广场位于里沃利路和塞纳河之间,大厦由几座带金字塔形屋顶的大楼组成,四周布满了雕塑,更显得大厦立面威严壮观。由于人对总体印象总是不满足的,这就需要建筑细部发挥作用。人的视角与建筑物大约呈45°时,可以看清建筑的细部轮廓。人们往往是先了解整个广场的结构以后才会进入到建筑中去。也就是说,就人而言,第一层次的空间和第二层次的空间存在着序列关系,除非这种关系因为某种情况而被打断。

广场中的建筑对广场的围合作用与墙、地面有所不同。首先,它的内部有人的存在,具有内外的引力关系。当人从建筑内出来或从广场进入建筑时,它事实上使广场得以延续。内外空间关系的强化使整个广场空间得以扩大和深入。另外,人在建筑内和在广场中的感觉是不一样的,建筑内部空间部分地归入广场空间之中,建筑对于广场就有了双重意义:其外墙的色彩、装饰、高度等是直接形成广场空间的要素,其内部又成为广场空间的从属空间。在这种情形之下,人的流动也会形成两种空间的相互穿插。

5.3.4.2　铺地

铺地是广场设计的一个重点,因为广场的基础是以硬质景观为主,其最基本的功能是保证市民的户外活动,铺装场地以其简单的方式表现出较大的宽容性,可以适应市民多种多样的活动需要。铺地可划分为复合功能场地和专用场地两种类型:复合功能场地没有特殊的设计要求,不需要配置专门的设施,是广场铺地的主要组成部分;专用场地在设计或设施配置上具有一定的要求,如露天表演场地、某些专用的儿童游乐场地等。

从工程和选材上,铺地应当防滑、耐磨、防水,并具有良好的排水性能。花岗岩是用于铺装的一种材料,有高雅、华贵的效果,但投资大,雨雪天防滑效果差,且需要与一定的场合相匹配。过去大多数广场铺地用的水泥方砖和现在流行的广场砖较刻板单调,若在重点部位稍加强调,会对比衬托出一种意想不到的美感。天然材料的铺地,如砾石、卵石、木材则显得淳朴自然,富有野趣,更具亲和力,是广场铺地中步行小径的理想选材。另外,科学的发展也促生了许多环保人工材料(如压膜混凝土等),其可以创造出许多质感和色彩搭配,是一种价廉物美、使用方便的铺地材料。国外在这方面有很深入的研究,值得我们每一位设计师关注、学习与思考。

5.3.4.3　环境小品

城市广场是市民的"起居室",市民休闲、交往有赖于

城市广场舒适的环境。城市广场环境小品主要包括休憩设施以及环境设施两个方面。

1) 休憩设施

现代城市广场必须为市民提供足够的休憩设施,这是体现以人为本设计原则的最基本需要。北京天安门广场面积约 40 hm²,但无休憩设施,因此,它是城市的"客厅",而非城市的"起居室"。美国学者威廉·怀特(William Whyte)通过对曼哈顿广场的调研,提出关于广场座位的参数值:每 2.5 m² 的广场应提供 1.3 m 长度的座位。该数值提供了一个提高广场可坐率的定量参考值,但需综合考虑广场人流量、地理区位及服务半径等条件。鉴于此,城市广场的设计应充分利用花坛边缘、树池、台阶以增加休息场所,提高可坐率。如大连人民广场每 2.5 m² 提供了 0.012 m 长的座位,可坐率低,使得本地市民去广场活动较少,而南京新街口花园广场及汉中门广场则在每 2.5 m² 提供了 0.6 m 长的座位,从而使广场成为真正意义上市民的"起居室"(图 5-29)。

图 5-29　休憩设施
(https://www.163.com)

2) 环境设施

环境设施包括照明、音响、电话亭、标示牌、果皮桶、盥洗室等,它们不仅是市民休闲的需求,也是良好视觉效果的需要。环境设施作为广场中的元素,既要支持广场空间,又要表现一定的个性,在实用、便利的前提下,要注重整体性、识别性和艺术性。

另外,市民是否能够便捷、平等地享用广场空间的服务是城市广场可达性的重要指标,即所谓资源享用的公平性和社会平等性,其中最重要的内容是无障碍通行设计。关心弱势群体是现代文明的标志之一,在城市广场规划设计中应充分考虑残障人的要求,诸如无障碍道路体系、休憩、活动乃至盥洗设施均应予以考虑(图 5-30)。

5.3.5　城市广场软质景观设计

人与自然的结合一直是城市空间追寻的目标,城市广

图 5-30　无障碍设计

（https://www.163.com）

场是城市中的重要公共空间，它不仅在生态上与自然环境相协调，而是在形态上与城市结构形成有机联系。城市广场的自然景观是吸引市民的动因之一，它包括植物、水体、动物等内容。

5.3.5.1　植物

狭义地讲，植物是城市广场构成要素中唯一具有生命力的元素。作为自养生物和城市生态系统的生产者，植物在其生命活动中通过物质循环和能量交换改善城市生态环境，具有净化空气、保持水土、调节气温等生态功能；它还具有空间构造、美学等功能，是建造有生命力的城市广场空间必不可少的要素。

1）植物的观赏功能

植物的观赏特性包括植物的大小、色彩、形态、肌理、气味、季相变化和组合方式，丰富的特性与植物本身的可塑性为城市广场的植物设计创造了有利的条件。目前我国广场的绿化设计已从最初的单一型（多以草坪广场为主）理性过渡到生态型。城市广场的植物设计多以草坪、地被为基调，乔、灌木复层组团布置，花卉、色叶植物大色块栽植；同时将植物模纹图案及造型巧妙点缀其中；并重视乡土树种的运用，融合地方植物文化，以求营造自然、敞朗、明快、个性鲜明、富于立体效果的广场植物景观空间（图 5-31）。

2）植物的构造功能

（1）空间分隔　植物的空间分隔包括广场与道路间的分隔以及广场内部分隔。利用植物将广场和街道相隔，可以使广场的活动不受外界的干扰，这种分隔宜采用不遮挡人的视线、分枝较高的乔木。而植物在广场内部的分隔是基于广场空间二次围合的考虑。这种简单的分隔使广场生成若干文雅、亲切的空间，广场的可坐率提高、环境绿视量增加。这种分隔是植物在广场构造功能中最有意义的功能之一。

（2）软化　植物也被称为软质景观，它可以丰富街道

的景色，缓和广场内硬质景观所产生的生硬感受起。研究表明，随着绿化量的增加，广场周边高层建筑给人的压迫感会减少，特别是对于板式高层建筑来说，建筑物下部 $50\%\sim60\%$ 的部位如被绿化遮挡，对压迫感的缓和作用就更加明显，如南京鼓楼市民广场北侧电信大厦底部用蜀桧等植物遮挡，大大缓和了大厦对广场的压迫感。

（3）遮阳　良好的植物荫庇不仅能改善广场的小环境，提高夏季广场的使用率，而且具备三维空间构造功能，交织的树冠形成所谓"场"的庇护空间是构成广场次空间的重要元素之一。城市广场应重视遮阳问题，体现对人的关怀。设计时应遵循以下原则：因地制宜，尽量保留原有场地的乔木；在保证广场空间整体性的同时，尽量在次空间及边缘种植荫庇乔木；广场高大荫庇树种应以落叶为主，兼顾冬季市民对阳光的需求（图 5-32）。

综上所述，城市广场的设计应充分利用植物的各种特性、功能，提高环境绿视量，营造市民所向往的自然空间。

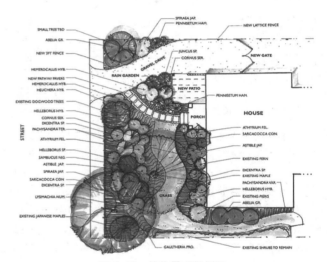

图 5-31　植物景观规划图

（https://huaban.com）

图 5-32　广场植物遮阴功能示例

（https://baijiahao.baidu.com）

5.3.5.2 水

人类对水有特殊的感情，在城市广场中布置水体，对人的感受和环境改善及空间构成等方面都具有很大作用。水是一种特殊的材料，它既不同于绿化的软，也不同于铺装的硬。宋郭熙在《林泉高致》中指出："水活物也，其形欲深静，欲柔滑，欲汪洋，欲回环，欲肥腻，欲喷薄……"水的多种情态为城市广场的水体设计提供了丰富的素材。城市广场的水体设计宜以小型为主，可自然，可规整。平静水面，微风吹过，涟漪微起，令人遐想；流动水体(喷泉、旱喷泉、叠泉、水幕等)婀娜多姿，使人们通过声、形体验自然(图 5-33)。

图 5-33　广场水体设计示例
(http://www.cnlandscaper.com)

5.3.6　城市广场人文景观设计

广场作为一种文化，是和其他文化一同产生，相互作用，共同发展的。一个成功的真正具有独特文化内涵的广场，应该是城市中多种文化活动的载体，包含各种特定文化内涵的场所，诸如建筑文化、休闲文化、商业文化、观演文化、地域民俗文化、雕塑文化、宗教文化等。设计时，应通过这些文化元素，将发展目标、优势产业、风土人情、自然地理、历史传统、价值观念等地方文化特征有机地融入广场之中。

对于市民们而言，广场历来是休闲游乐的最佳场所。回顾欧洲古代广场，不管其大小如何，也不管其位置是在市政厅前、教堂前，还是在市场前，都是人们日常世俗活动的所在。由于现代社会的快节奏生活，人们的身心很易疲劳，以休闲为主的文化场所正成为市民放松身心的首选。在繁忙的工作之余，人们更加渴望尺度宜人、风格高雅、情趣盎然的休闲场所，也正是广场中人们的休闲活动构成了广场的活力和魅力，显现了当地的休闲文化。

城市广场文化的表达手法主要有以下几种：

1) 民族、传统、地域特色与现代风格相结合

民族文化、传统文化、地域文化在其形成过程中，已树立和具备社会所认可的形象和含义。借助于这些形式与内容去寻找新的含义或形成新的视觉形象，既可以使设计的内容与民族、传统、地域文化联系起来，又可以结合当代人的审美趣味，使设计具有现代感。对于民族文化、传统文化、地域文化与现代风格之间的关系有两种不同的处理方式：

(1) 传统的符号，现代的精神　这是将传统与现代相结合最常见的一种方式，即将传统园林、建筑中的各种特征性构件、造型、色彩等提炼出来，进行简化或抽象化后，作为一种符号插入现代广场设计中，使其成为一种有特色的装饰。这种处理方式使现代广场与历史传统隐约地联系起来，让人能够感受到传统的"痕迹"，如采用一些传统的或地域性符号、图案作为广场地面铺装花纹，或者将传统广场上牌坊、照壁、望柱等形式加以提炼、改进，作为广场上的小品等，而广场的整体风格仍是现代的。例如南京汉中门广场，该广场内有南京现存历史最为悠久、始建于南唐的城门。因此，汉中门广场的规划设计充分挖掘历史文化的积淀，并使之与时代特征紧密结合。广场上绿地和铺装图案采用方格的形式，隐喻中国古代城市的方格网布局模式。广场上还设置了记事碑、石灯笼、石鼓凳、石井遗址、抽象辟邪等传统风格小品，以体现南京六朝古都的历史风貌(图 5-34)。

图 5-34　南京汉中门广场鸟瞰
(http://bbs.5imx.com)

在西方有许多这种手法的成功实例，例如美国新奥尔良市的意大利广场。新奥尔良市有许多意大利移民，他们渴望有一个反映他们民族特色的社区广场。设计者查尔斯·摩尔(Charles Moore)在这个广场中大量使用了意大利的传统符号，如古罗马的柱式、意大利传统园林中的喷泉、意大利版图的铺装等，但由于其所用材料、工艺、色彩、布局手法等都是现代的，因此整体仍是现代风格。

(2) 现代的外壳，古典的精神　这种处理方式保留了传统文化的精髓和意境，或在整体上仍沿袭传统布局，在

材料处理方式与形式上却呈现一定的现代感;或保留传统园林中的造园素材,使用现代的布置手段。这种处理方式比上述直接引用传统符号要深入与复杂,要求设计师既要对传统文化有较深刻的理解与感悟,又要熟悉现代设计中的各种手法。这是一种理性的处理方法,其目的是在浮躁的现代社会再现古典的意境和思想精髓,因此说它有现代的外壳、古典的精神。例如,位于美国波特兰市河滨公园的日裔美籍人历史广场,是一个为向二战期间被囚禁的11万日裔美籍人道歉而建的纪念广场。设计师穆拉色(Murase)从日本传统文化中吸取营养,使作品带有禅的意味,颇具私密感和思想深度。

2)在细节上体现人文关怀与对地方的尊重

在一些细节上体现人文关怀,也能丰富广场文化内涵。例如,在苏格兰爱丁堡,公园、街道设有许多长椅,这些长椅是普通市民捐赠的,并且在醒目的位置还刻有捐赠者姓名和各式各样的留言,例如,"女儿今天出生了,我们祝福女儿快乐成长。露丝的父母亲捐"等等,长椅上的只言片语使得冰冷的长椅弥漫着温暖和爱颇具特色。这种手法完全可以借鉴到我们的城市广场设计中来,使我们的广场更加人性化。再如设计师彼得·沃克(Peter Walker)在设计日本埼玉县新都心广场时,充分尊重当地市民喜爱榉树的传统,运用了256棵榉树,满足了当地人的乡土情结(图5-35)。

总之,在城市广场的规划设计中,设计师应该充分研究当地的历史变迁,尊重历史文脉,以历史作为原动力,唤起人们对历史的回忆和联想,延续城市文脉、体现城市特色,并使市民产生认同感和亲切感。场所只有容纳历史文化、反映时代特征,才能为人接受。

图 5-35 日本埼玉县新都心广场
(https://www.51wendang.com)

■ **讨论与思考**

1. 谈谈城市广场在城市绿地系统规划中的地位和作用。
2. 城市广场与城市公共绿地有何区别?
3. 城市广场的主题如何确定? 如何表达?

■ **参考文献**

阿拉德,2004. 美国 911 国家纪念广场[EB/OL]. (2004-01). http://www. tujiajia. cn/zjp.

盖尔,2002. 交往与空间[M]. 何人可,译. 北京:中国建筑工业出版社.

胡坚,2012. 现代市政广场规划设计理念分析:以黄石市人民广场的改造与更新为例[J]. 现代园艺(景观设计)(20):120-122.

卢济威,王海松,2001. 山地建筑设计[M]. 北京:中国建筑工业出版社.

切沃,2002. 世界景观设计-城市街道与广场[M]. 甘沛,译. 南京:江苏科学技术出版社.

王浩,2009. 园林规划设计[M]. 南京:东南大学出版社.

王莲清,2001. 道路广场园林绿地设计[M]. 北京:中国林业出版社.

王汝诚,1999. 园林规划设计[M]. 北京:中国建筑工业出版社.

王绍增,李敏,2001. 城市开敞空间规划的生态机理研究:上[J]. 中国园林(4):5-9.

王绍增,李敏,2001. 城市开敞空间规划的生态机理研究:下[J]. 中国园林(5):32-36.

文增,2005. 城市广场设计[M]. 沈阳:辽宁美术出版社.

吴彪,2012. URBANUS 都市实践:深圳笋岗片区中心广场篇[EB/OL]. (04-26). http://blog. sina. com. cn/s/blog_501991340102e1pm. html.

曾思玲,2012. 古希腊建筑[EB/OL]. (2012-12-03). http://blog. sina. com. cn/s/blog_606ae9550101dpu9. html.

赵建民,2001. 园林规划设计[M]. 北京:中国农业出版社.

郑宏,2000. 广场设计[M]. 北京:中国林业出版社.

中华人民共和国住房和城乡建设部,2017. 城市绿地分类标准 CJJ/T 85—2017[S]. 北京:中国建筑工业出版社.

6 社区公园

【导读】 社区是城市的基本单元,是城市居民生活的基本空间。社区公园作为最贴近居民生活的城市公园绿地类型,是承担社区居民日常户外游憩、体育健身、自然体验、科普教育等多种功能的公共绿色空间。在本章的学习中,应理解和区分社区公园与城市公园在设计要点、步骤和内容上存在的异同,同时结合教程中提到的案例,掌握社区公园规划与设计的方法与特征,并展开深入的讨论与思考。

6.1 知识框架思维导图

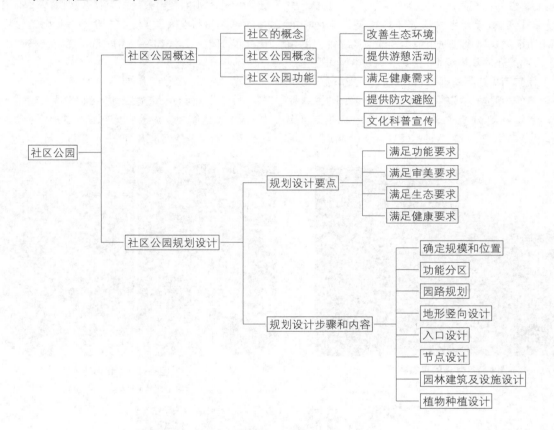

6.2 社区公园概述

6.2.1 社区的概念

社区是若干社会群体或社会组织聚集在某一个领域里所形成的一个生活上相互关联的大集体,是社会有机体最基本的内容,是宏观社会的缩影。一个社区包括一定数量的人口、一定范围的地域、一定规模的设施、一定特征的文化、一定类型的组织。社区就是这样一个"聚居在一定地域范围内的人们所组成的社会生活共同体"。*

在研究社区公园之前,首先要明确社区与居住区的差

---

* 2000年11月19日《中共中央办公厅、国务院办公厅关于转发〈民政部关于在全国推进城市社区建设的意见〉的通知》(中办发〔2000〕23号)。

别。社区具有物质空间与社会系统的双重特征,而居住区、居住小区强调的是一定地域范围内的物质空间,不包括住区内的社会成员和组织结构,以及人们在交往互动过程中形成的社会关系、从事的社会活动、营造的社会文化等。

6.2.2　社区公园概念

2017 年建设部颁布的《城市绿地分类标准》(CJJ/T 85—2017)中对社区公园做出了明确的定义:社区公园是指用地独立,具有基本的游憩和服务设施,主要为一定社区范围内居民就近开展日常休闲活动服务的绿地,并提出其规模宜在 1 hm² 以上。

社区公园与社区居民的日常游憩关联密切,但是与"居住区公园"以及"小区游园"概念内容要注意分清,各自地块的规划属性并不相同。社区公园用地独立,即该地块在城市总体规划中,其用地性质属于城市建设用地中的"公园绿地",而不是属于其他用地类别的附属绿地。例如住宅小区内部配建的集中绿地,在城市规划中属于居住用地,那么即使其四周边界清晰,面积很大,游憩功能非常丰富,也不能算作"用地独立"的社区公园,而应属于"附属绿地",即《城市用地分类与规划建设用地标准》(GB 50137—2011)中 R11、R21、R31 中包含的小游园。根据

《城市绿地分类标准》(CJJ/T 85—2017),已取消"居住区公园"小类,小区游园也已纳入附属绿地。

6.2.3　社区公园功能

6.2.3.1　改善生态环境

社区公园是社区的"绿肺",园内植物种类繁多,能够补氧增氧,使环境空气新鲜,适宜活动。公园中若栽植多种芳香植物,可散发芳香气味,具有提神醒脑、舒筋活血、杀菌防病的作用,能促进人们身心健康(图 6-1)。

6.2.3.2　提供游憩活动

社区公园具有公共开放性,是喧闹城市中的一片宁静乐土。社区公园中,使用者基本为社区居民,人们依托优美闲适的环境,进行娱乐、游戏、交往、健身等休闲游憩活动,体现出社区公园良好环境带给人们的欢乐便捷(图 6-2)。

6.2.3.3　满足健康需求

社区公园具有一定的活动内容和设施,是居民日常休闲娱乐、康体健身、社交游憩的就近、便捷的户外活动场所,在户外活动过程中有效促进人们的身心愉悦和健康(图 6-3)。

图 6-1　优美的自然环境

图 6-2　游憩小径

(https://www.gz-spi.com)

图 6-3　健身广场

(https://www.gooood.cn)

6.2.3.4 提供防灾避险

社区公园平时是居民休闲游憩的场所,在发生火灾、地震等自然灾害时也可作居民紧急避灾场所。

6.2.3.5 文化科普宣传

社区公园中常有宣传栏、文化雕塑、艺术装置等展示当地历史文化与新时代精神的设施,是弘扬文化与时代精神的重要场所。因为社区公园拥有良好的生态绿化环境,是众多鸟类、昆虫等小动物的栖息地,所以其成了科普自然教育的良好基地(图6-4、图6-5)。

6.3 社区公园规划设计

6.3.1 规划设计要点

社区公园比城市公园规模小,主要服务社区居民,尤其以老年人和少年儿童为主,因此,在功能方面,需侧重考虑适老性设计以及亲子活动空间。其规划要与社区总体规划密切配合,位置适当、布局紧凑,各功能区和景区、景点间的节奏变化要快,在内容、设施、位置、形式等方面,要考虑居民的观赏与使用功能。游园时间比较集中,多在一早一晚,特别在夏季的晚上是游园高峰,应加强照明设施、灯具造型、夜香植物的布置,充分体现社区公园的特色。

社区公园在功能上与城市公园不完全相同,有自己的特点,是城市园林绿地系统中最基本且活跃的部分。所以在规划设计时不宜照搬或模仿城市公园,也不应设计成城市公园的缩小版或公园的一角。首先,社区公园设计注重以人为本的原则,社区公园内设施要齐全,最好适合于居民的休息、交往、娱乐等,有利于居民心理、生理的健康。在设计各种设施时,必须考虑有效的安全措施,尤其是儿童游乐场所,其地面应适当考虑铺设软质材料。其次,要特别注意社区居民的使用要求,设计适于活动的广场、充满情趣的园林建筑及雕塑小品。疏林草地、儿童活动场所、休息设施等,都是应该重点考虑的对象。植物配置应选用夏季遮阳效果好的落叶乔木,结合活动设施,布置疏林草地,适当应用灌木、花卉和草坪。近年来随着人工智能技术的进步,数字化技术也在社区公园中得到了广泛的运用,例如智能照明控制、智能灌溉系统等。

6.3.1.1 满足功能要求

根据公园面积、位置等实际情况以及周边居民实际活动需求划分不同功能区域,设置安静休憩、文化娱乐、健身活动、儿童活动、老年人活动及社会交往等活动场地和设施。凸显全龄友好、儿童友好设计理念,满足不同年龄、性别、爱好人群的活动需求。

6.3.1.2 满足审美要求

以景取胜,充分利用地形、水体、植物及园林建筑,营造园林景观,创造园林意境。景观设计应结合周边自然环境与城市风貌,实现设计风格与环境的协调统一。园林空间组织与园路布置应结合园林景观和活动场地的布局,兼顾游览交通和展示园景两方面的功能。

6.3.1.3 满足生态要求

社区公园应保持合理的绿化用地比例,发挥园林植物群落在形成景观和良好生态环境中的主导作用(图6-6)。选择地带性植被,采用乔灌草结合的立体配置方式,构建结构稳定、生态效益高、养护成本低的植物群落,丰富生物多样性和景观多样性。

图6-4 宣传标语墙
(https://www.gz-spi.com)

图6-5 文化融入趣味小品
(https://www.gz-spi.com)

图6-6 充满野趣的植物景观
(https://www.gooood.cn)

6.3.1.4 满足健康要求

体现以人为本的设计理念,在进行景观设计时充分考虑环境安全、交通便捷、绿色生态、功能完善、环境友好等内容,形成有益于社会交往的户外环境,促进城市居民的生理、心理健康发展。

6.3.2 规划设计步骤和内容

6.3.2.1 确定规模和位置

社区公园的位置最好选择在居民经常来往的地方或商业服务中心附近,既要求交通方便又要注意避免成为人行通道,以保持安静的环境。社区公园面积宜大于1 hm²,处于一刻钟社区服务圈范围内,即社区居民15分钟步行可达。同时,要尽量结合自然地形、水体、道路等,因地制宜、灵活布置。如结合道路进行沿街布置,或在道路的转弯处两侧沿街布置,以绿化隔离带减弱噪声、灰尘对临街建筑的影响,美化街景。

6.3.2.2 功能分区

社区公园一般可设置安静休憩区、文化娱乐区、运动健身区、儿童活动区、老人活动区、服务管理区等,不同场地间可利用植物、道路、地形、构筑等进行联系或分隔(表6-1)。

图 6-7   社区公园中安静休憩场所
(https://www.gz-spi.com)

表 6-1   社区公园的功能分区及内部设施和园林要素

功能分区	设施和园林要素
安静休息区	休息场地、林荫式广场、花坛、游步道、园椅园凳和花架廊等园林小品,亭、廊、榭、茶室等园林建筑,草坪、树木、花卉等组成的植物景观,自然式水体景观
游乐活动区	文娱活动室、喷泉水景广场、景观文化广场、室外游戏场、小型水上活动场、露天舞池(露天电影场)、绿化布置、公厕
运动健身区	运动场及设施、休息设施、绿化布置
老人儿童游憩区	儿童乐园及游戏器具、老人聚会活动的服务建筑和场地、画廊、公厕、绿化布置
公园管理	公园大门(出入口)、管理建筑、花圃、仓库、绿化布置

安静休憩区应选择远离嘈杂活动区域、确保相对安静、具备良好绿化基础的空间。可利用地形或植物与周边区域隔离,形成适当的视线遮挡,保障区域内活动不被打扰。需考虑游览、观赏、休息、陈列等活动需求,建设亭、廊等建筑小品以及雕塑、花坛、观赏湖等观景元素,营造宁静、优美的环境。座椅的配置应考虑舒适性、私密性、使用便利性和适老性,座椅材质和风格应与整体环境相协调(图6-7)。

运动健身区应以安全为首要考虑因素,合理规划人流以避免拥挤和意外发生,设置防滑、防撞设施,确保健身设施的稳定性和安全性。可根据运动健身区空间大小与使用者需求划分为有氧运动区、力量训练区、伸展放松区等功能片区,满足使用人群的多样运动需求。合理规划绿地布局,引入自然元素,种植具有空气净化功能的植物,创造清新、自然、健康的运动健身空间(图6-8)。

图 6-8   多元的运动健身场地
(https://www.gooood.cn)

儿童活动区的设计应体现儿童友好设计理念,其位置要便于儿童前往和家长照顾,也要避免干扰居民,一般设在入口附近稍靠边缘的独立地段上。儿童活动区不需要很大,但活动场地应铺草皮或选用持水性较小的沙质土铺地或海绵塑胶铺装。活动设施可根据资金情况、管理情况而定,一般应提供幼儿活动的沙坑,旁边应设座凳供家长休息。儿童活动区应种高大乔木以供蔽荫,周围可设栏杆、绿篱与其他场地分隔开(图6-9、图6-10)。

成人、老人休息活动区可单独设立,也可靠近儿童活动区。在老人活动区内应多设置桌椅座凳,便于下棋、打

图6-9　社区公园中儿童活动场所

（https://www.gz-spi.com）

图6-10　青少年活动场地

（https://www.gooood.cn）

牌、聊天等活动进行。增加适老化设计,例如优化标识系统、增加护栏坡道等无障碍设施、种植保健植物等。老人活动区一定要采用铺装地面,以便开展多种活动,铺装地要预留种植池,种植高大乔木以供遮阳。

6.3.2.3　园路规划

社区公园路网的安排应尽可能呈环状,避免出现"死胡同"或走回头路。社区公园中的园路类型主要有三种:主园路、次园路和小路。主园路连接各活动场地,主要服务居民指向性的步行活动及功能性需求,道路平面选线力求便捷,不宜过多弯曲。次园路和小路主要供居民休憩散步,应结合植物配置,丰富景观空间(图6-11)。

图6-11　园路

（https://www.gz-spi.com）

6.3.2.4　地形竖向设计

社区公园的地形应充分尊重原有地形地貌,主要活动场地宜设置在平坦地块。不同规模的社区公园,宜根据园林景观和地表水的排蓄需求设置微地形,力求做到因地制宜和土方平衡(图6-12)。

图6-12　舒缓的草坡

（https://www.gz-spi.com）

6.3.2.5　入口设计

入口应设在游人的主要来源方向,数量2~4个,具体的位置应与周围道路、建筑结合起来考虑。入口处应适当放宽道路或设小型内外广场以便集散,内可设花坛、假山石、景墙、雕塑、植物等作对景,入门两侧植物以对植为好,有利于强调并衬托入口设施(图6-13)。

图6-13　入口景墙

（https://www.gz-spi.com）

6.3.2.6　节点设计

社区公园的景观节点一般以集散和休息为主,有集散、交通和休息三种功能类型。节点的平面形状可规则、可自然,也可以是直线与曲线的组合,应考虑与周围环境协调。节点以铺装地面为主,便于居民开展各种活动。硬质广场上为造景,多设有花坛、雕塑、喷水池、装饰小品,四周多设座椅、棚架、亭廊等供游人休息、赏景(图6-14)。

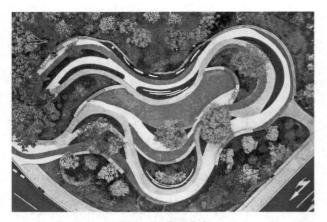

图 6-14　景观节点

（https://www.gz-spi.com）

6.3.2.7　园林建筑及设施设计

园林建筑及设施能丰富绿地的内容、增添景致,因此应得到充分的重视。社区公园以植物绿化造景为主,其内的园林建筑和设施的体量都应与之相适应,不宜过大(图 6-15)。全民健身、健康中国,是我国现代化建设的战略任务,社区公园是全民健身的重要活动载体,因此社区公园应当设置全龄化的运动设施及场地。

6.3.2.8　植物种植设计

在满足社区公园游憩功能的前提下,要尽可能地运用植物的姿态、叶、花、果以及四季的景观变化等因素,合理配置乔灌木及地被植物,提高公共绿地的园林艺术效果,创造优美的环境(图 6-16)。

图 6-15　园林设施

（https://www.gz-spi.com）

图 6-16　优美的植物景观

（https://www.gooood.cn）

■ **讨论与思考**

1. 简述社区公园的概念、分类。

2. 社区公园与其他城市公园有哪些区别?

3. 简述社区公园的设计原则、要点和内容。

■ **参考文献**

陈济洲,张健健,2022.社区公园空间与老年人户外活动特征关联研究[J].中国园林,38(4);86-91.DOI;10.19775/j.cla.2022.04.0086.

邱冰,张帆,万执,2019.国内社区公园研究的主要问题剖析[J].现代城市研究,(3);35-41.

王庆,李萌,李相逸,2021.基于小气候人体舒适度的社区公园健身设施场地景观设计研究[J].中国园林,37(8);68-73.DOI;10.19775/j.cla.2021.08.0068.

中华人民共和国住房和城乡建设部,2017.城市绿地分类标准 CJJ/T 85—2017[S].北京;中国建筑工业出版社.

7 专类公园

【导读】 专类公园(G13)是具有特定内容和形式,有一定游憩设施的绿地,包含动物园(G131)、植物园(G132)、历史名园(G133)、遗址公园(G134)、游乐公园(G135)、其他专类公园(G139)。本章就植物园、动物园、遗址公园、游乐公园、其他专类公园中的城市湿地公园、森林公园、儿童公园、滨水公园、纪念性公园相关内容作重点阐述。

7.1 知识框架思维导图

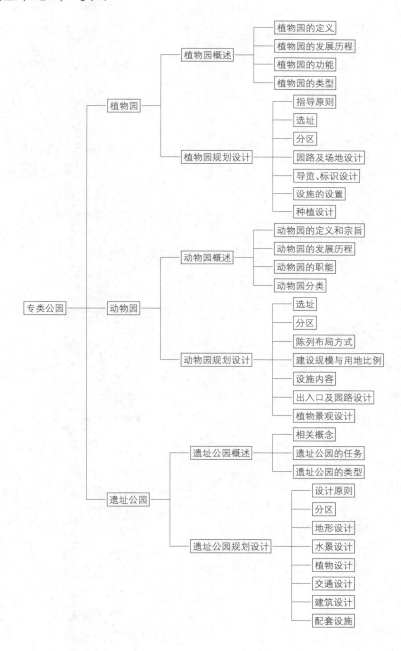

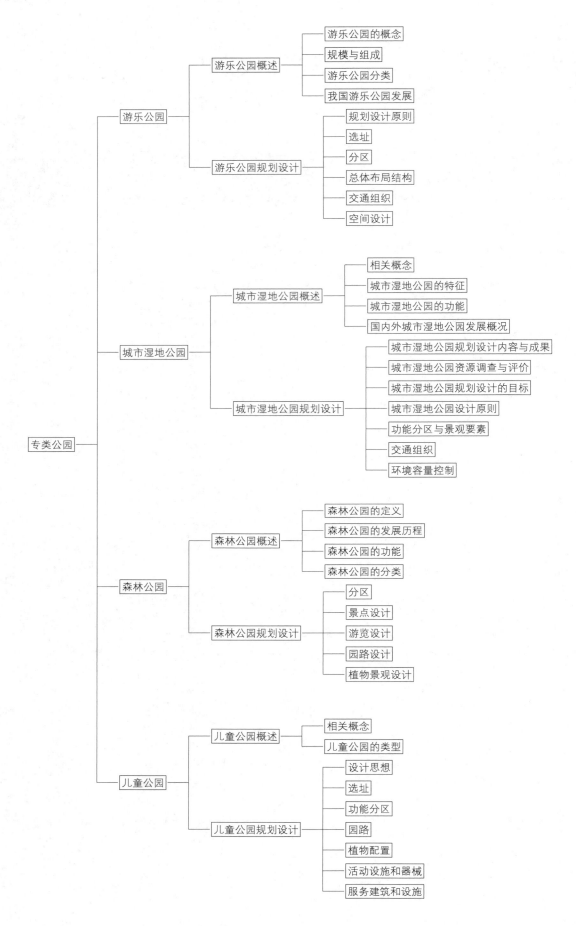

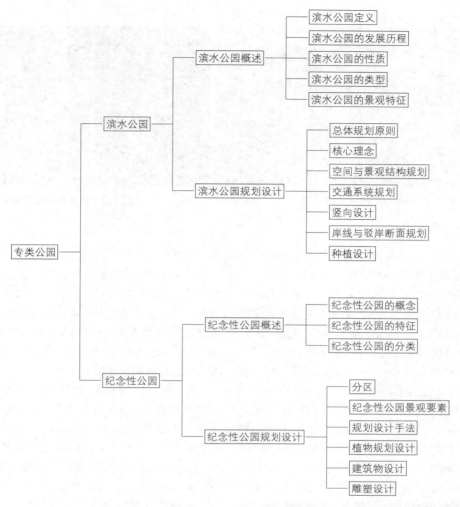

7.2 植物园

7.2.1 植物园概述

7.2.1.1 植物园的定义

植物园(botanical garden)是重要的专类公园之一,是国家和地区保护植物资源、研究发掘和利用植物物种的重要园地。余树勋先生在其《植物园规划与设计》一书中将植物园定义为"搜集和栽培大量国内外植物,供研究和游览的场所,其展示模拟的自然景观,起到改进环境和示范园林绿化的作用"。我国 2019 年 11 月 8 日发布的《植物园设计标准》(CJJ/T 300—2019)将植物园定义为"对活植物进行收集和记录管理,使之用于保护、展示、科研、科普、推广利用,并供观赏、游憩的公园绿地"(图 7-1)。

7.2.1.2 植物园的发展历程

植物园是从栽培药用植物开始的,东西方情况类似。中国在汉代,汉武帝初修上林苑时,栽植从远方进贡的名果木、奇花卉达 2 000 余种之多。能在一座宫苑内展示如

图 7-1 北京植物园
(http://www.forestry.gov.cn)

此众多的植物种类,说明中国在汉代已具备植物园的雏形。晋代葛洪《西京杂记》具体地记载了其中的 98 种树木花草的名称,梨十(即有 10 个梨的品种或种,下同)、枣七、梅七、杏二等。11 世纪的中国,对植物园的记载文献中,司马光的一篇《独乐园记》比较具体地记载了该园中的"采药圃"(图 7-2)。直至 20 世纪初,我国在少数留学回国的爱国植物学者们的倡导下才开始筹建植物园,如 1929 年兴建的南京中山植物园、1934 年建造的江西庐山植物园等。1949 年后,在中国科学院的倡导下我国植物园事业

图 7-2 《独乐园图》——采药圃
(https://m.sohu.com)

图 7-3 帕多瓦城药用植物园
(https://cn.tripadvisor.com)

开始大发展,各大城市园林局为满足城市园林绿化的需要,各大专院校为满足教学的需要,纷纷设立植物园。

17 世纪以前的西方,植物园主要是研究栽培药用植物,为医药科学服务。最早的西方植物园起源于修道院庭院,僧侣们生活所需的物资几乎全部都在修道院内生产,逐渐形成了实用庭园和装饰庭园,包括菜园、药草园等。药草园除有药用植物以外,还有观赏植物,可供鉴别、观赏。中世纪末,科学日趋重要的同时,人们也增加了对自然的兴趣。植物系统分类学的诞生,扩大了植物学的范畴,促进了植物园的发展。1545 年,意大利的帕多瓦(Padua)城出现了第一座药用植物园(图 7-3),这说明植物学(古代的本草学)的发展对植物园的建立是有推动作用的。17—18世纪,欧洲各大城市纷纷将药用植物园转为普通植物园。

目前,全世界有 1 000 多所植物园。自 1950 年代起,我国植物园事业得到迅速发展,我国各省、市、自治区都先后建立了植物园,植物园是重要的科学研究、科普教育和教学实习基地。植物园涵盖对植物的分类学、系统学、生态学等基础学科的研究,对植物资源开发利用的应用研究,以及物种尤其是珍稀濒危植物的迁地保护等方面,起到了至关重要的作用。

7.2.1.3 植物园的功能

植物园的主要功能和作用包括种质资源保护、濒危野生物种庇护、植物展示、科学研究、科普教育、休闲旅游等方面。植物园可以强调综合性的功能和作用,也可以突出某一方面或几方面功能,具体表现在以下几个方面:

1) 植物保护、培育及生产

植物园的核心区域部署有各种植物专类园,主要承担植物保育与研究功能。将植物生态展示与景观结合起来,使植物专类园形成独具特色、充满魅力的景点,开发植物园的旅游产业。此外,植物园内规划有各类苗圃和花卉生产基地,使植物园在培育、生产、销售和美化等方面发挥重要作用。

2) 保护生物多样性

植物园的规划和建设是以自然生态为基本原则,以营建自然的生态系统为目标,完善城市绿地系统,形成良好的生态基质。植物园中丰富的动植物资源、水资源营造出拟自然生态的环境,让人们看到植被繁茂、花团锦簇,鸟类、鱼类等动物在其中自由生活的景象,使植物园成为生物多样性保护的重要场所。

3) 科学知识的普及教育

植物园不仅具备美化、改善环境,提供休闲、娱乐的公共场所的重要功能,在科学知识以及精神文明传播教育方面也发挥着重要作用。首先,植物园拥有植物种类非常丰富的植物专类园,经过科学的规划和配植,使园中植物在模仿原始生境的环境下自然而生态地生长。可以说,植物园是一座植物博物馆,景观空间的创造配合植物生态知识的普及,加上详细的植物解说系统,让人在园中既可以享受游览观赏的乐趣,又可以加深对自然科学知识的理解与认识,促使人们爱护自然,保护环境。

4) 城市历史文化的延续

作为一项城市园林建设项目,城市植物园的景观营造中融入历史以及文化,会让人感受到一座城市的魅力。历史文化是城市特色的体现,将历史文化与景观结合,不仅是为了成功建设植物园,创造优美而充满内涵的城市景观环境,也是为了保护与传承城市历史文化。在植物园的规划中,依据鲜明的主题融入丰富的文化内涵,使其具有知识性、趣味性和观赏性,最终创造具有意境的良好环境。

5) 改善环境、美化景观

植物园以植物为主体进行景观构造,对于维持碳氧平衡、防风固沙、调节小气候等作用显著。此外,作为城市绿地系统的重要组成部分,植物园有效地与城市衔接,在净化、美化城市方面也起到很大作用,调节与平衡了整个城市的生态系统。园内自然优美的环境可以吸引不少游人前来观赏,不仅是城市景观的有机组分,且在很大程度上突显了城市的景观风貌与特色,提升了城市的整体景观质量。

6)提供休闲游憩场所

植物园内多样化的生态景观资源营造出各具特色的景观空间,配以各类公共设施让市民在自然清新的环境中休闲游憩、开展活动。此外,以植物收集、展示为核心的植物园,可以融入园区采摘、自然科普教育等丰富多彩的体验活动,以满足各阶层人士的需求,让人们在赏景、娱乐中缓解压力、放松身心。

7.2.1.4 植物园的类型

植物园可分为以下几类:

1)科研为主的植物园

科研项目的来源和要求是多种多样的,有农、林、园艺、医药、工业原料、环境保护等方面,凡是以植物为研究对象的均可以在植物园内进行。19 世纪以前建立的植物园多以搜集野生植物资源中对人类有益的物种并加以引种和展示为主要工作。20 世纪开始,部分植物园的研究对象转为培育、展示观赏植物和苗圃品种。侧重于科研工作的植物园目前大多为历史较久的、附属于大学或研究所的植物园。

中国科学院西双版纳热带植物园成立于 1959 年,是中国科学院直属事业单位,是集科学研究、物种保存与科普教育为一体的综合性研究机构和国内外知名的风景名胜区(图 7-4)。全园占地面积约 1 125 hm²,收集活植物 13 000 多种,建有 38 个植物专类区,保存有一片面积约 250 hm² 的原始热带雨林,目前是我国面积最大、收集物种最丰富、植物专类园区最多的植物园,也是世界上户外保存植物种数和向公众展示的植物类群数最多的植物园。

2)科普为主的植物园

该类植物园在植物园总数中占比较高,其作用是使游人认识植物以普及植物学。为此,植物园在引种过程中要有编号、登记、鉴定、观察、记载、栽培实验等步骤,然后按所属的分类位置定植在园地上,挂上铭牌。

韦尔斯利 GLOBAL FLORA 温室是位于美国马萨诸塞州韦尔斯利学院校园内的一个大型温室(图 7-5)。温室内的植物来自全球各地,除了观赏之外,温室还为公众提供多个教育课程和展览,是一座免费的公共植物学实验室和博物馆。它是一个重要的教育资源,有助于提高人们对全球植物多样性的认识。

3)为专业服务的植物园

该类植物园是指展出的植物侧重于某一专业的需要,如药用植物、竹藤类植物、森林植物、观赏植物等。或者按植物的生态或其他习性展出一些植物,如耐盐植物、沙生植物、热带植物、石山植物、高山植物、极地植物等。

厦门市园林植物园始建于 1960 年,坐落于厦门岛东南隅的万石山。全园占地 4.93 km²,是一个集植物物种保存、科学研究、科普教育、开发应用、生态保护、旅游服务等多功能于一体的综合性植物园。现已从世界各地引种栽培保育植物 8 600 多种(含品种和种以下分类单位),建成棕榈植物区、多肉植物区、裸子植物区、奇趣植物区、姜目植物区、雨林世界等十几个专类园区,拥有国内目前规模最大的室外多肉植物展示区,是全国科普教育基地、中国生物多样性保护示范基地、全国野生动植物保护及自然保护区建设工程——棕榈植物保育中心(图 7-6)。

4)从事专项搜集的植物园

从事专项搜集的植物园很多,也有少数植物园只进行一个属的搜集。

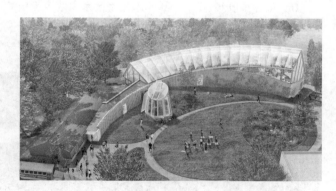
图 7-5 韦尔斯利 GLOBAL FLORA 温室效果图
(https://www.gooood.cn)

图 7-6 厦门植物园——多肉植物区
(https://xiamenbg.com)

图 7-4 中国科学院西双版纳热带植物园
(http://www.xtbg.cas.cn)

事实上,上述类型相互交叉的植物园是目前植物园发展的主流。

7.2.2 植物园规划设计

7.2.2.1 指导原则

植物园规划设计的基本指导原则是以植物园在不同时期的定义及功能为基础而设定的、在宏观层面上提出的、对植物园规划建设具有指导性意义的理论和经验依据。植物园作为城市公园绿地系统的一部分,其规划原则必须符合城市公园的基本属性和内容,同时也要强调植物园区别于城市公园绿地系统中其他形式公园绿地的特殊之处。我国植物园在规划建设中所遵循的基本指导原则应符合《植物园设计标准》(CJJ/T 300—2019)中的相关规定,可总结为以下几条:

(1)植物园的规模和用地范围应以批准的城乡总体规划、绿地系统规划等上位规划和专项论证为依据。

(2)植物园设计应坚持可持续发展的原则,合理安排近远期建设内容,为远期建设预留发展空间。

(3)应满足植物收集保护、科学研究、科普教育、观赏游憩和园务管理的需求,并应符合安全、防疫、防火、防灾的要求。

(4)应根据植物区系特征、资源本底、保护要求和经济社会发展需求合理确定植物园的功能和作用,并应据此合理确定植物收集的方向与名录。

(5)应注重收集、保护和展示本植物区系内的乡土植物资源,迁地保护珍稀濒危植物和经济植物,并应满足物种多样性的要求。

(6)应依据功能和规模合理确定科学研究及科普教育的目标和任务。

(7)应将植物科学展示、观赏栽植和园林造景有机结合,体现科学内涵与园林艺术的和谐统一;应合理利用现状条件,创造适于多种植物生长的生态环境;应注重场地地域景观和特色文化的保护和发展。

(8)植物园建筑设计应符合适用、经济、绿色、美观的原则,应利用新材料、新技术,满足节能环保的要求;建筑风貌应与植物园总体环境相协调。

(9)植物园应构建互联网信息平台,建立数字化植物园(图 7-7)。

7.2.2.2 选址

纵观我国近代以来的植物园建设历程,选址一定程度上受到了古典园林相地选址的影响。我国古代园林在造园时往往要对目标地块进行严谨地勘察和研究,充分考虑其地理区位、地貌条件、林木植被及周边区域景观等诸多要素。而作为以植物收集展示和科学研究为基本职能的植物园,在选址时要满足植物能够良好生长的条件,同时也要保证基地环境能满足科研工作的需求。因此,我国早期植物园的选址大多倾向于植物物种丰富、生态环境优美、地质水文条件优越的地带。

图 7-7 植物科学数据中心网站页面
(https://www.plantplus.cn)

分析我国近代以来植物园的选址情况、因素及特征，可概括为以下4个方面：

（1）植物园选址应与周边公共交通设施衔接，并应充分配套建设给排水、电力、通信、燃气等市政基础设施。

（2）植物园选址时应做基址的生物地理本底调查，并应符合下列规定：①自然水源宜充足，且水质良好；②宜选择地形地貌丰富多样的区域，适宜多种植物生长；③土壤宜肥沃疏松，排水良好，有机质丰富；④宜有一定面积的本土原生植被。

（3）以研究和展示在特殊生态环境下生长的植物为目标的植物园，应选择适宜其生长的基址条件。

（4）植物园基址应避开洪涝、滑坡、崩塌、污染源等条件不良的区域。

衡水植物园位于衡水市南侧，距离市区大约15～20 min车程，建成后将作为郊野公园和公共文化平台向市民开放。河北省衡水市南部的衡水湖是华北平原唯一保持沼泽、水域、滩涂、草甸和森林等完整生态系统的湿地，发源于太行山东麓的滏阳河贯行而过。每年10月中旬至11月初，成批的鸿雁、白琵鹭、浮须鸥等鸟群缓缓飞过上空，抵达衡水湖驻足，再向南迁徙越冬。当地政府希望在一片紧邻衡水湖的自然湿地上修建公立植物园，为游客提供生态旅游、植物科普、公共教育等服务。植物园设计充分利用了基地的丰富自然资源，并在视觉上和服务上形成一定的吸引力，为旅客创造完整的植物游览体验（图7-8）。

麦金太尔植物园位于美国弗吉尼亚州夏洛茨维尔市公园内，占地130 hm²，与夏洛茨维尔地区的绿色空间及多个教育机构紧密相连。因此，植物园将作为可恢复性绿地景观和科普探索型公共空间服务于周边社区（图7-9）。

图7-8 衡水植物园温室建筑
（https://www.archiposition.com）

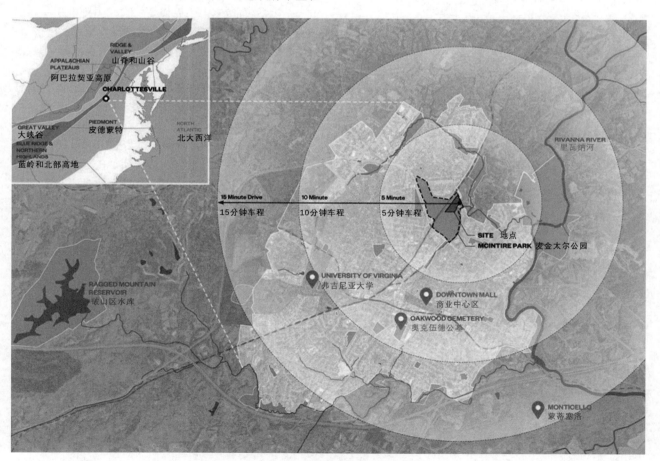

图7-9 麦金太尔植物园区位背景
（https://www.gooood.cn）

7.2.2.3 分区

植物园功能分区应包含入口区、园务管理区、自然植被区、科研实验和引种生产区、植物展示区。功能分区的具体要求依据植物园的占地面积,应符合《植物园设计标准》(CJJ/T 300—2019)中的相关规定,如表7-1所示。

表7-1 植物园功能分区要求

功能区		用地面积 A/hm^2		
		$A>100$	$40\leqslant A\leqslant100$	$A<40$
入口区		☑	☑	☑
园务管理区		☑	☑	☑
自然植被区		☑	☑	☐
科研试验和引种生产区		☑	☑	☐
植物展示区	露地专类园	☑	☑	☑
	展览温室	☐	☐	☐

注:"☑"表示应设;"☐"表示可设。

(1)植物园出入口应连接不同方向城市道路;主要出入口应与城市交通和游人走向、流量相适应,科研、生产、管理区域宜设置专用出入口。

(2)园务管理区应相对独立,并应与其他园区联系便捷;可集中设置,也可结合管理需要分散设置。

(3)自然植被区应布置在具有本地典型植被群落的区域,应对原有植被进行保护;区内不应建设与自然植被保护无关的建筑和设施。

(4)科研试验和引种生产区的布置应相对独立,并应与植物展示区隔离。

(5)植物展示区宜通过各类露地专类园和展览温室展示植物种类、景观特色和科研水平;各展示区块的空间布局应保证游览的系统性、灵活性和可选择性。

(6)露地专类园宜按露地植物分类、地理分布、生态习性、观赏特性、利用价值、服务群体等组成专类园;应创造适合各专类植物生长的生境,并避免造成植物病虫害共生的环境条件。

(7)展览温室和引种生产温室应布置在采光充足、通风良好、地势平坦、交通便捷的开阔区域;引种生产温室宜结合展览温室就近布置;隔离检疫温室可与引种生产温室合并设置,并应有完善的隔离检疫设施(图7-10)。

7.2.2.4 园路及场地设计

园路及场地设计应满足园区游览、科研、生产、管理和应急的需求。

(1)植物园出入口、主要园路、主要铺装场地、停车场、展览温室内部主路应进行无障碍设计,并应符

图7-10 伦敦邱园棕榈温室
(http://www.dili360.com)

合现行国家标准《无障碍设计规范》(GB 50763—2012)的有关规定。

(2)园路设计应结合植物展示和科普设施合理布置;宜避开生态敏感区域,当无法避开时,应合理构建生物通道。

伯恩海姆植物园中的每条路径都会向游客讲解一个独特的故事。伯恩海姆"重塑"景观的历史将通过创新性的修复工作得以延续。出发点、野外观测站和一系列目的地将为游览带来更具节奏感的体验(图7-11)。

(3)园路及铺装场地的形式、材料、结构应符合景观及承载力的要求,宜选用平整、防滑、耐磨、稳定的生态透水材料。

(4)园路按使用功能宜分为游览园路和科研生产专用园路两类,并应符合下列规定:

① 游览园路应分为主路、次路、支路和小路,主路宜构成环路;

② 科研生产专用园路应满足管理与苗木生产的要求,分为管理主干道和作业道,不宜与主要游览园路重合或交叉。

(5)园路宽度应符合《植物园设计标准》(CJJ/T 300—2019)中的相关规定,如表7-2所示。

表7-2 植物园园路宽度设计要求

园路/m		用地面积 A/hm^2	
		$A\geqslant40$	$A<40$
游览园路科研生产专用园路	主路	4.0~6.0	4.0~5.0
	次路	3.0~4.0	2.0~3.0
	支路	2.0~3.0	1.5~2.0
	小路	0.9~1.5	0.9~1.5
	管理主干道	4.0~6.0	
	作业道	2.5~3.5	

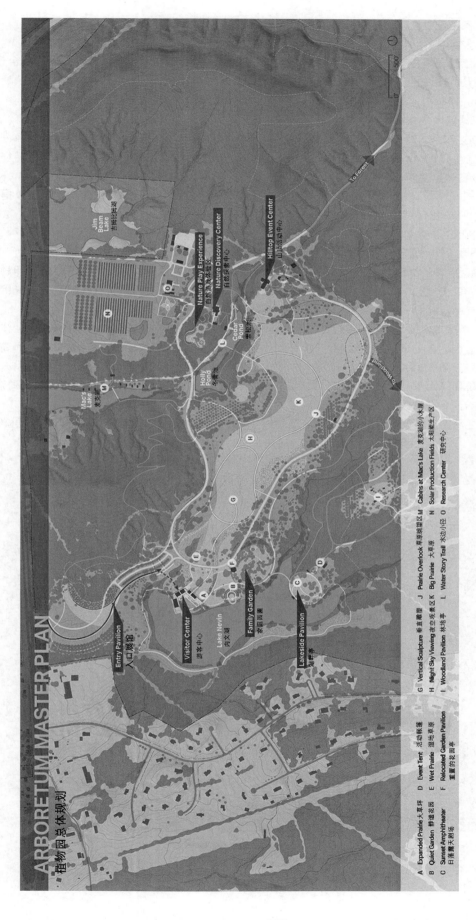

图 7-11　伯恩海姆植物园平面图

(https://www.gooood.cn)

137

（6）自然植被区内不应设置机动车道路，可设置满足科研、科普需求的自然小径。

（7）盲人植物园的游览园路应设置盲道和扶手，园路的宽度应大于 1.5 m，行进盲道的宽度应为 0.5 m，扶手的高度应为 0.85~0.90 m。

（8）康复花园宜根据场地条件和游客需求设置康复步道，并应符合下列规定：

① 康复步道宽度应大于 1.2 m；

② 可间隔 30 m 设置休息空间，空间应满足 2~3 人停留及一辆轮椅停放；

③ 应设置座椅等休息设施，休息设施需配置扶手；

④ 不应在路面及场地上设置沟槽及窨井盖板。

美国麦金太尔植物园设计团队仔细研究了场地地形，使设计后的道路即使通过陡峭的林地，也适合不同年龄层次的游客出行。园区内有三条主步道，其中两条符合《美国残障法案》（Americans with Disabilities Act，ADA）。园路的设计为不同活动类型提供了不同的坡道，包括漫步道、远足道和慢跑道等。园区内的道路向外延伸，与现有的自行车道及人行道相连（图7-12）。

（9）展览温室内部园路及场地设计应满足植物展示、游赏和养护管理的要求，宜结合植物布展设置多角度、多层次的立体游览路线，主路宽度宜大于 1.5 m。

7.2.2.5 导览、标识设计

导览、标识系统应根据植物园的功能需求合理布局，分类清晰，内容规范，识别性强，形式美观；导览、标识宜包括导览图、解说牌、植物铭牌、植物保育牌、服务和警示牌等。

（1）植物铭牌、保育牌的内容应科学、准确、规范；植物铭牌应标注中文种名、拉丁学名、分类科属、特征、习性、原产地、分布、价值等信息；保育牌应标注引种编号等信息，可和植物铭牌结合设置；宜结合植物专业数据库设置二维码等信息标识。

（2）古树名木保护牌应标注标题、编号、树种、树龄和保护级别、管护单位、制作年月等信息。

（3）盲人植物园中的导览、标识系统应采用触摸式指示系统、语音解说系统等；触摸式指示系统应使用国际通用的盲文表示方法。

（4）儿童植物园中的导览、标识系统设计应体现趣味性，并应采用方便儿童读取、使用的形式、内容和高度。

（5）各类标牌应选用耐高温、曝晒、潮湿、冰冻及腐蚀的材料制作，表面应无毛刺、无反光，并应易于清洁、维修及更新。

（6）导览、标识系统的安装应稳固，不应对植物造成

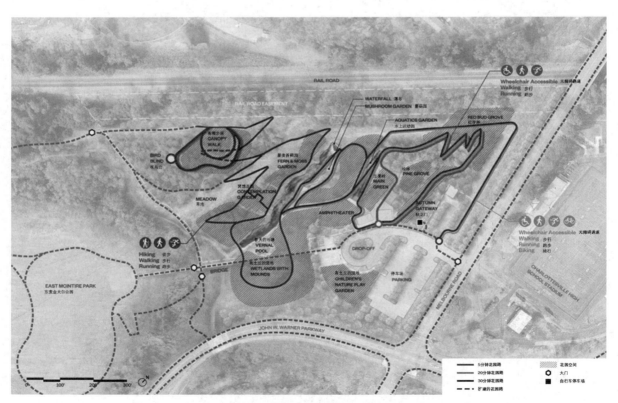

图 7-12　麦金太尔植物园平面图

（https://www.gooood.cn）

图 7-13　美国 Hazel Hare 植物科学中心
（https://bbs.co188.com）

损害,应满足抗风、抗拔、抗撞击等要求(图 7-13)。

7.2.2.6　设施的设置

植物园设施项目的设置应符合《植物园设计标准》(CJJ/T 300—2019)中的相关规定,如表 7-3 所示。

表 7-3　植物园设施项目设计要求

设施类型	设施项目	用地面积 A/hm²		
		A>100	40≤A≤100	A<40
游憩设施 (建筑类)	展览温室	☐	☐	☐
	科普馆、科普展廊	☑	☑	☐
	亭、廊、厅、榭	☑	☑	☑
游憩设施 (非建筑类)	休息座椅	☑	☑	☑
	科普展示设施	☑	☑	☑
管理设施 (建筑类)	科研试验用房	☑	☑	☐
	引种生产温室	☑	☑	☐
	隔离检疫温室	☑	☑	☐
	标本馆	☐	☐	☐
	种子库	☐	☐	☐
	植物信息管理用房	☑	☑	☑
	办公管理用房	☑	☑	☑
	生产管理用房	☑	☑	☑
	仓库	☑	☑	☑
管理设施 (非建筑类)	阴棚	☑	☑	☐
	安保监控设施	☑	☑	☑
	绿色垃圾处理站	☑	☑	☐
	雨水控制利用设施	☑	☑	☑
	水处理设施	☐	☐	☐
服务设施 (建筑类)	游客服务中心	☑	☑	☐
	医疗救助站	☑	☑	☐
	售票房	☑	☑	☐
	餐厅、茶室	☐	☐	☐
	纪念品商店	☐	☐	☐
	厕所	☑	☑	☑
服务设施 (非建筑类)	导览、标识系统	☑	☑	☑
	停车场	☑	☑	☑
	自行车存放处	☑	☑	☑

注:"☑"表示应设;"☐"表示可设。

7.2.2.7　种植设计

植物园种植设计应遵循科学性、植物多样性、艺术性和文化性原则,满足植物园科研、科普及观赏的需要。

1) 一般规定

①应明确本地植物区系特征,开展本地植被调查,筛选具有较高自然保护价值、科研价值、观赏价值、利用价值与人文价值的本土植物,以及适合当地气候条件的引入植物;②应有利于营造植物的生长空间和生长环境,满足珍稀、濒危、野生植物的生存需求,体现原有植物的生存空间、环境及利用价值;③引种植物应具备原生地记录、物候记录、生物学特性记载和栽培技术资料;④种植土壤的理化性状应符合相关的土壤标准,满足植物生长和雨水渗透的要求,其指标可按现行行业标准《绿化种植土壤》(CJT 340—2016)的有关规定执行。

2) 露地专类园种植设计

① 露地专类园的植物选择应符合下列规定:应选择符合植物系统分类的专类植物;应选择具有良好观赏特性和特殊生态价值的专类植物;应选择符合地域性区系的植物或植物群落;应选择具有城市绿化应用功能的植物;应选择具有重要的科研、科普、生态、经济、人文价值及珍稀濒危的植物;应选择经过引种隔离、驯化繁育,基本适应本地区环境、无入侵风险的引入植物。

② 露地专类园的植物应包括野生种及种以下单位、栽培品种以及有特殊价值的种质资源。

③ 对有毒有害的植物应设立警示标志,并应采取防护和隔离措施。

④ 盲人植物园应选择具有特殊形态、有触摸感和具挥发性芳香物质的植物,在园路两侧盲人可触摸的区域宜重点配置。

⑤ 药用植物园宜根据植物的药用价值、药效特点及生长习性配置植物,宜融入医药文化,结合岩石、水体等进行设计。

⑥ 植株迁地保护数量宜为乔木每种 8~10 株、灌木每种 8~20 株、珍稀木本植物每种 3~8 株、草本植物每种 2~10 m²,乔灌木每种应有 1~2 株孤赏的标本树(《植物园设计标准》CJJ/T 300—2019)。

3) 展览温室种植设计

展览温室内的种植设计应根据温室规模和特色定位、温室植物种类选择及室内环境条件,模拟自然界植物群落和植物景观特点进行种植设计。展览温室按温室观赏花园种类可分为热带雨林花园、棕榈植物花园、沙生植物花园、兰花凤梨类植物花园、热带水生植物花园、高山植物花园等。展览温室规模宜符合《植物园设计标准》(CJJ/T 300—2019)中的相关规定,如表 7-4 所示。

表 7-4　植物园温室规模设计要求

类别	建筑面积/m²	类别	建筑面积/m²
大型展览温室	＞8 000	小型展览温室	＜3 000
中型展览温室	3 000~8 000		

7.3　动物园

7.3.1　动物园概述

7.3.1.1　动物园的定义和宗旨

动物园是人类社会经济文化、科学教育、人民生活水平、城市建设发展到一定程度的产物。我国 2017 年 2 月发布的《动物园设计规范》(CJJ 267—2017)将动物园定义为"饲养、展示、繁育、保护野生动物,为公众提供科普教育和休闲游览服务的场所"。动物园一般符合以下两个基本特征:饲养一种或多种野生动物;这些动物至少有一部分向公众开放展示。

动物园的宗旨是通过自身所进行的展示、物种保护和教育等各项工作影响公众的意识,使人们尊重自然、关注自然,并最终致力于保护实践(图 7-14)。

7.3.1.2　动物园的发展历程

动物园的雏形起源于古代国王、皇帝和王公贵族对珍禽异兽的收集嗜好,公元前 2 500 年的埃及便有收藏动物的记录。直到 1752 年,维也纳 Schönbrunn 动物园在皇帝弗朗茨一世(Franz I Stephan)参观时才被正式承认,1778 年起,普通公众首次被允许参观,是第一座真正意义上具备现代动物园性质的动物园。1828 年英国伦敦建立了人类历史上第一座现代动物园——伦敦动物园(图 7-15、图 7-16),它成为欧美国家随后建设动物园的范例。

图 7-14　动物保护实践
(https://pixabay.com)

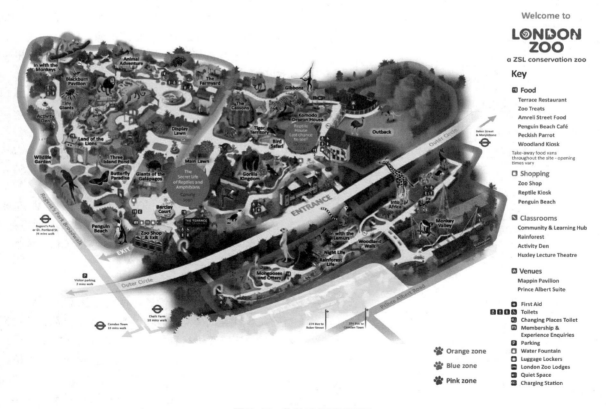

图 7-15　伦敦动物园平面图
(https://www.londonzoo.org)

图 7-16 伦敦动物园入口
（https://www.ihuaben.com）

图 7-17 动物保护展示大厅
（https://bbs.zhulong.com）

我国动物园雏形可追溯至古代园林,古书对其中饲养珍禽异兽多有记载。到清朝,慈禧太后建立了我国第一座真正意义上的动物园——万牲园（1906 年）,现为北京动物园。我国动物园的大规模建设开始于 1950 年代。自 1990 年代起,全国范围内的动物园出现了大规模的新建和改建,在这个过程中引入了一些西方发达国家的建设理念,出现了一些新的展出方式。根据中国动植物园协会对中国动物园的统计,截至 2020 年,中国有 567 家动物园,其中,设计、建设、管理完善的动物园有 258 家,其余为普通动物园或山水动物园。

7.3.1.3 动物园的职能

对于现代动物园来说,除了具备种质资源收集与建设的职能,物种保护也是一项重要的工作,这项综合性的保护工作分为内部综合保护和外部综合保护两方面。内部的综合保护指一个动物园如何组织和处理与日常游人相关的那些活动,如动物展示和对游客的讲解、宣传等（图 7-17）;外部的综合保护活动则是远离其场所的活动,如社区保护教育项目、参与野外项目、资助就地保护项目等。

动物园是连接城市人群和自然环境的纽带和桥梁。动物园向城市人群传达自然环境的诉求,引导公众关注自然,并通过综合保护示范和有效的保护教育来影响城市人群的意识和行为。从一定意义上来说,动物园类似于教育机构,影响人们的意识形态,并减少或消除人类因长期疏离自然而出现的"自然缺失症"。

7.3.1.4 动物园分类

根据动物园的位置、规模、展出的形式,可将动物园分为四种类型,包括城市动物园、专类动物园、自然动物园、野生动物园。

1）城市动物园

此类动物园一般位于大城市的近郊区,建设用地范围大于 20 hm²,性质为综合性、公益性。其展出的动物种

图 7-18 北京动物园
（https://www.bjd.com.cn）

类较为丰富,展出形式比较集中,以人工笼舍建筑结合动物室外运动场为主,比如北京动物园（图 7-18）、上海动物园、广州动物园、纽约动物园以及伦敦动物园。

城市动物园可分为全国性动物园、地区性动物园、特色型动物园和小型动物展区。北京、上海、广州三市的动物园因其动物品种多、面积大而成为全国性动物园的代表;天津、哈尔滨、西安、成都、武汉等城市的动物园属于地区性动物园;长沙、杭州等地的动物园因其具有丰富的本地野生特产动物,属于特色型动物园;小型动物展区则往往附设在综合型公园中,如南京玄武湖菱洲动物园。

2）专类动物园

此类动物园多位于城市的近郊区,用地面积较小,一般在 5～20 hm²。多数以展示具有地区特色或某种类型特点的动物为主,如以展示鸟类为主的北京百鸟园,以展示两栖爬行类动物为主的泰国鳄鱼潭公园（图 7-19）,以展示鱼类为主的上海水族馆等。此类动物园是对一种类别动物的分类,有利于对其研究和繁殖,值得推广。

3）自然动物园

此类动物园多位于自然环境优美、野生动物资源丰富的森林、风景区以及自然保护区。在自然动物园中,动物能够以自然的状态生存,而游人也可以自然的状态观赏动

图 7-19　泰国鳄鱼潭公园
（https：//www. mafengwo. cn）

物。非洲、美洲、欧洲等许多国家的自然动物园都以观赏野生动物为主要游览内容。

4）野生动物园

此类动物园多位于城市远郊区，用地面积较大，一般有上百公顷。野生动物园往往模拟动物在自然界中的真实生存环境，采用散养的方式，赋予动物园以真实的自然之感。游人不仅可以欣赏到野生动物，还能够观赏园内与动物栖息地相仿的优美环境。此类动物园在世界上受到较高的评价，我国已有 30 个以上，如上海野生动物园（图 7-20）、深圳野生动物园等。

图 7-20　上海野生动物园
（https：//www. shwzoo. com）

7.3.2　动物园规划设计

7.3.2.1　选址

动物园选址应以批准的城市总体规划和绿地系统规划为依据，适应动物园建设规模的需要，预留发展空间。

在地形方面，由于动物种类繁多，而且来自不同的生态环境，故地形宜高低起伏，要有山岗、平地、水面、良好的绿化基础和自然风景条件。

在卫生方面，动物园最好与居民区有适当的距离，并且位于下游、下风地带。园内水面要防止城市污水的污染，该地带内不应有住宅、畜牧场、动物埋葬地、易燃易爆

物品生产存储场所、屠宰场等。此外，动物园还应有良好的通风条件，以减少疾病的发生。

在交通方面，动物园选址应与周边道路连接方便。同时，动物园客流量较集中，货物运输量也较多，停车场应与公园入口广场隔开。

在工程方面，动物园选址应与水、电、通信、供暖等外部条件连接方便，满足动物园安全运营的要求。动物园内不宜有高压输配电架空线、大型市政管线和市政设施通过，无法避免时，应采取避让与安全保护措施。

动物园选址应避开下列地区：

① 洪涝、滑坡、熔岩发育的不良地质地区；

② 地震断裂带以及地震时发生滑坡、山崩和地陷等地质灾害地段；

③ 有开采价值的矿藏区域。

为满足上述要求，通常大中型动物园都选择在城市郊区或风景区内。如杭州动物园在西湖风景区，与虎跑风景点相邻；哈尔滨虎林园地处松花江北岸，与市区隔水而望。

7.3.2.2　分区

功能分区应根据动物园性质、规模与实际需求，划定门区、动物展区、综合休闲区、科普教育区、动物保障设施区和园务管理区。

① 动物展区设置应符合下列规定：应布置在园区适于动物生活与展示、方便游人观赏和动物管理、环境优美的区域；宜在内设置儿童动物园。

② 综合休闲区宜设置于主游览路线上的动物展区之间。

③ 科普教育区宜结合动物展示设置，也可集中布置在游人集散场地的周边或游人较为集中的区域。

④ 保障设施区宜布置在动物园的下风向，并应设置隔离带与专用出入口，隐蔽且方便管理使用。

⑤ 园务管理区宜设隔离林带以消除或减小噪声、过滤不良气味。

⑥ 动物园规划除考虑以上分区外，还要确定动物展览顺序。

我国绝大多数动物园规划都突出动物的进化顺序，即由低等动物到高等动物，由无脊椎动物到鱼类、两栖类、爬行类、鸟类、哺乳类，在这个前提下，根据具体情况进行调整。在规划布置中还要争取有利的地形安排笼舍，形成既有联系又有绿化隔离的动物展览区。

7.3.2.3　陈列布局方式

为了使规划全面合理，在制订动物园总体规划时应由园林规划人员、动物学家、饲养管理人员共同讨论，确定切实可行的总体规划方案。

一个动物园的展示形式决定了动物展区中各个展区

的排列方式,常见的类型包括动物分类组合、动物地理分布组合、动物进化系统组合、动物生态主题组合等。

①动物分类组合:动物分类组合是最早广为应用的动物展示方式,我国许多城市动物园都以动物分类组合布局,如北京动物园划分了飞禽区、食肉动物区、食草动物区、灵长动物区、两栖爬行区等不同类别的动物展览区。

②动物地理分布组合:随着动物地理学的不断发展,部分动物园按照动物在地球上分布的方式和规律进行展示。该方式有利于营造不同的地域特色,给游人以明确的动物分布概念。动物园还可以结合动物的地理分布及生活环境,在各展区打造湖泊、高山、疏林、草原等场景,让游人身临其境地感受其生活环境及生活习性。

③动物进化系统组合:这种陈列方式的优点是具有科学性,按进化顺序布局使游人具有较清晰的动物进化概念。

④动物生态主题组合:随着人们对生态学研究的不断深入,按生态主题进行动物展示的方式渐渐产生,展示模式从统一的动物展馆变成自然式的展示区,即利用地形、植被来营造热带雨林、沙漠等特定的生态主题。

7.3.2.4 建设规模与用地比例

动物园除展示动物外,应具有良好的园林样貌,为游人创造理想的游憩场所。动物园的建设规模宜符合表7-5的规定,其相应的用地比例宜符合表7-6的规定。

表7-5 动物园建设规模

建设规模	建设规模指标	
	适宜陆地面积 A/hm²	展示动物 B/种(只)
大型	$A \geqslant 50$	$B \geqslant 120$
中型	$20 \leqslant A < 50$	$50 \leqslant B < 120$
小型	$5 \leqslant A < 20$	$B < 50$

注:1. 种(只)为展示动物的种数(只数)。
　　2. 只数仅适用于专类动物园。

表7-6 动物园主要用地比例

用地名称		动物园建设规模/%		
		大型	中型	小型
建筑用地	动物展示建筑	$\leqslant 6.5$	$6.5 \sim 9.4$	$\leqslant 9.4$
	科普教育建筑	$\leqslant 0.7$	$0.5 \sim 0.7$	$\leqslant 0.5$
	动物保障设施建筑	$\leqslant 1.5$	$1.5 \sim 1.8$	$\leqslant 1.8$
	管理建筑	$\leqslant 1.4$	$1.4 \sim 1.7$	$\leqslant 1.7$
	服务建筑、游憩建筑	$\leqslant 2.9$	$2.9 \sim 3.6$	$\leqslant 3.6$
园路、铺装场地	园路铺装广场	$\leqslant 17$	$17 \sim 18$	$\leqslant 18$
绿化用地	外舍场地、散养活动场地其他绿化用地	$\geqslant 70$	$65 \sim 70$	$\geqslant 65$

注:1. 用地比例以动物园适宜陆地面积为基数计算。
　　2. 动物展区建筑指由各个动物展馆组合而成的建筑物。

7.3.2.5 设施内容

文化教育性设施:露天及室内演讲教室、电影报告厅、展览厅等。

服务性设施:出入口、园路广场、停车场、存物处、餐厅等。

休息性设施:休息性建筑亭廊、花架、园椅、喷泉、雕塑、游船、码头等。

管理性设施:行政办公室、兽医院、动物科研工作室及其他日常工作所需的建筑。

陈列性设施:陈列动物的笼舍、建筑及控制园界及范围的设施。

7.3.2.6 出入口及园路设计

出入口设置应符合下列规定:

①主出入口、次出入口和专用出入口位置应根据城市道路和园区规模与布局确定,并应分散布置于园区不同方位连接城市道路。

②主出入口应设置游人内、外集散广场,并应按动物园建设规模、区位条件、交通条件、游人容量合理确定广场规模。

③出入口附近应设置机动车辆、非机动车辆停车场,并应与城市道路连接方便顺畅。

园路按使用功能宜分为游览园路、管理专用园路两类,并应符合下列规定:

①游览园路宜分三级设置,其中一级园路应满足园务车、观光电瓶车行驶要求。

②管理专用园路宜连接专用出入口与园务管理区、动物保障设施区,具备大型动物或饲料运输、消防车通行能力。

7.3.2.7 植物景观设计

动物园的规划布局中,绿化种植起着主导作用,不仅创造了动物生存的环境,还为各种动物创造了接近自然的景观,为建筑及动物展出创造了优美的背景烘托,同时也为游人游览创造了良好的游憩环境,统一了园内的景观。

①植物配置应遵循下列原则:最大限度地模拟动物原生环境;表现动物园各功能分区的景观构想;兼顾游人观赏与动物生活习性的要求;兼顾安全防护与景观优美的要求。

②场地应注重保护原有植被环境,确保原有植物对圈养动物无不良影响。

③动物医院、检疫区种植设计应符合下列规定:场内绿化宜采用通透式布置,满足通风透光要求;隔离带宜选用有杀菌、抑菌作用的植物。

④饲料加工、储存区宜选择耐火性树种。

7.4　遗址公园

7.4.1　遗址公园概述

7.4.1.1　相关概念

遗址公园这一概念源于西方对遗址保护的研究,把遗址建设成为公园和博物馆,或者尽可能减少建设,仅保护、修复、还原遗址及其周边环境。并不是所有遗址都需要建设成为公园,遗址公园的建设应当满足一定条件。

目前,国际上并没有对遗址公园的标准定义。在不同国家,也都有各自的"遗址公园"体系。国内,在《城市绿地分类标准》(CJJ/T 85—2017)公布实施以前也没有对遗址公园的明确定义,大多数都是学者基于前人的研究成果并结合自身的研究给出的概念解释和阐述。当下较为广泛认同的遗址公园概念起源于单霁翔先生在 2009 年大遗址保护良渚论坛上的主题发言"让大遗址如公园般美丽",以及同年良渚论坛上形成的《关于建设考古遗址公园的良渚共识》(崔畅,2018)。

在《城市绿地分类标准》(CJJ/T 85—2017)中,遗址公园的定义为"以重要遗址及其背景环境为主形成的,在遗址保护和展示等方面具有示范意义,并具有文化、游憩等功能的绿地"。

7.4.1.2　遗址公园的任务

1) 遗址保护

遗址公园的主要目的就是保护遗址本体不被破坏,同时支持后续遗址考古工作的展开,而遗址的存在更离不开周围良好的环境条件。因此,遗址公园可以有效地将多个遗址点有机地结合起来进行完整的保护。

2) 休闲游憩

遗址公园作为公园的一种,承载着为游人提供休闲游憩场所的功能。作为城市绿地系统的一部分,遗址公园的公共空间为游人提供了活动、交流和休憩的场所,拉近了人与人之间的距离。

3) 展示与教育

遗址公园中所保护的遗址和文物是历史的沉淀和文脉的再现,具有重要的宣传教育意义,是遗址公园的灵魂所在。遗址公园通过一定的规划设计,结合周围的环境将遗址以一种全新的面貌进行对外展示,让游人在游览遗址时更加深了对历史的解读和文化的体会。

7.4.1.3　遗址公园的类型

(1) 根据遗址公园所处的地理区位分类(表 7-7)

表 7-7　根据遗址公园所处的地理区位分类

类型	特征
城市遗址公园	位于现代城市建成区中的与现代城市建设叠加、融为一体的遗址
城郊遗址公园	地处市郊,往往具有良好的自然环境条件和地形地貌条件
村落遗址公园	分布于村落或者荒野

(2) 根据遗址的现存状态分类(表 7-8)

表 7-8　根据遗址的现存状态分类

类型	特征
地面展示类遗址公园	依托地上遗址而建设的遗址公园
地下遗存类遗址公园	遗址的地上部分已随历史的变迁损毁消失,遗址以地下埋藏的方式存在的遗址公园

(3) 根据遗址的性质分类(表 7-9)

表 7-9　根据遗址的性质分类

类型	特征
陵寝类遗址公园	以古代帝王或历史性重要人物的陵寝为核心遗址景观的遗址公园
城池类遗址公园	以展示城市格局和城市文化为核心景观,遗址为城市格局的重要组成部分的遗址公园
建筑类遗址公园	以建筑遗址单体为核心景观的遗址公园
园林类遗址公园	以展示历史园林风貌为核心景观内容的遗址公园
工业类遗址公园	以古人类活动或反映某一特殊意义人类工程活动的遗址为核心内容的遗址公园
历史事件类遗址公园	以发生的历史事件所遗留遗址为核心景观的遗址公园

7.4.2　遗址公园规划设计

7.4.2.1　设计原则

1) 整体保护与利用原则

遗址是遗址公园的灵魂和根本所在,因此遗址的完整性对于能否发挥遗址公园的作用是至关重要的。在遗址公园的规划建设中,坚决不能以破坏遗址的完整性为代价,首先要保护遗址周边原有的历史环境,其次要考虑到如何将遗址与周边环境相衔接。另外,不仅要考虑到对遗址的物质环境的保护,还要考虑到对遗址的历史、文化、科学、情感等人文、精神环境的保护。

2) 文化展示原则

遗址公园依托于某一历史遗址或遗迹进行建造,同时承担相应的文化传播功能。因此,在遗址公园的规划设计中,应充分挖掘与遗址相关的文化内容,并通过景观建设手法表达,让游人游览时能够充分体验遗址的文化底蕴,从而弘扬遗址相关文化。

7.4.2.2　分区

根据遗址公园规划的原则与要求,应结合遗址保护、遗址资源的展示与利用、遗址周围环境的营造、交通组织等因素对遗址公园进行合理的分区。对遗址公园进行功能分区,可以划分为遗址保护与展示区、考古预留区、遗址环境体验区和管理服务区四部分。

1) 遗址保护与展示区

此区域是遗址保护的重点区域,包含各处被挖掘出的遗址本体。根据实际的需求可以选择封闭性的保护,也可以将地面或地下的遗址对公众进行展示,应采取现场原位展示的形式(图7-21、图7-22)。

2) 考古预留区

此区域是遗址公园长期规划中必须保留的区域,是为开展后续考古工作以及进行遗址的进一步开发预留的空间,同时也是向公众展示考古现场和进行文化宣传的场所(图7-23)。

3) 遗址环境体验区

遗址本体与周围环境是不可分割的一部分,是一个有机的整体。因此,在对遗址公园中的遗址本体进行保护的基础上还应对遗址本体周围的环境进行一定的保护和还原。

遗址环境体验区是展示遗址周边历史风貌和自然环境的区域,可以位于遗址保护范围以外的所有区域。此区域的建设需充分挖掘遗址本体的历史背景,结合特色文化对游憩环境进行创造性的设计。例如,在以农业或手工业生产为主题的遗址公园内设置民风民俗体验区等,丰富游客的游憩体验,增强互动性,使游客沉浸于历史情境中,获得更好的游览体验(图7-24)。

4) 管理服务区

遗址公园的管理服务区多位于公园的主要出入口、次要出入口以及遗址博物馆附近。该区域主要分为管理区和服务区两部分。

公园管理区的建筑设计应尽量减少对遗址公园整体景观环境的冲突和破坏,建筑风格应与公园建筑一致,建筑地点应尽量隐蔽。公园服务区主要为游客提供餐饮、文创产品售卖、非物质文化遗产体验空间等休闲项目。服务点应与道路有机结合,布局均匀,力图为游客带来便利。

图7-21　南京大报恩寺遗址公园

图7-22　泉州德济门遗址

图7-23　无锡阖闾城考古遗址公园考古预留区

图7-24　南京阳山碑材遗址公园遗址环境体验区

7.4.2.3 地形设计

地形设计是营造空间和造景的基础。遗址公园的地形设计应在充分尊重原有地形的基础上,因地制宜地进行遗址公园的竖向设计,同时为后续的植物生长提供良好的环境条件,充分体现遗址公园的文化氛围和历史文化特点。遗址公园中的地形可分为遗址本体地形和非遗址本体地形两类。

1)遗址本体地形

遗址本体地形就是遗址本身,对于这类地形应该严格保护,不得破坏,从而有效保存遗址的历史信息。例如南京宝塔山遗址公园利用遗址墩进行设计。因此,在遗址公园建设中会在遗址上开辟游人小径、设置小型活动空间等以满足遗址文化展示与游人的游憩需求(图7-25)。

图7-26　南京宝塔山遗址公园遗址墩周边地形

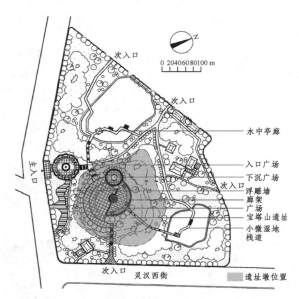

图7-25　南京宝塔山遗址公园利用遗址墩进行景观设计

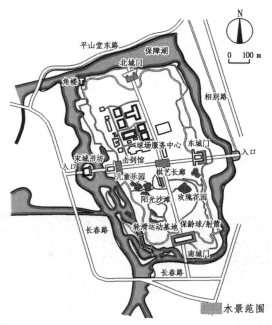

a　平面图

2)非遗址本体地形

非遗址本体地形指的是遗址公园中遗址之外的地形,可以根据遗址公园的主题或者景观节点的功能进行一定的地形设计,创造出优美的景观环境。相比于遗址本体地形,非遗址本体地形设计虽然可以相对灵活,但也必须谨慎对待,需在尊重遗址保护的历史格局的基础上进行地形改造。以南京宝塔山遗址公园为例,对遗址墩周边的湿地池塘进行改造,凸显了作为湖熟文化遗址比较典型的台形土墩的面貌,形成了较好的烘托效果(图7-26)。

7.4.2.4 水景设计

1)遗址本体水景

遗址本体水景指的是水景本身就是遗址的一部分,这部分水景需要严格保护,保持遗址的原真性。例如,扬州宋夹城考古遗址公园护城河沿城池外围环绕,2007年扬州市政府把其建设成为湿地公园并向游客开放,恢复了宋夹城"城河"的空间格局(图7-27)。

b　实景

图7-27　扬州宋夹城考古遗址公园水景设计

2）非遗址本体水景

遗址公园中非遗址的本体水景一般是指遗址周围环境中的自然水系或人工规划设计的水景。根据其与遗址联系的紧密度又可分为两种：一种与遗址在空间上的联系较为紧密，可作为遗址展示的背景。例如无锡仙蠡墩遗址公园，水体作为公园旁边梁溪河的分支穿过遗址公园并形成各处景观节点（图7-28）。另一种是与遗址有一定分隔，联系较为薄弱，只是作为公园造景。例如苏州御窑遗址园，遗址公园中部有水体营造湿地景观，与御窑遗址本体的联系不强

（图7-29）。

7.4.2.5 植物设计

遗址公园的核心是遗址的保护与展示，植物在其中是从属地位，主要服务于遗址的展示与历史环境的营造。通过配置不同的植物，可以营造不同的景观空间，创造不同的空间氛围，同时也可以改善区域的气候和生态环境。

遗址公园内的植物运用根据不同的分区有不同的侧重处理。在遗址保护与展示和考古预留的区域，要尽量保

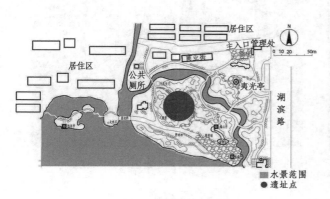

a 平面图　　　　b 实景

图7-28　无锡仙蠡墩遗址公园水景设计

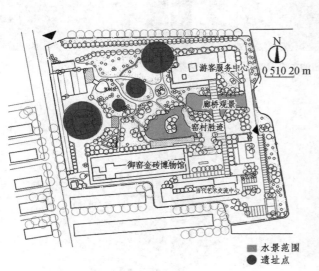

a 平面图　　　　b 实景

图7-29　苏州御窑遗址园水景设计

147

持原生植被或还原有记载的相关植被,在绿化植被的种植上不得破坏遗址,在绿化植被的选择上不得喧宾夺主,不得与遗址风貌不相契合,主要服务于遗址的保护与展示;在遗址环境体验和管理服务区域的植物可以有较多选择,以改善生态环境与营造景观为主。植物种植要与遗址公园内建筑、园路等要素相适应。同时,遗址公园的种植设计要以植物体现出遗址公园的文化。另外,植物种植要注意避免植物根系对遗址的地下部分造成破坏(图7-30、图7-31)。

7.4.2.6 交通设计

1) 道路分级

遗址公园中的道路通常分为主要道路、次要道路与游览小园路三级(图7-32)。有些遗址公园还设有用于园务运输、考古等工作的专用道路,一般衔接专用出入口。通常,面积较大的遗址公园的主要道路宽7 m以上,可以双向通车,是连接遗址公园内遗址展示区、景观节点的重要道路,材质通常选用硬质铺装,如沥青路面、水泥路面等。另外,面积较小的遗址公园的主要道路一般宽4~5 m,尤其是城市中的遗址公园,主要道路一般不通车,以人行为主。次要道路通常宽度小于主要道路,在2~4 m之间,交通形式以步行为主,也可通行游览车和观光自行车,是连接园内次要节点的道路。游览小园路的路面宽度较小,通常在2 m以内,是通往遗址公园内的服务设施、私密空间以及小型节点的道路。

图7-30 南京午朝门遗址公园植物景观

图7-31 常州圩墩遗址湿地森林景观

图7-32 常州春秋淹城遗址公园的主要道路、次要道路、游览小园路

2) 道路平面布局

遗址公园道路的平面布局要以遗址的本体为核心、以遗址原有格局为基础进行组织规划。在对遗址公园的道路进行规划时,既要有利于遗址保护,免受外界的影响,又要最大限度地满足游览需求,展示遗址本体及遗址周边的历史环境,并将道路作为遗址公园重要的组成部分共同构成公园整体景观。另外,部分遗址公园的道路还需服务于考古工作。遗址公园的道路平面布局主要有回环式、中轴式、条带式、混合式等类型(图7-33~图7-36),具体在某一遗址公园中采用何种平面布局形式,要根据遗址公园的遗址本体情况、功能需求、景观结构等做出最优配置。

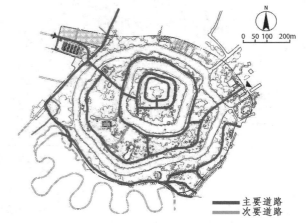

图7-33 常州春秋淹城遗址公园的回环式道路平面布局图

148

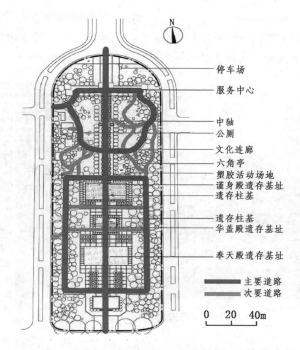

图 7-34 明故宫遗址公园的中轴式道路平面布局图

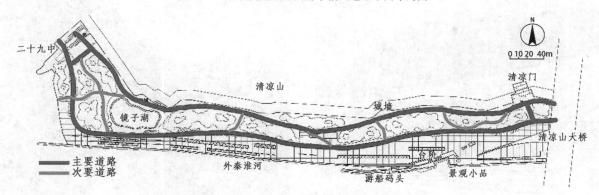

图 7-35 南京石头城遗址公园的条带式平面布局图

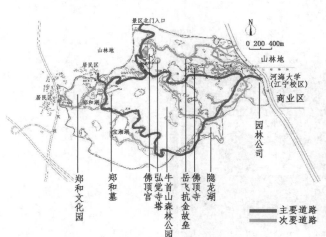

图 7-36 南京牛首山遗址公园的混合式平面布局图

7.4.2.7 建筑设计

1) 遗址博物馆

遗址博物馆是遗址公园景观的重要组成部分,多设置在入口处或主要节点处。遗址博物馆为遗址公园科普展示类建筑,其规划建设的风格要与遗址公园的主题和历史文化相关联,尽量展示出历史原貌,烘托遗址公园的历史文化氛围(图 7-37)。

2) 游客服务中心

游客服务中心为遗址公园中的综合服务类建筑,一般设置在遗址公园入口处,是游客集散、信息获取、获得服务的场所,其造型、材质、规模需要与遗址公园整体风格相契合,加强遗址公园的氛围感、代入感(图 7-38)。若遗址公园内没有设立游客服务中心的条件,则需在遗址公园入口处设立完整的遗址信息公示系统,以方便游客得到相关游览信息。另外,也可设立线上解说系统。

3）其他建筑

遗址公园中的建筑除了遗址博物馆、游客服务中心外还有一些其他建筑，主要为休憩游览类建筑与其他服务类建筑，如亭廊、餐饮建筑、厕所、管理用房等。在对此类建筑的规划建设中也要注意建筑风格等应与遗址公园整体环境相协调（图7-39、图7-40）。

图7-37　淮安大云山汉王陵博物馆

图7-38　南京胭脂河天生桥遗址公园游客服务中心

图7-39　常州春秋淹城遗址公园亭廊样式

图7-40　扬州宋夹城考古遗址公园厕所样式

7.4.2.8 配套设施

1）标识系统

由于遗址公园内所展示的遗址文化专业性较强，部分内容可能晦涩难懂，必须借助标识系统解释与传播。同时要对标识系统的造型、材质、色彩等进行合理的规划设计，使其能够契合遗址公园的文化和风格特点，这样才能更加直观地反映遗址公园的特色（图7-41）。

2）休憩设施

遗址公园作为具有休闲游憩功能的公共空间，休憩设施自然必不可少，以座椅为主。座椅在遗址公园中分布广泛、使用率高，若能很好地与遗址文化相结合，无疑有助于遗址公园整体景观效果的提升（图7-42）。

3）服务设施

垃圾桶是遗址公园最常见的服务设施，遗址公园中的垃圾桶在造型上应具有遗址文化特色。例如，常州春秋淹城遗址公园中垃圾桶做成春秋时期建筑屋顶的形式，从细微处展示遗址文化（图7-43）。

4）照明设施

在遗址公园的照明系统规划设计中，对重要遗址节点可以采用多种照明方式相结合的方式，形成丰富的展示效果；在普通节点处的照明可以仅满足必要照明。另外，在不同等级的道路系统、不同的游客活动空间中也要应用相对应的照明系统。照明系统是保障遗址公园夜间正常运行的基本条件之一，也是优化游客夜景体验感的必要设施，需要与遗址的保护与展示相结合，与游客活动规律相吻合，与遗址公园整体风貌相协调（图7-44）。

图7-41　常州春秋淹城遗址公园标识样式

图7-42　无锡阖闾城考古遗址公园座椅样式

图7-43　常州春秋淹城遗址公园垃圾桶样式

图7-44　照明设施示例

7.5 游乐公园

7.5.1 游乐公园概述

7.5.1.1 游乐公园的概念

游乐公园(G135)在《城市绿地分类标准》(CJJT 85—2017)中隶属于公园绿地(G1)中专类公园(G13),是具有特定内容或形式,有相应的游憩和服务设施的绿地,是单独设置,具有大型游乐设施,生态环境较好的绿地,绿化占地比例应大于或等于65%。

游乐公园是根据某个特定的主题,以主题情节贯穿整个公园,采用科学技术和多种活动设施,集专题知识或文化故事、功能活动、休闲要素以及服务接待功能于一体的公共休闲性质的公园。

7.5.1.2 规模与组成

国内外主要游乐公园规模大多集中在 $13\sim133$ hm²,大于 40 hm² 的大型游乐公园内通常会分成两个或两个以上的主题片区,因此,业界普遍以 40 hm² 作为大型和中小型游乐公园的规模分界线。

我国游乐公园的规模根据游乐公园园区用地面积确定,可分为:

① 中小型: $13\sim40$ hm²;
② 大型: $40\sim133$ hm²;
③ 超大型:大于 133 hm²。

游乐公园园区一般由游乐区和后勤区两大部分组成。游乐区为对游客开放、供活动和游乐的公共区域;后勤区是为公园服务,支持公园运营,不对游客开放的内部营运区域。

游乐区和后勤区之间应有分界和明显分隔。分隔界限上设有游乐公园工作人员出入口、消防和物流车辆出入口、巡游队伍出入口、设备设施出入口等。

7.5.1.3 游乐公园分类

按游客游乐方式和身心感受,可以把游乐分为四大类:观光型游乐公园、体验型游乐公园、参与型游乐公园和全域型游乐公园。

1) 观光型游乐公园

观光型游乐公园是以游客观光游览为主要游乐方式的游乐公园。观光型游乐公园在形式上包括缩微公园和场景游览公园等,均通过营建大量人工场景吸引游客。国际上著名的观光型游乐公园有荷兰马德罗丹微缩城、德国鲁斯特欧洲主题公园、印尼雅加达缩影公园等。深圳"世界之窗"是中国早期典型的观光型游乐公园,其他还有深圳"民俗文化村"、开封"清明上河园"、上海淀山湖"大观

园"、北京丰台"世界公园"和台湾桃园"小人国"等。

2) 体验型游乐公园

体验型游乐公园是以游客通过乘坐游乐设施设备进行体验为主要游乐方式的游乐公园。此类游乐公园强调游乐设施的惊险和刺激,对游客有较多体能要求。因此,体验型游乐公园有各种快速滑行、上仰下跌、旋转翻身的游乐设备,并通过最新的体验来吸引游客,往往追求最高、最快、最刺激。"六旗乐园"(Six Flags Amusement Park)是世界上最大的连锁型和体验型游乐公园。中国现存最早的游乐公园——上海"锦江乐园"也是体验型游乐公园。"欢乐谷"是中国大型体验型和连锁型游乐公园之一(图 7-45)。

图 7-45 南京欢乐谷
(https://nj.happyvalley.cn)

3) 参与型游乐公园

参与型游乐公园是以游客主动沉浸在主题环境氛围中,以享受故事角色情节为主要方式的游乐公园。参与型游乐公园对游客体力体能要求不高,通过刻画富有感染力的故事主题和故事情节,赋予游客深度的角色参与感。

演艺类游乐公园、影视类游乐公园和游戏类游乐公园是参与型游乐公园的三大基本类型。演艺类游乐公园以演剧为主,影视类游乐公园以影视场景的情节再现为主,游戏类游乐公园则是还原游戏场景,变虚拟游戏为实体游戏,化个人游戏为集体游戏。在中国,"宋城"和"大唐芙蓉园"是演艺类参与型游乐公园,大量的影视基地和影视城可归入影视类参与型游乐公园,而常州"嬉戏谷"则是成功的游戏类参与型游乐公园(图 7-46)。

4) 全域型游乐公园

全域型游乐公园将各种类型的主题游乐和游客体验方式有机地结合于一体,是让人们在形成泛文化、多领域、全方位、系统化文化旅游产业链中参与体验的主题乐园。"迪士尼乐园"(Disneyland)和"环球影城"(Universal Studio)就是全域型主题乐园的全球典范(图 7-47)。以迪士尼乐园为例,主题乐园与影视、戏剧、动漫、音乐、文学、传媒出版、旅行度假、教育培训、商业零售等多个领域相互呼应,围绕迪士尼品牌拥有的大量文化资产,全面系统地整合为一个强大的产业圈,为人们"创造"快乐,娱乐大众。

图 7-46　宋城演艺公园
（https://www.songcn.com）

图 7-47　北京环球影城
（https://www.universalbeijingresort.com）

7.5.1.4　我国游乐公园发展

我国的游乐公园的建设始于 1980 年代。我国主题乐园的发展初期以观光型游乐公园和体验型游乐公园为主。

在我国游乐公园建设初期的 15 年间，因当时大众旅游不普及，旅游消费能力低，旅游经济刚刚起步，游乐公园设计和建设多以移植各地地标建筑和文化名胜景观为主要特色，以缩微乐园或集锦乐园为主要形式，满足人们"足不出户"看世界的初期旅游要求。此类乐园策划和设计时间短，建设投资较低，能够快速建成并开园。当时，此类观光型游乐公园深受游客欢迎，成为主流乐园并获得成功，如深圳"锦绣中华"（1989 年）、深圳"民俗文化村"（1991 年）、深圳"世界之窗"（1994 年）和长沙"世界之窗"（1997 年）等。为吸引外来游客，也可以选择本地主题，更可以发掘历史主题，如杭州"宋城"（1996 年）、开封"清明上河园"（1998 年）、云南西双版纳"傣族园"（1999 年）、西安"大唐芙蓉园"（2005 年）等。

20 世纪末，随着人们生活水平的提高，充满活力的游乐游艺项目深受年轻人喜爱，吸引力越来越强。由此，以游乐器械为主的体验型游乐公园逐渐流行，成为人们休闲

娱乐的重要部分。较为著名的体验型游乐公园有"锦江乐园"（1984 年）、"苏州乐园"（1997 年）、深圳"欢乐谷"（1998 年）、大连"发现王国"（2006 年）、芜湖"方特欢乐世界"（2008 年）等。

我国二十一世纪初大量建设的游乐公园大都与地产开发相结合，绝大部分是典型的体验型游乐公园。为吸引人气，促销房产，以快为先，这些游乐公园设计粗糙，无暇深入发掘主题，发展故事。由于没有好好"讲故事"，缺乏实质内容情节，许多体验型游乐公园往往沦为"标题"乐园。

近年来，我国游乐公园在探索各种主题乐园时，努力挖掘中国历史和传统文化，以演艺的方式讲好中国故事。"讲故事""演历史"的参与型游乐公园开始在我国出现，如体现南宋文化的杭州"千古情"及以此发展而来的"千古情系列"参与型游乐公园，结合中国茶文化并推出"茶禅"文化剧的深圳东部华侨城，遍布全国各地张艺谋主持的"印象"主题系列演艺剧目，推出"汉秀""傣秀"等不同秀场的万达乐园等。这些都是参与型游乐公园的有益尝试。

全域型游乐公园采用各种技术和媒体手段，结合主题，塑造故事，借用或形成具有一定文化影响力的智慧产权，并在游乐公园内外、在不同的媒介媒体间穿越，跨界互动。全域型游乐公园至少包含三种类型以上的跨界领域。我国此类游乐公园极其罕见，常州环球动漫嬉戏谷（2011 年）有很多尝试和探索，乐园的游乐项目主题与动漫、游戏主题互相联系和借鉴，并与"China Joy"中国国际数码互动娱乐展、国际电子竞技比赛和动漫粉丝 cosplay 表演秀形成全面互动，取得了巨大的成功。

7.5.2　游乐公园规划设计

7.5.2.1　规划设计原则

1）景观的主题性

主题性是游乐公园景观设计最显著的特征之一。目前游乐公园的主题一般分为历史类、民俗文化类、文学类、影视类、科技类、自然生态类、健身康体类等，有整个园区的大主题，还有园内不同分区的小主题。游乐公园内的各种元素都会围绕主题内容来设置，并通过不同的手法来强化。

游乐公园中，所有内容都应围绕主题文化展开。游乐公园设定的新颖主题是独特的旅游资源，根据不同主题打造奇妙的景观特色能突出游乐公园的个性特点和提升体验感。景观是游乐公园展现给游客的第一印象，是游客是否喜欢此游乐公园和能否在第一时间对主题产生共鸣的关键（图 7-48）。

2）景观的安全性

游乐公园是人们休闲放松的场所，首先要保证人们能在舒适安全的情况下活动。安全性是游乐公园设计的第

图 7-48　常州中华恐龙园
(http://www.konglongcheng.com)

一准则，其他的一切因素都要建立在安全性的基础上。

景观中主要考虑两方面的安全性：

（1）景观材料的安全性　材料的安全性主要指该材料是否污染环境，是否会给人们造成伤害。景观材料包含硬质材料、软质材料和水体等。硬质材料如铺装材料、水池贴面材料等，应选择无放射性、无毒的材料，同时防滑、防烫等性能也需要达到安全标准。软质材料主要指配置的植物，在植物品种的选择上，不选择有毒性的植物，近人的绿地不选择有刺等会伤害到人的植物，使用一些果实会掉落的植物也应该尽量谨慎。园区中的水体水质也需达到安全标准，尤其是游客会接触到的水体，为保证安全，需达到景观娱乐空间水质标准的要求。

（2）景观设施的安全性　游乐公园内各类型的景观设施，如桥体、围墙栏杆、座椅、景观小品等，在设计上都要符合安全规范，要在确保安全的前提下，发挥使用功能和观赏功能。例如，各类安全隔离栏杆高度需至少满足国家标准的高度要求，同时栏杆间距也需要满足安全要求，以避免小孩攀爬或者卡住发生危险等。

3）景观的功能需求

在设计各类场所的过程中，功能需求都是要考虑的要素，游乐公园也不例外。游乐公园的功能需求可以大致分为两类：一类为美学功能；一类为实用功能。

美学功能为景观的重要功能，一方面要满足游客视觉欣赏的精神需求，另一方面也要营造游乐公园的氛围。游乐公园作为一种大型的旅游产品，必然要适应当代旅游者的审美需求。而景观作为游乐公园对外展示的视觉面貌，首先要根据乐园对应的目标市场，分析市场审美需求，选择和确立主题及风格。其次，旅游者的审美需求与感受存在着不同层次，除了以新奇、有趣、刺激的内容吸引注意力外，还可以增加文化内涵与艺术韵味，使旅游者达到精神愉悦体验的较高层次。对于消费水平和审美水平日益提高的旅游者来说，这种审美体验具有相对的持续性和稳定性。

实用功能主要体现在几个方面——提供荫蔽的空间，提供休憩的场所，有时也需要满足游客参与互动的需求。据统计，每位游客在游乐公园中，平均每小时用在观赏节目或乘坐游乐设施的时间只有 15 分钟，其他的 45 分钟则花在移动、等待、休息或购物上。现有的游乐公园大部分为室外乐园，在室外营造一个良好的等待及休憩环境可以让游客保持愉悦感、增强满足感，全方位地提升游玩体验。例如，水上游乐公园的游玩时间主要在夏季，需要考虑通过阔叶乔木、遮阳篷等设施提供荫蔽的休憩空间，也可以设置各类水景互动装置形成小型的游玩点。

4）景观的文化表达

游乐公园的文化内涵可以使乐园的吸引力更具有持续性和稳定性，因此，游乐公园越来越注重文化的表达，形式也多种多样。景观设计中要将乐园的文化很好地表达出来，需要遵循几个原则：

（1）真实性　在反映历史文化、人文风情的设计中，应该首先以实际的文化形式和内容实行设计与创意，体现时代性的概念，在真实的基础上进行艺术的创作和创新。

（2）创新性　围绕确定的文化主题不断创新，深化文化主题创意，尽可能做到将文化与景观环境有机结合起来，充实园区的文化内涵，使园区环境更有活力及吸引力。

（3）差异性　游乐公园的文化主题，大部分是与现实世界的文化环境不同的，目的在于创造一个不同于现实生活的梦幻世界。因此，景观设计可着重表达和展现这种文化内涵的差异性和异质性，以满足人们追求新奇的游玩体验。

（4）艺术性　游乐公园营造强烈的视觉冲击，展现一种崭新的境界，需要根植于深厚的文化意蕴和饱含艺术创新力的设计。因此，在景观的文化表达中，整个环境氛围传达出的艺术气息也非常重要。与直接呈现相比，文化元素艺术化表达会带给人们更加愉悦的审美享受。

（5）科技性　在以娱乐为主的游乐公园中，科学技术的运用在创造虚拟世界方面开始饰演越来越重要的角色。景观设计中也可运用多种高新的科学技术，创造一个虚拟与现实交错、超越现实的文化空间，游客的角色体验会更充分、更丰富。

5）景观的趣味性

游乐公园作为一种休闲娱乐活动空间，是基于"游乐场"创造一种成人与儿童一起娱乐的形式，希望游客能获得感到愉快、引起兴趣的情感体验。因此，趣味性对于游乐公园的氛围营造有着重要的意义，趣味性可以通过游乐设备、节目表演、互动活动等方式来呈现，同样也需要在景观设计中体现。

景观的趣味性主要通过营造氛围和增加互动性来体现。例如，在铺装、构筑物及景观小品设计过程中通过丰富的色彩、有趣的形态来活跃氛围，在植物设计的过程中可以用增加移动花钵、有趣的绿雕等手法来增加趣味性，还可以在铺地、景墙上增加有趣味性的装饰图案；在水景、小品的设计中可以增加与游客的互动性，提供新奇、愉快的参与体验。

6) 人性化设计

在游乐公园的景观设计过程中，人性化设计可以从以下几个方面着手：

① 合理设置园区内满足人们基本需求的各类设施。在园区规划层面应该合理设置卫生间、饮水处、吸烟处、婴儿车停放处、呕吐池等设施。在景观设计层面，需要合理设置遮阳降温设施、休憩座椅、垃圾桶等。

② 依据人体工程学进行设计。景观环境的舒适性是游客选择和认知旅游环境的重要因素。游乐公园景观设计要根据游乐公园的主题进行设计，也要分析游客的年龄、性别、身高等人体工程学数据，以此作为设计的依据。尤其是人体结构尺寸，是景观设计中用来规范各种造型的基本尺度和造型间相互关系的重要依据。

③ 无障碍设计也是人性化设计的一个重要方面。应考虑残障人士的使用需求，为其提供一个安全便捷的使用环境。

7.5.2.2 选址

规划与选址的方法可以分为导入式、辐射式和共生式三种：

① 导入式规划与选址方法一般用于以旅游业为主导的城市、旅游度假胜地或新开发的旅游度假区内，通过上位规划的宏观控制和产业定位，将游乐作为一种需求业态引入特定区域、场域。

② 辐射式规划与选址方法一般要求游乐公园具有较大的品牌号召力或大 IP 的支撑，通过游乐公园的规划与设置，逐步或全面引入其他的配套设施，带动一定规模区域文旅产业的发展。

③ 共生式规划设计方法结合了导入式和辐射式的不同特点和优势，通过一次规划、一次或多次建设的方式方法，在相对集中的区域内设置多个游乐公园及配套设施。目前，国内众多大型企业集团进行的大型文旅城、文旅度假区项目等均属于此种类型。

7.5.2.3 分区

通常，游乐公园从大分区来说可以分为入口区、游乐区、后勤配套区和衍生服务区四大部分。

入口区一般位于园区对外交通最便捷的位置，方便游客的出入。入口区一般会分为步行入口和停车场区域，通过一个大广场相连。入口区域承担了人员出入集散、售票、安检、展现游乐公园的主题、问询服务等功能。入口区广场以及停车场根据前期可行性研究中的人流测算预估

来安排区域大小。

游乐区根据场地条件和主题内容以及项目组合可以分为若干特色区域，并由一条经过精心规划的游线进行串联，是游客主要的活动区域，也是整个游乐公园中占比最大的区域，通常会占整个园区的 70%～80%。比如上海迪士尼乐园的游览区就分为：米奇大街、奇想花园、探险岛、宝藏湾、明日世界、梦幻世界、玩具总动员主题区，某主题乐园西双版纳园区就分为入口广场、蝴蝶王国、丛林冒险、茶马古道、渔人码头和水公园主题区。另外，如果营销展示有需要的话还可能会专门辟出和其他特色区结合的巡游区、剧场区以及衍生产品售卖区。

后勤配套区通常会被安排在游乐公园的外围偏远区域，通过地形、植物、围栏等与游览区隔开。后勤配套区域有时不会是一块区域，也有可能是由几块区域组成，通过乐园外围的后勤车行道路串联。后勤配套区一般有如下功能：员工办公休息乃至住宿、服务车辆停放、巡游车辆检修停放、零部件及维修养护设备存放、能源供给中心、演职员后台、其他资料仓储等功能。一般后勤配套区会有单独的出入口与市政道路相连。

衍生服务区通常可以与游乐公园分开也可以结合在一起，就算分开也不会太远。一般衍生服务区会提供酒店住宿服务，也有一些游乐公园会另外辟出一块区域作为商业中心，提供更丰富的餐饮、购物、儿童游玩等与游乐公园提供的服务相补充的生活服务。

7.5.2.4 总体布局结构

游乐公园的总体布局结构对乐园的影响极大。布局结构模式往往综合考虑了乐园的规模、地形、地貌、主题创意、故事要求、游乐类型和未来发展需要等因素，经过全面平衡后再确定。布局结构对乐园的有效运营和可持续发展起了决定性作用。

优良的总体设计布局常常先从游乐区着手，全面兼顾后勤，达到游乐区和后勤区的合理统一（图 7-49）。

1) 游乐区总体布局结构

游乐公园游乐区由游客出入口（入口外广场、安检区和出入口站房等）、中心广场或集散广场、多个主题片区或单体项目等构成。

游乐区总体布局结构有许多种模式，其中，放射型结构、环路型结构和复合型结构较为合理而有效。

其他布局结构，如单线型结构，虽然可以适应具有两个乐园出入口的游乐公园，但有人流交叉混乱、游客体验较差、出入管理复杂等缺点，应尽可能避免采用。

2) 后勤区总体布局结构

后勤区总体布局的主要任务是处理好后勤区与游乐区的关系。游乐公园后勤区总体布局方式主要分为包围式、分布式、孤岛式和综合式四种形式。

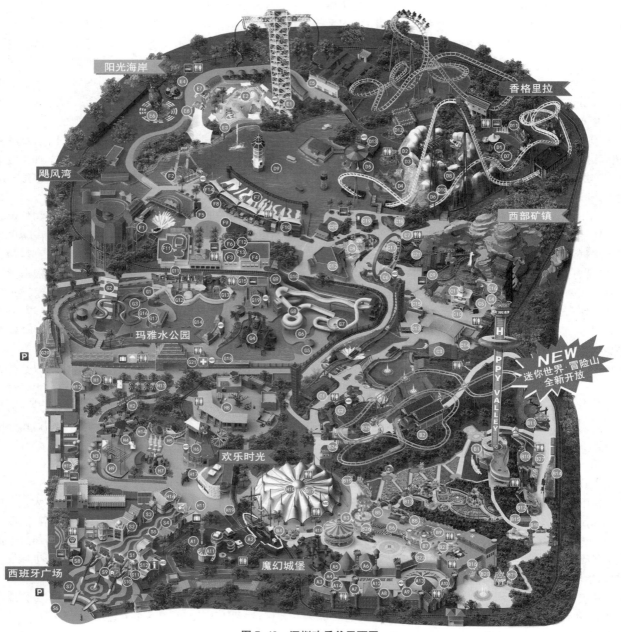

图 7-49　深圳欢乐谷平面图
（https://sz. happyvalley. cn）

游乐公园总体布局应根据基地状况、乐园主题、项目关系和后勤管理模式，灵活应用后勤区布局模式，因地制宜，合理规划，打造合适、便捷的乐园总体布局。

7.5.2.5　交通组织

游乐公园的交通组织是为游乐公园规划设计的一整套交通系统，并使该系统能合理地满足游乐公园的运营要求。交通系统包括人和物的运输及其所需要的设施设备等。游乐公园的交通系统可分为园外交通系统和园内交通系统。

交通系统包括道路、出入口、停车库/场和维修保养场地，以及其他与交通有关的设施。游乐公园最主要的交通组织是游客步行道路、各种车行道路（包括后勤交通和游乐区车行道路）系统的设计。

游乐区游客步行交通系统是乐园的游客游览路线，关系到所有游客，是游乐公园最重要的交通系统。游客步行道路设计必须注意如下要点：

① 符合主题故事线和情节逻辑关系；

② 连接所有游乐单体项目；

③ 明确道路主次和级别；

④ 匹配游客人流量；

⑤ 分布均匀，覆盖整个游乐区；

⑥ 尽可能避免人流对冲和交叉，有利于游客疏散；

156

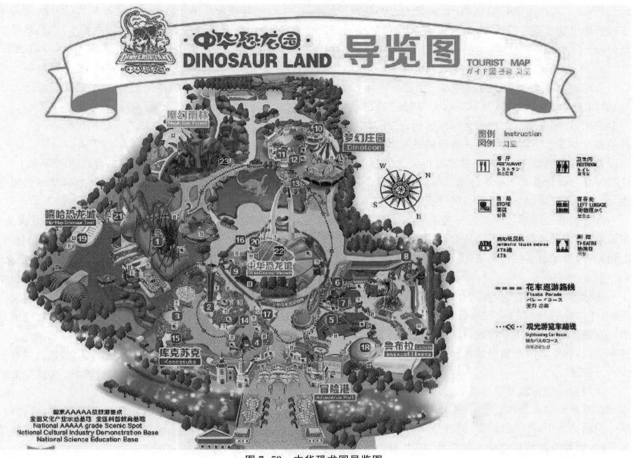

图 7-50　中华恐龙园导览图
(https://imgbdb2.bendibao.com)

⑦ 尽可能避免断头、回头或尽端线路;

⑧ 满足无障碍道路设计要求,包括道路系统组织与铺地设计。

7.5.2.6　空间设计

游乐公园的功能空间主要都是针对游客使用区域来设计,非游乐使用区的功能空间需要有运营部门来提出相应的要求进行场地设置(图 7-50)。

游乐公园游览区是游乐公园功能空间整体设计的主要部分,游览区中的部分功能空间往往具有很强的功能复合性,在某一个功能主导的情况下,往往要兼顾所有的使用要求进行设计。

1) 主入口空间

游乐公园主入口空间作为游乐公园内外空间的分界,承载着两种不同空间的转换与过渡。游乐公园向外扩张以试图融合于外部空间,同时展现非常强的视觉识别性;对内则控制人的流线,以展示主题空间。游乐公园主入口空间是真实与梦幻的过渡区域,对整个游乐公园起着统领作用。

2) 室外排队区空间

游乐公园排队区的位置通常都是直接与游乐设施或演艺场馆的出入口相连,但其面积需要根据运营情况来确定。排队区面积过小会造成场地混乱,降低游客体验;过大则浪费空间,也不利于使用。所以在设计时需要综合考虑设施的运营能力、排队区设置的面积和位置、排队区的形状,以及在不同人流下的使用模式和场地应对方案、游客排队时的舒适度、排队区与场地和设施的主题呼应以及排队区设施需要注意的安全事项。

3) 室外观演空间

室外观演区域主要包括花车巡游道路和室外表演舞台,这两项活动都是游乐公园中的重点项目,会吸引众多游客,所以其场地设置大多与主园路相关。花车巡游道路一般与主园路重合,在主园路的基础上有更进一步的空间要求;室外表演舞台则需要根据具体演艺剧目和方式来设计场地,演出时长、舞台要求和游客观演模式是需要重点考虑的因素,一般设置在主园路两侧或与主园路相连的广场上。

4) 室外餐饮空间

室外餐饮区域依托餐厅和餐车来布置。餐厅室外餐饮区域作为室内就餐区域的拓展,一般需要进行专门的场地设计,以与周边主题环境协调;而餐车周边的餐饮空间一般是通过摆放相应的设施,如座椅、遮阳伞等来实现,对场地设计没有很高的要求。

5)互动游乐空间

互动游乐空间一般分为两种:一种是与游乐设施的互动,如在过山车项目中,可以在过山车经过的部分设置互动空间,让未在游玩的游客也可以感受到过山车呼啸而过的速度和车上游客的尖叫;在激流勇进等水上项目的周边设置互动游客空间,让岸上的游客也会受到水的泼洒,还可以结合设计互动水枪等活动,烘托主题乐园的欢乐氛围,使游客更好地参与到游乐公园的整体场景中。

互动游客空间还可以根据一些主题景观小品或场景来设置,如主题角色雕塑周边应设计相应的场地供游客拍照留影等,满足游客使用需求,避免造成拥堵或破坏。

6)休憩空间

休憩空间作为游览功能的补充,强调的是静态休憩的空间,作为休憩空间的景观应符合对应主题区的场景氛围。在游乐公园中,由于游客在游乐公园中的游览时间一般都较长,休憩区的布置也是游乐公园功能空间中必不可少的一部分。

休憩空间的设置需要考虑到周边场地的功能,一般不建议设置单独的大型休憩空间,而应该合理分散地分布在整个游乐公园中,才符合游客的使用模式。休憩空间单独设置时,需要注意与其他功能的连接,如上海迪士尼乐园就使用了连接奇想乐园和探险岛的一条非主要通道,设计了攀爬着植物的铁艺廊架,搭配设计同样风格的铁艺座椅,形成了线型的休憩空间。休憩空间也可以和其他功能空间复合设计,如上海迪士尼乐园的明日世界中,演艺主舞台位于核心广场的一侧,是游客的聚集区。在留出足够空间作为观演场所时,在广场的另一端结合水景设置的座椅休憩区使整个广场的功能更加合理,动静结合。

7.6 城市湿地公园

7.6.1 城市湿地公园概述

7.6.1.1 相关概念

1)湿地

湿地是陆地与水域全年或间歇地被水淹没的土地,是陆生生态系统和水生生态系统之间的过渡带,是一种复杂的生态系统。湿地应根据湿地的水文、土壤、植被等特点来定义,但由于难以确定积水湿地和水域的界线及无水湿地与陆地的界线,湿地边界很难确定。同时,湿地生物群落兼具陆地生物和水生生物的特性,自然环境复杂。况且不同国家、不同学科的学者对湿地研究的目的和重点不同,使得湿地还没有形成一个被世界各国、各机构广泛认可的定义。

1956年美国鱼类与野生生物保护机构(FWS)对湿地的定义为:湿地表面暂时或永久有浅层积水,以挺水植物为其特征,包括各种类型的沼泽、湿草地、浅水湖泊,但是不包括河流、水库和深水湖。该机构在1979年重新给湿地作定义为:陆地和水域的交汇处,水位接近或处于地表面,或有浅层积水,至少有一至几个以下特征:

① 至少周期性地以水生植物为植物优势种;

② 底层土主要是湿土;

③ 在每年的植物生长季节,底层有时被水淹没。

定义还指出,湖泊与湿地以低水位时水深2 m处为界限。此定义被许多国家的湿地研究者所接受。

1979年加拿大湿地保护机构(Zoltal)把湿地定义为:水位在大部分时间接近或超过土壤表面,并长有水生植物的地区。1987年加拿大专家又提出了一个湿地的定义:湿地是一种土地类型,其主要标志是土壤过湿,地表积水(水深小于2 m,有时含盐量高),土壤为泥炭(泥炭层大于40 cm)或潜育化沼泽土,生长水生植物、湿地生物或植物贫乏。

上述对湿地的定义是一种狭义上的定义,强调湿地土壤、生物、水文同时存在,相互作用构成湿地,这种定义能反映湿地的特征和内涵。

1971年在伊朗签署,并在1982年修订的《湿地公约》中对湿地的定义为:"湿地指不论其为天然或人工、长久或暂时之沼泽地、湿原、泥炭地或水域地带,带有或静止或流动,或为淡水、半咸水或咸水水体者,包括低潮时水深不超过6 m的水域。"这个定义是一种广泛意义上的定义,它指明了哪些可以划为湿地,这对缔约国湿地的保护有着积极的影响。

本书采用《湿地公约》中的定义。

2)城市湿地

城市湿地是指符合以上湿地定义,且分布在城市规划区范围内的,属于城市生态系统组成部分的自然、半自然或人工水陆过渡生态系统。

城市湿地的第一种类型是人工形成的湿地,例如水塘、稻田、水库以及在我国城市古典山水园林中"挖池堆山"所形成的湿地都属于人工湿地范畴。同时,由于湿地具有净化除污的功能,近来在城市中出现了以净化城市污水为主的人工湿地,这种湿地是人类根据湿地的功能模拟自然湿地的生态系统来净化水质为城市服务的,是人类利用湿地的一种方式。

城市中第二种类型的湿地是复合型湿地。众所周知,湿地是城市选址的最优条件,很多著名的城市,如上海、武汉、哈尔滨等都是依湿地而建的。在这些城市发展的初期阶段,城市规模小,城市周围有很多的天然湿地。随着城市面积的扩大,这些湿地逐渐被纳入城市之中。人类对这些湿地进行改造和利用,如围湖垦荒、填埋作为城市用地,使得这部分湿地不再是纯粹的天然湿地,而是带有人类活动的烙印,这部分湿地就成为一种人工和自然相互作用的复合型湿地。例如杭州的西湖、扬州的瘦西湖都属于这一类型。

城市周边近郊区的湿地主要是指自然湿地。由于城市的扩张暂时还没有影响到这部分湿地,使其还保持着自然的属性。这种湿地距离城市较近,为城市发展提供了重要的生态环境基础,同时湿地的综合功能也为城市发展所利用,是城市居民郊野游憩和游览的好去处,与城市人民生活息息相关,因此把其列为城市湿地。这种湿地在城市湿地中的主要特点是其纯粹自然的属性。但当城市扩张,把该部分湿地纳入城市之中的时候,人类的活动将作用于这种湿地,其自然属性将随之改变,不再是纯粹的自然湿地,而成为第二种类型的湿地。这种湿地在城市湿地类型中的地位将由距城市更远范围内的湿地代替。可见这种湿地发展是一种动态的过程,它会随着城市的发展而相应地发生改变。

3) 城市湿地公园

城市湿地公园是一种独特的公园类型,是指纳入城市绿地系统规划的、具有湿地的生态功能和典型特征的,以生态保护、科普教育、自然野趣和休闲游览为主要内容的公园。

4) 城市湿地公园与湿地公园的区别

城市湿地公园与湿地公园都作为湿地保护、生态恢复与湿地资源可持续利用的有机结合体,近年来已成为政府部门宣传、建设的重点和学术界研究的热点。目前,我国的湿地公园分为林业部门的湿地公园和住房与城乡建设部门的城市湿地公园两种。然而,这两种湿地公园由于主管部门的不同,其定义、建设要求与条件和主导功能等都不尽一致,详细如表7-10所示:

表7-10 城市湿地公园与湿地公园的区分

	城市湿地公园	湿地公园
主管部门	住房和城乡建设部	国家林业局
概念	在城市规划区范围内,以保护城市湿地资源为目的,兼具科普教育、科学研究、休闲游览等功能的公园绿地	拥有一定规模和范围,以湿地景观为主体,以湿地生态系统保护为核心,兼顾湿地生态系统服务功能展示、科普宣教和湿地合理利用示范,蕴涵一定文化或美学价值,可供人们进行科学研究和生态旅游,予以特殊保护和管理的湿地区域。湿地按照其生态区位、生态系统功能和生物多样性等重要程度,分为国家重要湿地、地方重要湿地和一般湿地
建设条件	(1)在城市规划区范围内,符合城市湿地资源保护发展规划,用地权属无争议,已按要求划定和公开绿线范围。 (2)湿地生态系统或主体生态功能具有典型性;或者湿地生物多样性丰富;或者湿地生物物种独特;或者湿地面临面积缩小、功能退化、生物多样性减少等威胁,具有保护紧迫性。 (3)湿地面积占公园总面积50%以上	(1)湿地生态系统在全国或者区域范围内具有典型性;或者区域地位重要,湿地主体功能具有示范性;或者湿地生物多样性丰富;或者生物物种独特。 (2)自然景观优美和(或者)具有较高历史文化价值。 (3)具有重要或者特殊科学研究、宣传教育价值。 (4)湿地公园的面积应在20 hm²以上。国家湿地公园中的湿地面积一般应占总面积的60%以上。湿地水质应符合《地表水环境质量标准》(GB 3838—2002)的要求
主要功能	湿地生态保护、生态观光休闲、生态科普教育。其中,湿地生态保护功能是构成其生态系统服务功能的基础;生态观光休闲、生态科普教育也是城市湿地公园的主要功能;发展中还应协调组织内部居民的生产生活活动与公园运营的关系	(1)系统保护功能,强调对湿地公园的生态系统结构、过程与特征、功能和生物多样性进行系统保护,以及对地方历史、湿地和生态文化进行有效保护。 (2)科普宣教功能,为大众传播湿地知识、灌输湿地保护意识。 (3)资源合理利用功能,指在系统保护的前提下,发展绿色生态经济如生态观光、休闲度假等湿地资源合理利用项目
基本原则	城市湿地保护是生态公益事业,应遵循全面保护、生态优先、合理利用、良性发展的基本原则。 (1)城市湿地应纳入城市绿线划定范围。严禁破坏城市湿地水体水系资源。维护生态平衡,保护湿地区域内生物多样性及湿地生态系统结构与功能的完整性、自然性。 (2)通过设立城市湿地公园等形式,实施城市湿地资源全面保护,在不破坏湿地的自然良性演替的前提下,充分发挥湿地的社会效益,满足人民群众休闲和科普教育需求。 (3)城市湿地公园及保护地带的重要地段不得设立开发区、度假区,禁止出租转让湿地资源,禁止建设污染环境、破坏生态的项目和设施,不得从事挖湖采沙、围湖造田、开荒取土等改变地貌和破坏环境、景观的活动	(1)全面保护、科学修复、合理利用、持续发展 国家湿地公园建设应从维护湿地生态系统结构和功能的完整性、保护野生动植物栖息地、防止湿地退化的基本要求出发,通过适度人工干预,保护、修复或重建湿地景观,维护湿地生态过程,展示湿地的自然和人文景观,实现湿地的可持续发展。 (2)统筹规划、合理布局、分步实施 国家湿地公园建设要根据湿地保护和区域经济发展等进行统筹规划;根据湿地的地域特点和保护目标合理布局;国家湿地公园建设可以先易后难,分步实施,分期建设。 (3)突出重点、体现特色、因地制宜 国家湿地公园建设应重点突出湿地景观,保留湿地的生态特征;最大限度维持区域的自然风貌,体现特色;在湿地生态系统服务功能展示和湿地合理利用示范、湿地自然景观和湿地人文景观营造时要因地制宜

	城市湿地公园	湿地公园
主管部门	住房和城乡建设部	国家林业局
规划目标	全面加强城市湿地保护，维护城市湿地生态系统的生态特性和基本功能，最大限度地发挥城市湿地在改善城市生态环境、美化城市、科学研究、科普教育和休闲游乐等方面所具有的生态、环境和社会效益，有效地遏制城市建设中对湿地的不合理利用现象，保证湿地资源的可持续利用，实现人与自然的和谐发展	在对湿地生态系统有效保护的基础上进行示范湿地的保护与合理利用；充分考虑历史、现在和未来的关系，政府支持程度、经济状况等因素；与社会经济技术发展水平和趋势相适应。湿地公园规划期一般为5年。突出湿地保护和恢复、宣传教育与监测，并兼顾合理利用，包括生态体验、生态种养等，实现社会经济的协调发展。开展科普宣传教育，提高公众生态环境保护意识；为公众提供体验自然、享受自然的休闲场所
功能分区	公园应依据基址属性、特征和管理需要科学合理分区，至少包括生态保育区、生态缓冲区及综合服务与管理区。各地也可根据实际情况划分二级功能区。分区应考虑生物栖息地和湿地相关人文单元的完整性。生态缓冲区及综合服务与管理区内的栖息地应根据需要划设合理的禁入区及外围缓冲范围	根据规划区资源特征、分布情况和保护利用方式的不同，为实现规划目标，将湿地公园划分成既相对独立又相互联系的不同区域单元。根据功能不同，湿地公园应划定保育区；根据自然条件和管理需要，可划分恢复重建区、合理利用区，实行分区管理。一般包括湿地保育区、湿地生态功能展示、湿地体验区、服务管理区等区域

　　参考《城市湿地公园规划设计导则》《国家城市湿地公园管理办法》《国家湿地公园管理办法》和《国家湿地公园建设规范》《湿地保护管理规定》《城市湿地公园管理办法》整理而成。

7.6.1.2　城市湿地公园的特征

　　城市湿地公园是保持区域独特性的自然生态系统并使之接近自然状态，维持系统内部不同动植物物种的生态平衡和种群协调发展，并在不破坏湿地生态系统的基础上建设各类附属设施，将生态保护、生态旅游和生态教育功能有机结合，突出主题性、自然性和生态性三大特点。

　　（1）主题性　城市湿地公园带有非常明确的主题，以湿地为中心的休闲观光、生态体验、科普教育等活动形成其核心内容，如湖州长田漾湿地公园（图7-51）。

　　（2）自然性　城市湿地公园内的湿地，无论它是人工湿地、自然湿地或自然与人工复合体的湿地中的哪一种类型，其景观无一例外都是要自然的，原生态的，并因此而形成其独特的吸引力，为人类接触大自然提供良好的场所。

　　（3）生态性　城市湿地公园不同于一般的城市公园，对游人容量的控制特别严格，其目的就是保持其生态系统不受影响，维护其生态性。如杭州西溪国家湿地公园确定其最大游客量为2 000人/日，超过则不再售票（图7-52）。

7.6.1.3　城市湿地公园的功能

　　城市湿地公园是集湿地生态保护、生态观光休闲、生态科普教育、湿地研究等多功能于一体的城市主题公园，下面是其功能的具体概括：

　　1）保护生态环境

　　（1）蓄水防洪、调节径流、削减洪峰、补给地下水　湿地作为一个巨大的蓄水库可以储存雨季的降水，减少下游的洪水量。同时，湿地植被可以减缓水流，从而调节径流和削减洪峰，延迟洪峰的到来。湿地强大的蓄水作用可以补给地下水，使城市湿地的地表水转换为地下水，为城市持续用水提供保障。

　　（2）净化水体　消除污染城市湿地的物理和化学属性，使得湿地具有去除和沉淀湿地水流中的污染物和漂浮物的作用。同时，湿地中的各种微生物作为分解者可以分解有毒物质，从而达到净化水体、降解有毒物质的作用。

　　（3）调节城市区域气候，改善和提高城市环境质量　城市湿地的蒸发作用可以提高城市的空气湿度和保持一定的降雨量，降低城市的热岛效应。同时，湿地的植被可以滞尘、净化空气和降低噪声。

图7-51　湖州长田漾湿地公园
（https://mp.weixin.qq.com）

图7-52　杭州西溪国家湿地公园
（https://mp.weixin.qq.com）

2) 保护和维持城市生物多样性

湿地是生物多样性最为丰富的生态系统,动植物种类繁多。城市湿地物种的多样性有利于城市生物多样性的维持和保护,有利于城市的可持续发展。

(1) 生态观光休闲 城市湿地生态系统有着丰富的动植物资源、优越的生态环境和独特的自然景观,是适于人们休闲游乐和活动交往的场所。近水、亲水是人类的天性,人们都喜欢在有水的地方游览、游憩,湿地景观特性和大面积水域以及良好的生态环境能满足人们游玩的需要。城市湿地有着独特的自然景观,人们游憩其中会带来精神上的愉悦,缓解工作和生活压力。

(2) 生态科普教育 人类文明几乎都发源于江河附近的湿地,同时湿地也是城市选址的最优条件,很多湿地还保留着人类早期活动的遗迹。所以,城市湿地可以作为教学实习、科普和环境保护基地,提高人类对湿地的认识水平和环境保护意识。

(3) 其他功能 城市湿地以其丰富的自然资源和高效的生产力为城市的发展提供物质资料和重要的生态环境基础,具有较强的经济、生态环境和社会文化功能。

7.6.1.4 国内外城市湿地公园发展概况

目前,湿地生态系统的保护与合理利用在国际上受到普遍的重视,有世界自然保护联盟(IUCN)、世界自然基金会(WWF)、湿地国际(WI)等国际性组织,已开展了多方面的湿地研究,并组织了重大合作研究项目。

1987年在加拿大召开的第三届《湿地公约》缔约国大会上通过了湿地合理利用的定义:“合理利用湿地是为了人类的利益而对湿地资源的可持续利用,并能维持生态系统的自然特征。”于1993年在日本钏路召开的《湿地公约》第五次缔约方大会制定、通过了湿地合理利用指南;制定国家湿地政策、法律和法规;制订有关湿地调查、监测、研究、培训、教育和宣传的计划;在湿地区采取行动,包括制订覆盖湿地各个方面的管理计划。湿地作为全球可持续发展战略的重要资源之一,对经济的可持续发展起着重要的支持作用。城市湿地公园作为城市鸟类重要生境之一,应更加重视鸟类栖息地的恢复与营建,以此保护城市鸟类多样性与生态稳定性。例如在北美地区,观鸟已成为湿地一项主要的产业,每年可直接产生经济效益约250亿美元,还可以提供6万个就业机会。观鸟是一种可利用的非消耗性的再生资源,主要依赖湿地生态系统。湿地公园的发展为湿地保护注入了新的活力,也必将推动湿地整体保护事业的更好发展。

我国城市在很早就进行了城市湿地的开发和利用,传统的古典山水园林特别注重水在园林中的应用,“一池三山”“无园不水”,而这些往往是在小尺度上利用城市湿地。在我国古代,大尺度开发和利用城市湿地当数对杭州西湖的利用和开发,把西湖作为景点结合城市的发展进行开发,使得西湖自古到今都是闻名退迩的旅游胜地。

随着人们对湿地生态系统服务功能和价值认识的不断深入,环保意识的加强,特别是我国于1992年加入《湿地公约》后,城市湿地的保护受到人们更多的关注,各个城市开始注意在生态原理指导下合理地利用城市湿地,各类湿地公园应运而生。2005年2月,建设部批准的全国第一个城市湿地公园是山东省荣成市桑沟湾城市湿地公园,这是我国城市湿地保护和利用的一个良好的开端,在全国起到了良好的示范作用,各地也相继建立了各类湿地公园。2022年底,我国的国家城市湿地公园已达901处,基本涵盖了湖泊、河流、沼泽、近海与海岸等自然湿地,以及水库、农田等人工湿地。湿地公园的建立对城市湿地的保护和利用起着积极的作用,有助于遏制城市湿地生态环境的进一步恶化。同时,各个城市也相继出台了一系列方针政策,设立湿地自然保护区,加大对城市湿地的保护和恢复。

7.6.2 城市湿地公园规划设计

7.6.2.1 城市湿地公园规划设计内容与成果

1) 城市湿地公园总体规划内容

城市湿地公园总体规划包括以下主要内容:根据湿地区域的自然资源、经济社会条件和湿地公园用地的现状,确定总体规划的指导思想和基本原则;划定公园范围和功能分区;确定保护对象与保护措施;测定环境容量和游人容量;规划游览方式、游览路线和科普、游览活动内容;确定管理、服务和科学工作设施规模等内容;提出湿地保护与功能的恢复和增强、科研工作与科普教育、湿地管理与机构建设等方面的措施和建议。

2) 城市湿地公园总体规划成果

城市湿地公园总体规划成果应包含以下主要内容:

① 城市湿地公园及其影响区域的基础资料汇编;

② 城市湿地公园规划说明书;

③ 城市湿地公园规划图纸;

④ 相关影响分析与规划专题报告。

7.6.2.2 城市湿地公园资源调查与评价

城市湿地公园基础资料调研在一般性城市公园规划设计调研内容的基础上,应着重于地形地貌、水文地质、土壤类型、气候条件、水资源总量、动植物资源等自然状况,城市经济与人口发展、土地利用、科研能力、管理水平等社会状况,以及湿地的演替、水体水质、污染物来源等环境状况方面。

1) 地形调查

收集规划区域的地形图,对照图纸明确规划范围内的地形特征。

2) 水质调查

请有关部门协助调查规划区域内水系的水质,应明确其物质的分布与特性。一般要调查的项目包括:pH 值、BOD(生物化学性需氧量)、COD(化学性需氧量)、SS(悬浊物的悬浮物含量)、TN(总氮含量)、TP(总磷含量)、大肠杆菌群的个数等。

3) 土地利用现状调查

根据现状图绘制,结合实地调查、空中照片对比例尺 1/5 000－1/10 000 的土地使用现状图进行修正。

4) 植被调查

对被调查地区的植被情况进行调查。在被调查的地区内,从植物生长环境特性的角度出发对其相关事项进行考察,调查的范围为被调查地区及方圆 1 km 的范围内,并根据实际调查绘制植被图,肉眼观察是否有构成被调查地区植物生态特征的主要植物物种的生长,并绘制由优势种构成的群落区分图。对那些不能进行实地考察的地区,应充分利用高空照片、地形图及已有的植被图等信息及分析结果,对与地形及植被相关的植物的各种生长环境进行预测后绘制。同时,还要进行典型植被群落的调查。运用植物社会学原理和植被调查法,对由植被图所显示的典型性植被群落进行植被的高度、层次结构,出现物种的数量、组成、形成的地理条件等方面的调查。在对群落进行识别、界定的同时,对群落组成表、群落特性进行调查。

5) 动物生态调查

分别对被调查地区的不同动物生态进行调查,并绘制每一种动物的清单及确认的地点(调查地点图),对动物生态的概要进行归纳,主要是哺乳类、鸟类、鱼类、昆虫类等动物。

6) 资源评估

资源评估常用的评价指标有:

① 生息动物的种数;

② 有无鸟类(猛禽类、水鸟)的生息及其状况;

③ 有无哺乳类的生息及其状况;

④ 有无爬行类的生息及其状况;

⑤ 有无两栖类的生息及其状况;

⑥ 有无树林及其状况;

⑦ 有无重要的湿性植物及其状况。

7.6.2.3　城市湿地公园规划设计的目标

全面加强城市湿地保护,维护城市湿地生态系统的生态特性和基本功能,最大限度地发挥城市湿地在改善城市生态环境、美化城市、科学研究、科普教育和休闲游乐等方面所具有的生态、环境和社会效益,有效地遏制城市建设中对湿地的不合理利用现象,保证湿地资源的可持续利用,实现人与自然的和谐发展。

城市湿地公园是一种保护湿地资源、生态、环境与可持续发展的积极的管理措施和模式,也是一个完整的湿地生态系统。在规划设计中要求达到以下目标:

(1) 有效保护迁徙水鸟及其栖息地;

(2) 切实保护湿地整体环境并可持续利用;

(3) 提升使用者环境体验和发挥寓教于景的作用;

(4) 城市湿地与绿化、农田功能互补;

(5) 保护并促进湿地管理产业化经营;

(6) 成为湿地研究的重要基地或科研中心。

7.6.2.4　城市湿地公园设计原则

城市湿地公园的规划设计应遵循系统保护、合理利用与协调建设相结合的原则。在系统保护城市湿地生态系统的完整性和发挥环境效益的同时,合理利用城市湿地具有的各种资源,充分发挥其经济效益、社会效益,以及在美化城市环境中的作用。

1) 系统保护的原则

(1) 保护湿地的生物多样性　为各种湿地生物提供最大的生息空间;营造适宜生物多样性发展的环境空间,对生境的改变应控制在最小的限度和范围;提高城市湿地生物物种的多样性,并防止外来物种的入侵造成灾害。

(2) 保护湿地生态系统的连贯性　保持城市湿地与周边自然环境的连续性;保证湿地生物生态廊道的畅通,确保成为动物的避难场所;避免人工设施的大范围覆盖;确保湿地的透水性,寻求有机物的良性循环。

(3) 保护湿地环境的完整性　保持湿地水域环境和陆域环境的完整性,避免湿地环境的过度分割而造成的环境退化;保护湿地生态的循环体系和缓冲保护地带,避免城市发展对湿地环境的过度干扰。

(4) 保持湿地资源的稳定性　保持湿地水体、生物、矿物等各种资源的平衡与稳定,避免各种资源的贫瘠化,确保城市湿地公园的可持续发展。

2) 合理利用的原则

① 合理利用湿地动植物的经济价值和观赏价值;

② 合理利用湿地提供的水资源、生物资源和矿物资源;

③ 合理利用湿地开展休闲与游览活动;

④ 合理利用湿地开展科研与科普活动。

3) 协调建设原则

① 城市湿地公园的整体风貌应与湿地特征相协调,体现自然野趣;

② 建筑风格应与城市湿地公园的整体风貌相协调,体现地域特征;

③ 公园建设优先采用有利于保护湿地环境的生态化材料和工艺;

④ 严格限定湿地公园中各类管理服务设施的数量、规模与位置。

7.6.2.5 功能分区与景观要素

1) 功能分区

城市湿地公园一般应包括湿地保护区、湿地展示区、游览活动区和管理服务区等区域。

（1）湿地保护区　针对重要湿地或湿地生态系统较为完整、生物多样性丰富的区域，应设置为保护区。在湿地保护区内，可以针对珍稀物种的繁殖地及原产地设置禁入区，针对候鸟及繁殖期的鸟类活动区应设立临时性的禁入区。此外，考虑生物的生息空间及活动范围，应在保护区外围划定适当的非人工干涉圈，以充分保障生物的生息场所。保护区内只允许开展各项湿地科学研究、保护与观察工作。可根据需要设置一些小型设施，为各种生物提供栖息场所和迁徙通道。本区内所有人工设施应以确保原有生态系统的完整性和最小干扰为前提。

（2）湿地展示区　在保护区外围建立湿地展示区，重点展示湿地生态系统、生物多样性和湿地自然景观，开展湿地科普宣传和教育活动。对于湿地生态系统和湿地形态相对缺失的区域，应加强湿地生态系统的保育和恢复工作。

（3）游览活动区　可将湿地中敏感度相对较低的区域划为游览活动区，开展以湿地为主体的休闲、游览活动。游览活动区内可以规划适宜的游览方式和活动内容，安排适度的游憩设施，避免游览活动对湿地生态环境造成破坏。同时，应加强游人的安全保护工作，防止发生意外。

（4）管理服务区　在湿地生态系统敏感度相对较低的区域设置管理服务区，尽量减少对湿地整体环境的干扰和破坏。

在比较成功的湿地公园建设实践过程中，合理的功能分区对公园内部的良好运行起着重要作用，这方面具有比较典型意义的案例有伦敦湿地公园（图 7-53）。伦敦湿地中心（London Wetland Center）是世界上第一个建在大都市中心的湿地公园，离市中心 5 km，位于伦敦市西南部泰晤士河围绕着的一个半岛状地带。湿地公园共占地 42.5 hm^2，公园西、南两侧各临一条城市主干道，公园外围设有足够的泊车位，所以旅游者能非常方便地自行驾车前往。

按照物种栖息特点和水文特点，湿地公园被划分为 6 个清晰的栖息地和水文区域，其中包括 3 个开放水域：蓄水潟湖、主湖、保护性潟湖，以及 1 个芦苇沼泽地、1 个季节性浸水牧草区域和 1 个泥地区域。这 6 个水域之间相互独立又彼此联系，在总体布局上以主湖水域为中心，其余水域和陆地围绕其错落分布，构成公园的多种湿地地貌。此公园的湿地展示区、游览活动区和管理服务区位于公园的南面和西面，提供各种娱乐游憩活动场地，与外界交通有较好衔接，便于公园日常管理，同时对保护区起到良好的缓冲作用。

2) 城市湿地公园景观的构成要素

（1）水　水作为城市湿地景观特定的造景要素之一，自身独具的物质属性和精神属性依然是景观表达的主要方面。在城市湿地景观中，着重强调水在一个特定的功能体系下的自我修复和维持。

（2）驳岸　驳岸是水域和陆域的交界线，相对而言也是陆域的最前沿。驳岸设计的好坏决定了滨水区能否成为吸引游人的空间；并且作为城市中的生态敏感带，驳岸的处理对于滨水区的生态也有非常重要的影响。

（3）植物　植物要素是湿地景观的一个重要组成部分，它具有景观和功能的双重属性。作为主要的造景要素，植物自身具有优美的形态，同时还可以通过不同的组合利用方式形成美丽的群落景观，在不同的物候期表现出季相美（图 7-54）。湿地景观中的植物类型主要是水生植物和湿生植物。

（4）通道　城市湿地景观中的通道主要是为满足人的使用需求（诸如观赏、参与等）而纳入其中的。通道包括

图 7-53　伦敦湿地公园平面图
（https://mp.weixin.qq.com）

图 7-54　湿地植物季相美
（https://mp.weixin.qq.com）

各种材质和形式,在满足功能要求的前提下,注重其形式美和与周边环境的统一协调。

(5)动物　城市湿地景观中的动物要素是指适合水生和湿生环境的各种脊椎和无脊椎动物(图7-55)。动物是一个完善的湿地生物群落的重要组成部分,对于发挥城市湿地景观的功能效益具有重要作用,还因其具有活动能力,为景观增添了一种动态美。

图 7-55　湿地中的动物
(https://k.sina.com.cn)

7.6.2.6　交通组织

1) 道路系统

① 规划建设必须以不破坏原有风貌和生态系统为前提。

② 道路交通规划不仅要满足交通功能,更要根据游览需要和游人心理,形成安全、舒适的交通环境,增加沿途旅游风光,使游客能观赏到较好的景致。

③ 尽量利用现状,形成适宜的交通体系,使对外公路、内部公路及游览步行道功能明确,联系便捷。

④ 在材料选择上,优先使用对湿地环境影响较小的乡土材料。

2) 游览方式

在不破坏城市湿地自然特性和自然演替的条件下,城市湿地公园可在水上或陆地采取多种游览方式,如乘坐游船、竹排、电瓶车、动物车等,要对游览方式所需的工程技术措施进行生态化处理。

7.6.2.7　环境容量控制

环境容量是指在不破坏城市湿地自然特性和自然演替条件下城市湿地公园可以容纳的游人数量。为确保城市湿地公园游人数量不超过生态环境的承受能力,确保游客有一个安全、舒适的游览环境,避免拥挤、混乱等情况,同时为城市湿地公园的内外交通、给排水、电力电信、服务供应等规划设计与建设提供充足的依据,需对湿地公园进行游人容量测算。

为科学预测游人容量,规划时应考虑不同湿地公园的资源特点,因地制宜地采用不同的方法来测算,例如下渚湖湿地公园以湿地生态保育为前提,只进行适度保护性开发,并通过控制游船的数量、规格、游览时间来限制游人量,从而达到保护湿地的目的。

湿地公园的游人容量主要取决于区内水体的生态环境容量。生态环境容量是指在一定时间内,旅游地域的自然生态环境不致退化的前提下,景区所能容纳的活动量。其大小取决于旅游地自然生态环境净化与吸收污染物的能力,以及一定时间内每个游客所产生的污染物量。此外,其还与区域内生物对人类活动的敏感度有关。一般包括水体环境容量、大气环境容量、固体垃圾环境容量、生物环境容量四个部分。生态环境容量 Q_e 计算模式为 $Q_e = \text{Min}\{$水体环境容量、大气环境容量、固体垃圾环境容量、生物环境容量$\}$。一般来说,在水体环境容量、大气环境容量、固体垃圾环境容量、生物环境容量中,景区的水体、大气和固体垃圾环境容量不会成为生态环境容量的限制因子,而主要取决于其生物环境容量。生物环境容量是指,在旅游活动对区内鸟类、水生生物不产生显著影响的条件下所能容纳的旅游人数。生物环境容量的计算可采用:

$$Q_v = \frac{\text{水体可供}}{\text{游览面积}} \times \frac{\text{船均载客量}}{\text{船均生物影响承受标准面积}}$$

例如:下渚湖湿地公园水体总面积为126万 m^2,设水体可用于游览的比例为30%,船均载客量20人,船均生物影响承受标准面积按2 500 m^2 计算,则该景区生物环境容量为

$$Q_v = (126 \times 10^4)\,m^2 \times 30\% \times \frac{20\,人}{2\,500\,m^2} = 3\,024\,人$$

此外,规划能从陆路进入该湿地公园的游览道路面积约为17 240 m^2。若按10 m^2/人计算,日游人容量为17 240 $m^2 \div 10\,m^2$/人=1 724人。

因此,该湿地公园日游人容量即为3 024人+1 724人=4 748人。若全年宜游天数为270天,则年游人容量约为128万人。

7.7　森林公园

7.7.1　森林公园概述

7.7.1.1　森林公园的定义

森林公园是指具有一定规模和质量的森林旅游资源及良好的环境条件和开发条件,以保护森林生态系统为前提,以适度开发利用森林景观资源获得社会、经济、生态效

益为宗旨,并按法定程序申报批准的开展森林旅游的特定地域。

7.7.1.2 森林公园的发展历程

我国自古就有建立林苑、围场、禁林等的传统,这些林地在一定程度上具备了森林公园的部分特征和功能。新中国成立前,一些地方曾经兴起设立森林公园,如陕西的南山、骊山森林公园等,基本具备了森林公园的雏形。新中国成立后,森林公园得以真正发展。1960 年,周恩来总理考察贵州时提出在贵阳图云关林场建立森林公园。直到改革开放后,我国的森林公园发展才开始正式兴起,先后经历了探索发展(1982—1991 年)、基础建设(1992—2000 年)、提质增效(2001—2010 年)、全面发展(2011—2018 年)和转型升级(2019 年至今)5 个阶段。

40 年来,我国森林公园建设与发展取得瞩目成就。各地采取多种措施,不断加强森林公园保护管理力度,促进了森林公园的规范化建设和发展。2019 年,全国森林公园游客量突破 10 亿人次,占全国森林旅游人数的 55.6%,是我国依托自然资源开展旅游活动的主要阵地。

7.7.1.3 森林公园的功能

(1)生态环境功能 在一定的区域范围内,通过森林公园的模式,可以起到一定程度的保护资源的作用。放眼于整个大环境中,这些分散的森林公园又可彼此成为依托,形成由点到面的整体性生态环境效益,所起的作用是不可估量的。森林公园一般规模较大,主体为林,它所具备的净化空气、降尘减噪、涵养水土、改善城市小气候等功能无可替代。

(2)科普教育功能 对于普通民众而言,走进森林公园进行观赏游憩的同时也是一个了解和学习林业知识的过程。通过指示牌、广播、宣传栏等形式,结合草木、花卉、鸟类、昆虫、地质等方面,为大众宣讲自然科学知识,提升社会整体的自然常识水平。这里可以设置观测站、提供调研场地和实物,利用森林资源来实现丰富科学理论的研究目的,拓展人类对自然的认识,共建热爱自然的氛围。

(3)经济功能 森林公园也具备巨大的经济功能,参与其中的或者与之相关的行业、行为人甚至子孙后代都能够直接或间接地从中获益。森林公园中的一些植物具有很高的研究价值,或可作为药材、植物的种植资源、新品种开发的亲本等,将它们引入科研和经济领域中加以研究和生产能够取得良好的经济效益。在森林公园周边的乡镇和企业也可参与到相关产业的工作中,比如提供餐饮、住宿、农家乐服务和进行旅游特色商品的生产等。

(4)游憩功能 当森林以森林公园的形式被利用起来,它便开始具有了游憩的功能。游客是这一功能得以实

现的载体。当游人步入森林公园,就能够以摄影、探险、攀岩、漂流、采摘等多种游憩形式加深对森林的接触和了解,从而收获美好的体验和愉悦的心情。

(5)美学功能 森林公园可以体现丰富的景观美学,其景观是多时空、多层次、多方面的。绿树掩映着山水、自然色彩的互补与交融、四季景观的变幻都是人为建造景观无法超越的。同时,森林本身作为一座城市的大背景,有起伏的天际线、远近变化的视距感,像一块画布上的底色,会起到良好的缓冲与调节作用。

7.7.1.4 森林公园的分类

出于不同目的,对森林公园可以有不同的分类标准和方案。我国学者按功能、质量等级、区位、景观、林分特征等各种指标对森林公园进行了不同角度的划分。为突出优势资源方便游客选择旅游目的地,可以从地貌景观类型角度将森林公园分为以下 10 个基本类型:

(1)山岳型森林公园 以奇峰怪石等山体景观为主的森林公园,如湖南张家界、山东泰山、安徽黄山、陕西太白国家森林公园等(图 7-56)。

图 7-56 山东泰山
(https://699pic.com)

(2)江湖型森林公园 以江河、湖泊等水体景观为主的森林公园,如浙江千岛湖、河南南湾国家森林公园等(图 7-57)。

图 7-57 浙江千岛湖
(https://699pic.com)

(3)海岸—岛屿型森林公园 以海岸、岛屿风光为主的森林公园,如日照海滨国家森林公园、福建平潭海岛、河

北秦皇岛海滨国家森林公园等(图7-58)。

(4)沙漠型森林公园　以沙地、沙漠景观为主的森林公园,如甘肃阳关沙漠、陕西定边沙地国家森林公园等。

(5)火山型森林公园　以火山遗迹为主的森林公园,如黑龙江火山口、内蒙古阿尔山国家森林公园等(图7-59)。

(6)冰川型森林公园　以冰川景观为特色的森林公园,如四川海螺沟国家森林公园等(图7-60)。

图 7-58　福建平潭岛
(https://699pic.com)

图 7-59　内蒙古阿尔山国家森林公园
(https://699pic.com)

图 7-60　四川海螺沟国家森林公园
(https://699pic.com)

(7)洞穴型森林公园　以溶洞或岩洞型景观为特色的森林公园,如江西灵岩洞、浙江双龙洞国家森林公园等。

(8)草原型森林公园　以草原景观为主的森林公园,如河北木兰围场、内蒙古黄岗梁国家森林公园等(图7-61)。

图 7-61　河北木兰围场
(https://699pic.com)

(9)瀑布型森林公园　以瀑布风光为特色的森林公园,如福建旗山国家森林公园等。

(10)温泉型森林公园　以温泉为特色的森林公园,如广西龙胜温泉、海南蓝洋温泉国家森林公园等。

7.7.2　森林公园规划设计

7.7.2.1　分区

森林公园的功能分区应根据其性质和功能发展需求划分,主要包括核心景观区、一般游憩区、管理服务区和生态保育区,各区的功能划分应参照下列规定:

(1)核心景观区　应进行严格保护,除必要的保护、解说、游览、休息和安全、环卫、景区管理等设施外,不得设计住宿、餐饮、购物、娱乐等设施。

(2)一般游憩区　应包括游览、游乐区、野营区、休(疗)养区、接待服务区等,具体功能设置如下:

① 游览区是游客游览观光的区域,可建设景区、景点;在不降低景观质量的条件下,可根据需要设置服务与游憩设施。

② 对于距城市50 km内的近郊森林公园或交通极为方便的森林公园,在条件允许的情况下,需建设大型游乐与体育活动项目时,可单独划分游乐区。

③ 野营区应为游客野营、露宿、野炊等活动提供必要的服务设施。

④ 休(疗)养区应为游客较长时期的休憩疗养提供必要的服务设施。

⑤ 接待服务区应相对集中建设餐饮、住宿、购物、娱乐、医疗等接待服务项目及其配套设施。

(3)管理服务区　应包括行政管理区和居民生活区:

① 行政管理区应建设管理用房、游客中心、停车场、仓库等设施。

② 居民生活区应建设森林公园职工及森林公园境内

居民的住宅及其配套设施。

（4）生态保育区 应以涵养水源、保持水土、维护森林公园景观和生态环境为主要功能，并应能满足生物多样性保护的需要，不应对游客开放。

7.7.2.2 景点设计

景点设计内容应包括景点平面布置、景点主题与特色，以及景点内各种景物和建筑设施及其占地面积、体量、风格、色彩、材料及建设标准等。景点布局应参考以下几个方面：

① 应突出森林公园主题，从森林公园整体到局部均应围绕森林公园主题安排。

② 景区内应突出主要景点，并应运用烘托与陪衬等手段安排背景与配景。

③ 静态空间布局与动态序列布局应紧密结合，并处理好动静之间的关系。

④ 新设景点应以自然景观为主，并应以人文景观作必需点缀。除特殊功能需要外，景区内不得设置大型人造景点。确需设置时，不应破坏自然景观，并应与自然景观相协调。

7.7.2.3 游览设计

游览方式设计应利用各类交通设施和地形、地势等自然地理条件，充分体现景点特色，并应紧密结合游览功能需要，因地制宜、统筹安排。具体游览方式如下：

① 陆游应为步行或利用必要的代步工具进行游览。

② 水游应为利用自然或人工水体进行游览。

③ 空游应为乘直升机、滑翔机、热气球、缆车等开展空中游览。空游设施选址应以不降低景观质量和有利于资源保护为原则。

④ 地下游览应利用溶洞或人防工事等进行游览。当利用人防工事进行游览时，应取得相关主管部门的同意。

⑤ 各种游览方式的设计应采取严格保护人员安全的措施。

7.7.2.4 园路设计

森林公园道路应包括干线、支线和人行道，并应符合下列规定：

① 外部干线应按相应的国家公路等级设计。内部干线路基宽度应按 7.0～10.0 m 设计，其纵坡坡度不得大于 9%，平曲线最小半径不得小于 30 m。

② 支线路基宽度应按 5.0～7.0 m 设计，其纵坡坡度不得大于 13%，平曲线最小半径不得小于 15 m。

③ 人行道可根据自然地势设置自然道路或人工修筑阶梯式道路。人行道宽度应按 1.0～3.0 m 设计。阶梯宽度不宜小于 0.3 m，高度宜为 0.12～0.19 m；不设阶梯的人行道纵坡坡度宜小于 18%。

7.7.2.5 植物景观设计

① 植物景观设计应以森林景观为主体，并应包括主景、配景和衬景设计。

② 森林植物景观应以现有森林植被为基础，按景观需要，结合造林（种草、种花）、封育、改造和抚育等措施进行设计；应保持森林植被原始状态，不应大砍大造。

③ 对于森林公园内尚存的宜林地，应结合景观需要进行人工植物造景。

④ 对于生长不良且无景观价值的残次林或由于景观单调而确实需要调整的林分，应进行改造。改造后的景观应突出特色，并与总体相协调。

⑤ 建（构）筑物周围和道路两侧应根据功能需要，在借助森林自然景观配景、衬景的同时，采用园艺手法因地因景制宜进行创意设计。

⑥ 植物景观设计应突出植物区系的地带性植物群落特色，并利用森林植物群落结构及林相特色和植物干、花、叶、果等形态、色彩和芳香，形成不同结构景观与季相景观。

⑦ 植物景观布局应以景区为重点并应点、线、面相结合，突出局部特色和多样性，总体上应合理搭配、相互协调（《国家森林公园设计规范》GB/T 51046—2014）。

7.8 儿童公园

7.8.1 儿童公园概述

7.8.1.1 相关概念

儿童公园是指单独设置的，为少年儿童提供游戏场所及开展科普、文化活动，有安全、完善设施的公园。应注意附属于公园绿地中的儿童活动场地不属于儿童公园。

儿童游戏场的出现，最早可以追溯到 18 世纪中期专为儿童设计的活动场地。1887 年，纽约市通过立法"建造含有儿童游戏场地设备的小型公园"，儿童公园开始作为独立的概念。我国儿童公园建设起步较晚。1950 年代，为了满足儿童游玩需求，我国陆续开始建造儿童公园。1980 年代，我国经济快速发展，公园建设重新起步，为满足市民生活需求，儿童公园数量激增。1993 年施行的《公园设计规范》（CJJ 48—92）将儿童公园纳入城市公园体系，此后，国内儿童公园建设稳步推进。当前，儿童公园的设计已经成为常态，在城市公园中占有很大的比重，并且得到高度重视。

儿童公园的任务主要有如下五点：

（1）娱乐放松 喜爱游戏是儿童的天性，游乐设备灵活多变,让儿童根据兴趣爱好选择自己喜欢的项目,充分释放孩子的天性,提升孩子的幸福感、愉悦感。

(2)强身健体 通过不同功能的游乐设施引导儿童做出相应的行为动作,如攀爬、跑跳、滑行等,激发人体机能,使孩子的身体得到锻炼,提升身体综合素质,达到强健体魄的目的。

(3)提供接触自然的机会 儿童公园可以为儿童提供与自然界经常接触的机会,指引他们感受生命与活力、感受大自然的魅力,从而激发他们探索世界的激情和对生命的热爱。

(4)引导社会行为 一方面培养儿童独立性,减少儿童对家长的依赖,培养其勇敢坚韧的个性。另一方面是培养群体意识和交往的积极性,为儿童提供相互交往的空间,让年纪相仿的孩子共同参与到游戏之中,减少年龄、性别的排他性。

(5)激发想象力和创造力 借助孩子们对新奇、陌生事物的兴趣,开发和提高儿童的学习能力、思考能力、动手能力、创新能力。

7.8.1.2 儿童公园的类型

儿童公园根据其规模、内容和我国城市建设的具体情况,主要分为三种类型。

1)综合性儿童公园

这种类型的儿童公园为全市少年儿童服务,一般宜设于城市中心交通方便的地段,面积较大,可在几十公顷甚至100公顷以上。综合性儿童公园的范围和面积在市级公园和区级公园之间,内容可包括文化教育、科普宣传等。其中必要的建筑物和设施包括:科学宫、演讲厅、体育场、游泳池等。

2)特色性儿童公园

强化或突出某项活动内容,并组成较完整的系统,形成某一特色的儿童公园。例如,哈尔滨儿童公园内的儿童小火车设施独具特色。新中国第一条儿童铁路线的正式通车,体现哈尔滨与莫斯科铁路的历史渊源,曾接待国家元首,承担了中外文化交流的任务。这类特色性儿童公园考虑到儿童的年龄特点,为他们提供了亲近自然、拓宽视野的机会,并使其在参与这些活动的过程中,加强对这些领域专业知识的兴趣(图7-62)。

3)一般性儿童公园

这类儿童公园主要为区域少年儿童服务,活动内容可不求全面,在规划中可以因地制宜,根据具体条件而有所侧重,但其主要内容仍然是体育、娱乐。这类儿童公园在其服务范围内,具有大小酌情、便于服务、投资随意、可繁可简、管理简单等特点。

7.8.2 儿童公园规划设计

7.8.2.1 设计思想

第一,健康、安全是儿童公园设计的最基本要求。少年儿童正处于成长时期,在儿童公园中将得到美的享受、智的熏陶、体的锻炼。

第二,应明确儿童公园的主题。儿童公园的主题是其整体规划构思的主线与脉络,是体现儿童公园独特性与吸引力的根本所在。根据儿童游戏类型、内容和特征,可将儿童公园主题概括为感知主题、扮演主题、活力运动主题、创造性主题、规则性主题、探险主题、学习实践主题等。扮演主题如加拿大保罗·科菲公园城堡游乐场,其设计灵感来自无数的经典儿童故事,讲述城堡、公主、无畏的骑士和喷火的巨龙(图7-63)。

第三,儿童公园的氛围设计应注意创造热烈、激动、明朗、振作向上的气氛。多采用黄色、橙色、红色、天蓝色、绿色等鲜艳的色彩,如美国山湖公园游乐场彩色橡胶铺面(图7-64)。

图7-62 哈尔滨儿童公园小火车
(https://www.my399.com)

图7-63 加拿大保罗·科菲公园扮演主题
(https://www.mt-toy.com)

图 7-64 美国山湖公园游乐场彩色橡胶铺面
(http://www.ua48.com)

7.8.2.2 选址

从选址上来说,首先,儿童公园的用地应选择日照、通风、排水良好的地段。要考虑保护儿童公园不受城市水体和气体的污染以及城市噪声的干扰,保证儿童公园有良好的生态环境和活动空间。儿童公园的用地应选择良好的自然环境,绿化用地一般要求占 65% 以上,绿化覆盖率宜占全园的 70% 以上。

选址还要考虑交通条件,使家长和儿童能安全、顺畅、便捷地抵达。从合理布点考虑,较完备的儿童公园不宜选择在已有儿童活动场的综合性公园附近,以免浪费资金。例如杭州花港观鱼公园,由于附近已建有杭州儿童公园,所以在公园规划中不再考虑设计儿童活动的项目。

7.8.2.3 功能分区

儿童公园应设置出入口区、游乐区、游览观赏区、安静

休息区、园务管理区。

1)出入口区

出入口区应根据游客量合理设置主、次入口。同时,应尽可能与城市公共交通、城市绿道接驳,提高儿童公园可达性。

2)游乐区

儿童公园的服务对象主要为幼儿、学龄儿童、青少年和陪游的家长。作为主要游人的幼儿、学龄儿童和青少年,由于年龄段的不同,在生理、心理、体力上各有特点,因此,必须根据年龄阶段、安全系数设计情况而划分不同的活动区域(表 7-11)。

(1)幼儿游戏场 这类游戏场的设施有供游戏使用的小房子和供家长等休息使用的休息亭、廊等。幼儿游戏场周围常用绿篱或彩色矮墙。一般活动场地呈口袋形,出入口尽量少些。该区的活动器械宜光滑、简洁,尽可能做成圆角,避免碰伤。

表 7-11 不同年龄组的游戏行为

游戏形态	游戏种类	结伙游戏	组群内的游戏		
			游戏范围	自立度 (有无同伴)	攀、登、爬
<1.5 岁	椅子、沙坑、草坪、广场	单独玩耍,或与成年人在住宅附近玩耍	必须有保护者陪伴	不能自立	不能
1.5~3.5 岁	沙坑、广场、草坪、椅子等静的游戏,固定游戏器械玩的儿童多	单独玩耍,偶尔和别的孩子一起玩耍,和熟悉的人在住宅附近玩耍	在住地附近亲人能照顾到	在分散游戏场有半数可自立,在集中游戏场可自立	不能
3.5~5.5 岁	经常玩秋千,喜欢变化多样的器具,4岁后玩沙的时间较多	参加结伴游戏,同伴人逐渐增多(往往是邻居孩子)	游戏中心在住房周围	分散游戏场可以自立,集中游戏场完全能自立	部分能
小学一、二年级儿童	开始出现性别差异,女孩利用器具玩,男孩以捉迷藏为主	同伴人多,有邻居、同学、朋友,成分逐渐多样,结伴游戏较多	可在远离住房处玩耍	有一定自立能力	能
小学三、四年级儿童	女孩利用器具玩耍的较多,例如跳橡皮筋、跳房子等;男孩喜欢运动性强的游戏	同伴人多,有邻居、同学、朋友,成分逐渐多样,结伴游戏较多	以同伴为中心玩,会选择游戏场地及游戏品种	能自立	完全能

(唐学山等,1997)

有些幼儿游戏场设在沙地里,以免幼儿摔伤。

(2)学龄儿童活动区 该区的服务对象主要为小学一、二年级儿童。一般的设施包括:螺旋滑梯、秋千、攀登架等。此外,还要有供开展集体活动的场地及水上活动的涉水池、障碍活动区。有条件的地方还可以设置室内活动的少年之家、科普展览室等。例如,澳大利亚布莱克思兰德河滨儿童公园尽可能地利用了现有地形,设计了隧道滑梯、争夺墙、转轮、多层次树屋等设施,为儿童提供多样的活动和挑战(图7-65)。

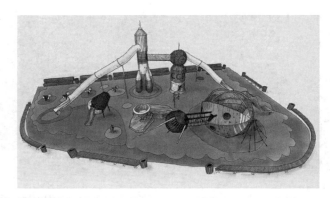

图7-65 澳大利亚布莱克思兰德河滨儿童乐园活动设施
(https://zhuanlan.zhihu.com)

图7-66 莫斯科宇宙儿童游乐场航天元素
(https://www.mt-toy.com)

(3)青少年活动区 小学四年级至初中低年级学生,在体力和知识方面都要求设施的布置更有思想性,活动的难度更大一些。例如开设少年宫,培养青少年音乐、绘画、文学、书法、电子、地质、气象等方面的兴趣,积累基础知识,将对他们未来的学习、生活起到重要作用。例如莫斯科宇宙儿童游乐场,游乐场上最大的元素是1960年代设计的苏联运载火箭。孩子们可以先在博物馆里了解火箭的相关知识,然后在游乐场中体验在火箭上的攀爬乐趣(图7-66)。

3)游览观赏区

除一般的具有游憩功能的区域外,游览观赏区内还可设置科学活动区、体育运动区、生态体验区等具有趣味互动和自然教育功能的区域。

(1)科学活动区 主要用于扩大儿童知识领域,增强其求知欲和对书籍的热爱;同时结合电影厅、演讲厅、音乐厅、游艺厅的节目安排,达到寓教于乐,培养儿童的集体主义观念。如美国得州奥斯汀思想家乐园,基于儿童充满好奇的天性,设计出带有建筑景观的创新者工作室、火箭发射器等空间(图7-67)。

(2)体育运动区 青少年儿童正值成长发育阶段,所以在儿童公园中体育活动区是十分重要的活动场所。在

图7-67 美国得州奥斯汀思想家乐园益智空间
(http://www.retourism-cn.com)

公园的环境中开展体育活动有着优雅和舒适的感觉。

体育活动场地包括:健身房、运动场、游泳池、各类球场(篮球场、排球场、网球场、棒球场、羽毛球场等)等。

(3)生态体验区 一是满足儿童亲近自然的心理,让天真烂漫的儿童回到山坡,回到水边,躺到草地上,聆听着鸟语,细闻着花香。二是从小培养孩子爱护自然、保护自然的行为意识。如深圳坪山儿童公园,南依马峦山风景区,社区生活成熟,打造"山水相依""寄教于乐""林溪探险""创意生境"的自然主题游乐公园,传达自然生态、自然游乐、自然教育理念(图7-68)。

图7-68 坪山儿童公园自然课堂
(https://mooool.com)

4) 安静休息区

一般儿童公园内的游戏和活动广场多建在开阔的地段上。注意创造庇荫环境,供儿童和陪游家长休息。

5) 办公管理区

为搞好儿童公园的服务工作,必须建立完善的办公管理系统。管理工作包括园内卫生、服务、急救、保安工作。

7.8.2.4 园路

儿童公园的道路规划要求主次道路系统明确,尤其主路能起到辨别方向、寻找活动场所的作用,最好在道路交叉处设图牌标示。主路、次路的路面应尽量平整,不应有影响通行舒适度的凹凸和缝隙。

同时,应注意园路与园区设施的关系。例如,有观光车的公园应设置观光车专用线路;有大型游乐设施的公园,主路须满足大型消防高空救援车等大型设备进入的条件。

7.8.2.5 植物配置

儿童公园的种植设计是规划的重要组成部分,也是创造良好自然环境的重要措施之一。

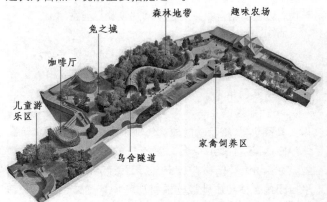

（1）林地与草地　密林与草地将提供良好的遮阳以及集体活动的环境。草坪和疏林草地面积占绿地面积的比例不宜小于20%。创造森林模拟景观和森林小屋、森林浴、森林游憩等设施,从已建成的儿童公园建设经验中得到肯定。

（2）花坛、花地与生物角　一般在长江以南的儿童公园中尽可能做到四季鲜花不断,在草坪中栽植成片的花丛、花坛、花境,尽可能实现鲜花盛开、绿草如茵。

有条件的儿童公园可以规划出一块植物角,以欣赏植物的花、叶或香味,也可多种植吸引鸟类、蝶类等动物的植物类群。儿童常经过的区域应挂植物标识牌,介绍植物中文名、学名、科属、生长习性、用途等知识。如莫斯科萌宠儿童乐园,将儿童、成年人、动物置于平等地位,使孩子们可以学习并模仿动物的自然栖息生活(图7-69)。

（3）特殊植物　儿童公园种植设计禁忌忌用有刺激性、有异味或引起过敏性反应的植物,有毒植物、有刺植物,给人体呼吸道带来不良反应的植物、有病虫害及结浆果的植物。总之,上述各种对儿童的身体造成威胁或损害的植物不得在儿童公园中种植,以避免发生意外事故。

（4）种植形式　儿童活动区域内应种植不影响儿童游玩的乔、灌木,并采用通透式种植,便于成人照顾儿童。

7.8.2.6 活动设施和器械

儿童公园内场地、活动设施和器械的配置主要考虑以下问题:

1) 儿童游戏场地、设施、器械与儿童身高的关系

幼儿期(1～3周岁),儿童身高75～90 cm;学龄前期(4～6周岁),儿童身高95～105 cm;学龄期(7～14周岁),儿童身高110～145 cm。要根据儿童身高,考虑儿童的动作与器械的尺度关系,如方格形攀登架的格子间隔:幼儿为45 cm,学龄前儿童为50～60 cm,管径以2 cm为宜。学龄前儿童的单杠高度应为90～120 cm,学龄儿童的单杠高度应为120～180 cm。儿童平衡木高度应为30 cm左右。

图7-69 莫斯科萌宠儿童乐园
(https://www.mt-toy.com)

2) 动力游乐设施

动力游乐设施指依托人力、电力或蒸汽等动力驱动、承载游客进行游乐的设施。

常规动力游乐项目包括：转马类、滑行车类、电池车类、小火车类、陀螺类、飞行类、摇摆类、升降类、光电打靶类、水上游乐设施等。不同年龄的儿童可以选择适宜的动力游乐项目。

大中型动力游乐设施间距应安全、舒适，一般间距不应小于5 m。设施的排队等候区域宜配备遮阳避雨、风扇、LED显示屏等设施。凡游客可触及之处，不应有外露的锐边、尖角、毛刺和危险突出物等。

3) 无动力游乐设施

无动力游乐设施指本身无动力驱动，由乘客操作或进行娱乐体验的游乐设施。

（1）草坪与铺地　柔软的草坪是儿童进行各种活动的良好场所。此外，还可设置软塑胶铺地砖或一些用砖、素土、马赛克等材料铺设的硬质地面。

（2）沙　在幼儿游戏中，沙土是最简单最受欢迎的。沙有一定松软感，幼儿可开展堆沙、挖沙洞、埋沙等游戏。一般沙土深厚度约30 cm为宜。

（3）水　儿童公园中条件较好的，除设置儿童游泳池以外，还会设置戏水池这个很受儿童欢迎的项目，一般设计成流线型，水深在15～30 cm（图7-70）。

图7-70　澳大利亚布莱克思兰德河滨儿童乐园水广场
（https://www.mt-toy.com）

（4）游戏墙、迷宫　可用植物材料或砖墙、木墙设计迷宫和游戏墙。游戏墙应便于儿童钻、爬、攀登，以锻炼儿童的记忆、判断能力。迷宫是游戏墙的一种形式，可用常绿针叶树的树墙围成，也可以用砖、木头、竹子等材料做成，让孩子们在路线变幻、寻找出口中感到"迷"的乐趣（图7-71）。

图7-71　丹麦儿童乐园野猪迷宫
（https://www.mt-toy.com）

（5）隧道、假山、沟地、悬崖、峭壁　这类场地多为青少年开设，活动有一定的难度和冒险性。

7.8.2.7　服务建筑和设施

1) 游客服务中心

游客服务中心可包含咨询室、保安室、便民室、母婴室、展览室、放映室、小卖部、公厕等。游客服务中心的类型、位置、面积等设置宜结合公园整体构思，由游客容量等因素决定。

2) 公厕

男女厕所均应设置儿童坐便器。公厕内应设置比例不小于50%的低位洗手台，安装高度应考虑儿童使用的舒适度。公厕内应设置独立的、男女通用的无障碍厕所，面积不应小于5.72 m²（2.2 m×2.6 m）。公厕内宜结合无障碍厕所设置第三卫生间，面积不应小于6.5 m²。根据功能需要，可独立设置或结合第三卫生间增加设置母婴室。

3) 小卖部

小卖部宜设置在游客集中区域附近的铺装场地。在安全可靠的前提下，可运用各种材质营建，并应设置适量桌凳供游客使用。

4) 功能场馆

具备科普、展示功能建筑外部装饰与园区其他建筑整体呼应，可设计更加符合儿童特性的丰富色彩及动感造型。功能场馆装修材料应安全、无污染，桌椅等装饰物宜采用圆角且使用质地较软的材质。场馆整体色调应轻快明亮。宜综合考虑小型动物园的设置，规模较小的可以合并入其他场馆内；作为专项科普展示，需做好安全防护工作。

7.9　滨水公园

7.9.1　滨水公园概述

7.9.1.1　滨水公园定义

滨水区(waterfront area)，韦氏字典对其的解释："河流边缘、港湾等的土地"，其包括乡村滨水区、城市滨水区和自然状态的滨水区。本节所讨论的滨水公园指建设在城市滨水区内的公园。城市滨水区(urban waterfront area)是城市中的一个固定空间区域，指城市中与河流、湖泊、海洋毗邻的土地和建筑。而城市滨水公园是临近较大型水体区域所建设，专为居民提供观赏、休闲、游憩、文化交流的城市公共绿地。因此可以定义"滨水公园"为："在城市中水域与陆域相连的一定区域中建造的供公众游览、观赏、休憩、开展科学文化及锻炼身体等活动，有较完善的设施和良好的绿化环境的公共绿地"(图7-72)。

7.9.1.2　滨水公园的发展历程

循水而居，无论在何种意识形态的民族社会，皆是人类理想的居住空间。《清明上河图》中描绘的熙熙攘攘的滨水商业居住空间、威尼斯水城静谧恬美的滨水生活空间都展示了人们对滨水生活的热爱。

现代滨水区规划设计发端于美国，以波士顿城市公园系统之"翡翠项链"为代表(图7-73)。自然主义形式和城市美化运动的艺术理念作为滨水区规划的理念一直被沿用到二战时期。

二战后，水运交通被逐渐取代，许多城市滨水区的工业和仓储用地被废弃，便被改造为公园及其他开放空间等来振兴衰败的滨水区。

1960年代末，美国进行了大范围的城市滨水整治。

1990年代以后，滨水区再度成为规划设计对象，其中设计创新、历史特质维护与公共空间的社会文化价值成为新的重点。面对滨水区本身的优势以及环境被破坏的劣势，人们开始意识到要去治理和改造公园的环境。

近年来，国内很多城市已经对滨水区进行了大力规划和开发，形成一系列的滨水公园并带动整个城市的发展。

7.9.1.3　滨水公园的性质

滨水公园是与城市生活最为密切的滨水景观，受人类活动影响较深，这是与自然原始形态的滨水区最大的不同。滨水公园有着水陆两大自然生态系统，并且这两大生态系统又互相交叉影响，复合成一个水陆交汇的生

图7-72　武汉长江滨水景观带
(https://www.gooood.cn)

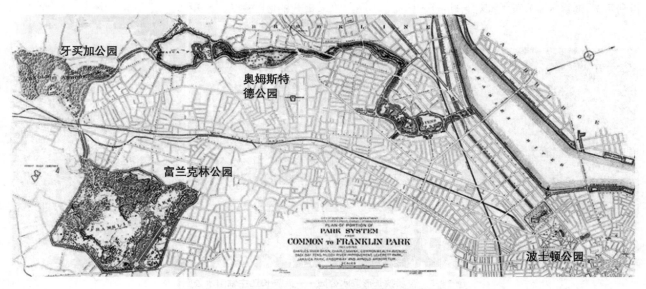

图7-73　弗雷德里克·劳·奥姆斯特德"翡翠项链"设计方案
(http://www.landscape.cn)

态系统。滨水公园往往强烈地表达出自然与人工的交汇融合,这正是滨水公园有别于其他城市空间之所在(图7-74)。

图7-74 温哥华滨水公园
(https://www.gooood.cn)

7.9.1.4 滨水公园的类型

滨水公园可按多种方式进行分类,包括空间特点与风格、空间形态、城市景观生态学等。具体类型如下:

① 按空间特点和风格分类可分为水陆交通系统互补的传统东方滨水公园、开放多层次的传统西方滨水公园和现代化滨水公园。

② 按空间形态分类可分为带状狭长形滨水公园和面状开阔型滨水公园(图7-75、图7-76)。

③ 按城市景观生态学可分为作为斑块(patch)性质的滨水公园和作为廊道(corridor)性质的滨水公园。

④ 按功能可分为滨水保护型、亲水利用型、历史地段再利用型、滨水旅游开发型和综合功能型。

7.9.1.5 滨水公园的景观特征

由于滨水公园特有的地理环境,以及在历史发展过程中形成与水密切相关的特有文化,使滨水公园具有城市其他区域所不具备的景观特征。

(1)自然生态性 滨水生态系统由自然、社会、经济三个层面叠合而成,其自然生态系统的构成包括大气圈、水圈、土壤岩石圈以及栖息其中的动植物和微生物组成的生物种群与群落。

(2)公共开放性 滨水公园具有高品质的游憩、旅游资源,市民、游客可以参与丰富多彩的娱乐、休闲活动。

(3)生态敏感性 从生态学理论可知,两种或多种生态系统交汇的地带往往具有较强的生态敏感性、物种丰富性。滨水公园自然生态的保护问题一直都是滨水区规划开发中首先要解决的问题。

如深圳蚝乡湖公园占地13 hm²,位于深圳市宝安区沙井街道,连接了四条城市河流。其作为重要的雨洪调蓄池,一直为当地的防汛与截污起到重要作用。但由于日益恶化的水质和周边工业厂房对环湖场地的占用,该公园已逐渐被周边居民所遗忘。更新设计中除了设置人工湿地、滞留草坪等低影响的环境设施,一个更具弹性的水岸也能更加吸引市民体验和认知自然,了解对水环境的保护。原有600 m长的驳岸垂直挡墙被改造为生态石笼墙梯级湿地,在净化水体的同时营造生态群落生境并提供多维度的亲水可能,包括架高的芦苇水岸栈道,可被淹没于洪水之下的滨水步道等(图7-77)。

(4)文化性、历史性 滨水区自古多为城市最先发展的地方,不仅有运输、通商的功能,还是信息和文化的交汇点。滨水公园很容易让人体会到兼收并蓄的港口文化和时代的活化变迁。

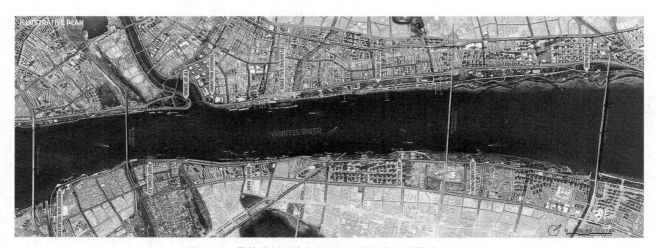

图7-75 带状狭长形滨水公园——武汉长江主轴滨水公园
(https://www.gooood.cn)

图 7-76 面状开阔型滨水公园——四川南部水城禹迹岛公园
(https://www.gooood.cn)

**图 7-77 深圳蚝乡湖公园石笼墙梯级湿地和
芦苇水岸滨水步道**
(https://www.gooood.cn)

如中山岐江公园位于广东省中山市区,总面积
10.3 hm²,园址原为粤中造船厂,设计强调足下的文化与
野草之美。其中水面面积 3.6 hm²,水面与岐江河连通,
而岐江河又受海潮影响,日水位变化可达 1.1 m。公园设
计的主导思想是充分利用造船厂原有植被,进行城市土地
的再利用,将其建设成一个开放的反映工业化时代文化特
色的公共休闲场所(图 7-78)。

图 7-78 中山岐江公园鸟瞰实景
(https://www.gooood.cn)

(5)多样性 包括地貌组成多样性、空间分布多样性
和生态系统多样性。

(6)方向性和识别性 滨水公园包含 5 个人们对城
市的认识所形成的空间意向特征要素:通道、边界、区域、
节点、地标。

7.9.2 滨水公园规划设计

7.9.2.1 总体规划原则

滨水公园总体规划原则除了应该遵照一般地段的城
市规划、城市设计原则外,还有一些特殊方面:

1)系统化与区域性原则

滨水区的形成是一个多种自然力综合作用的过程,构
成了一个复杂的系统,系统中任一因素的改变都将影响到
景观整体面貌。开发滨水公园的主要目的在于带动周边
的经济、城市建设的发展,故滨水公园的规划要力求加强
与原市区的联系,防止将滨水公园规划成一个独立体或独
联体。规划滨水公园要时时想到整个城市,把市区的活动
引向滨水,以开敞的绿地系统、便捷的交通系统,尤其是公
共交通系统把市区和滨水公园联系在一起。

弗莱茨(Flats)是克利夫兰市中心的一个地势低洼的
街区,也是以工业历史而著称的凯霍加河汇入伊利湖时
所要经过的地带。船舶运输通道的建立使得弗莱茨街区
与河岸相隔,并在社区之间形成了障碍。数十年来,这些
社区的水道在污染和工业的影响下逐渐退化。弗莱茨连
通计划提出了一个由开放空间和步道构成的网络,旨在
利用社区的独特现状来实现河岸地带的复兴,同时将河
岸与周围的社区乃至整个地区连接起来。弗莱茨连通计
划不仅诠释了不同社区在文化和工业上的多元历史,还
促进了当地的生态管理、改善了水质,并为实现均等的可
达性移除了障碍(图 7-79、图 7-80)。

2)滨水共享性原则

滨水公园一般是一个城市景观最为丰富、最为优美的
地区,应供全体市民共同享受。城市滨水公园规划坚决反
对把临水地区划归某些单位专用的做法,必须切实保证滨
水岸线的共享性。这已经逐渐成为社会的共识。

3)生态性原则

依据景观生态学原理,恢复自然景观,保护生物多样
性,增加景观的异质性,促进自然循环,架构城市的生境走
廊,实现景观的可持续发展。

4)滨水地区的交通可达性原则

滨水地区往往是城市交通最为集中、水陆各种交通方
式换乘的地区,所以交通组织比较复杂。为了合理组织复
杂的交通系统,应采取将过境交通与滨水地区的内部交通
分开布置的方法。

5)滨水地区开发与防洪设施的关系

除了地势较高的滨水城市,一般城市的滨水区往往
面临潮水、洪水的威胁,设有防洪堤、防洪墙等防洪工程
设施,这些设施对于滨水公园的开发是一大难题。应该
充分调查防洪资料,一定要在满足防洪排涝的基础上再

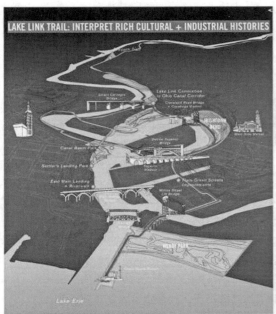

图 7-79　克利夫兰弗莱茨联通计划

（https://www.gooood.cn）

河岸的重塑设计

对飓风的应对准备

1. 重建码头
新的桩孔结构建在预埋层的底部。

2. 倾斜码头
新的64号码头以2%的平缓角度向上倾斜，将码头的西端提高了整整一层，以充分观赏随着河流上下起伏的景色。

3. 防波堤
修复和加固了大约250英尺的历史悠久的季风海堤（可追溯到19世纪后期）。

4. 码头/高地过渡
创新的设计细节模糊了码头和陆地之间的界限，同时允许海事结构移动。

5. 保护海堤
海堤的脆弱性使得在距离防水壁85英寸的范围内都不能施加任何重量；轻质填土材料被用来抵消土壤和地形的重量。

1. 种植
种植的选择基于对土壤耐盐性和本土物种的调查。

2. 码头构造
为了最小化漂浮物的损害，重新建造的码头采用了一套集成的防护系统。

3. 项目规划
沉重而昂贵的基础设施和项目被远离水域边缘，建造得足够高，以避免被洪水淹没。

4. 防波堤
对防波堤墙体进行广泛的修复和加固，防止大多数波浪作用对陆地区域造成损害，并在极端洪水条件下将其最小化。

5. 泡沫填充
浮力聚苯乙烯泡沫填充材料被有意通过足够的表层土壤压制，以防止其浮升并撕裂景观，即便在被水淹没的情况下也能保持这种状态。

图 7-80　克利夫兰联通计划——通过废弃铁路增加社区连通度

（https://www.gooood.cn）

176

进行景观的规划设计。纽约哈德逊河公园第五段景观区将创新性工程技术与多样化的用途和景观类型整合于一体，景观设计师与海洋工程师们通力协作，对长达250 ft的古旧海堤进行拆除、修复和加固，并对码头靠船墩设施进行了相应的结构改造，有效抵御飓风灾害和适应气候变化，成为公共景观设施的典范。

另外，应该避免向水中填地延伸的做法，防止因河流排洪断面减小或湖面蓄洪面积减小而造成洪水灾害的严重后果。

6) 滨水地区的城市设计和景观特色

应将滨水公园的景观特色放在全滨水区乃至全市的层面来考虑，不应只从单体建筑物的角度做设计，尤其反对只顾单体建筑的视野开阔而阻挡城市通向水边的视线廊道。一般来说，滨水地区主张采用点式建筑，反对板式建筑，因为后者容易阻挡视线。如果采用板式建筑，要注意尽量使其长边垂直于滨水水岸布置，以减少视线遮挡，并可保证两面房间的景观需求。

7.9.2.2 核心理念

滨水公园规划的核心理念包括5点：①治水与亲水功能并重；②重塑自然生态环境；③与城市系统尤其是城市绿地系统融合；④提供市民户外活动的场所，成为展示城市生活的舞台；⑤创造可持续发展的城市空间。

7.9.2.3 空间与景观结构规划

(1) 从陆地到水面，滨水空间要素可以依次分为滨水城市活动场所、滨水绿化、滨水步行活动场所、水体边缘区域4个部分，分别对应着滨水区的城市职能空间、自然空间、游憩空间、亲水空间以及水体。

(2) 滨水开放空间规划应当充分考虑保护城市水岸的沟溪、湿地、开放水面和植物群落等，构成一个连接建成区与郊外的连续畅通的带状开放空间，把郊外自然空气引入市区，改善城市大气的质量。河流开放空间廊道还应与城市内部开放空间系统组成完整的网络。线性公园绿地、林荫大道、步道以及自行车道等皆可构成滨水区通往城市内部的联系通道，在适当地点还可以进行节点的重点处理，放大成广场、公园或其他地标等。

海芬堡（Hafenberg）公园以12 m高的河堤为特点，设计师将其打造成工业背景下的人工山脊。尽管空间有限，但顶部天桥可以让人们看到城市外的乡村景观；攀岩墙成了垂直游乐场；山坡上的碎石地面为蜥蜴和喜热昆虫提供了栖息地；石笼网和藤蔓使人联想到受到破坏的河岸，将设计与当地情况联系起来（图7-81）。

(3) 滨水绿色廊道网络作为滨水景观系统的骨架，在结构规划中必须得到足够的重视。

(4) 建立绿色廊道。首先，要对滨水生物资源进行调查、评价和分级。滨水的野生动植物栖息地，尤其是稀有物种的生境应该被纳入城市开放空间的规划框架中加以绝对的保护。滨水野生动植物及其栖息地能够为市民提供多样化的、丰富多彩的亲水和自然体验。武汉长江主轴滨水公园中沿河的滩涂地为维持区域生态多样性提供了重要保障。然而长江上游兴起的水利工程使得河道内沉积物通量大幅减少，进而引发滩涂地迅速流失，严重影响了区域的生态多样性。基于对滩涂地现状的分析，设计团队对河道进行策略性的疏浚和地形处理，营造多样的微环境，进而促进湿地生态系统多样性发展。舒缓的地形变化与季节性水位变化相结合，在不同类型湿地及水池等多种场所类型中培育了丰富多样的植物群落（图7-82）。

其次，根据滨水自然群落对人为干扰的敏感度进行生物学上的分级，据此确定控制人为干扰的管理级别——从绝对保护、严格限制到无限制，对承载的多种人类活动进行分级。再次，建立完整的河流绿色廊道，沿河流两岸控制足够宽度的绿带，在此控制带内严禁任何永久性的大体量建筑修建，并与郊外基质连通，从而保证河流作为生物过程的廊道功能。最后，水系廊道绿地还应该向城市内部渗透，与其他城市绿地、道路、高压走廊等防护、线性公园等绿地相互沟通，共同构建成完整的绿地网络系统。

7.9.2.4 交通系统规划

滨水公园一方面是城市地面交通、地下交通与水上交通的集合区，另一方面又是市民游客易接近的游憩活动与旅游观光的场所。

其交通系统规划内容如下：

(1) 机动车交通　机动车交通首先完成与城市大交通系统的衔接整合，保证通畅和便捷。从滨水机动车道的服务功能来说，大部分滨水机动车道以生活功能为主。为保证滨水景观的最大限度的亲水性，尽可能将滨水机动车道外移，减少对滨水游憩的干扰。为方便滨水活动的展开，在各转换口区域设置停车场（图7-83）。

图 7-81　海芬堡公园的 12 m 高河堤
(https://www.gooood.cn)

图 7-82　武汉长江滨水景观带——生态多样性的改善措施
（https://www.gooood.cn）

图 7-83　遂宁河东新区滨江景观带机动车道
（https://www.gooood.cn）

图 7-84　遂宁河东新区滨江景观带非机动车道
（https://www.gooood.cn）

（2）非机动车交通　有条件的滨水区可以设置非机动车（观光三轮车、自行车等）专用通道供市民游憩休闲以及游客观光。专用通道根据用地状况，宽度控制在 4～6 m，平曲线规划为流畅的自由曲线形，以充分体现步移景异，同时从空间上自然限制了机动车的进入（图7-84）。非机动车专用通道的连通方式　加大与城市道路的联系通道的密度，最大限度地方便人们进出。

（3）与滨河步行道的联系　由捷径或坡道与人行步道连通，方便人们的观光出行与休闲停留。

（4）步行交通　路幅宽度一般为 2～3 m，间设 5～10 m 不等的宽步道和带形广场。人流通过量较大的滨水步道，可以考虑每隔 10～30 m 路段设置放大的座椅、平台区或小广场（图7-85）。

（5）水上交通　综合考虑客运、货运。若有水上航运的要求，交通规划须首先予以满足，然后考虑游船线路的规划。码头的设置需充分考虑与其他交通设施的换乘、转换之需。

图7-85 四川南部水城禹迹岛公园人行道和小广场
(https://www.gooood.cn)

图7-86 南昌市鱼尾洲公园漂浮广场
(https://www.gooood.cn)

（6）静态交通 主要分为两大类：

① 一类是人群的停留——广场。滨水广场需首先满足一般的集散需求，其面积根据区段的人流量进行综合考虑。其次应适应民众观赏水景的需要，保证最佳的观景效果。根据路径通行的距离，对小型广场进行综合考虑设置（图7-86）。

② 另一类是车辆的停泊——停车场。滨水公园的停车场应充分考虑滨水区的防灾防洪。在竖向设计中，应计算环境容量，根据不同的防洪要求选择适宜的停车场址。同时，停车场大面积的硬质空间可在滨水公园中充当疏散避难场地，应设置合理的应急疏散通道与滨水公园的其他区域相连接。在绿化种植设计中，选择与滨水环境相适应的树种，尽可能打造生态型停车场。

林岛大厅（Inselhalle Lindau）停车场基于对博登湖沿岸土壤污染和地下水高水位线的考虑，采取了立体停车场的形式。坐落于滨海湖畔这一战略性位置上，该栋建筑除作为停车场外还承载了船舶码头和消防站等功能。它的存在不仅解决了社区需求，还重新组织了社区结构，加强了周边社区与港口的联系（图7-87）。

（7）水下交通 根据实际的需要，还可以考虑机动车或人行的水下隧道交通，可以大大提高穿越水体（特别对于江、河）的效率。同时，可以设置观光通道，以满足不同角度游览的需求。

（8）桥梁 桥梁是滨水区特有的交通方式，同时兼具景观形态的作用。海尔布隆市中心的内卡河区域有公路和铁路等障碍物，河岸景观规划得十分零散。改造设计后的若干桥梁将城市公园、沿岸栖息地等重新缝合，激发了城市滨水景观的职能（图7-88）。

179

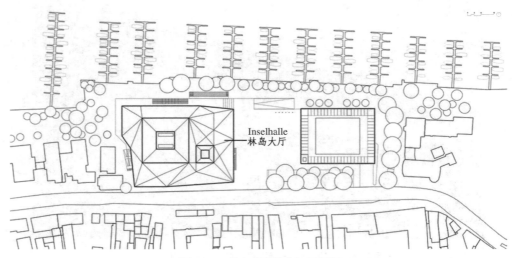

图 7-87 林岛大厅停车场平面图
(https://www.gooood.cn)

图 7-88 海尔布隆市河岸景观桥梁
(https://www.gooood.cn)

7.9.2.5 竖向设计

1）基本原则

① 满足防洪工程需要。这是竖向规划的前提，是滨水区景观的基本保证。

② 尽可能将工程自然化，注意利用水位变化这一自然过程创造出生态湿地、生态步道等极具个性的生态景观。

③ 合理利用地形地貌，减少土方工程量。

④ 满足排水管线的埋设要求。

⑤ 避免土壤受直接冲刷（图 7-89）。

2）规划内容

包括地形地貌的利用、确定道路控制高程、地面排水规划及滨水断面处理等内容。特别说明：

（1）生态湿地 因为水位的涨落，处于常水位与最高水位之间的地带由于地表经常过湿、水分停滞或微弱流动等原因常常形成湿地景观。一般认为，湿地在维持区域生态平衡中具有良好的作用。因此，调节水位形成生态湿地是进行生态保育的一大措施，是实现景区"生态化"的重要

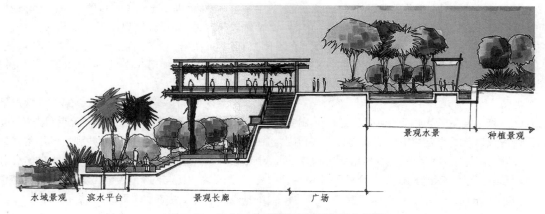

图7-89　遂宁河东新区滨江景观带竖向设计

（https://www.gooood.cn）

图中标注：水域景观　滨水平台　景观长廊　广场　景观水景　种植景观

途径（图7-90）。

（2）生态步道　生态步道位于可能被水体淹没的区域内，由于水位不稳定，将随着水位涨落时隐时现，形成一条与自然景观要素融为一体的游览线路。生态步道被设计成软质景观（植被、土壤等）与硬质景观（卵石、当地石块等）相间的形式，加强了景观要素之间的相互渗透（图7-91）。

图7-90　真山公园生态湿地

（https://www.gooood.cn）

图7-91　海芬堡公园生态步道

（https://www.gooood.cn）

（3）亲水空间　在满足防洪标准的前提下，改变目前普通模式常用的筑高堤、架围栏、断面等简单而僵硬的做法，将人与水在空间、视觉、心理上融为一体。通过入水踏步、亲水平台、漫水桥、戏水桥、斜坡绿地等空间处理手法，为人类的亲水性提供充足的场所。具体的尺度可以参照下列指标：亲水平台，高于常水位0.50 m；戏水桥，高于常水位0.25 m；漫水桥，高于常水位0.15 m（图7-92）。

图7-92　温哥华滨水公园观景台

（https://www.gooood.cn）

7.9.2.6　岸线与驳岸断面规划

以河流系统规划为例，规划包含以下内容：

1）河道平面处理

在解除河道瓶颈的基础上，尽量保持河道的自然弯曲，河道断面收放有致，不可强求平行等宽。尽可能多安排一些蓄水湖池，这种袋囊状结构不仅有利于防洪，而且对景观和生态都具有重大意义。尽可能使城市水系形成网络，有益于构建城市生态系统的基础框架。

2）河道断面处理

断面处理的关键是要设计一个常年保证有水的河道。这一点对于北方的城市尤为重要。由于这些地区水资源短缺，平时河道水量很小，但在洪水时又有较大的瞬时径流量，从防洪出发需要较宽的河道断面，但在一年内大部分时间河道无水，为了解决这一矛盾，可以采用多层台地式的断面结构,使其低水位河道可以保证一个连续的蓝带,同时至少满足3~5年的防洪要求。当发生较大的洪水时,允许淹没滩地;而在平时,这些滩地是城市中理想的开敞空间,具有极强的亲水性,适合居民自由的休闲游憩(图7-93)。

3)河岸处理

处理方式上,除了流量较大的河流、有一定防冲刷要求的河流,建议应该以软式稳定法取代钢筋混凝土和石砌挡土墙的硬式河岸。仿效自然河岸,不仅能够维护河岸的生态功能、美学价值,而且有利于降低造价和管理费用。对于坡度缓或腹地大的河段,可以考虑保持自然状态,配

合植物种植,达到稳定河岸的目的。在较为陡峭的坡岸或冲蚀较为严重的地段,使用混凝土和石块护岸时,可以用适当留洞或挖槽的方法增加空隙,以便于种植植物,打破单调的硬线条,增加河岸生机,同时为滨水动物提供生存空间。

弗莱茨(Flats)是克利夫兰中心的一个地势低洼的街区。统一且连贯的弗莱茨连通计划为克利夫兰创造了一个由开放空间和步道构成的网格,并利用场地的陡峭坡度创造出生态丰富的河岸带,不仅强调了场地的文化和工业历史,使国家考古区与河流重新建立连接,还在传统河堤加固的基础上增加了生态和教育价值(图7-94)。

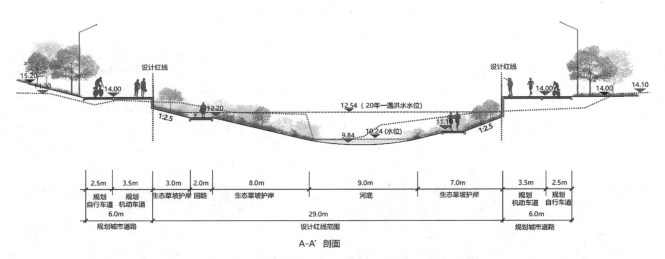

图 7-93 南京浦口区永宁街道玉兰河环境整治工程——河道断面处理

(https://www.gooood.cn)

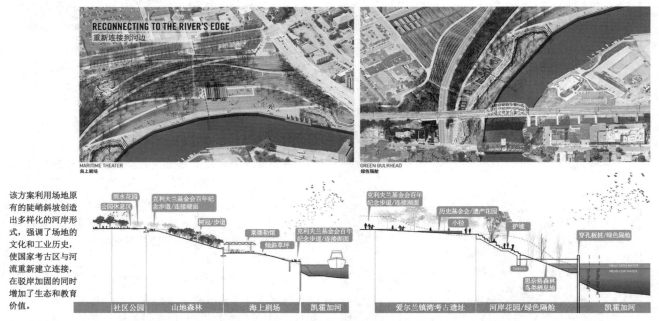

图 7-94 克利夫兰弗莱茨连通计划——阶梯河岸

(https://www.gooood.cn)

4）湿地保护

湿地又被称为"生态之肾"，在自然渗透地表径流，阻滞洪峰，维持地下水的补给与排泄，水质控制，沉积物的稳定，营养物的滞留、去除和转化，鱼类和野生动物的栖息地等方面发挥了极其重要的作用。但是随着城市的发展，湿地不断减少已是不争的事实，所以湿地系统的保育与生态恢复已经成为现代滨水区生态建设的一个重要内容。若必须建挡土墙时，建议采取台阶式分层处理（图7-95）。

图 7-95　宜昌黄柏河湿地公园湿地保护工程鸟瞰
（https://www.gooood.cn）

5）河滩地的利用

由于采取了多层台地式的处理，河滩地的亲水性得到了充分的支持，可以布置大众游憩的各种活动：漫步、慢跑、自行车、儿童游戏场、日光浴、野餐、放风筝等。规划中，要注意常水位、洪水位以及防洪标准等级（20年一遇、50年一遇、10年一遇等标高）之间的关系，确保建成环境的安全性。设置可淹没区时，一定要注意安全问题，如避免永久建筑物、设置警戒标志等（图7-96）。

图 7-96　湘江西岸商业景观带河滩地
（https://www.gooood.cn）

7.9.2.7　种植设计

滨水绿化规划的基本原则除了应遵循科学性、植物多样性、艺术性和文化性等基本原则外，还应循环以下原则：

（1）植物品种选择的地方性原则　以栽培有地方性的耐水性植物、水生植物为主，同时高度重视滨水的植物群落，它们对于河岸水际带和内地带的生态交错带尤其重要。

（2）规划中的自然化原则　城市滨水的绿化应尽量采用自然化规划。植物的搭配——地被花境、低矮灌木丛与高大树木的层次和组合应尽量符合滨水自然植被群落的结构。在滨水生态敏感区做自然化处理，比如在合适地区恢复自然林地；在河口和河流分合处创建湿地，转变养护方式，培育自然地被，同时建立多种野生生物栖息地。这些自然群落具有较高的生产力，能够自我维护，只需适当的人工管理即可；也具有较高的环境、社会和美学价值，同时在能耗、资源和人力上具有较高的经济性（图7-97）。

图 7-97　南昌市鱼尾洲公园自然式种植
（https://www.gooood.cn）

7.10　纪念性公园

7.10.1　纪念性公园概述

7.10.1.1　纪念性公园的概念

纪念性公园在《城市绿地分类标准》（CJJT 85—2017）中隶属于公园绿地（G1）中专类公园（G13）的其他专类公园（G139），绿化占地比例宜大于或等于65%。"纪念公园"在《风景园林基本术语标准》（CJJ/T 91—2017）中，被定义为：以纪念历史事件、缅怀名人和革命烈士为主题的公园。

刘滨谊在《纪念性景观与旅游规划设计》一书中对纪念性景观的定义是：用于标志某一事物或为了使后人记住的，能够引发人类群体的联想和回忆的，以及具有历史价值或文化遗迹的物质性或抽象性景观。包括：标志景观、极限景观、文化遗址、历史景观等实体景观，以及宗教景观、民俗景观、传说故事等抽象景观。

7.10.1.2　纪念性公园的特征

纪念性公园区别于其他公园最主要的特征是纪念性，这要求公园布局和环境都应以纪念性为主，符合人的纪念性心理感受和适合纪念行为的开展。另一方面,纪念性公园属于公园范畴,是城市绿地的一部分,需要满足游憩、休闲等需求,这也决定了其要兼顾公园应具有的多重功能。这就要求纪念性公园不仅具有公园的基本功能,需要同时具备纪念性主题。

纪念性公园的两方面特征作为主线始终贯穿于整个景观设计中,两者引导和限定了纪念性公园景观设计的意义,即内涵和功能,并体现于结构和形式中。

7.10.1.3 纪念性公园的分类

1) 按纪念主体分类

(1) 以人物为纪念主体 这一类纪念性公园有明确的纪念人物主体,且往往以纪念的人物命名。其中又可分为名人故居、名人陵园,是对纪念人物的"初次承载",如我国梅州市的叶剑英纪念园是在叶剑英元帅故居和纪念馆的基地上建设的;南京中山陵是孙中山先生的安息之所,成为中外人士景仰的圣地。以纪念人物的功绩而建的公园,公园基地与人物没有直接的联系,是对纪念人物的"二次承载",如美国富兰克林·罗斯福公园,以石墙分隔成四个各自独立但又一气呵成的部分,以浮雕形式纪念罗斯福执政的四个时期(图 7-98);我国云南的郑和公园,为纪念郑和下西洋的航海创举而建。

图 7-98 罗斯福纪念公园平面示意
(https://www.gooood.cn)

(2) 以历史事件为纪念主体 这一类则往往以历史上发生的某一事件为纪念主题,是特定时间发生的,具有历史和时间上的标识性,主要可分为两类:有的是为纪念历史事件而建,基地与事件发生地点没有直接联系,是对历史事件的"二次承载";有的则是历史事件发生的遗址,往往利用某一地点的历史真实性而建,是对历史事件的"初次承载"。如我国汶川地震遗址纪念公园,是在青川县东河口原地震遗址上建设的以"纪念"为主题的地震遗址纪念公园(图 7-99)。

2) 按纪念目的分类

按纪念目的可分为三类:反思、解释、缅怀。

以反思为目的,主要是为唤起后人对某一历史时刻和事件的思考、反省而建,具有警示后人之意。如位于塞班岛的和平纪念公园,用来纪念及哀悼战役中伤亡的人,并希望

图 7-99 汶川地震遗址公园
(https://699pic.com)

世人能吸取战争的教训,并通过广场中央立的一个十字架和观世音菩萨像,传达祈求世界和平的美好愿景。

以解释为目的,包括两种:一种是将纪念的历史事件和名人生平展示给观者,让人能了解历史;另一种是要激发人们的爱国热情和斗志,多有教育基地的功能。如红军长征纪念碑碑园位于我国松潘县川主寺镇元宝山,为纪念红军长征这一人类史上的奇迹而修建,能激发极大的民族自豪感。

以缅怀为目的,则是以缅怀为主,为了达到对人物的记忆和回忆,歌颂和表彰人物的业绩而建设。如上海宋庆龄陵园,坐落于上海西郊陵园路上,建造该园是为了缅怀为人民的解放、民族的团结、国家的统一而做出重要贡献的宋庆龄。

3) 按纪念的形成过程分类

按纪念的形成过程可分为主动型和被动型纪念性公园。主动型纪念性公园是在公园营建之初就具有纪念性。如兰州华林山革命烈士陵园,为悼念解放兰州而牺牲的革命先烈而建,所在地为当年的战场,建设之初就具有纪念目的。被动型纪念性公园是建成初期不具备纪念性,通过长期演变而具有纪念意义。如上海鲁迅公园,原名虹口公园,后于 1956 年迁入鲁迅墓而成为纪念性公园,并更名为鲁迅公园(图 7-100)。

图 7-100 上海鲁迅公园
(https://699pic.com)

7.10.2 纪念性公园规划设计

7.10.2.1 分区

一般根据使用性质、空间占有程度进行分区。

根据使用性质，可分为活动型、休憩型和穿越型三类。

(1) 活动型 空间规模较大，能容纳的活动类型多，参与活动的人数量大。下沉式广场和台地为典型的活动型空间。

(2) 休憩型 一般规模较小，尺度也较小。纪念性建筑物附近、居住区中的外部空间属于此类。

(3) 穿越型 这类空间实际上就是通道。比如，通往纪念碑或主体纪念建筑的通道就是穿越型空间。

根据空间占有程度，空间可分为公共空间、秘密空间和半公共空间三种类型。

(1) 公共空间 社会成员共享的空间。公共空间往往是人群集中的地方，如公共活动中心和交通枢纽，内有多种多样的空间要素和设施，人们在其中有较大的选择余地。纪念性景观大多属于公共空间。集中公共绿地、休闲广场等都属于公共空间。

(2) 私密空间 适合于个人或小型团体开展纪念性活动的较为封闭的空间。

(3) 半公共空间 介于公共空间和私密空间之间的一种过渡空间类型。

7.10.2.2 纪念性公园景观要素

1) 自然要素

构成纪念性公园景观设计的自然要素包括植物、水、光、声音、地形等。在纪念性公园规划设计中通常结合植物、水、光、声音等要素自身的特性，利用它们的象征意义来烘托纪念的主题。例如，松、柏等常绿植物具有四季常青的特性，在纪念性景观规划设计中象征着纪念人物永垂不朽的精神；水有动静之分，通常静水带给人的是平和与宁静，在纪念性公园中用来象征生命的归宿以及纪念对象的性格，而动水则暗喻生命的生生不息。此外，各要素的形态变化对纪念空间的营造也会有一定的影响。例如，低矮的灌木可以划分空间边界，限定空间范围，密集的植物可以引导游人视线；平坦的地形，视野开阔，规划设计中可利用游人视线特点，在其上设置主要纪念构筑物，使其成为视觉中心，达到突出纪念主体的作用；凹地形，构成一个内生空间，具有封闭性，抗干扰性强；凸地形，以自然界的山体为主要代表，纪念性公园规划中多以凸起的山丘、地势为背景，借地势之高，提高游人视线，令纪念对象具有崇高之意。

2) 人文要素

构成纪念性公园的人文要素主要包括纪念性建筑、墙、纪念碑、雕塑等。

墙是纪念性公园人文要素中的重中之重，在设计中有多重身份。其一，围合空间，形成背景。不同的排序、组合构成不同的空间序列，游人会产生不同的心理感受。其二，通过材质变化造就不同质感，给人不同的环境体验。例如，用光滑的大理石石墙来表达对逝者的纪念并起到警醒后人的作用。其三，引导游人游览路线。人在游览中往往被周围事物吸引，忽视游览路线，而墙的存在就成了游人视线的重要向导。

雕塑是传达纪念公园纪念特性的重要精神载体。雕塑的纪念特性不仅体现在外观，更注重从观赏对象出发，充分考虑观赏者的环境体验，结合其他表现手法表达纪念情感。例如背景处理法，以自然或建筑群为背景来衬托纪念雕塑。

纪念碑是中西方古代最早用于纪念的方法之一，通常在石头上刻上文字，用来表达对特殊历史时间、历史人物、历史事件的纪念。到了近代，纪念碑的材质丰富起来，不局限于石材，增加了玻璃、金属等新型材料，其功能也不再局限于简单的叙事性纪念，增添了观赏的艺术性。

7.10.2.3 规划设计手法

1) 象征

象征，即象之寓意。用一个具体的物质承载着后者的精神，就可以把前者看作后者的精神象征。后者通常被定义为抽象的思维、纪念的载体，例如纪念碑上以红星、松柏、旗帜组成的装饰花纹，象征着先烈们的革命精神万年长存。

2) 叙述

"叙述"是现代文学中的创作手法，是作者对时间、地点、人物、事情起因、经过、结果六要素的概述总结。在纪念性公园规划设计中的运用叙述手法的典型案例是罗斯福纪念公园，设计师通过墙、雕塑、文字等元素塑造了四个空间，表现了罗斯福执政期间的政治贡献。

3) 再现

再现，即对过往事迹的重现。通过相关要素线索对过去历史场景进行重组再现，引发参观者的思考。例如东河口地震遗址公园中的爱心广场，广场因"爱心石"而得名，重现了胡锦涛同志在2008年抗震救灾中对受灾民众的关爱与激励场景。

4) 隐喻

隐喻——比喻的一种，用一个词或短语指出常见的一种物体或概念以代替另一种，从而暗示它们之间的相似之处。与象征的不同特点在于，隐喻是建立在人们的某种社会约定或过去的经验与知识的基础上的。隐喻激发观众产生联想，作者不必直接把话说完，要留给观赏者意会和想象的空间，使他们联想某种意境的来源，唤起存在于意识深层的情感,从而增加了实体环境的氛围。

7.10.2.4 植物规划设计

在纪念性公园中,植物是必不可少的构成要素。植物的作用是多方面的,比如象征、空间创造、障景、纪念情感的表达和纪念气氛的烘托等。松柏象征万古长青,垂柳代表情意连绵,国槐象征长寿,柿树象征圆满等。

在纪念性公园中,空间的营造也离不开植物,可以围封形成空间,也可以对空间进行限定。地被植物和低矮的灌木对空间边界具有暗示作用。植物的干形、叶色和质感都可以创造出不同的空间形态。

1) 植物线性特征

经过合理的设计安排,植物可以体现出某种线性特征,可以是直线、曲线、渐进线或者其他几何形状。直线排列或者呈规则几何形体排列的植物,体现出人工设计的痕迹。例如道路两旁的行道树一方面可以强化道路的线性感觉,另一方面又可作为与周边建筑连接的媒介。

2) 植物空间限定

植物具有空间限定的功能。从空间尺度上来看,所形成的空间可分为亲密空间和公共空间。根据空间的方向,可分为水平空间和垂直空间。按照围封程度,可分为完全围封空间、开放空间和无限空间。

大乔木(树高达 12 m)和小乔木(树高在 9～12 m 之间),从外围看形成一片树林。在树林内部,借助于树干的覆盖而形成封闭空间。树干限定空间,但并不围封。这种空间通常是仅有天花板和柱列,没有墙体,在眼高位置是开敞空间。高 5～6 m 的小乔木和灌木花卉植物,树冠高于头顶时可构成亲密空间。树冠处于眼高位置时,围封形成空间。

3) 植物色彩

在纪念性景观中,植物色彩在纪念情感表达中具有重要作用。淡绿色让人感到新鲜有生气,特别是春天的枝叶,更是充满生机和活力。色彩明亮的植物让人感到兴奋。暗色植物让人感到阴郁沉闷。

7.10.2.5 建筑物设计

在纪念性公园中,建筑物具有举足轻重的作用。对于战争主题纪念性公园来说,纪念碑是必不可少的。其他类型的纪念性公园,出于主题表达或者游客参观的需要,都需要设计建造建筑物,比如亭、高台、墙体等。纪念性建筑物,就是"某种建筑或结构,用以纪人或纪事,有时也用来追忆某个自然地理现象或历史遗址。小到一块墓碑,大到一块巨大的岩刻,具有功能意义,也可以仅具纯粹象征意义"。

根据建筑形式,纪念性公园中的建筑物常见的有纪念碑、纪念墙、纪念塔、纪念亭、牌坊、牌楼、凯旋门、陵墓、纪念堂馆以及纪念性雕塑小品等。不同的纪念主题,对应着不同的建筑物形式。人物主题,一般有纪念碑、事迹陈列馆等。陵墓主题,一般有陈列馆、悼念室等。古代陵墓,多建有地下墓室,还有甬道、石像生等。事件主题,大多都需要有陈列馆。

7.10.2.6 雕塑设计

在纪念性景观中,雕塑是不可或缺的重要因素,几乎每个纪念公园都有雕塑。

雕塑作为一种艺术形式,根据功能可分为纪念性雕塑、功能性雕塑、装饰性雕塑、主题性雕塑和陈列性雕塑五种。根据材料的不同,可分为根雕、泥雕、陶瓷雕塑、石雕、玻璃钢雕塑等多种类型。

纪念性雕塑,是以历史上或现实生活中的人或事件为主题,用于纪念重要的人物和重大历史事件。一般这类雕塑多在户外,如罗斯福四大自由纪念公园的罗斯福头像。户外一般与碑体相配置,或雕塑本身就具有碑体意味,也有设立在户内的。功能性雕塑将艺术与使用功能相结合,首要目的是使用,比如垃圾箱、儿童游乐设施等。装饰性雕塑,主要目的就是美化生活空间,表现内容极广,表现形式多样,纪念公园中的小品大多属于此类。主题性雕塑是为某个特定地点、环境、建筑或其他要素而创作的雕塑,纪念性公园中的雕塑属于这一种类型。陈列性雕塑,又称架上雕塑,主要用于陈列和展示,多是为了表现作者个人的思想和感受、风格和个性,或者某种新理论、新思想,尺寸一般不大。

纪念性公园中设置雕塑,关键是要紧扣纪念主题。与战争相关的纪念性公园,雕塑多为士兵或将军,用以再现战争当时的场景,如土耳其阿塔图克纪念公园等。其他场景中的雕塑也需要与纪念主题相匹配(图7-101)。

图 7-101　罗斯福纪念公园雕塑
(https://www.gooood.cn)

■ 讨论与思考

1. 如何在保护植物园的自然生态的同时提供最好的游客体验,并在教育和研究方面发挥重要作用?

2. 在动物园的总体规划时,应考虑哪些问题?

3. 如何进行遗址公园的保护和活化利用?

4. 在游乐公园的规划设计中如何"讲好故事"?

5. 城市湿地公园的旅游开发与湿地保护之间的矛盾如何解决?

6. 在森林公园规划设计中,如何平衡自然保护与游客体验之间的关系?

7. 如何使儿童公园与儿童活动中心在规划设计上相容互补?

8. 如何在构建多元化的生态系统的同时,丰富滨水公园的景观功能?

9. 如何利用景观元素和布局来有效地传达纪念公园的主题?

■ 参考文献

崔畅,2018. 河南省当代遗址公园建设的保护与设计策略探析[D]. 郑州:郑州大学.

郭子良,张曼胤,崔丽娟,等,2018. 中国国家城市湿地公园的建设现状及其趋势分析[J]. 湿地科学与管理,14(1):42-46.

马丹丹,2012. 遗址公园规划建设研究[D]. 南京:南京林业大学.

深圳市市场和质量监督管理委员会,2018. 深圳市儿童公园(园区)设计规范:SZDB/Z 331—2018[S]. [出版地不详:出版者不详].

沈员萍,王浩,2011. 儿童公园设计发展新方向初探[J]. 陕西林业科技(3):58-61.

唐学山,李雄,曹礼昆,1997. 园林设计[M]. 北京:中国林业出版社.

王蕾,杨子艺,刘磊,2020. 城市湿地公园鸟类栖息地构建实践与方法研究[J]. 安徽农业科学,48(1):80-82.

王雅男,2013. 遗址公园规划设计方法研究[D]. 北京:北京工业大学.

谢泳涛,朱竑,陈淳,2020. 儿童视角下的广州市儿童公园游憩体验研究[J]. 旅游学刊,35(12):81-91.

张常明,徐冠宇,葛慧蓉,2021. 高质量发展下儿童公园规划建设应对策略思考[C]//. 中国城市规划学会. 面对高质量发展的空间治理:2021中国城市规划年会论文集,北京:中国建筑工业出版社:744-749.

张凯莉,周曦,高江菡,2012. 湿地、国家湿地公园和城市湿地公园所引起的思考[J]. 风景园林(6):108-110.

张庆辉,赵捷,朱晋,等,2013. 中国城市湿地公园研究现状[J]. 湿地科学,11(1):129-135.

中华人民共和国住房和城乡建设部,2017. 城市绿地分类标准 CJJ/T 85—2017[S]. 北京:中国建筑工业出版社.

中华人民共和国住房和城乡建设部. 2019. 植物园设计标准 CJJ/T 300—2019[S]. 北京:中国建筑出版传媒有限公司.

8 综合公园

【导读】 综合公园作为城市园林绿地系统的重要组成部分,不仅是人们休闲娱乐的场所,亦能够提升城市形象,体现城市文化与环境,是城市的重要景观和标志。随着城市化进程的加快,越来越多的城市意识到了综合公园的重要性,并纷纷投入大量资源进行规划与建设。在本章的学习中,需注意理解和区分城市综合公园和其他类型公园绿地在尺度和规划设计方法上的异同,学习综合公园的概念、内容设置、总体规划和园林要素设计的方法,并结合实际案例,展开深入的讨论与思考。

8.1 知识框架思维导图

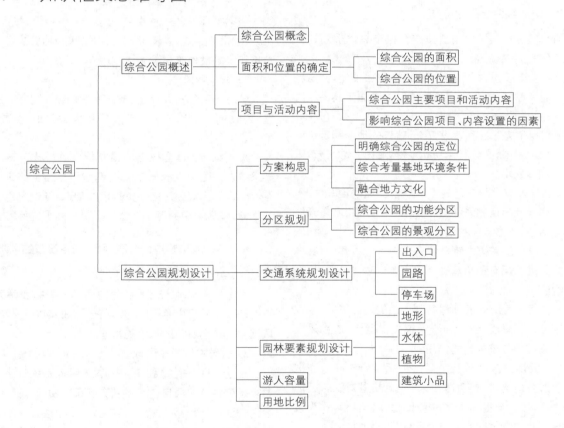

8.2 综合公园概述

8.2.1 综合公园概念

综合公园是指"内容丰富,适合开展各类户外活动,具有完善的游憩和配套管理服务设施的绿地"。综合公园是公园绿地的"核心",是城市园林绿地系统中重要的组成部分,一般面积较大,内容丰富,服务项目多,适合于各种年龄和职业的城市居民进行一日或者半日的游赏活动。它是群众性的文化教育、娱乐、休息场所,对城市面貌提升、环境保护、社会生活改善起着重要的作用。综合公园除具有绿地的一般作用外,在人们的游乐、休憩、文化和科普教育等方面还担负着重要任务。

8.2.2 面积和位置的确定

8.2.2.1 综合公园的面积

根据其性质和任务要求,综合公园应包含较多的活动内容和设施,故用地面积较大。根据《园林绿化工程项目规范》(GB 55014—2021)和《城市绿地分类标准》(CJJ/T 85—2017),一般来讲,新建综合公园面积应大于 10 hm²,改建、扩建的综合公园面积应大于 5 hm²。某些山地城市、中小规模城市等受用地条件限制,为了保证综合公园的均好性,可结合实际条件将综合公园面积下限降至 5 hm²。综合公园的面积还应结合城市规模、性质、用地条件、气候、绿化状况、公园在城市中的位置与作用等因素全面考虑。

8.2.2.2 综合公园的位置

综合公园在城市中的位置应结合城市总体规划和城市绿地系统规划来确定。

(1)综合公园应方便服务半径内的居民使用,并与城市主要道路有密切的联系,有便利的公共交通工具供居民抵达。

(2)利用不宜于工程建设复杂、破碎的地形和起伏变化较大的坡地建园,充分利用现状地形,避免大动土方,因地制宜地创造景观。

(3)选择具有水面及河湖沿岸景色优美的地段建园,使城市园林绿地与河湖系统结合起来,并可利用水面开展各项水上活动,丰富公园的活动内容。

(4)选择在现有树木较多和有古树的地段建园,在森林、丛林、花圃等原有种植基础上加以改造建设公园,投资少,见效快。

(5)选择在有历史遗址和名胜古迹的地方建园,不仅能够丰富公园的景观,还有利于保存文化遗产,起到爱国主义教育和民族传统教育的作用。

(6)公园规划应考虑近期与远期相结合。在公园规划时既要尊重现实,又要着眼于未来,尤其是对综合公园的活动内容,人们会提出更多的项目和设施要求,作为设计者在规划时应考虑留有一定面积的发展用地。

总之,在进行综合公园规划时其面积和位置的确定应遵循城市总体规划的要求,服从布局合理、因地制宜、均衡分布、立足当前、着眼未来的原则。

8.2.3 项目与活动内容

8.2.3.1 综合公园主要项目和活动内容

1)观赏游览

观赏游览的主要对象有山石、水体、花草树木、建筑小品、动物等。

2)安静活动

例如品茶、垂钓、棋艺、划船、散步、健身、读书等活动。

3)儿童活动

综合公园应规划有能进行各种儿童游戏娱乐如障碍游戏、迷宫游戏、体育运动、集会,以及各类兴趣小组、科普教育活动、读书阅览等的活动场地,还有自然科学园地、小型动物园、植物园、园艺场等各类园地。

4)文娱活动

主要在游艺室、俱乐部、露天剧场等可以观看电影、电视和音乐、舞蹈、戏剧、技艺节目表演及公众团体文娱活动的场地进行。

5)文化和科普教育

集中于展览馆、陈列馆、阅览室等。

6)服务设施

包括餐厅、茶室、休息处、小卖部、摄影部、租借处、问讯处、物品寄存处,以及导游图、指路牌、园椅、园灯、厕所、垃圾箱等各类建筑与设施。

7)园务管理

涉及场所包括办公室、值班室、变电站、水泵房、广播室、工具间、仓库、车库、工人休息室、堆放场、温室、花圃等。

规划综合公园应根据公园面积、位置、城市总体规划要求以及周围环境情况综合考虑,设置上述全部或部分内容。综合公园规划时应注重特色的创造,减少内容与项目的重复,使城市中的每个综合公园都有鲜明的特色。

8.2.3.2 影响综合公园项目、内容设置的因素

1)当地人们的习惯和爱好

可考虑按本地人们所喜爱的活动、风俗、生活习惯等特点来设置项目内容,使公园具有明显的地方性和独特的风格。这是创造公园特色的基本规则。

2)公园在城市中的地位

在整个城市的规划布局中,城市绿地系统对该公园的要求是确定公园项目内容的决定因素。处于城市中心地区的公园,一般游人较多、人流量大,规划这类公园时要求内容丰富,景物富于变化,设施完善;而位于城郊地区的公园则有条件考虑安静活动的内容,规划时以自然景观或自然资源为公园的主要内容。

3)公园附近的城市文化娱乐设施设置情况

公园附近如已有大型文娱设施,公园内就不应重复设置,以降低工程造价和维护费用。

4)公园面积的大小

大面积的公园设置的项目多,规模大,游人在园内停留时间一般较长,对服务和游乐设施有更多要求。

8.3 综合公园规划设计

8.3.1 方案构思

8.3.1.1 明确综合公园的定位

充分了解综合公园用途、建设目的和意义等,了解主管部门的意图,从而对公园总体规划有大致的认知,最终确定公园主题。

以南京市绿化博览园为例,公园位于南京市建邺区河西滨江新城,沿长江岸线长度 3 km,占地面积 160 hm²。绿博园的建设重点是同时满足绿博会与生态公园的功能需求,建设目的以营造滨江绿色生态景观为主,结合博览、科普、环保、休闲、度假与旅游功能,配以适量的商业服务、游赏设施,建设成为一座大型城市综合公园。绿博园的建造福了城市及市民,提升了新城区整体环境品质,对展现城市滨江风貌、促进滨江旅游开发有着重要意义(图 8-1、图 8-2)。

图 8-1 南京市绿博园平面图

图 8-2 南京市绿博园局部鸟瞰
(http://ljttec.com.cn)

再如位于美国纽约市曼哈顿中心的中央公园。1851年纽约州议会通过了《公园法》，将公共领域转变为城市公园，旨在促进纽约市中央公园的建设。奥姆斯特德（Fredrick Law Olmsted）和沃克斯（Calvert Vaux）以"草坪规划"赢得了扩展公园的设计竞赛。中央公园的诞生标志着景观设计融入平民生活的时代的到来；美国的现代景观设计从中央公园起，就已不再是少数人所赏玩的奢侈品，而是普通公众愉悦身心的空间（图 8-3、图 8-4）。

8.3.1.2　综合考量基地环境条件

一般情况下，综合公园占地面积较大，具有较为复杂的地理特征，自然、人文资源丰富，在构思过程中应当充分考虑基地现状以及与周边环境的关系。综合公园作为城市绿色基础设施时，要考虑其生态系统服务功能，如雨洪调节。

以德国北杜伊斯堡景观公园为例，公园总占地面积 230 hm²，利用原蒂森公司的梅德里希钢铁厂遗迹建成，被誉为后工业景观公园的经典范例。设计者彼得·拉茨（Peter Latz）对原工业遗址的整体布局骨架结构（功能分区结构、空间组织结构、交通运输结构等）以及其中的空间节点、构成元素等进行了全面保留。在对各种由炼钢高炉、煤气储罐、车间厂房、矿石料仓等独立工业设施构成的点要素，由铁路、道路、水渠（埃姆舍河道）等构成的线要素，以及广场、活动场地、绿地等开放空间构成的面要素等进行结构分析后，使旧厂区的整体空间尺度和景观特征在景观公园构成框架中得以保留和延续（图 8-5～图 8-8）。

在唐山南湖生态城中央公园规划设计中，为处理废弃地与城市的关系，通过景观策略实现由"工业城市"走向"生态城市"的转型，本着将棕地改造为公园的理念，设计人员利用地理信息系统对土地利用类型进行分析，提取各项生态因子，进行生态敏感性、建设适宜性评价，确定土地开发的适宜方向，构建生态安全格局。因现状道路的存在，公园形成了南北两个园区。北部园区已基本稳沉，设计以大型自然山水景观的构建为主；南部园区则因局部区域尚未稳沉，考虑以生态保护和生态功能恢复为主。同时，结合沉降量计算来堆叠地形，并考虑随着沉降的持续，形成不同的景观效果（图 8-9、图 8-10）。

8.3.1.3　融合地方文化

综合公园是城市中具有代表性的公园类型，一方面可以提升市民地域归属感，另一方面能够加深外地游客对城市印象的感知。在设计中运用文化感知、宗教信仰等设计元素，能够提升游憩者对场地的情感投入和自我融入，通过游憩设施的设计和布局促进群体间的社会交往，从而激发游憩者的场所归属感与认同感。

图 8-3　纽约市中央公园俯视图
（https://mp.weixin.qq.com）

图 8-4　纽约市中央公园鸟瞰
（https://img.zgywww.cn）

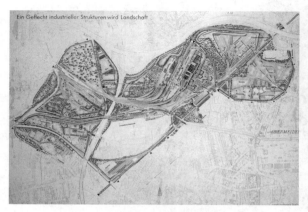

图 8-5 德国北杜伊斯堡景观公园平面图
（https://mooool.com）

图 8-8 德国北杜伊斯堡景观公园铁路竖琴
（https://mooool.com）

图 8-6 德国北杜伊斯堡景观公园金属广场
（https://mooool.com）

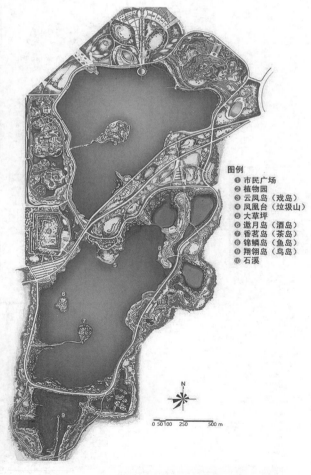

图 8-9 唐山南湖生态城中央公园平面图
（http://rcla.thupdi.com）

图 8-7 德国北杜伊斯堡景观公园熔渣园
（https://mooool.com）

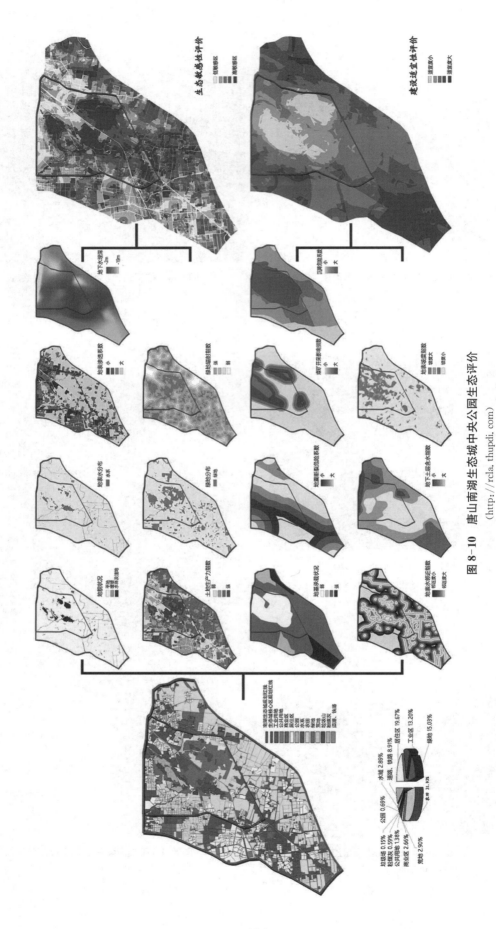

图 8-10　唐山南湖生态城中央公园生态评价

(http://rcla.thupdi.com)

长春水文化生态园，通过文化情境再现和历史建筑再利用，最大程度地尊重历史文化遗迹，对储水工业遗迹进行景观改造利用，依据地形引导雨水径流，设计台地式雨水花园景观，并保留水池内部结构格局，融入多功能花园空间（图8-11～图8-14）。

江苏盐城新东方公园位于盐城开发区，汽车产业是开发区的主要经济支柱。新东方公园的构思定位结合开发区周边的龙头企业建设，从娱乐功能、小品形象、元素

图8-11 长春水文化生态园沉淀池景观
（http://www.cnlandscaper.com）

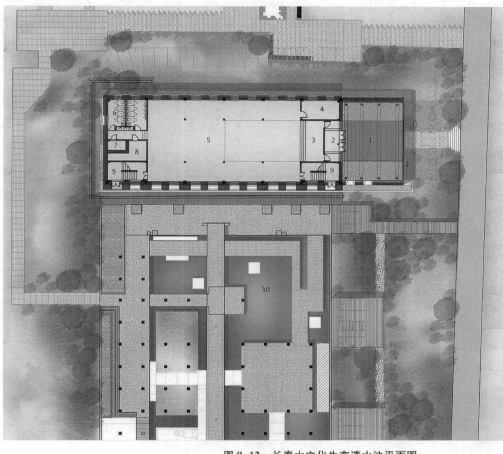

文化艺术馆
1 入口
2 门厅
3 大厅
4 经理室
5 开放式办公区
6 浴室
7 计量厂房
8 高/低压室
9 楼梯间
10 蓄水水库

图8-12 长春水文化生态清水池平面图
（http://www.cnlandscaper.com）

图8-13 长春水文化生态园清水池景观
（http://www.cnlandscaper.com）

图8-14 长春水文化生态园草坪景观
（http://www.cnlandscaper.com）

符号等多方面突出了汽车文化的设计主题（图 8-15～图 8-22）。

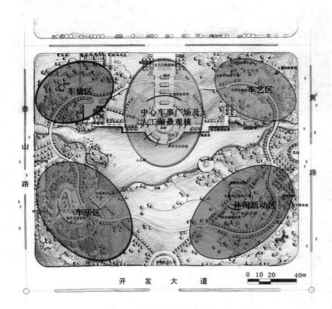

图 8-15　盐城新东方公园分区规划图

图 8-16　盐城新东方公园鸟瞰图

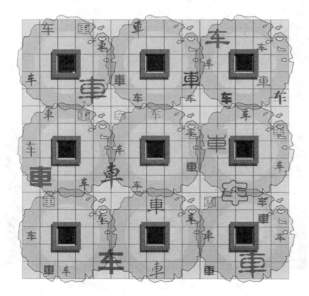

图 8-17　百车图铺装

图 8-18　以汽车元素为主体的公园小品构件

图 8-19　轮胎小品

图 8-20　汽车标识墙

图 8-21 器械小品中的汽车元素

图 8-22 汽车元素景亭

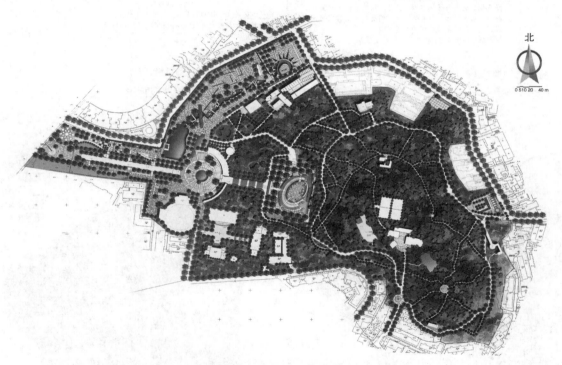

北

0 5 10 20   40 m

图 8-23 青岛市贮水山公园规划总平面图

8.3.2 分区规划

8.3.2.1 综合公园的功能分区

为了合理地组织游人开展各项活动，避免相互干扰并便于管理，在公园划分出一定的区域，把各种性质相似的活动内容组织到一起，形成具有一定使用功能和特色的区域，我们称之为功能分区。例如青岛市贮水山公园规划，根据景点的性质和服务对象的差异，将景点分为公共活动区、儿童活动区、科普娱乐区、科技展示区、植物观赏区、民俗文化区、服务区以及山地活

动区八大主要分区（图 8-23、图 8-24）。广州市越秀公园是广州市最大的城市综合公园，占地 69 hm²，由 7 座山岗和 3 个人工湖组成，人文古迹众多。为方便游客，公园充分利用立地环境，通过合理选址、增设内容，不断完善建设功能分区，主要包括自然景观游览区、科普园区、文化古迹游览区、青少年儿童活动区、体育娱乐区等（图 8-25、图 8-26）。

虽然每个综合公园的功能分区的名称、数量不尽相同，但是根据综合公园的内容和功能需要，一般可分为文化娱乐区、观赏游览区、安静休息区、儿童活动区、老人活动区、体育活动区、园务管理区等功能区。

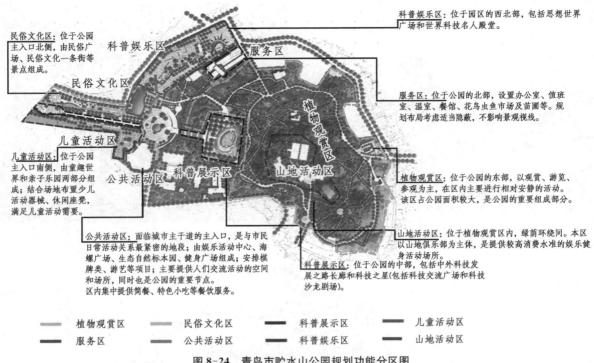

科普娱乐区：位于园区的西北部，包括思想世界广场和世界科技名人殿堂。

民俗文化区：位于公园主入口北侧，由民俗广场、民俗文化一条街等景点组成。

服务区：位于公园的北部，设置办公室、值班室、温室、餐馆、花鸟虫鱼市场及苗圃等。规划布局考虑适当隐蔽，不影响景观视线。

儿童活动区：位于公园主入口南侧，由童趣世界和亲子乐园两部分组成；结合场地布置少儿活动器械、休闲座凳，满足儿童活动需要。

植物观赏区：位于公园的东部，以观赏、游览、参观为主，在区内主要进行相对安静的活动。该区占公园面积较大，是公园的重要组成部分。

公共活动区：面临城市主干道的主入口，是与市民日常活动关系最紧密的地段；由娱乐活动中心、海螺广场、生态自然标本园、健身广场组成；安排棋牌类、游艺等项目；主要提供人们交流活动的空间和场所，同时也是公园的重要节点。区内集中提供简餐、特色小吃等餐饮服务。

山地活动区：位于植物观赏区内，绿荫环绕同。本区以山地俱乐部为主体，是提供较高消费水准的娱乐健身活动场所。

科普展示区：位于公园的中部，包括中外科技发展之路长廊和科技之星(包括科技交流广场和科技沙龙剧场)。

植物观赏区　　民俗文化区　　科普展示区　　儿童活动区

服务区　　公共活动区　　科普娱乐区　　山地活动区

图 8-24　青岛市贮水山公园规划功能分区图

图 8-25　广州市越秀公园平面图
(广州市政府,1957)

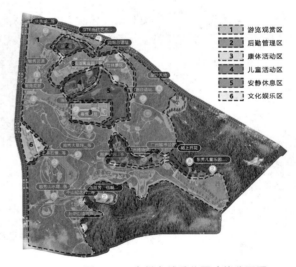

1　游览观赏区
2　后勤管理区
3　康体活动区
4　儿童活动区
5　安静休息区
6　文化娱乐区

图 8-26　广州市越秀公园功能分区图
(广州市政府,1957)

1) 文化娱乐区

文化娱乐区是公园中人流最集中的活动区域,开展的是较热闹、参与人数较多的文化娱乐活动。区内的主要设施包括俱乐部、游戏广场、技艺表演场、露天剧场等；这些设施应根据公园的规模、内容等,因地制宜进行合理布局。

文化娱乐区的规划,应尽可能利用地形特点,创造出景观优美、环境舒适、投资少、效果好的景点和活动区域。

位于南京市玄武湖公园的莲花广场是该公园核心区域,集舞台、音乐喷泉等设施于一体,占地约 0.5 hm²,可容纳观众 3 000 余人,是南京市知名的户外演出场地,曾举办中国南京世界历史文化名城博览会开幕式、庆祝新中国成立 70 周年群众联欢等重要活动。广场以荷叶、荷花造型为构图,以荷花仙子、荷花童子雕塑为标志,以"听潮"为主题,数控喷泉、变频跑泉、莲花喷泉等近 10 种喷泉水型与灯光音响系统配合,展示灯光水景(图 8-27～图 8-29)。

2) 观赏游览区

观赏游览区以观赏和游览参观为主,进行相对安静的活动,是大多数游人比较喜欢的区域。一般来说,观赏游览区在公园中占地面积较大，游人密度较小，地形、植被条件比较优越，观赏游览效果良好。

在观赏游览区中如何设计参观路线，形成较为合理的风景展开序列是一个非常重要的问题。在设计中应特别注重选择合理的道路宽度，游线设置，铺装材料，铺装纹样，以有助于景观展示和游人观赏。如位于南京市玄武湖畔、紫金山之西的情侣园，总面积 40 hm²，外借紫金山、玄武湖之景，内有流水回转、曲径蜿蜒、花木葱郁，是玄武湖公园的主要观赏游览区。园内节点丰富，例如花卉大道、莲心亭和牡丹岛等，景色优雅宜人（图 8-30～图 8-33）。

图 8-27　南京市玄武湖公园莲花广场俯瞰
（https://img0. baidu. com）

图 8-28　南京市玄武湖公园莲花广场喷泉鸟瞰
（https://mp. weixin. qq. com）

图 8-29　南京市玄武湖公园莲花广场草坪及看台

图 8-30　南京市情侣园鸟瞰
（https://mmbiz. qpic. cn）

图 8-31　南京市情侣园花卉大道
（https://mmbiz. qpic. cn）

图 8-32　南京市情侣园莲心亭
（https://mmbiz. qpic. cn）

图 8-33　南京市情侣园牡丹岛
（https://mmbiz.qpic.cn）

3）安静休息区

安静休息区主要供游人进行休息、学习、交往等安静活动。该区的位置一般选择在具有一定起伏地形的区域，以山地、谷地、溪边等环境最为理想，并且要求树木茂盛、绿草如茵。如莫斯科扎里亚季耶公园利用桦树林景观带打造林下休憩空间，定制石材铺设的道路系统使自然景观和硬质景观交织在一起，在带来融合感的同时模糊了景观的边界，创造出一种"粗野的都市主义"景观效果（图 8-34）。安静休息区一般选择在距主入口较远处，并与文化娱乐区、儿童活动区、体育活动区有一定隔离，但可与老人活动区靠近，必要时可将老人活动区布置在安静休息区内。

安静休息区的面积视公园的面积规划确定，可选择多处、创设类型不同的空间环境，满足不同类型安静活动的要求。如北京大兴生态文明教育公园创设多处不同类型的空间环境，采用具有建筑和景观双重个性的"灰建筑"打造休憩空间。在增加体验感和审美效果的同时，每个休憩空间也与公园的叙事式空间结构相关联，满足游人多样化的体验需求（图 8-35～图 8-38）。

4）儿童活动区

儿童活动区主要供少年儿童开展各种娱乐和锻炼活动。该区域可根据不同年龄的少年儿童进行具体分区，一般可分为学龄前儿童区和学龄儿童区。主要活动设施有游戏场、戏水池、运动场、障碍游戏场、少年宫、少年阅览室、科技馆等。

儿童活动区规划设计应注意以下几方面：

图 8-34　莫斯科扎里亚季耶公园林下休憩空间
（https://www.gooood.cn）

图 8-35　北京大兴生态文明教育公园鸟瞰
（https://oss.gooood.cn）

图 8-36　北京大兴生态文明教育公园：永续廊
（https://oss.gooood.cn）

图 8-37　北京大兴生态文明教育公园：贯虹廊
（https://oss.gooood.cn）

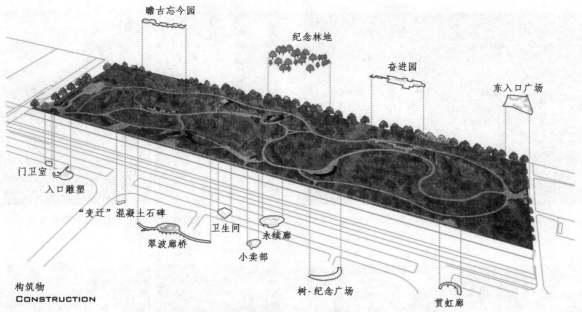

图8-38 北京大兴生态文明教育公园休憩空间与叙事式结构
(https://oss.gooood.cn)

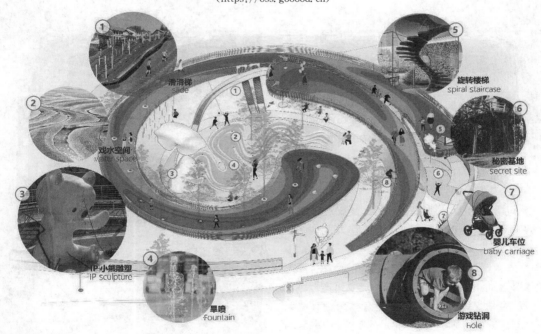

图8-39 南昌经开区中央公园儿童活动区活动内容布局
(https://mp.weixin.qq.com)

① 位置一般靠近公园主入口,便于儿童进园后能尽快开展自己喜爱的活动。

② 建筑、设施要考虑到少年儿童的特征,造型新颖、富有教育意义,区内道路易辨认。

③ 植物种植应选择无毒、无刺、具安全性的花草;不宜用铁丝等有伤害性的材料做护栏。

④ 活动场地应考虑多种植遮阳林木,能提供宽阔的草坪,以便开展集体活动。

⑤ 还应适当考虑成人休息、等候的区域。

例如南昌经开区中央公园儿童活动区,利用穿过螺旋路之间的空间,连接不同高度的场地,儿童可以在其中穿梭。极具特色的活动空间和互动设施穿插其中,展开激发孩子创造性游玩的设计,如可以用手拨动的公园标志、可以翻看观察颜色变化的色彩卡片、坡道上的弹力蹦网、挑空栈道下的风铃、通过数字化建模模拟水流形成的水槽,通过一体化的施工,打造自然生动的水景空间(图8-39~图8-43)。

图 8-40 南昌经开区中央公园儿童活动区廊架
（https://mp.weixin.qq.com）

图 8-41 南昌经开区中央公园儿童活动区互动景观
（https://mp.weixin.qq.com）

图 8-42 南昌经开区中央公园儿童活动区数字建模水槽
（https://mp.weixin.qq.com）

图 8-43 南昌经开区中央公园儿童活动区滑梯
（https://p1.itc.cn）

5）老年人活动区

老年人活动区在公园规划中应考虑设置在观赏游览区或安静休息区附近，要求环境幽雅、风景宜人。具体应考虑：

（1）动静分区 老年人活动区以健身活动为主，可进行球类、武术等活动。静态活动区主要供老人们晒太阳、下棋、聊天、观望、学习等，场地的布置应有林荫、廊、花架等，保证夏季有足够的遮阳、冬季有充足的阳光；动态活动区与静态活动区应有适当的距离，并以能相互观望为好。

（2）使用方便 设置必需的服务建筑和必备的活动设施时，应充分考虑到老人的使用便利性，如厕所内的地面要注意防滑，并设置扶手、放置拐杖处及无障碍通行设施，以便于乘坐轮椅的老人使用。

（3）关注安全防护要求 老人的生理机能下降，所以在老人活动区设计时应注意设施的细节处理：道路、广场注意平整、防滑，供老人使用的道路不宜太窄，不宜用汀步，钓鱼区近岸处的水位应浅一些等。

例如，上海市中山公园老年人活动区的设计充分考虑了老年人的生理特征和兴趣爱好，既有绿树成荫的休憩区和可供交谈奏乐的凉亭，也有宽敞的硬质广场与羽毛球场以供老年人活动锻炼，实现了活动区内的动静分区，环境幽雅宜人。同时活动广场与道路表面平整，铺砖采用防滑材料，保证老年人活动的安全性（图 8-44～图 8-46）。

6）体育活动区

体育活动区是公园内集中开展体育活动的区域，其规模、内容、设施应根据公园及其周围环境的状况而定；如果

图 8-44　上海中山公园老年人活动区林下空间
（https://ss2.meipian.me）

图 8-45　上海中山公园老年人活动区凉亭
（https://ss2.meipian.me）

图 8-46　上海中山公园老年人活动区广场
（https://ss2.meipian.me）

公园周围已有大型的体育场、体育馆，则公园内就不必开辟体育活动区。

　　体育活动区常常位于公园的一侧，并设置专用出入口，以利于大量观众的快速疏散。体育活动区的设置一方面要考虑其为游人提供进行体育活动的场地、设施，另一方面还要考虑到其作为公园的一部分，需与整个公园的绿地景观相协调。

　　该区属于相对较喧闹的功能区域，应与其他各区以地形、树丛进行分隔；区内可设场地较小的篮球场、羽毛球场、网球场、门球场、武术表演场等。如资金允许，可以缓坡草地、台阶等作为观众看台，增加人们与大自然的亲和性。

　　广州市越秀公园的体育活动区就是一个典型案例，该区规模较大，设施和功能丰富，利用越秀山山谷依山而建越秀山体育场，场内拥有 3 万个观众座位，还有草地滚球运动场、乒乓球场、篮球场等，能够充分满足市民进行运动锻炼和康体健身的需求（图 8-47～图 8-50）。西安永安渠海绵城市生态公园则将体育场地串联成"运动碧廊"，具有

丰富的运动功能。场地结合生态绿地植入多元的运动形式，打造富有现代活动力的"运动碧廊"，主要包括草坪广场、足球场、休闲亭、羽毛球场等 16 个景观节点。运动场地有机分布于水岸，通过运动绿道串联，打造现代化的绿色运动环境（图 8-51、图 8-52）。

图 8-47　广州市越秀公园越秀山体育场
（https://699pic.com）

图 8-48 广州市越秀公园草地滚球运动场
（https://699pic.com）

图 8-49 广州市越秀公园乒乓球场
（https://s.tuniu.net）

图 8-50 广州市越秀公园篮球场
（https://s.tuniu.net）

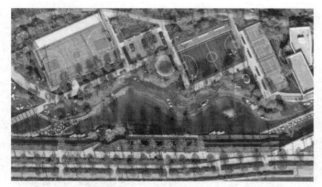

图 8-51 西安永安渠海绵城市生态公园运动碧廊平面
（http://inews.gtimg.com）

图 8-52 西安永安渠海绵城市生态公园足球场
（http://inews.gtimg.com）

7）园务管理区

园务管理区是满足公园经营管理需要的专用区域，一般设置有办公室、值班室、广播室，以及水、电、气、通信等管线工程构筑物、建筑物及宿舍等。以上设施按功能可分为管理办公部分、仓库部分、苗木花圃部分、生活服务部分等。

园务管理区一般设在既便于公园管理，又便于与城市联系的位置。管理区四周要与游人有所隔离，园内、园外均要有专用的出入口。由于园务管理区属于公园内部专用区，规划布局要考虑适当隐蔽，不宜过于突出、影响景观视线。

8.3.2.2 综合公园的景观分区

按规划设计意图,根据游览需要,组成一定范围的各种景观地段,形成各种风景环境和艺术境界,以此划分成不同的景区,称为景区划分。

景区划分通常以景观分区为基础,每个景区都可以成为一个独立的景观空间。景区内的各组成要素都是相关的,有一定的协调统一关系,或表现在建筑风格方面,或表现在植物配置方面。

公园景观分区要使区域中的风景与功能使用要求相配合,并增强功能效果。但景区不一定与功能分区的范围完全一致,有时需要交错布置,常常是一个功能区中包含一个或多个景区,形成不同的景色,有变化、有节奏、丰富多彩,以不同的景观效果、景观内涵给游人以不同情趣的艺术感受。

景观分区的形式一般有以下几类:

1) 按游人对景区环境的不同感受效果划分景区

(1) 开敞的景区　宽广的水面、大面积的草坪、宽阔的铺装广场,往往都能形成开敞景观,给人以心胸开阔、畅快怡情的感受,是游人较为集中的区域。如南通中央公园通过调整绿化带密度,打造多功能开放草坪区,公园景色一览无遗,可作为举办艺术活动、音乐会和周末市集的场地,形成充满艺术性、互动性及多功能性的城市开放空间(图8-53)。

图 8-54　广州市越秀公园中山纪念碑鸟瞰
(http://inews.gtimg.com)

图 8-55　广州市越秀公园中山纪念碑远景
(https://t10.baidu.com)

图 8-53　南通中央公园地形艺术草坪
(https://oss.gooood.cn)

(2) 雄伟的景区　利用挺拔的植物、陡峭的山形、耸立的建筑等营造雄伟庄严的气氛。如广州市越秀公园观音山顶的中山纪念碑,利用主干道两侧高大茂盛的乔木和498级"百步梯",使人们的视线集中向上,营造仰视景观,形成巍峨壮丽和令人肃然起敬的景观效果(图8-54~图8-56)。

图 8-56　广州市越秀公园中山纪念碑近景
(https://img2.baidu.com)

（3）清静的景区 利用四周封闭而中间空旷的环境，形成安静的休息场所，如林间隙地、山林空谷等。在有一定规模的公园中常设置清静景区，使游人能够安静地欣赏景观。贵州安顺虹山湖市民公园将观景台藏在一片现状树林中，成为南向观湖的最佳视点；新植桂花和鸡爪槭填补群落中层，整体景观效果郁郁葱葱，一片幽静（图 8-57）。

（4）幽深的景区 利用地形的变化、植物的遮蔽、道路的曲折、山石建筑的障隔和联系，形成曲折多变的空间，营造优雅深邃、曲径通幽的境界。这种景区的空间变化比较丰富，景观内容较多。嘉兴西南湖公园通过设计可达性强的游赏路线，让红色栈桥曲折地穿过密林、湿地、湖泊，创造了多样的景观（图 8-58、图 8-59）。

2）按复合的空间组织景区

复合空间组织的景区在公园中有相对独立性，形成特有空间，通常是在较大的园林空间中开辟出相对小一些的空间，如园中之园、水中之水、岛中之岛，形成园林景观空间层次上的复合，增加景区空间的变化和韵律，是比较受

欢迎的景区空间类型。例如南京市玄武湖公园，五洲各有特色，环洲烟柳、樱洲花海、梁洲秋菊、菱洲山岚、翠洲云树。其中，樱洲在环洲环抱之中，是四面环水的洲中之洲、南京樱花品种的集中地之一。每当大地回春，樱花缀满枝头，灿若云霞，遂有"樱洲花海"的美誉（图 8-60、图 8-61）。同样地，杭州西湖三潭印月岛，又称小瀛洲，与湖心亭、阮公墩三足鼎立，似古代传说中的蓬莱三岛。整个小瀛洲俯瞰犹如"田"字，园林空间富于层次变化，形成独具特色的景观分区（图 8-62）。

3）按不同季节季相组织景区

景区的组织主要以植物的四季变化为特色进行布局规划，一般根据春花、夏荫、秋叶、冬干的植物四季特色分为春景区、夏景区、秋景区、冬景区。每个景区内选取有季节性的植物营造主景观，结合其他植物品种进行规划布局，景观四季特色分明。按不同季相进行景观分区，是综合公园中一种常用的方法。

如上海月湖雕塑公园，根据四季主题环绕月湖分为春、夏、秋、冬四岸，风情各异。游客在一园之内，能够同

图 8-57 贵州安顺虹山湖市民公园观景台
（https://oss.gooood.cn）

图 8-58 嘉兴西南湖公园密林
（https://oss.gooood.cn）

图 8-59 嘉兴西南湖公园湖泊
（https://oss.gooood.cn）

图 8-60 南京玄武湖公园樱洲全景
（https://mp.weixin.qq.com）

图 8-61 南京玄武湖公园樱洲花海
(https://mp.weixin.qq.com)

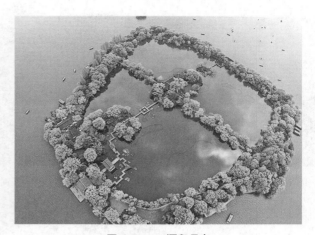

图 8-62 三潭印月岛
(https://img1.qunarzz.com)

时感受到春的温暖、夏的热烈、秋的惬意和冬的雅洁(图 8-63)。春岸主要由仿溶洞石钟乳修建的钟乳洞、水幕桥、水上舞台以及形态各异的大师级雕塑作品构成,春岸广场景观与雕塑相互辉映,设计简约精致,造就了宜人的广场空间,不仅能为人们提供休息场所,也提升了整个雕塑公园的艺术品位(图 8-64)。夏岸由颇具热带风情的亲水沙滩和儿童智能活动广场的月行网、跳跳云、老巨木、戏水池、巨石林、龙舟游船、嘉年华游艺区组成(图 8-65)。秋岸是辽阔的草坪,还有月湖美术馆和山水景观餐厅秋月舫、水上舞台等(图 8-66)。冬岸由月湖会馆、小佘山环山

步道、山吧咖啡等构成(图 8-67)。

4)以不同的造园材料和地形为主体构成景区

(1)假山园 以人工叠石为主,突出假山造型艺术,配以植物、建筑和水体。

(2)水景园 利用自然或模仿自然的河、湖、溪、瀑等人工构筑的各种形式的水池、喷泉、跌水等水体,构成景观特色。

(3)岩石园 以岩石及岩生植物为主,结合地形选择适当的湿生和水生植物,营造高山草甸、牧场、碎石陡坡、峰峦溪流等景观,极富野趣,是较受欢迎的一类景区。

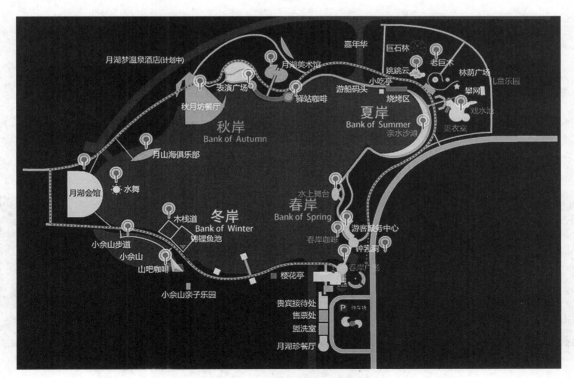

图 8-63 上海月湖雕塑公园平面图
(https://img1.qunarzz.com)

a 远景

b 水幕桥

c 水上舞台

图 8-64 上海月湖雕塑公园春岸实景

（https：//mmbiz. qpic. cn）

a 亲水沙滩

b 巨石林

c 跳跳云

图 8-65 上海月湖雕塑公园夏岸实景

（https：//mmbiz. qpic. cn）

a 全景

b 水上雕塑

图 8-66 上海月湖雕塑公园秋岸实景

(https://mmbiz.qpic.cn)

a 远景

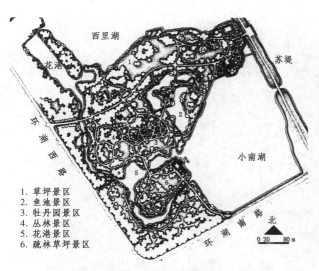

b 岸边雕塑

图 8-67 上海月湖雕塑公园冬岸实景

(https://mmbiz.qpic.cn)

1. 草坪景区
2. 鱼池景区
3. 牡丹园景区
4. 丛林景区
5. 花港景区
6. 疏林草坪景区

图 8-68 杭州花港观鱼景观分区

(http://p9.itc.cn)

图 8-69 杭州花港观鱼牡丹园

(https://nimg.ws.126.net)

还有其他一些有特色的景区如山水园、沼泽园、花卉园、树木园等，这些都可结合公园整体的布局立意进行相应设置。如杭州西湖花港观鱼公园（孙筱祥等，1959），共分为大草坪区、红鱼池区、牡丹园、密林区、花港、疏林草坪六大景区，每个景区各有一主题。其中，牡丹园色彩鲜艳，为全园种植的重心，参考了国画中所描绘的牡丹与假山石结合、自然错落的景致来布置，高处建"牡丹亭"。红鱼池区以金鱼为主题，是全园构图的中心，景致丰富，表现乾隆所题碑文"花著鱼身鱼嘬花"的意境（图 8-68～图 8-70）。

再如惠山中央公园规划，根据景区地形和植物分布分为城市山林、沙岛绿洲、生生之境、阳光草坪、欢乐之谷、法治之园六个分区。城市山林位于中央公园规划的南端，东接公园主入口，北邻城市河道；北侧为密林区，对密林进行适当梳理，充分利用林下空间打造休闲活动场地。沙岛绿洲场地四面环水，充分利用滨水资源与现状沙滩，在北部的滨水区打造滨水阶梯广场与戏水沙地。

生生之境中心活动区聚集人气，体现城市活力；规划中扩大生生广场面积、取消高差，包容更多的活动场所。根据场地现有植被空间的疏密程度，选择草地聚集区将其整合打造为阳光草坪，可容纳多人进行室外拓展、儿童嬉戏、文化宣传等活动，成为城市的户外活动开展地（图8-71～图8-78）。

图 8-70　杭州花港观鱼红鱼池
（https://ss2.meipian.me）

图 8-71　惠山中央公园规划总平面图

图 8-72　惠山中央公园规划景观分区图

① 阳光草地
② 滨水健身步道
③ 公园厕所

图 8-73 阳光草坪平面图

① 生生广场
② 绿影长廊
③ 休憩曲廊
④ 碧波观景
⑤ 健身广场
⑥ 观景天桥

图 8-74 生生之境平面图

①沙滩剧场
②林中漫步
③公园厕所

图 8-75 沙岛绿洲平面图

图 8-76 沙滩剧场效果图

图 8-77 城市山林平面图

① 林深幽台
② 小憩之境
③ 碎石铺装
④ 观澜平台
⑤ 运动健身广场
⑥ 透水铺装
⑦ 生命之桥

图 8-78 生命之桥效果图

在我国古典园林中常常利用创造意境的方法来形成景区特色。一个景区围绕一定的中心思想内容展开，包括景区内的地形布置、建筑布局、建筑造型、水体规划、山石点缀、植物配置、匾额对联的处理等，如圆明园的四十景、避暑山庄的七十二景都是较好的范例。一些现代园林的设计同样也借鉴了其中的一些手法，结合较强的实用功能进行景区的规划布局。

8.3.3 交通系统规划设计

8.3.3.1 出入口

1) 出入口的位置选择

综合公园应至少设置两个及以上出入口，面积大于 20 hm² 时，除设主、次出入口外还应设养护管理专用出入口。出入口位置的确定应考虑游人进出是否方便，是否有利于城市街景的提升，是否符合城市道路交通规划的要求。出入口的位置影响公园内部的结构规划、功能分区和活动设施的布置。

主要出入口应综合考虑城市主要交通干道、游人主要来源方位以及公园用地的自然条件等诸因素后确定。主要出入口应设在城市主要道路和有公共交通的地方，与园内外道路联系方便，以便城市居民快捷地到达公园内。同时，出入口应有足够的人流集散用地。

次要出入口一般设在公园内有大量人流集散的设施，如表演厅、露天剧场、展览馆等场所附近，以分担人流量，为附近居民或城市次要干道的人流服务，避免居民绕道入园。

专用出入口是根据公园管理需要而设置的，为方便管理和生产的需要且不妨碍园景，不供游人使用。因此，多选择在公园管理区附近或较偏僻不易为人所发现处设置专用出入口。

如南京市玄武湖公园，共有六处出入口：主入口一处，为玄武门；次入口五处，分别为解放门、太平门、翠洲门、和平门、后湖印月门（新模范马路门）。主入口玄武门位于公园西侧，靠近城市干道中央路以及玄武门地铁站，位于玄武门路和神武路交叉口。入口处设计集散广场，便于入口人流的聚集和疏散。次入口例如解放门，靠近鸡鸣寺景区，会有大量人流集散，且附近多居民区，因此设置出入口以便游人、居民出入（图 8-79～图 8-81）。

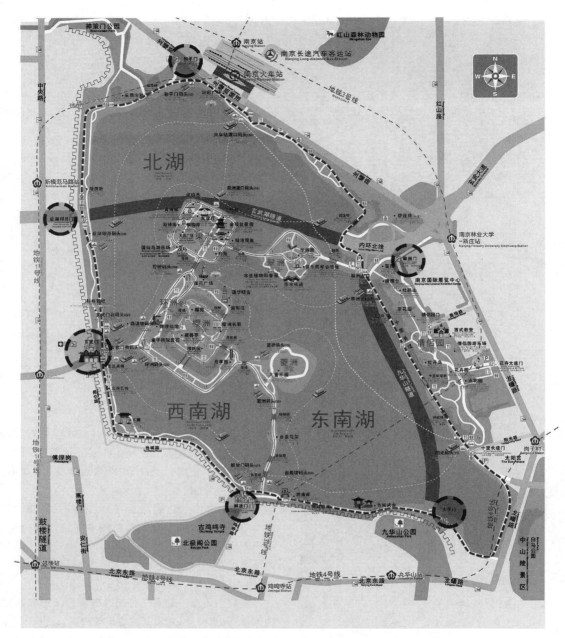

图 8-79　南京玄武湖平面及出入口位置平面图

(http://www.xuanwuhu.net)

图 8-80　南京玄武湖公园主入口玄武门

(http://www.xuanwuhu.net)

图 8-81　南京玄武湖公园次入口解放门

(https://youimg1.c-ctrip.com)

2）出入口的规划设计

公园出入口设计要充分考虑到它对城市街景的美化作用以及对公园景观的影响。出入口是公园给游人的第一印象，其平面布局、立面造型、整体风格应根据公园的性质和内容来具体确定。

公园出入口处的建筑物、构筑物有：公园内、外集散广场，公园大门，停车场，存包处，售票处，小卖部，休息廊等，如南京市玄武湖公园玄武门入口的移动式门店等（图8-82）。根据出入口的景观要求及其用地面积大小、服务功能要求，可以设置丰富出入口景观的园林小品和服务设施如花坛、水池、喷泉、雕塑、花架、宣传牌、导游图和服务部等。如广州市流花湖公园，其所在流花西苑是岭南派盆景的发源地，被称为"岭南盆景之家"，在承办广州园林博览会和杜鹃花展等展会时，主入口广场上会摆放大型植物雕塑呼应主题，体现区域特色（图8-83）。为了更好地满足对残疾人服务的要求，一些大、中等城市的公园在出入口处还备有残疾人专用游园车供出租。

出入口的布局方式也多种多样，一般与总体布局相适应，或开门见山，或欲显还隐，或小中见大。开放式入口通常被塑造为集散广场，作为城市开放空间。如重庆礼嘉智慧公园广场式南入口，结合智博会展示需求，充分考虑到了空间弹性，场地中央部分保持留白，在不同时段，场地的参与感也发生了变化，采用旱喷、灯带和光影变化等多样的互动形式（图8-84、图8-85）。半开放式入口，如南昌经开区中央公园利用地形搭建的门楼，在传统门楼所需的仪式感与昭示性之外，充分体现了公园空间的公共属性（图8-86、图8-87）。大门式入口，其造型一般与周围的城市建筑有较明显的区别，以突出特色，如广州市流花湖公园大门。也可以将入口大门与建筑结合，如苏州九子公园北大门与混凝土材料的多功能驿站结合，动感十足的折板形态建筑提高了公园的标志性和识别度（图8-88）。南京市玄武湖公园则以清末开筑于明城墙上的一座城门为主入口，即今玄武门，彰显浓厚的城市历史底蕴。

图8-82　南京玄武湖公园入口移动式门店
（https://pic1.zhimg.com）

图8-83　广州流花湖公园入口前植物雕塑
（https://pics6.baidu.com）

图8-84　重庆礼嘉智慧公园广场式入口俯瞰图
（https://pics0.baidu.com）

图 8-85　重庆礼嘉智慧公园广场式入口参与性设计

（https://oss. gooood. cn）

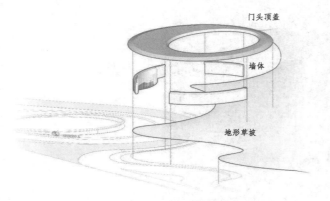

门头顶盖

墙体

地形草坡

图 8-86　南昌经开区中央公园门楼式入口结构示意图

（https://mmbiz. qpic. cn）

图 8-87　南昌经开区中央公园门楼式入口效果图

（https://mmbiz. qpic. cn）

图 8-88 苏州九子公园北大门效果图
(https://oss.gooood.cn)

8.3.3.2 园路

公园中的交通包括陆路、水路两种，一般有较大水面的大型综合公园才会同时具有水、陆两种交通方式，多数

的公园以陆路交通为主。下面就以陆路交通为主来说明公园的交通系统。

1）园路的类型

园路联系公园内不同的分区，方便组织交通、引导游览，同时也是公园景观骨架和脉络、景点纽带以及构景的要素。园路的类型有主干道、次干道、专用道、游步道。

（1）主干道 主干道是全园的主要道路，连接公园各功能分区、主要建筑设施、风景点，要求方便游人集散。主干道路宽应依据综合公园大小而定，面积较大的公园，如南京市玄武湖公园，环湖路主干道宽度可达 8～10 m（图 8-89）；面积较小的公园一般在 4～6 m。

（2）次干道 次干道是公园各区内的主道，引导游人到各景点、专类园，自成体系、组织景观，对主路起辅助作用（图 8-90）。

（3）专用道 多为园务管理使用，在园内与游览路分开，应减少交叉，以免干扰游览。

（4）游步道 为游人散步使用，宽 1.2～2 m（图 8-91）。

图 8-89 南京玄武湖公园主干道

图 8-90 南京玄武湖公园次干道

图 8-91 南京玄武湖公园游步道

2）园路的布局

园路的布局应根据综合公园绿地内容和游人容量来决定，要求主次分明，因地制宜。例如，山水公园的园路要环山绕水，有若即若离的远近变化；山地公园的园路蜿蜒起伏，注意密度合理。园路布局还应与公园风格、特色、人文气韵相结合，如规则式园林的道路多为平直的放射状、棋盘状，自然式园林道路布局则随意自然。园路的路网密度宜为 $150\sim380\ \mathrm{m/hm^2}$，布局形式主要分为套环式、条带式、树枝式三类。

（1）套环式园路布局　套环式园路布局是由主园路形成闭合环线或"8"字双环线，次园路与游步道从主园路支出，并相互衔接闭合，形成环环相套、相互通达的园路系统。公共园林环境中普遍适宜套环式园路布局，是实践中应用最广泛的园林道路体系，游人从任何一点出发都能游遍全园，如唐山南湖生态城中央公园（图8-92）。

（2）条带式园路布局　条带式园路布局是主园路起止点分列两端，呈不闭合条状；次园路与游步道穿插于主园路单侧或两侧，形成条带状的园路系统。次园路与游步道或可封闭成环。条带式园路布局通常应用于狭长地形的绿地。如惠山中央公园，主干道纵向穿越场地南北，由次园路连通内部景点（图8-93）。

（3）树枝式园路布局　树枝式园路布局通常应用于山谷、河谷等高差较大地带的公园。主园路一般布置在山谷底部或沿河道延伸；由主园路分叉形成次园路，连接两侧山坡上的景点，这类次园路大多为尽端路，必须返回主园路游览其他景点。树枝式园路系统的平面形状就像一根有很多枝杈的树枝。例如由自然山体改造而成的长沙梅岭公园，顺应地形等高线铺设园路、栈道，形成多个道路分支（图8-94）。

图8-93　惠山中央公园条带式园路

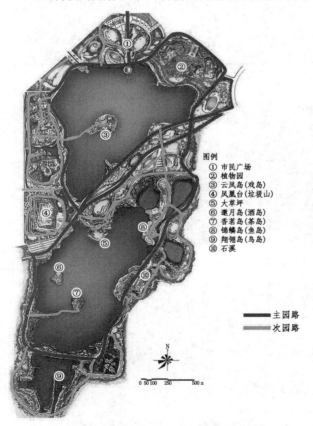

图例
① 市民广场
① 植物园
③ 云凤岛（戏岛）
④ 凤凰台（垃圾山）
⑤ 大草坪
⑥ 邀月岛（酒岛）
⑦ 香茗岛（茶岛）
⑧ 锦鳞岛（鱼岛）
⑨ 翔翎岛（鸟岛）
⑩ 石溪

主园路
次园路

图8-92　唐山南湖生态城中央公园套环式园路
据（北京清华同衡规划设计研究院有限公司，2009）改绘

图例
① 公园入口
② 山林会客厅
③ 树屋
④ 揽景台
⑤ 丛林栈道
⑥ 停车场
⑦ 土地庙
⑧ 山花谷
⑨ 攀岩公园
⑩ 户外剧场
⑪ 儿童主题乐园
⑫ 休闲广场
⑬ 生命树
⑭ 步行桥

图8-94　长沙梅岭公园树枝式园路
（https://mmbiz.qpic.cn）

8.3.3.3 停车场

1）机动车停车场

一般来讲，综合公园的机动车停车位指标为 5 个/hm²，地面机动车停车场标准停车位面积宜采用 25～30 m²，地下机动车停车库标准车停放建筑面积宜采用 30～40 m²。

机动车停车场的出入口应有良好的视野，位置应设于公园出入口附近，但不应占用出入口内外游人集散广场。地下停车场应在地上建筑及出入口广场用地范围内设置。机动车停车场的出入口距离人行过街天桥、地道和桥梁、隧道引道应大于 50 m，距离交叉路口应大于 80 m。机动车停车场的停车位少于 50 个时，可设一个出入口，采用双车道；停车位为 50～300 个时，出入口不应少于 2 个；停车位大于 300 个时，出口和入口应分开设置，两个出入口之间的距离应大于 20 m。

停车场在满足停车要求的条件下，应种植乔木或采取立体绿化的方式，遮阴面积不宜小于停车场面积的30%，如杭州湘湖湘庄停车场（图 8-95～图 8-97）。

2）非机动车停车场

综合公园的非机动车停车位指标一般为 50 个/hm²，

非机动车单个停车位面积宜采用 1.5～1.8 m²。非机动车停车场原则上不设在交叉路口附近，停车方式应以出入方便为原则。出入口不应少于 2 个，宽度不小于 2.5 m。

8.3.4 园林要素规划设计

8.3.4.1 地形

在综合公园中，地形起到骨架作用，影响着空间的开合变化。综合公园的地形尺度较大，因此可以效法自然界中的各种地貌景观，营造"本于自然、高于自然"的地貌景观。

1）平地设计

平缓的地形适宜开展各项娱乐活动，可分为软质的平地（如大草坪、林下空间）和硬质的平地（如集散广场、体育活动场地）两种类型（图 8-98、图 8-99）。其中，草坪在竖向处理上可以与山地，水体相连，类似"冲积平原"，作为高低地势之间的过渡空间。

2）山体设计

在综合公园中，可以利用山体创造供游览者极目远眺的山林景观，也可以发挥其障景、组织空间、引导交通等功能。综合公园中的山体地形可作为主景山、配景山，多山地区尽量利用园中原有山体作为主景山；也可采用人工堆

图 8-95　杭州湘湖湘庄停车场平面图
（https://www.vcg.com）

图 8-96　杭州湘湖湘庄停车场立体绿化
（https://www.vcg.com）

图 8-97　杭州湘湖湘庄停车场车行出入口
（https://mmbiz.qpic.cn）

图 8-98　大草坪景观

砌假山的方式，与周边平地、水体等配景共同组成景观集群（马锦义，2018）（图8-100）。

上海长风公园原址为吴淞江淤塞的河湾农田，地势低洼，多河塘、芦苇河滩地。公园在设计中采用了挖湖堆山的设计方法，平衡土方的利用，建成了以铁臂山、银锄湖为山水骨架、主景式的现代公园（李铮生等，2019）（图8-101～图8-104）。

8.3.4.2 水体

综合公园内的水体往往被纳入城市水系中，分担着蓄水、排涝、改善小气候等功能。公园中的开阔水面可用于开展游泳、划船、滑冰等水上运动，还可观赏鱼类和水生植物，创造清净、明快的观赏环境。

图 8-99　广场喂鸽子活动

图 8-100　南京玄武湖公园童子拜观音假山景观

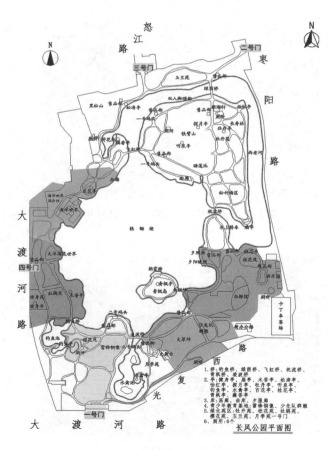

图 8-101　上海长风公园平面图
（https://www.renrendoc.com）

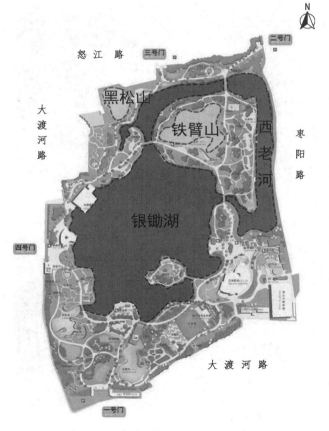

图 8-102　上海长风公园山水结构分析图
据（https://nimg.ws.126.net）改绘

图 8-103　上海长风公园山水骨架全景
（http://mms0. baidu. com）

图 8-104　上海长风公园山体立面起伏
（http://mms2. baidu. com）

图 8-105　辽阳衍秀公园平面
（http://img. thupdi. com）

综合公园水体设计首先应根据水源和现状地形等条件,确定园中河湖水系形态,从而确定园中水体的水量、水位、流向,以及水工构筑物的位置。同时,应划定可用于观赏、活动的水域范围,明确水生植物的种植范围及其水深要求(高成广等,2015)。如辽阳衍秀公园的规划设计,考虑场地不同高差及水位变化,对不同高程范围内场地空间进行因地制宜的设计,实现了调蓄水量的功能和非汛期市民能够亲水的目标,营造出类型丰富的活动空间。作为太子河泄洪区的一部分,在安全行洪的前提下,将内外水系贯通,对河道进行必要疏浚,拓深河槽、湖面,形成复式河道(图 8-105～图 8-107)。

静态水景如较大水面的人工湖,应注意水面大小、宽窄与周边环境的关系,可以通过堤、岛分隔出主次水面;动态水景如瀑布、溪流、水幕等,可以结合光电设备,呈现丰富的视听效果。唐山北寺公园通过复合静态和动态水景,由水元素串联起了喷泉、叠水、汀步、木平台、自然式与规则式驳岸等不同要素(图 8-108)。

8.3.4.3　植物

综合公园的植物景观,应当根据当地的自然地理条件,如现状植被资源、立地条件和园外环境特征,结合立意构思、功能要求和市民喜好等科学合理地进行规划配置。由于综合公园规模较大,因此植物景观关乎整个综合公园的建成效果,应选择适宜的植物,通过乔、灌、草合理布局,达到充分绿化,同时满足游憩及审美等的需要。

在植物选择上,通常综合公园生态环境与人类活动情况复杂多样,所以要因地制宜,结合公园特殊要求,以乡土植物为主,以外地引种驯化后生长稳定的植物为辅。充分利用原有树木和苗木,以大苗为主,适当密植。宜选择具有一定观赏价值,且抗逆性较强、少病虫害的树种,以适应园区养护管理条件。在植物搭配上,宜选择2～3种基调树种。密林分为单纯林和混交林,为防病虫害和火灾蔓延,一般以混交林为主。注重出入口、建筑四周、儿童活动区、园中园等特殊空间节点的绿化变化(胡长龙,2010)(图 8-109)。

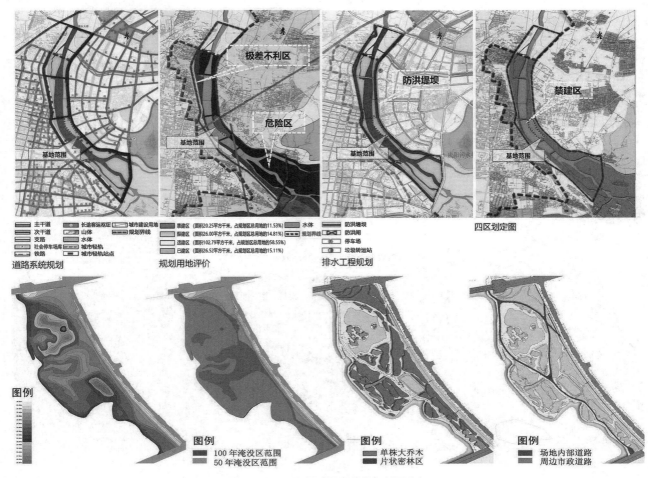

图 8-106　辽阳衍秀公园前期规划及分析
(http://img.thupdi.com)

图 8-107　辽阳衍秀公园河道及驳岸高差
(http://img.thupdi.com)

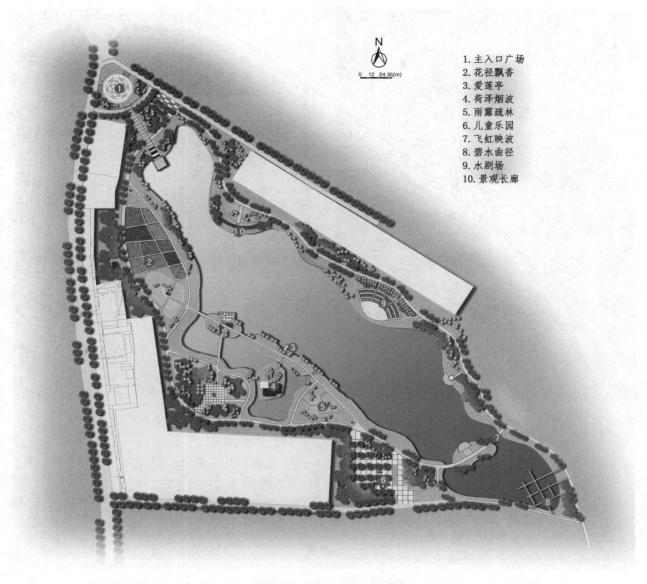

1. 主入口广场
2. 花径飘香
3. 爱莲亭
4. 荷泽烟波
5. 雨露疏林
6. 儿童乐园
7. 飞虹映波
8. 碧水曲径
9. 水剧场
10. 景观长廊

图 8-108　唐山北寺公园平面图

a　入口空间植物组团

b　树阵广场及周边种植

223

c　园中园湖岸自然式种植　　　　　　　　　　d　纪念性景点规则式种植

图 8-109　南京玄武湖公园节点种植设计

在杭州花港观鱼公园设计中,原有杂木林以保留现状为主,广玉兰作为基调和优势树种,把各分区统一起来。但全园各区的主调亦不相同:红鱼池区以海棠为主调,以广玉兰为基调,水边主要种植开花乔木,如海棠、樱花;牡丹园以牡丹为主调,槭树为配调,针叶树为基调;大草坪以雪松为基调,樱花为主调。考虑到游人活动方式,孤植树、树丛以观赏为主,一般均布置在空旷草地或疏林草坪上;林带主要起组织空间和防护作用。整个公园常绿树及落叶树约各占 50%,垂直林相富于变化;全园单纯林占地面积为 18%,混交林占地面积为 82%(孙筱祥等,1959)(图 8-110~图 8-113)。

图 8-110　杭州花港观鱼种植全景

(https://mmbiz.qpic.cn)

224

图 8-111 杭州花港观鱼红鱼池畔樱花
(http://www.360doc.com)

图 8-112 杭州花港观鱼垂直林相
(https://img-blog.csdnimg.cn)

图 8-113 杭州花港观鱼草坪
(https://img1.baidu.com)

8.3.4.4 建筑小品

综合公园建筑布局应根据园区功能和景观要求及市政设施条件等进行安排,确定各类建筑物的规模、位置、高度和空间关系,确定其平面形式和出入口朝向。建筑物的造型、质感、色彩及其使用功能应符合公园总体设计的要求。综合公园建筑应注重功能性和艺术性,提倡使用生态节能技术。

1) 服务中心

服务中心提供问询、寄存、租借、值班、办公、导游等服务和功能。较大的公园应设有多个服务中心,为全园游人服务。服务中心应设在游人集中、停留时间较长、地点适中的地方。

如包头万科中央公园游客中心,由船屋演变而来,毗邻湖面,丰富了空间层次,是可以容纳市民休憩活动及领略城市生活的建筑。游客中心的活动空间在室内及各个户外露台间相互渗透,露台与远处公园里的游戏场地产生了看与被看的关系。同时,该游客中心的出入口形式多样,或穿过水面,在木栈台停留,凭铺地的指引进入建筑;或散步在滨湖小径而到达建筑;或穿过儿童游戏场地,进入建筑的北入口(图 8-114～图 8-116)。

图 8-114 包头万科中央公园游客中心鸟瞰实景
(http://www.zephyrarchitects.com)

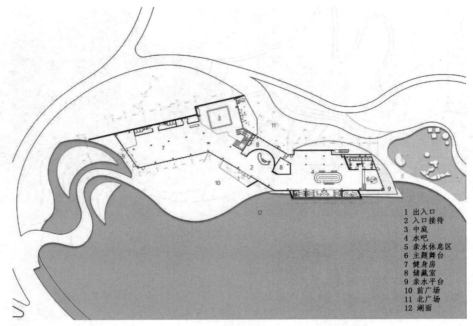

1 出入口
2 入口接待
3 中庭
4 水吧
5 亲水休息区
6 主题舞台
7 健身房
8 储藏室
9 亲水平台
10 前广场
11 北广场
12 湖面

a 一层平面图

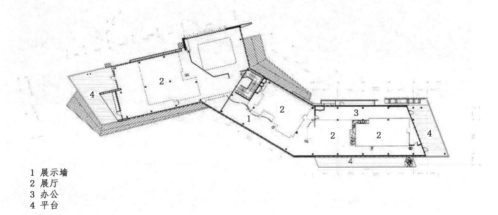

1 展示墙
2 展厅
3 办公
4 平台

b 二层平面图

图 8-115 包头万科中央公园游客中心平面图

(http://www.zephyrarchitects.com)

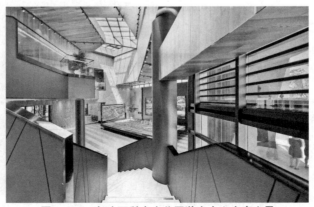

图 8-116 包头万科中央公园游客中心中庭实景

(https://mmbiz.qpic.cn)

2）展示中心

展示中心包括展览馆、文化中心等，可用于诠释场地本身的建设主题，或凭借综合公园在城市中重要地位，用于展示城市历史风貌和人文特色。展示中心通常作为公园的标志性建筑和重要景观节点。

例如湖州城市规划展览馆位于奥体公园东北角地块，与长田漾湿地公园相邻，在城市中心与太湖旅游度假区之间，拥有良好的自然环境和景观视野，是地块内的核心标志性建筑。湖州是环太湖唯一一座因湖而得名的城市，展览馆以水的流线和丝绸的肌理呼应城市文脉，包含了展览、办公、会议和教育的功能，吸引了大批市民和游客，成为活动丰富的文化活动中心和社区服务中心（图8-117～图8-119）。

3）餐饮服务建筑

餐饮服务建筑包括茶室、咖啡厅等可以提供餐饮服务的建筑，是交谈、静思的场所，通常设置在与自然环境亲近、较为幽静的位置，应具有良好的景观视线。

例如无界西溪茶室坐落于杭州西溪国家湿地公园，改造前存在着不透光、封闭和建筑老旧等问题。餐厅设计概念是把一个"玻璃盒"置入竹林风景中，使建筑空间与自然结合得淋漓尽致，体现出了传统与现代共生、人与自然共

图 8-117　湖州城市规划展览馆鸟瞰
（http://news. zhuxuncn. com）

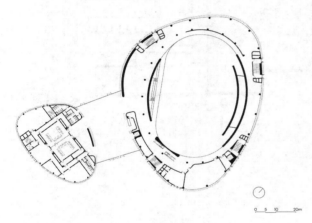
a　一层平面图

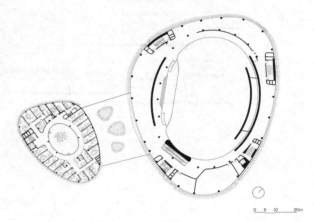
b　二层平面图

图 8-118　湖州城市规划展览馆平面图
（http://news. zhuxuncn. com）

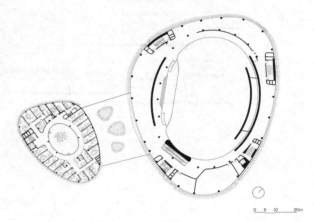

图 8-119　湖州城市规划展览馆二楼观展连廊
（https://oss. gooood. cn）

生的理念。设计师在保护传统柱梁结构的基础上,采用落地玻璃,露出建筑本身的骨架,入口处的大玻璃盒子相当于无形的界限,既将内外空间相互打通,又增强了采光性与通透性。庭院两侧的景观空间由原本的储物间改造而来,做外扩处理,放置椅子供游客随时观赏室外的风景(图8-120~图8-123)。

4)亭廊

相比于茶室,亭廊体量较小,用于游人临时歇脚、观景,起到点景作用,通常位于视野开阔的临水区、草坪、山顶,或可以竹林围合。

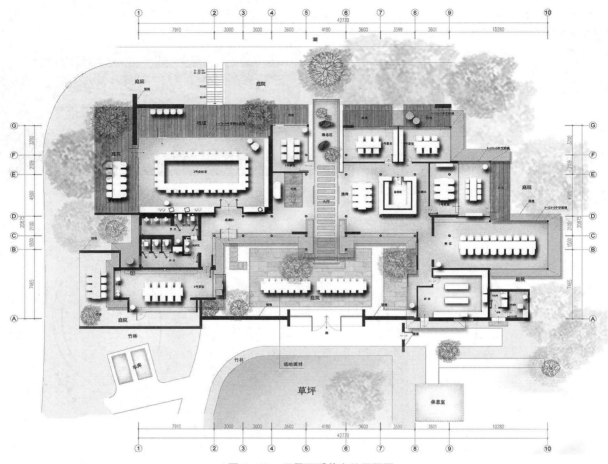

图 8-120　无界西溪茶室总平面图
(https://sjcheese.com)

图 8-121　无界西溪茶室入口玻璃盒
(https://www.163.com)

图 8-122　无界西溪茶室景观茶空间
(https://sjcheese.com)

图 8-123　无界西溪茶室餐厅
（https://www.163.com）

在中国香港东九龙海滨道公园中，由于公园位于工作者最为密集的观塘区，廊亭需要满足大量人群的休憩需求。因此，廊亭以弧形布局设置在北面边界位置，让公园向海滨打开，再配合茂密的乔木，包裹着公园的核心公共绿地。如此，既能过滤来自车道的嘈杂声，又能成为美丽而独特的景观。公园透过半开半掩的凉亭和栏栅，分隔出不同主题的空间：静态的观景园囿、户外休憩区和动态的健身园、多用途活动空间等，人们总能在这里找到属于自己的角落。另外，栏栅的布局疏密有致，访客穿梭游走于其间，仿佛观看一幅缓缓展开的自然风景画（图 8-124～图 8-127）。

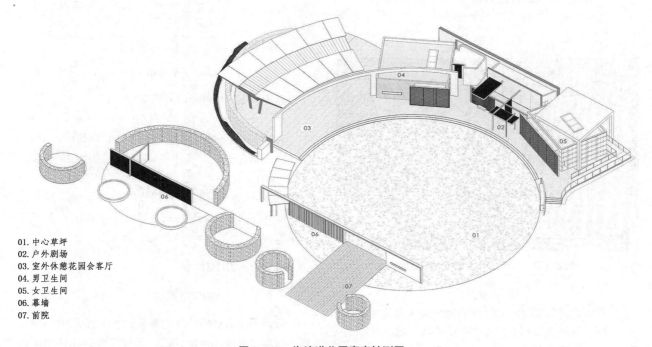

01. 中心草坪
02. 户外剧场
03. 室外休憩花园会客厅
04. 男卫生间
05. 女卫生间
06. 幕墙
07. 前院

图 8-124　海滨道公园廊亭轴测图
（https://www.gooood.cn）

图 8-125　海滨道公园廊亭实景
（https://mooool.com）

图 8-126　海滨道公园廊亭中的凉亭和栅栏
（https://www.gooood.cn）

图 8-127　海滨道公园廊亭座椅空间
（https://mooool.com）

再如雅安熊猫绿岛公园，结合当地传统建筑特征和雅安雨文化，设计具有标志性的"彩雨花廊"。夏日纳凉、雨季避雨，独具魅力的廊下空间深受市民的欢迎，廊下可进行各种文化休闲活动（图 8-128）。

图 8-128　雅安熊猫绿岛公园彩雨花廊
（http://www.landscape.cn）

8.3.5　游人容量

公园游人容量是指游览旺季高峰期时公园内的游人数。

公园游人容量是确定内部各种设施数量或规模的依据，也是公园管理中控制游人数量的依据。通过合理控制游人数量，可避免公园因超容量接纳游人而造成人身伤亡和园林设施损坏等事故，并为城市部门验证绿地系统规划的合理程度提供依据。

公园的游人量随季节、假日与平日、一日之中不同时段而变化。一般节日最多，游览旺季、星期日次之；旺季平日相对较少，淡季平日最少；一日之中游人量又有峰谷之分。确定公园游人容量以游览旺季的星期日高峰时为标准。

公园游人容量应按下式计算：

$$C = (A_1 / Am_1) + C_1$$

式中：C ——公园游人容量（人）

　　　A_1 ——公园陆地面积（m²）

　　　Am_1 ——人均占有公园陆地面积（m²/人）

　　　C_1 ——公园开展水上活动的水域游人容量（人）

其中，综合公园游人人均占有公园陆地面积应达到 30~60 m²/人。公园有开展游憩活动的水域时，水域游人容量宜按 150~250 m²/人进行计算。

8.3.6　用地比例

8.3.6.1　公园用地组成

公园用地面积包括陆地面积和水体面积，其中陆地面积应分别计算绿化用地、建筑、园路及铺装场地用地的面积及比例，公园用地面积及用地比例应按表 8-1 的形式进行统计。

表 8-1　公园用地面积及用地比例表

公园总面积/m²	用地类型		面积/m²	比例/%	备注
	陆地	绿化用地			
		建筑占地			
		园路及铺装场地用地			
		其他用地			
	水体				

表 8-2 综合公园用地比例

陆地面积 A_1/hm^2	用地类型	用地比例/%
$5 \leqslant A_1 < 10$	绿化	>65
	管理建筑	<1.5
	游憩建筑和服务建筑	<5.5
	园路及铺装场地	10~25
$10 \leqslant A_1 < 20$	绿化	>70
	管理建筑	<1.5
	游憩建筑和服务建筑	<4.5
	园路及铺装场地	10~25
$20 \leqslant A_1 < 50$	绿化	>70
	管理建筑	<1.0
	游憩建筑和服务建筑	<4.0
	园路及铺装场地	10~22
$50 \leqslant A_1 < 100$	绿化	>75
	管理建筑	<1.0
	游憩建筑和服务建筑	<3.0
	园路及铺装场地	8~18
$100 \leqslant A_1 < 300$	绿化	>80
	管理建筑	<0.5
	游憩建筑和服务建筑	<2.0
	园路及铺装场地	5~18
$A_1 \geqslant 300$	绿化	>80
	管理建筑	<0.5
	游憩建筑和服务建筑	<1.0
	园路及铺装场地	5~15

8.3.6.2 公园用地面积计算规定

（1）河、湖、水池等应以常水位线范围计算水体面积，潜流湿地面积应计入水体面积。

（2）没有地被植物覆盖的游人活动场地应计入公园内园路及铺装场地用地。

（3）林荫停车场、林荫铺装场地的硬化部分应计入园路及铺装场地用地。

（4）建筑物屋顶上有绿化或铺装等内容时，面积不应重复计算，可按表 8-1 的形式在"备注"中说明情况。

（5）公园内总建筑面积（包括覆土建筑）不应超过建筑占地面积的 1.5 倍。

（6）园路及铺装场地用地，在公园符合下列条件之一时，在保证公园绿化用地面积不小于陆地面积的 65% 的前提下，可按本规范表 8-2 的规定值增加，但增值不宜超过公园陆地面积的 3%。

① 公园平面长宽比值大于 3。

② 公园面积一半以上的地形坡度超过 50%。

③ 水体岸线总长度大于公园周边长度，或水面面积占公园总面积的 70% 以上。

[《公园设计规范》(GB 51192—2016)]

■ **讨论与思考**

1. 如何理解综合公园的概念？

2. 举例说明综合公园在城市绿地系统中的地位和建设意义。

3. 选择某个城市公园的实例，列出其主要分区及其相应的项目与活动内容。

4. 分析你觉得方案构思巧妙的综合公园案例,说明其构思的依据及方案推导过程。

5. 分析你所在城市的某个综合公园的功能分区、交通流线,说明其优点和不足之处。

6. 说明你熟悉的综合公园是如何合理利用场地现状进行园林要素规划设计的?对于位于山地的综合公园应当如何处理以解决高差影响?

7. 综合公园的用地比例指标与其他类型的公园绿地有哪些不同?

■ 参考文献

布思,1989.风景园林设要素[M].北京:中国林业出版社.

陈益峰,2007.现代园林地形塑造与空间设计研究[D].湖北:华中农业大学.

高成广,谷永丽,2015.风景园林规划设计[M].北京:化学工业出版社.

公安部,建设部,1989.停车场规划设计规则(试行)[Z].

胡长龙,2010.园林规划设计-理论篇[M].3版.北京:中国农业出版社.

李敏,童匀曦,李济泰,2020.国标编制相关的城市公园绿地主要规划指标研究[J].中国园林,36(2):6-10.

李铮生,金云峰,2019.城市园林绿地规划设计原理[M].3版.北京:中国建筑工业出版社.

马锦义,2018.公园规划设计[M].北京:中国农业大学出版社.

孙筱祥,胡绪渭,1959.杭州花港观鱼公园规划设计[J].建筑学报(5):19-24.

中华人民共和国住房和城乡建设部,2016.公园设计规范:GB51192—2016[S].北京:中国建筑工业出版社.

中华人民共和国住房和城乡建设部,2017.城市绿地分类标准:CJJ/T85—2017[S].北京:中国建筑工业出版社.

中华人民共和国住房和城乡建设部,2017.城市停车规划规范:GB/T51149—2016[S].北京:中国建筑工业出版社.

中华人民共和国住房和城乡建设部,2021.园林绿化工程项目规范:GB55014—2021[S].北京:中国建筑工业出版社.

周兆森,林广思,2021.抵抗设计排斥的城市公园包容性设计理论[J].风景园林,28(5):36-41.

朱兴彤,秦华茂,2009.浅谈中国国际绿化博览会主会场景观规划与设计[J].技术与市场,16(4):20-23.

9 居住用地附属绿地

【导读】 附属绿地(类别代码 XG)是指附属于各类城市建设用地(除"绿地与广场用地")的绿化用地,包括居住用地、公共管理与公共服务设施用地、商业服务业设施用地、工业用地、物流仓储用地、道路与交通设施用地、公用设施用地等用地中的绿地。

居住用地附属绿地是指在居住区域内,为了满足居民生活需求和提供良好的生活环境,规划和建设的绿化空间;通过科学合理的规划和设计,可以最大限度地利用有限的土地资源,提供丰富多样的绿地景观,为居民提供良好的生活体验。在进行居住用地附属绿地规划设计时,要充分分析居住用地的基础条件,根据不同绿地的特点进行设计。

9.1 知识框架思维导图

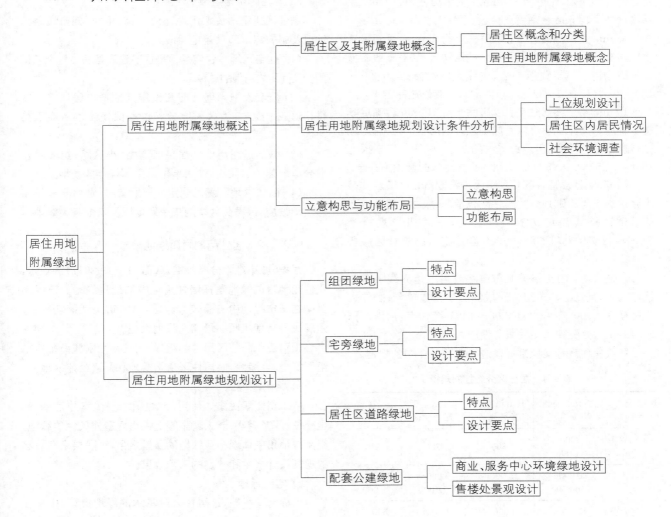

233

9.2 居住用地附属绿地概述

居住用地附属绿地是居住区的重要组成部分。居住区广泛分布在城市建成区中,居住用地附属绿地成为城市绿地系统点、线、面网络中面上绿化的主要组成部分。居住用地附属绿地是满足居民日常游憩活动和邻里交往的重要场所。

9.2.1 居住区及其附属绿地概念

9.2.1.1 居住区概念和分类

1) 居住区概念

城市居住区即城市中住宅建筑相对集中的地区,简称居住区(中华人民共和国住房和城乡建设部,2018)。

根据《城市居住区规划设计标准》(GB 50180—2018)中的规定,居住区按照居民在合理的步行距离内满足基本生活需求的原则,可分为 15 min 生活圈居住区、10 min 生活圈居住区、5 min 生活圈居住区、居住街坊四级。

15 min 生活圈居住区:以居民步行 15 min 可满足其物质与文化生活需求为原则划分的居住区范围;一般由城市干路或用地边界线所围合,居住人口规模为 50 000～100 000 人(17 000～32 000 套住宅),配套设施完善。

10 min 生活圈居住区:以居民步行 10 min 可满足其基本物质与文化生活需求为原则划分的居住区范围;一般由城市干路、支路或用地边界线所围合,居住人口规模为 15 000～25 000 人(5 000～8 000 套住宅),配套设施齐全。

5 min 生活圈居住区:以居民步行 5 min 可满足其基本生活需求为原则划分的居住区范围;一般由支路及以上级城市道路或用地边界线所围合,居住人口规模为 5 000～12 000 人(1 500～4 000 套住宅),配建社区服务设施。

居住街坊:由支路等城市道路或用地边界线围合的住宅用地,是住宅建筑组合形成的居住基本单元;居住人口规模在 1 000 人～3 000(3 00～1 000 套住宅,用地面积 2～4 hm²),并配建有便民服务设施。

各级居住区标准控制规模应符合表 9-1 中的规定。

表 9-1 居住区分级控制规模

距离与规模	15 min 生活圈居住区	10 min 生活圈居住区	5 min 生活圈居住区	居住街坊
步行距离/m	800～1 000	500	300	—
居住人口/人	50 000～100 000	15 000～25 000	5 000～12 000	1 000～3 000
住宅数量/套	17 000～32 000	5 000～8 000	1 500～4 000	300～1 000

根据中华人民共和国住房和城乡建设部 2018 年发布的《城市居住区规划设计标准》(GB 50180—2018)绘制。

2) 居住区分类

居住区按区位、地形地貌、建成时间、社会容纳度等分类方式,可分为表 9-2 所示的几种形式(刘丽雅,2017)。

表 9-2 居住区分类

分类依据	类型
区位	农村居住区
	城市/城镇居住区
	郊区居住区
地形地貌	平地居住区
	山地居住区
	滨水居住区
建成时间	新居住区
	旧居住区
社会容纳度	封闭式居住区
	开放式居住区

3) 居住区用地组成

居住区用地由住宅用地、配套设施用地、城市道路用地以及附属绿地四项用地组成。

(1)住宅用地 住宅用地是住宅建筑基底占地及其四周合理间距内用地的总称。

(2)配套设施用地 配套设施用地是与居住人口规模相对应配建的、为居民服务和供居民使用的各类设施用地。

(3)城市道路用地 居住区道路、小区路、组团路及非公建配建的居民小汽车、单位通勤车等停放场地。

(4)附属绿地 满足规定的日照要求、适合于安排游憩活动设施、供居民共享的集中绿地以及其他各类绿地。

9.2.1.2 居住用地附属绿地概念

根据《城市绿地分类标准》(CJJ/T 85—2017)的规定,居住用地附属绿地是指居住用地内的配建绿地。该绿地类型在城市绿地中占有较大比重,与城市生活密切相关,是居民日常使用频率最高的绿地类型。

相对应于居住区用地的组成,居住用地附属绿地包括组团绿地、宅旁绿地、居住区道路绿地和配套公建绿地。

1) 组团绿地

供本组团居民集体使用,为组团内居民室外活动、邻里交往、儿童游戏、老人聚集等提供良好室外条件的绿地。组团绿地集中体现小区绿地的质量水平,一般要求有较高的规划设计水平和一定的艺术效果。

2) 宅旁绿地

也称宅间绿地,是居住区最基本的绿地类型,多指在行列式建筑前后两排住宅之间的绿地,其大小和宽度决定于楼间距,一般包括宅前、宅后以及建筑物本身的绿化。它只供本幢楼居民使用,是居住区绿地内总面积最大、居民最经常使用的一种绿地形式,尤其适宜于学龄前儿童和老人。

3)居住区道路绿地

居住区道路绿地是居住区内道路红线以内的绿地,其紧邻城市干道,具有遮阴、防护、丰富道路景观等功能,一般根据道路的分级、地形、交通情况等进行布置。

4)配套公建绿地

配套公建绿地也称为专用绿地,是各类公共建筑和公共设施四周的绿地。其绿化布置要满足公共建筑和公共设施的功能要求,并考虑与周围环境的关系。

9.2.2 居住用地附属绿地规划设计条件分析

居住用地附属绿地规划设计除了要完成一般的场地调查分析内容外,还要重点注意以下几个方面的条件分析。

9.2.2.1 上位规划设计

居住用地附属绿地的上位规划设计主要指的是居住区的总体规划与设计;上位规划设计制约着居住用地附属绿地规划设计。居住区总体规划对项目风格也有界定,根据不同项目的不同受众,居住区开发商和策划方会通过种种途径,比如通过以往的经验、问卷调查、对成功案例的分析等,赋予项目适合特定消费人群的产品风格,具体包括建筑风格、景观风格以及项目的整体视觉形象等。项目风格的定位决定着居住用地附属绿地规划设计的方向,风景园林师必须在定位的风格基础上将景观设计予以整合、升华,而不是照搬照套。

在居住用地附属绿地规划设计中:第一,要了解居住区总体规划中建筑单体底层出入口位置及其与室外标高的衔接情况;第二,居住区总体规划中的室外地库、地下管线及其他地下构筑物也要在设计中考虑到,要充分考虑地下设施的埋深及覆土情况,也要考虑地库的各出入口分布位置情况,树木、建筑小品的安排不能与这些地下构筑物发生冲突;第三,居住区总体规划的消防要求要加以考虑,如道路绿地的规划设计往往要注意消防车的通行要求,具有消防通道要求的居住区道路宽度不能缩小,居住区中的消防登高场地等也要预留出来,不能作为绿化用地使用等。

在居住用地附属绿地规划设计之前,需要对甲方所提供的建筑规划总图、建筑单体详图、地库平面图等资料进行整理及汇总,理清绿地规划设计现场限制条件,从而依据这些基础条件绘制居住用地附属绿地规划设计总平面图,并满足以下条件(图9-1)。

(1)标出用地红线、居住用地附属绿地设计范围线、建筑控制线等。

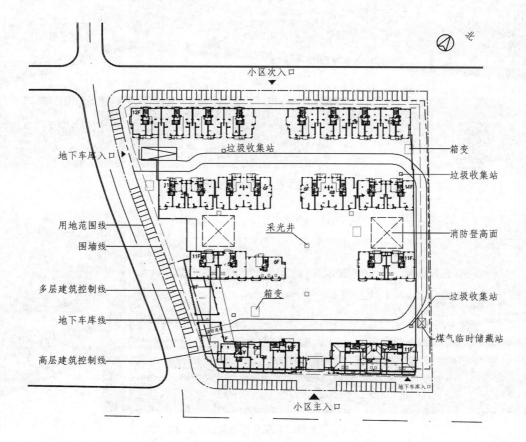

图9-1 设计依据总平面图

（2）一般甲方提供的规划总平面图中各个建筑单体位置为建筑屋面图,在居住用地附属绿地设计中无法确定各建筑出入口位置,因此需要用建筑底层平面图来替换规划总平面图中的各个建筑屋面图。

（3）标明室外地库的范围线及地库顶板标高,以及各地库出入口、采光井、通风口等在总平面图中的位置。

（4）标明影响居住用地附属绿地的其他地下设施的位置及深度情况。

（5）标明室外场地的规划竖向标高。

（6）标明车行道、消防通道及消防登高场地的位置。

（7）标明小区中室外配电箱、垃圾处理站等设置的位置。

（8）其他与居住用地附属绿地设计相关的标注,如保留现状树木位置等。

另外,场地分析阶段还有可能出现这样的类似情况:甲方并不是在居住区总体规划完全确定的情况下请风景园林师介入居住用地附属绿地设计,而是在居住区总体规划还没有定稿前请风景园林师介入,从而使得风景园林师有机会与居住区规划师进行互动,从居住用地附属绿地的角度对居住区总体规划提出调整意见,并使居住区总体规划与居住用地附属绿地设计有着更好的衔接。由于居住区开发商对绿化景观越来越重视,上述情况已经越来越普遍了,甚至请风景园林师主持居住区总体规划也开始出现（汪辉等,2014）。

例如,合肥文景雅居园小区,位于合肥九华山路与马鞍山路交叉口东南角,整个地块长约 500 m,宽约 120 m,组团绿地位于南北两排住宅楼间,为狭长的带状用地。风景园林师在小区建筑总体规划初稿阶段介入,在完成景观方案初稿时建议甲方对总体规划进行调整,把带状组团绿地最东侧的建筑取消,取消的建筑北侧住宅改为高层,以弥补所损失的建筑面积。通过规划调整,带状组团最东侧的绿地面积增大了,不但提升了小区局部的景观效果,相应地,所增绿地周边建筑的房价也提高了;整个小区的景观风格根据楼盘策划,采用简洁、明快、高雅的现代风格（图 9-2～图 9-4）。

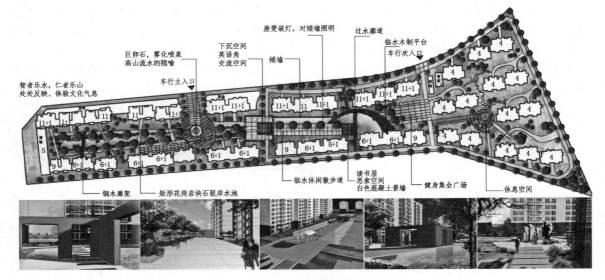

图 9-2　合肥文景雅居园小区初稿方案

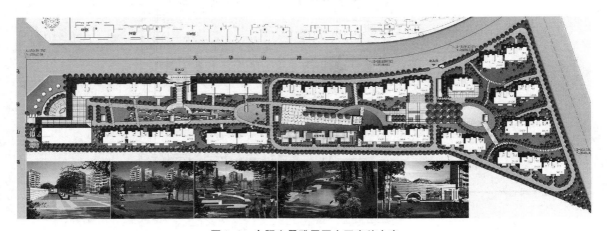

图 9-3　合肥文景雅居园小区定稿方案

图 9-4 合肥文景雅居园小区实景

9.2.2.2 居住区内居民情况

居民情况包括居民人数、年龄结构、文化素质、生活习惯等；居住用地附属绿地规划设计还要考虑居民的室外活动需求。根据居民的具体需求布置适当的活动设施，如儿童游戏场、健身场地、散步道、休息亭廊等。

9.2.2.3 社会环境调查

1）与地块有关的历史、人文状况

不同地区的人们有着不同的生活习惯和文化底蕴，居住用地附属绿地规划设计的风格可以融入不同地方的地域特征，使其更具地域性和独特性。

2）地块周边的环境

居住用地附属绿地规划设计应充分利用居住区周围有利的环境景观和生态因素，减少居住区周围不利环境的影响。

居住区周围可利用的景观生态因素包括：与居住区相毗邻的公共绿地、风景林地；在建成区边缘居住区附近的水体、山林、农田和近郊风景名胜区等。在居住区规划和附属绿地设计中，应使居住区内开放空间系统和周围这些有利的景观生态因素有机联系，有效改善居住区内的景观生态环境，形成居住区的景观特色（常俊丽等，2012）。

9.2.3 立意构思与功能布局

9.2.3.1 立意构思

立意构思是设计者根据地块的功能需要、艺术要求、环境条件等因素，经过综合考虑所产生的总设计意图。居住用地附属绿地规划设计立意构思的来源众多，常见的立意构思来源有以下几点。

1）居住区楼盘总体规划与策划

居住区的总体规划与策划是居住用地附属绿地规划设计的上位规划，为附属绿地规划设计框定了大体的方向、定位、风格与主题，附属绿地规划设计就是在这些框定内容下所进行的具体形象深化与表现。

例如，合肥江南书苑小区楼盘策划为"名君家园"，居住用地附属绿地景观设计以"君子"为主题，以"君子之交淡如水"的比德思想为切入点，注重对水景的多种运用。一方面隐喻了名君家园的居住者似"水"般的文化品位与审美情趣,另一方面又丰富了景观空间,表达了山水诗画的美学意境。此外,居住用地附属绿地景观在综合运用现代景观设计手法的同时,还借鉴传统的筑山理水、建亭造桥等造园手法,形成了江南特色的小桥流水景观,从而创造出宁静温馨、自然风雅的江南文化书苑人居环境(图9-5~图9-7)。

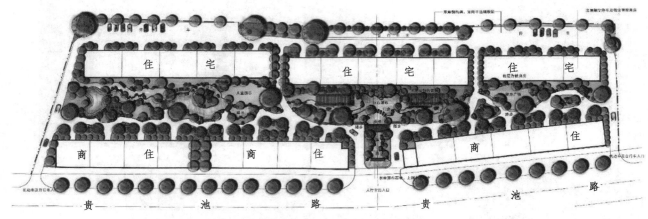

图 9-5　合肥江南书苑小区景观总平面图

图 9-6　合肥江南书苑小区实景一

图 9-7　合肥江南书苑小区实景二

再如扬州市新能源美琪月亮家园小区的设计构思直接来源于该小区的策划主题"月亮文化",因此小区附属绿地景观规划的构思定位为:以植物、水体、石、木等自然材料为主,通过园林布局手法,创造出如月亮般纯洁、高雅、宁静、温馨的生态文化家居环境。整个小区以中心组团绿地为设计主体,以"明月""花月""朗月""圆月"四个组团为辅助,形成众星拱月的景观结构。中心组团除入口广场外均采用自然式的园林布局,以小品刻画为主,通过水边的密林、疏林草地、石质驳岸、水生植物和岛屿等元素来创造出生机勃勃的生态小环境,将月亮素材如荷塘月色等加入其中,获得丰富的园林景观效果。其余四个组团中"花月"用规整式布局以反映繁华、绚丽等特性,"明月"典雅流畅,"朗月"开敞,"圆月"大气自然(图9-8)。

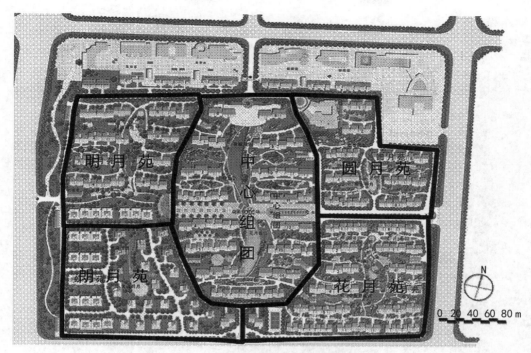

图 9-8 扬州月亮家园小区主题景观布局

2) 居住区所在地区文化背景

居住用地附属绿地规划设计可以针对当地的文化资源进行立意构思与景点设置,从而设计出特色鲜明的绿地景观。

例如扬州市蜀岗景宸小区景观将盆景文化、画舫文化、园林文化、诗文绘画等扬州当地文化资源巧妙地融入造景之中,打造出具有扬州地域文化特色的园林景观。在具体的造园手法上,运用山水、建筑、花木、陈设、诗文、绘画、雕刻等要素营造出意蕴深邃的江南文人园林,使人从中感受到安适悠闲、情趣高雅、亲近自然的"城市山林"景观(图 9-9~图 9-13)。该居住区分为 6 个景观立意构思分区,如表 9-3 所示。

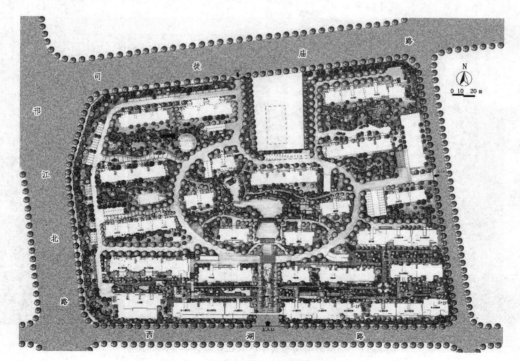

图 9-9 扬州蜀岗景宸小区景观总平面图

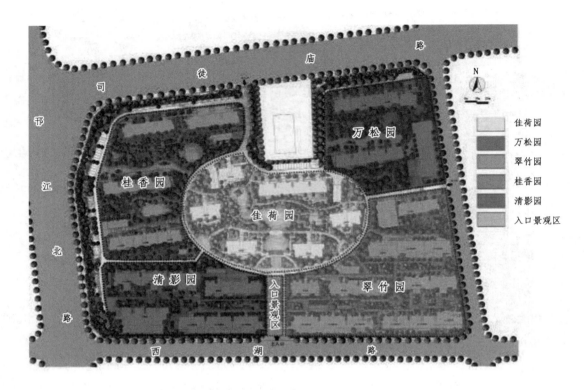

图 9-10　扬州市蜀岗景宸小区景观立意构思分区

图 9-11　扬州市蜀岗景宸小区入口景观区平面和效果图

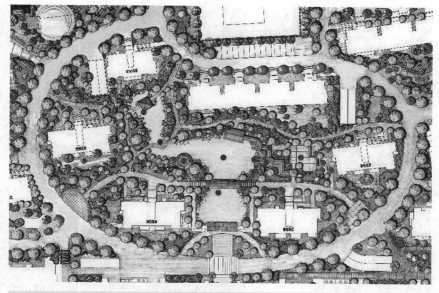

图 9-12 扬州市蜀岗景宸小区佳荷园平面和效果图

表 9-3 扬州市蜀岗景宸小区景观立意构思分区

分区名称	意境	空间形态特色	功能	景点
入口景观区	小桥流水人家	清雅野趣	入口对景渲染氛围	平桥、清溪、盆景
佳荷园（中心景区）	香远益清，碧波映天	自然之风，湖光山色	社区活动，健身休闲，儿童玩耍	五亭桥、静心亭、芙蓉台、藕香榭、熙春台、荷花水湾、曲廊环翠、扬州画舫
清影园	摇到四桥烟雨里，拨开一片水云天	院落空间，水曲巷深，借池水扩展空间感	安静休息	月观台、幽兰亭、翠云廊、曲池潆洄、片石假山
翠竹园	小桥流水人家	竹院空间	静思悟道	枯山水、花露幽居、梧竹幽居、清泉暗涌
桂香园	桂子花开，十里飘香	开敞空间，微地形起伏，空间变化丰富	集会锻炼，休闲娱乐	素香院、花影院、桂香廊、白石曲径、花簇园亭
万松园	夕阳无限好，只是近黄昏	微地形变化，道路自然穿插，形成丰富有趣的休闲漫步活动空间	安静休息，老人益智活动，休闲，散步	遛鸟林、丹枫院、弈趣广场、流觞亭台、松鹤延年、绚秋院

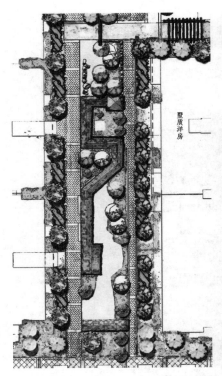

图 9-13　扬州市蜀岗景宸小区清影园平面和效果图

3) 居住区的人文和自然等要素

居住用地附属绿地规划设计要以意化景,以景生情,激发住户的"审美快感",并在附属绿地这一"感应场"里"情景交融"。居住用地附属绿地与一般城市公共绿地的区别在于它服务的对象基本上是小区的居民,更接近居民的日常生活。因此,居住用地附属绿地的规划设计要做到以人为本,其立意构思与主题要紧扣住户需求,尽量满足他们身体和精神的需要,引起其情感共鸣。

例如,南京摄山星城小区一期项目前期景观立意构思的指导思想是"摄山脚下,景观融入生活的生态型休闲社区"。根据这一思想,对住区四个分区的景观分别加以定位(图9-14～图9-18)。

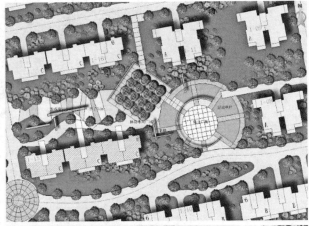

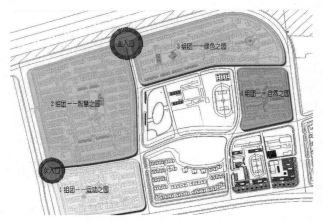

图 9-14　南京摄山星城小区一期项目前期景观立意构思分区平面图　　　**图 9-15　南京摄山星城小区一期运动之园平面和效果图**

图 9-16 南京摄山星城小区一期智慧之园平面和效果图

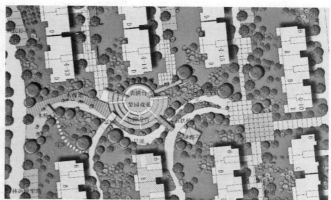

图 9-18 南京摄山星城小区一期自然之园平面和效果图

图 9-17 南京摄山星城小区一期绿色之园平面和效果图

再如广州大一山庄小区，项目名曰"大一"，意在追求天人合一、天道归一之境界——大之加一谓之"天"，大之减一谓之"人"。因此，在项目的定位上，便有"此景只应天上有，落入人间为仙境——诗意人间"的立意。结合项目定位、甲方需求以及场地资源等情况，经过思想的碰撞和感悟，承袭项目之初"水、月、层、云"和"道法自然"的理念，表现"水、月、层、云、林、艺、奇、然"的景观意向。项目方案以《桃花源记》为引子，在意境、文化、精神方面进行完美的升华，形成了规划的立意构思：水月云天·桃花源——天上人间（图9-19～图9-21）。

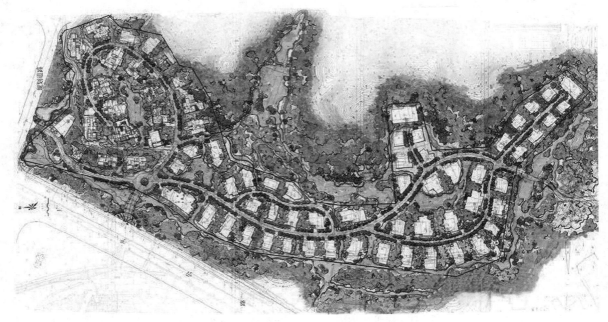

图 9-19 广州大一山庄景观总平面图

(https://mp. weixin. qq. com)

图 9-20 广州大一山庄景观鸟瞰图

(https://mp. weixin. qq. com)

图 9-21 广州大一山庄实景

(https://mp. weixin. qq. com)

9.2.3.2 功能布局

功能布局是在基地分析、设计立意、功能分区确定的条件下进行的规划。居住用地附属绿地的功能区主要包含以下几种。

（1）入口景观区 常位于居住区的主入口处，既是居住区景观序列开始的标志，又是城市街道中具有特色和吸引力的景观节点之一，起到增强识别性、领域性和归属感的重要作用，是分隔居住区内外空间的重要节点。

（2）中心绿地区 常位于靠近居住区中心的区域，绿地面积通常较大，景观设施较为齐全，能够满足居民的多种需求。

（3）儿童活动区 主要设置一些儿童活动的器具和设施，便于居住区中的儿童就近前来玩耍。

（4）老年活动区 主要设置一些健身器材和休息停靠的设施，满足老年人日常休憩健身的需要。

（5）健身运动区 设置内容主要为运动场地和健身器材等设施，满足居住区居民对于体育运动的需求。

（6）安静休息区 常零散地布置在居住区中，为居民提供日常游憩和休息的场所。

例如南京江宁万欣公寓花园，景观设计充分考虑居住区中不同年龄层次居民的活动特点与心理需求，通过益智区、健身区、娱乐区的有机联系，使得整个居住环境和活动场所做到少有所乐、中有所适、老有所属，创造出一个人文荟萃、生机盎然，凝聚高品位和精彩生活的社区（图 9-22）。

再如盐城翰香花园小区位于风景优美的盐城市中心，景观设计以时尚健康为主线，注重绿脉、文脉、人脉的结合，融功能、景观、文化于一体，创造出一个居民心目中的"理想家园"与"生活氧吧"（图 9-23～图 9-29）。

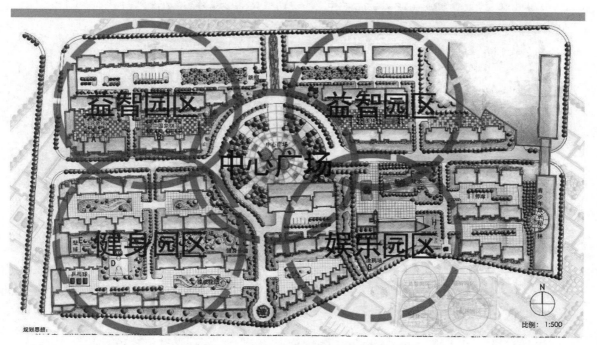

图 9-22 南京江宁万欣公寓花园功能分区图

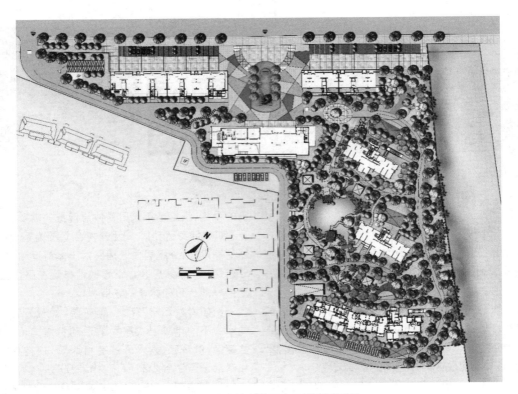

图 9-23　盐城翰香花园小区景观平面图

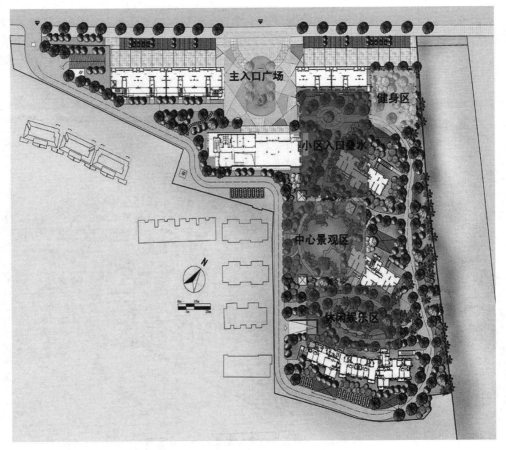

图 9-24　盐城翰香花园小区功能分区图

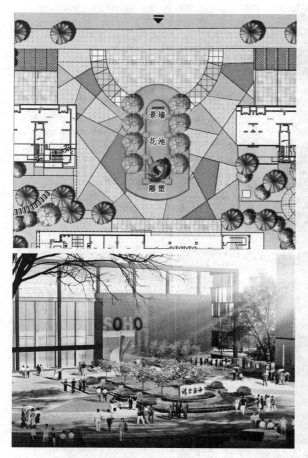

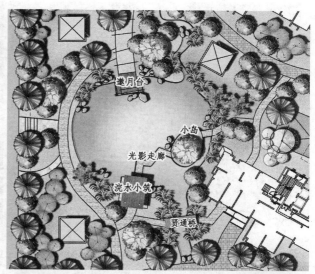

图 9-25 盐城翰香花园小区主入口广场区平面和效果图

图 9-26 盐城翰香花园小区中心景观区平面和效果图

图 9-27 盐城翰香花园小区入口叠水区平面和实景

247

图 9-28　盐城翰香花园小区休闲娱乐区平面和效果图

图 9-29　盐城翰香花园小区健身区平面和实景

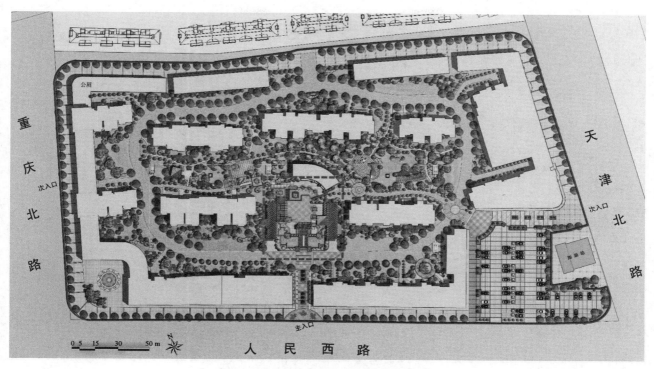

图 9-30　沭阳江南枫景小区景观总平面图

9.3　居住用地附属绿地规划设计

9.3.1　组团绿地

9.3.1.1　特点

组团绿地通常是结合居住建筑组团布置的,常位于居住区较为中心的位置。服务对象是组团内居民,主要为老人和儿童就近活动、休息提供场所。有的小区不设中心游园,而以分散在各组团内的绿地、路网绿化、专用绿地等形成小区绿地系统。组团绿地一般规模较大,功能较综合,娱乐休憩设施齐全,有时也可设计水景,丰富空间内容。

9.3.1.2　设计要点

(1) 组团绿地出入口、园路和活动场地要与周围的居住区道路布局相协调。

(2) 绿地内要有一定的硬质活动空间,满足小区居民活动和交流的需求,同时要设置儿童活动场地,并结合场地现状设置休憩坐凳和少量结合休憩功能的小品。

(3) 避免在距离住宅较近范围内种植较多的树木,以防影响室内采光通风,但也应通过适当的绿化降低活动场地与住宅间的相互干扰(胡长龙,2010)。

例如,江南枫景小区位于宿迁市沭阳县中部,东邻天津北路,西邻重庆北路,南邻人民西路,总用地面积为58 800 m²。小区中心景观区主要由"枫桥月夜""跌水小隅""影荫广场"三个功能空间组成,通过三处不同的空间形态,形成各具文化特色、连续而丰富的序列空间(图 9-30～图 9-32)。

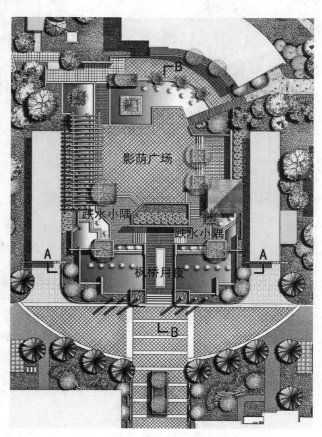

图 9-31　沭阳江南枫景小区中心景观平面图

249

图 9-32　沭阳江南枫景小区中心景观鸟瞰图

图 9-33　成都青秀阅山小区中心绿地一
（https：//mp. weixin. qq. com）

　　再如成都青秀阅山小区，总用地面积为 83 632 m²。以峡谷、河谷等四川喀斯特标志景观作为设计启示。以一条拉链式"峡谷"将园区各个独立空间串联，构成小区主要道路框架。中心绿地被建筑分成两部分：一部分以结合儿童活动功能的草坪为主，为空间赋予生命力；另一部分则以结合地形设计的跌水景观为中心，加以构筑物点缀，打造安然闲适的生活环境（图 9-33～图 9-36）。

图 9-34　成都青秀阅山小区中心绿地二
（https://mp. weixin. qq. com）

图 9-35　成都青秀阅山小区中心绿地儿童活动区
（https://mp. weixin. qq. com）

图 9-36　成都青秀阅山小区中心绿地跌层水景
（https://mp. weixin. qq. com）

再如广东佛山华侨城·天鹅堡小区中心绿地,是小区居民的主要室外活动场所。中心绿地景观设计模拟自然,以山谷为脉络,以森林为媒介,将这些大自然元素融于场地当中,打造多层次立体森林山水社区。该中心绿地主要由入口"山谷层"、跌水"溪流层"、泳池"湖泊层""森林层"和"空中云廊层"几个部分组成(图9-37～图9-41)。

9.3.2　宅旁绿地

9.3.2.1　特点

宅旁绿地是住宅内部空间的延续和补充,它不像组团绿地那样具有开放的空间和较强的娱乐、游赏功能。宅旁绿地的空间开敞性较弱,硬质铺装面积较小,但与居民日常生活起居息息相关,具有浓厚的生活气息,能够使现代住宅单元楼的封闭感得到较大程度的缓解,便于开展以家庭为单位的私密性活动和以宅间绿地为场所的社会交往活动都能得到满足。

9.3.2.2　设计要点

(1) 结合住宅类型及平面特点、建筑组合形式、宅前道路等因素进行布置。创造宅旁的庭院绿地景观,区分公共与私人空间领域。

图 9-37　佛山华侨城·天鹅堡小区景观总平面图
（https://mp. weixin. qq. com）

图 9-38 佛山华侨城·天鹅堡小区景观顶视图
（https://mp. weixin. qq. com）

图 9-39 佛山华侨城·天鹅堡小区跌水
（https://mp. weixin. qq. com）

图 9-40 佛山华侨城·天鹅堡小区水景
（https://mp. weixin. qq. com）

图 9-41 佛山华侨城·天鹅堡小区"空中云廊层"
（https://mp. weixin. qq. com）

（2）应体现住宅标准化与环境多样化的统一。依据不同的建筑布局做出宅旁及庭院的绿化规范设计。

（3）植物配置应依据地区土壤与气候条件、居民的喜好和景观变化的要求；同时，也应尽力创造特色，使居民产生归属感。

例如，淮北巴黎印象小区的宅旁绿地以植物造景为主，通过植物的精心搭配形成优美的景观。宅间及其他开放空间还考虑了停车的便利性，停车场采用嵌草铺装，既经济又生态，同时嵌草铺装上尽量植以大树，以形成遮阴效果并加大小区的绿量（图9-42、图9-43）。

再如重庆金科九曲河大区景观，凭借对山水城市文脉与建筑美学的深切思考，以"行云"为灵感，以白色极简风

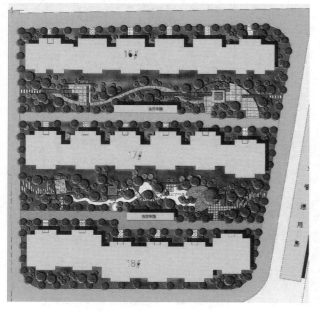

图 9-42 淮北巴黎印象小区景观总平面图

图 9-43 淮北巴黎印象小区宅旁绿地鸟瞰图

格为基调,打造出结合现代语汇与传统美学思想的都市新山水园林,用现代化的设计手法诠释东方美学的生活场景。设计通过材质的色彩对比,结合雾森与多彩林荫,营造出蓝天高空、云层之上的氛围;用线条引导,搭配纯白色景墙与湛蓝的水景,奠定了整个空间的色彩基调,同时将轻松灵动的线条转折与周围植物巧妙融合,以白色碰撞常青树的绿色、变叶木的彩色,形成清新、自然之感,并配以镜面水景,更显景观的丰富层次。在宅间小花园中,流畅简洁的线条分隔空间,打造出休憩停留场所(图9-44、图9-45)。

再如长沙龙湖·春江郦城展示区景观秉承"出则繁华、入则宁静"的设计理念,通过大众共享的方式,让人与自然亲密接触,意在营造新型睦邻关系的社区空间。宅旁绿形成一条开放、静谧的通道;通过流畅的园路曲线,层次丰富的植物组团造景,形成现代、静谧的活动场所,为使用者提供停留与休憩的空间。同时,通过景观植物的围合、多层次造景,营造了一个开放、绿色的户外会客厅,为居住者提供丰富多样的停留交谈空间,带来自在、惬意的使用感受(图9-46)。

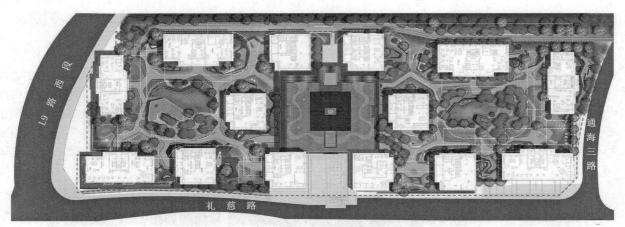

图9-44　重庆金科九曲河大区景观总平面图
(https://www.kinpan.com)

图9-45　重庆金科九曲河大区宅旁绿地实景
(https://www.kinpan.com)

图9-46　长沙龙湖·春江郦城宅旁绿地实景

9.3.3　居住区道路绿地

9.3.3.1　特点

居住区道路绿地也是居住区绿化系统"点、线、面"结构中"线"的部分，它起到对空间的连接、导引、分割、围合等作用，连接居住区公共绿地、宅旁绿地等各类绿地。

根据居住小区的规模和功能要求，可将居住小区道路分为居住小区主干道、居住小区宅间路、居住小区游步道三级，道路绿化应和各级道路的功能相结合。

9.3.3.2　设计要点

1）居住小区主干道

居住小区主干道为居住小区的主要道路，除人行外，车行也比较频繁，道路宽度一般需 7～9 m，通常与消防通道相结合（图 9-47）。小区主干道中行道树的栽植要考虑遮阳与交通安全，在交叉口及转弯处要依据安全三角视距要求，保证行车安全。视距三角内不能选用体型高大的树木，只能用不超过 0.7 m 高的灌木、花卉与草坪等。主干

道路面宽阔，可选用体态雄伟、冠幅大的乔木。可使干道绿树成荫，但要考虑不影响车辆通行。行道树的主干高度取决于主干道路的性质、与车行道的距离和树种的分枝角度，距车行道近的可定为 3 m 以上，距车行道远、分枝角度小的则不要低于 2 m。在人行道和居住建筑之间，可多行列植或丛植乔灌木，以草坪、灌木、乔木形成多层次复合结构的带状绿地，起到防尘、隔音的作用（汪辉等，2014）。

2）居住小区宅间路

居住小区宅间路以通行自行车和人行为主，绿化与建筑的关系较为密切。一般道路宽度为 2.5～4 m，大部分情况下不需要设置专门的人行道（图 9-48），绿化多采用开花灌木。

3）居住小区游步道

居住小区游步道一般宽度为 1～2 m，它是住宅建筑之间连接各住宅入口的道路（图 9-49）。游步道把宅间绿地、公共绿地结合起来，形成一个相互关联的整体，其绿化景观与建筑的关系较为密切。游步道绿化种植可以适当后退 0.5～1 m，以便发生突发状况时急救车和搬运车驶入（丁慧君等，2020）。

图 9-47　居住小区主干道

图 9-48　居住小区宅间路

图 9-49　居住小区游步道

另外,居住区道路绿地行道树应结合道路绿地的走向进行合理的布置,例如东西向的道路绿地在配置行道树时应注意乔木对绿地和居住建筑日照、采光和地面遮阴的影响;针对南北向的道路绿地,南方一般以常绿树种作为行道树(胡长龙,2010)。

9.3.4 配套公建绿地

在居住区公共建筑和公共用地内的绿地,由各使用单位管理,按各自的功能要求进行绿化布置。这部分绿地也称为配套设施用地绿地,具有改善居住区小气候、美化环境、丰富居民生活等作用,也是居住用地附属绿地的组成部分。

9.3.4.1 商业、服务中心环境绿地设计

居民日常生活需要就近购物场所,如日用小商店、超市等,也需理发、洗衣、储蓄、寄信等服务。居住小区的商业、服务中心是与居民生活息息相关的场所,其绿化设计可以规则式为主,留出足够的活动场地,摆放一些简洁耐用的坐凳、果皮箱等,便于居民使用;节日期间可摆放盆花,以增加节日气氛。

例如,南京紫御东方小区商业广场景观设计呼应楼盘建筑风格,营造雅致的新古典主义园林风格,景观的造型、材质与楼盘建筑形成和谐统一的整体(图9-50、图9-51)。

9.3.4.2 售楼处景观设计

售楼处景观的主要功能是配合楼盘销售展现居住区的整体形象气质,其设计与营建在楼盘销售之前。售楼处景观大致有如下特点与设计要点。

(1)展示性 售楼处景观是整个小区景观形象的代表,人们在看不到未来小区实景之前,只能通过售楼处景观来体验与感受楼盘的景观品质,其景观设计必须精细并具有高品质、有特色。

(2)协调性 售楼处景观作为未来整个小区景观的展示窗口,其风格应与未来整个小区景观风格相协调统一。

(3)时效性 售楼处景观是临时的,完成售楼任务后需要拆除。有些售楼处景观在完成售楼任务后被保留,转换功能和使用方式,成为小区景观的一部分。因此,售楼处景观设计需要根据实际情况做出相应处理。

(4)尺度及规模较小 售楼处景观往往空间有限、面积较小,场地空间受制约因素较多,因此要重视细节设计;可以采用"小中见大"的空间处理手法。

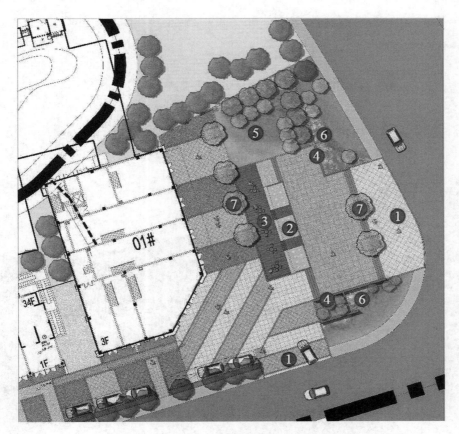

图9-50 南京紫御东方小区商业广场景观平面图

255

图 9-51　南京紫御东方小区商业广场景观鸟瞰图

（5）提供室外洽谈的场所　售楼处承担着接待与楼盘销售洽谈的功能,因此,需要在售楼处花园中创造休憩、停留空间,为客户与销售人员营造宁静、舒适、优美的洽谈环境。

例如,南京名城世家小区售楼处花园空间有限,占地面积还不到 300 m²。根据楼盘景观策划与整个小区景观展示及使用功能需求,售楼处花园营造出宁静优美的休憩、停留空间供客户与销售人员使用(图 9-52~图 9-54)。

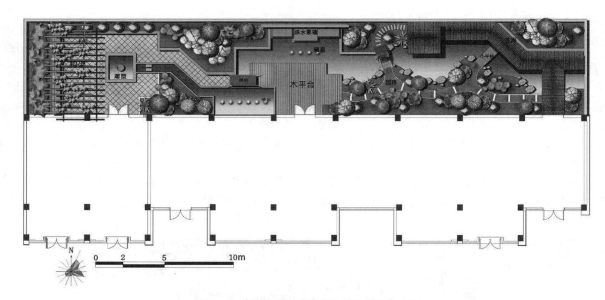

图 9-52　南京名城世家小区售楼处花园平面图

图 9-53　南京名城世家小区售楼处花园鸟瞰图

图 9-54　南京名城世家小区售楼处花园实景

■ **讨论与思考**

1. 什么是居住用地附属绿地？它包括哪些类型？

2. 举例说明不同地区的居住用地附属绿地规划设计有什么差异？如何根据地方特色来营造居住区的植物景观？

3. 居住区绿化树种应如何选择？适于居住区地库顶板上种植的绿化树种有哪些？

4. 试着查找你所在城市的居住用地附属绿地建设标准都有哪些指标。

■ **参考文献**

常俊丽,娄娟,2012. 园林规划设计[M]. 上海:上海交通大学出版社:108.

丁慧君,刘巍立,董丽丽,2020. 园林规划设计[M]. 长春:吉林科学技术出版社:117.

胡长龙,2010. 园林规划设计-理论篇[M]. 3版. 北京:中国农业出版社:330.

刘丽雅,2017. 居住区景观设计[M]. 重庆:重庆大学出版社:5.

倪文峰,2020. 高层住宅消防登高场地景观化设计探讨[J]. 城市住宅,27(1):191-192.

汪辉,吕康芝,2014. 居住区景观规划设计[M]. 南京:江苏科学技术出版社:82.

中华人民共和国住房和城乡建设部,2018. 城市居住区规划设计标准:GB 50180—2018[S]. 北京:中国建筑工业出版社.

10　单位附属绿地

【导读】　单位附属绿地是城市绿地中附属绿地（XG）的一种，指专属某一部门或某一单位的绿地，如机关、学校、医院、工矿、企事业单位等附属绿地，一般不对外开放。

本章所涉及的单位附属绿地主要包括公共管理与公共服务设施用地附属绿地（类别代码 AG）、商业服务业设施用地附属绿地（类别代码 BG）、工业用地附属绿地（类别代码 MG）等。依据所依附的用地功能用途不同，又可归类总结为行政办公用地附属绿地、文化设施用地附属绿地、教育科研用地附属绿地、体育用地附属绿地、医疗卫生用地附属绿地、商业服务业设施用地附属绿地、工业用地附属绿地七种类型。

10.1　知识框架思维导图

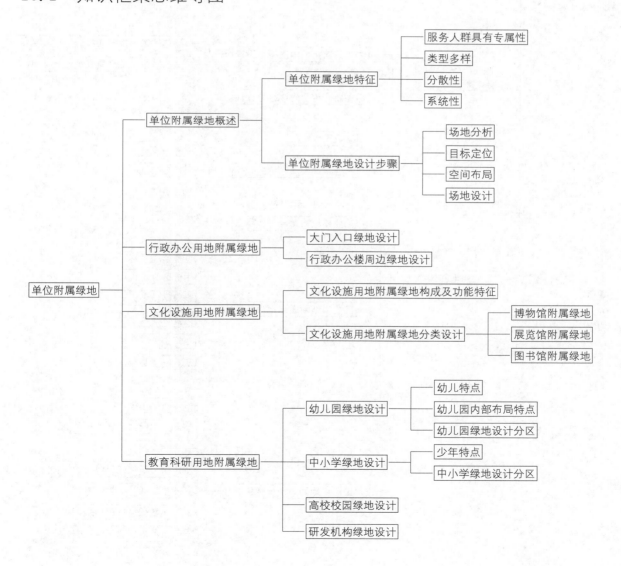

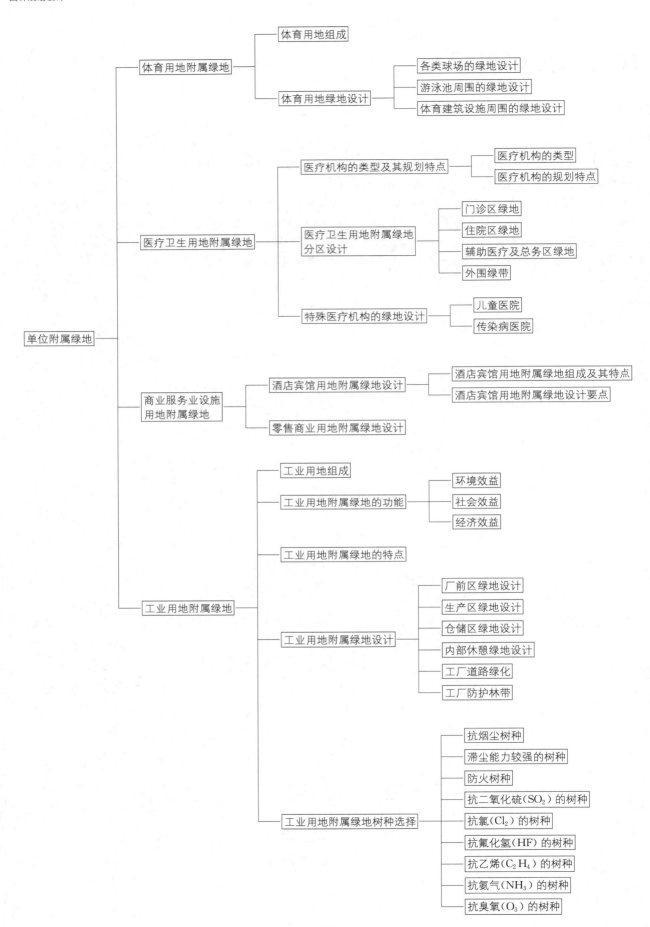

10.2 单位附属绿地概述

10.2.1 单位附属绿地特征

附属绿地具有从属性的特征，其布局、功能等受制于所依附用地的建筑布局和用地性质。单位附属绿地依据其所在单位性质不同而具有各自的特色，但从属性的共性特征依然存在。除此之外，单位附属绿地还具有以下几个特征。

10.2.1.1 服务人群具有专属性

从总体上看，单位附属绿地主要服务于特定的对象，其公众性不强。少数具有社会服务功能的单位类型，如医疗、文化设施等单位，其附属绿地则具有一定的公众性，但整体而言单位附属绿地还是以专属性为主要特征。

10.2.1.2 类型多样

因单位属性不同，各单位附属绿地在设计原则及主要功能等方面也不完全相同。依据城市用地划分，有行政办公、文化设施、教育科研等多种类型的单位。

10.2.1.3 分散性

单位附属绿地受上位设计影响较大，建筑及道路将单位内部绿地分割得比较零散，导致各绿地设计内容存在差异，相对而言分散性较大。

10.2.1.4 系统性

尽管单位附属绿地具有分散性，但由于其内部人员的日常等工作活动，场地的入口、中心活动区域、场地外围等相互关联，具有一定的系统性。

10.2.2 单位附属绿地设计步骤

因受单位附属绿地的从属性特征制约，其设计方法和普通城市绿地有不同之处，主要表现在场地分析时要识别出上位设计的空间秩序，以及因单位性质的不同而产生的功能差异等。单位附属绿地的设计可以遵循下列步骤：

10.2.2.1 场地分析

场地分析主要包括自然环境特征分析，包括区位、自然环境条件等；除此之外，还需进行场地上位设计分析，如识别场地上位规划设计所形成的潜在的空间秩序和功能流线、建筑风格等。

10.2.2.2 目标定位

绿地目标定位依据类型不同而异，整体以体现所属单位的性质特色为目标，力求在绿地建设中融入文化内涵，

展现所属单位独特的景观风格，提升单位对外形象，常见目标定位有"花园式""园林式"等。

10.2.2.3 空间布局

遵循原有上位规划，在此基础上进行适当微调，优化场地内部交通流线。依据所处地块周边环境的影响要素，合理安排绿地功能，确定绿地分区，完善整体空间布局。

10.2.2.4 场地设计

在完成上述设计步骤后，依据绿地地块所确定的功能及内部活动需求，完成场地设计方案。

10.3 行政办公用地附属绿地

行政办公用地主要是指行政管理机构和设施的用地。这些用地的附属绿地通常都是为了美化环境，消除外界干扰，提升工作环境，为内部人员提供休息、娱乐的场所。由于行政部门的类别不同、规模不同，大到国家政府机关，小到局属机关，其绿化形式和绿化投入也有所差异，但是，其绿地规划设计原则基本上是一致的。

10.3.1 大门入口绿地设计

行政办公机构的入口景观代表其形象，入口处的绿地是设计重点，绿化设计要与大门的形式及色彩等统一考虑，形成特色。一般大门两侧采用规则式种植，树种以树冠整齐、耐修剪的常绿树木为主，最好与大门的尺度形成反差，以示强调。周围的围墙尽量采用通透式，采取垂直绿化，使得墙内外绿化联成一体。

10.3.2 行政办公楼周边绿地设计

行政办公楼周边绿地对办公楼起装饰和衬托作用。装饰性绿地最好以草坪为基调，配植一些珍贵的、树形舒展的开花小乔木以及开花繁多的花灌木（图 10-1、图 10-2）。要

图 10-1 行政办公机构外部环境一

图 10-2　行政办公机构外部环境二

图 10-3　南京市图书馆外部绿地

注意树木的种植位置不要遮挡建筑的主要立面,而且树形应与建筑相协调,以衬托和美化建筑。楼前的基础种植从功能上看,能将行人与楼下办公室隔离,保证室内的安静;从环境上看,楼前的基础种植是办公楼与楼前绿地的衔接和过渡,因此,植物种植宜简洁、明快,多用绿篱和较整齐的花灌木,以突出建筑立面及楼前装饰性绿地,并要注意不影响室内的通风和采光。

若是行政办公机构内部有较大面积的绿地,还可以考虑设计一个庭院绿地,并结合机构的性质和功能进行立意构思,使庭院景观富有个性。因此,绿化时要做到体现时代气息和地方特色,植物选择要做到适地适树,植物配置错落有致、层次分明、色彩丰富。总之,要通过绿地设计为行政办公人员提供幽雅、清新、整洁的工作和休息环境。

10.4　文化设施用地附属绿地

文化设施用地是指图书馆、展览馆等公共文化活动设施用地。博物馆、展览馆、图书馆等主要是广大市民、游客参观、游览和学习的地方,人流比较集中,针对性较强。此类附属绿地规划设计根据不同的场地,设计形式有所不同。

10.4.1　文化设施用地附属绿地构成及功能特征

文化设施用地附属绿地主要是设施周围的外部空间绿地,内部绿地一般较少。绿地主要是为广大市民和游客提供优良的游览、学习场所,便于人员的集散、提供休息空间(图 10-3)。

10.4.2　文化设施用地附属绿地分类设计

10.4.2.1　博物馆附属绿地

博物馆附属绿地要注意博物馆本身的性质,也就是陈列物品的种类、时代等,同时结合其建筑主体的风格而设计。通常参观博物馆的人流量大,其绿地设计要考虑人群的集散,通常在博物馆门前设置小型广场,周围种植高大

乔木,配置一些花灌木,形成绿色景观空间。植物种植要考虑到博物馆的通风和采光,利于游客观赏和藏品保存。

10.4.2.2　展览馆附属绿地

展览馆的展览物品经常发生变化,观赏人群也会相应改变。其绿地的规划设计总体上采取以不变应万变的形式,局部可以采用可移动的绿化方式,如采用花盆、花架等。设计时还要考虑游览人员休息空间的设置,创造美好的观览环境。展览馆通常要开辟出一块场地,方便展览物品的运送,可以在其周围设置一些整形绿篱作为隔离带。

10.4.2.3　图书馆附属绿地

图书馆附属绿地要考虑为其使用者提供看书、学习的场所。图书馆附属绿地设计旨在创造安静、优美的环境,可种植一些大乔木,树下设置一些坐凳,布置一些花坛、花架等。图书馆绿地周围要设置隔离带,避免外界对图书馆内部形成干扰。有条件的地方,可以在图书馆内部设计小型的庭院绿地,布置些园林景观小品,丰富图书馆绿地的景观效果,给图书馆提升环境,增添魅力。

10.5　教育科研用地附属绿地

教育科研用地附属绿地主要是指校园园林绿地。根据使用者年龄的不同和不同教育和科研单位阶段的要求,可以把教育科研用地附属绿地规划分为四个类型:幼儿园绿地、中小学绿地、高校绿地和研发机构绿地。

10.5.1　幼儿园绿地设计

10.5.1.1　幼儿特点

幼儿园是对 3~6 岁幼儿进行学前基础教育的机构。这个时期的幼儿具有十分明显的特点。

(1)可塑性大,生长发育快,模仿能力强,接受能力强,好动;但是对于外界了解很少,缺乏思维能力和创造力。

(2)儿童年龄愈小,年龄特征的变化愈快。他们的思

维首先是直觉行动性的,约3岁以后的儿童就具有了形象思维的特征,以后慢慢发展成为简单的逻辑性思维。

(3)这一阶段的孩子爱好娱乐,喜欢游戏。由于年龄较小,反应能力弱,适宜静态的游戏和娱乐,5岁以后逐渐转向动态的游戏和娱乐。

10.5.1.2 幼儿园内部布局特点

根据幼儿的特点,幼儿园内部布局有以下几个特点。

(1)面积小 幼儿园一般建在居住小区内部,生源有限,面积较小,幼儿园的规模通常较小。

(2)功能简单 幼儿园主要是进行学前教育,教学任务简单,要求的功能也简单,一般设计一些小型的场地、布设简单的活动器械供幼儿们游戏。

(3)室外活动面积有限 幼儿园本身规模小,加上为幼儿的安全考虑,主要在室内学习和玩耍,室外空间只提供少量的活动设施。

(4)符合孩子心理 幼儿园环境设计要符合孩子们的心理,以活泼、动人、美丽和色彩明快为特点,如常用一些动物雕塑、卡通人物形象雕塑进行装饰等(图10-4)。

10.5.1.3 幼儿园绿地设计分区

幼儿园的绿地设计一般可分为入口区绿地、建筑区绿地、户外活动场地绿地三个部分。

(1)入口 入口绿地是设计重点之一,应该具有活泼且适应儿童的特点,给儿童可爱、亲切的印象。

(2)建筑区 建筑区的绿地应结合周围主要建筑环境、地形和朝向等统一安排,使建筑物与室外的环境良好地结合起来。

(3)户外活动场地 户外活动场地是幼儿集体活动、游戏的主要场地,是重点绿化场所。在户外活动场地内通常设有沙坑、花架、涉水池、小亭以及各种幼儿活动的器械(图10-5)。在这些场地附近以种植树冠宽阔、遮阳效果好的落叶乔木为主,使儿童及活动器械在夏天免受阳光的灼晒,在冬天又能享受阳光的温暖。整个场地应该开阔通畅,不宜有过多种植,以免影响儿童活动。户外活动场地的绿地铺装材质和色彩要结合这时期儿童的特点来设计,符合儿童的心理,适合儿童的使用,为他们所喜爱。场地约40%要进行硬质铺装,采用水泥、块石、瓷砖等材料,其余部分应铺草地。这些铺装可以做出一些儿童喜欢的形象,如形象化的动物图案等,以取得良好的场地景观效果。

在整个幼儿园绿地设计当中选用的花木有严格的要求,不宜种植多飞毛、多刺、有毒、有异味及引起过敏反应的植物,如悬铃木、皂荚、海州常山、夹竹桃、枸骨、鸢尾等,必须是无毒、无刺、不会产生任何危害的种类,如选用开花的白玉兰、迎春、垂丝海棠、蜡梅、紫薇、紫藤、紫荆、杜鹃花以及芭蕉、罗汉松等,使园中鲜花烂漫,四季如春(图10-6)。

10.5.2 中小学绿地设计

10.5.2.1 少年特点

中小学的绿地设计和幼儿园有很大区别。到了中小学阶段,孩子们思维活跃,已经有了一定的判断能力,也是可塑性最强的时期。这一时期少年的主要特征如下:

图10-4 幼儿园构筑物

图10-5 幼儿园户外活动场地

图 10-6　幼儿园环境绿化

（1）小学和中学学生的年龄分别在 6～11 岁和 12～18 岁。

（2）中小学生好奇心大幅度增强。据有关专家测定，

这一年龄段是人一生中形象记忆和情绪记忆的最佳时期。

（3）12～18 的孩子在德、智、体方面已全面发展，酷爱参加科技活动和体育锻炼。

中小学生是祖国的明天，对于他们的教育有着特殊性，需要全社会各行业的关注，从各个方面创造使他们健康成长的环境。

10.5.2.2　中小学绿地设计分区

中小学校园面积一般也较小，在 1 hm² 左右。除教室、操场外，可绿化的面积不多。中小学校园绿地设计要结合实际场地，选择合适的绿地方案（图 10-7）。

中小学的校园环境设计应生动活泼和带有启迪性，充分发挥环境育人的作用，常用名人雕塑和带有启发性的造型小品等，要求格调明快，一目了然。

中小学校园绿地的设计一般可分为校园出入口绿地、主体建筑周围绿地、体育运动场绿地、校园道路绿化、校园四周绿化。

（1）校园出入口绿地　校园出入口至教学楼前通常是校园绿化美化的重点。在校园门口或教学楼前设置小广场、树池、花坛、水池、雕塑等来突出校园的特色，美化校园环境；可以在入口主道两侧种植绿篱、花灌木，以及树姿优美的常绿乔木，使入口主道形成四季常青的景观。

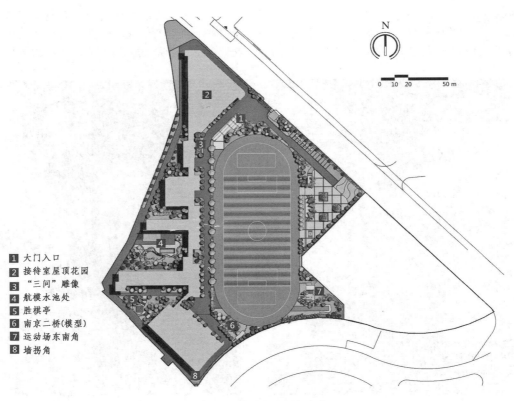

1 大门入口
2 接待室屋顶花园
3 "三问"雕像
4 航模水池处
5 胜棋亭
6 南京二桥（模型）
7 运动场东南角
8 墙拐角

图 10-7　某中学校园绿化方案

图 10-8 中小学主体建筑周围绿化一

图 10-9 中小学主体建筑周围绿化二

（2）主体建筑周围绿地 主体建筑周围的绿化主要是为了在教学楼周围形成清新、安静、清洁的环境，为教学创造良好的条件。其布局形式要与建筑相协调，方便师生通行，多规划成规则式布局，并注意教室通风、采光的需要，靠近建筑的地方不宜种植过高的乔灌木（图 10-8、图 10-9）。

（3）体育运动场绿地 体育运动场是学生进行体育锻炼的主要场地，容易形成喧闹、嘈杂的环境，所以运动场和教学主体建筑要有一定距离，两者之间可设置紧密型树带，以减少对室内教学的影响。场地周围绿化以高大浓荫乔木为主，可利用季节变化显著的树种，如榉树、枫香、乌桕、五角枫等，使场地随季节变化呈现出不同景色。场地周围应尽量少种灌木，以减少对活动空间的影响。

（4）校园道路绿地 校园道路绿化以乔木为主，能够形成一定的遮阳效果。可以点缀一些常青树和花色艳丽的花灌木等，使树种丰富，可以考虑挂牌标明树种及其价值等。

（5）校园四周绿地 学校周围绿化常采用常绿树和落叶树相结合，乔木与灌木混合栽植，形成绿篱以减少噪声，为学校创造安静的学习环境。

10.5.3 高校校园绿地设计

高校是培养德智体全面发展的高级人才的园地，通常都有很大的面积、安静清幽的环境、丰富活泼的空间。当代大学生又具有明显的特点：他们正处于青年时代，其人生观、世界观正在形成，各方面正逐步走向成熟。大学生们朝气蓬勃，思想活跃，精力旺盛，可塑性强，又有着个人独立的见解，并掌握一定的科学知识，具有较高的文化修养，思维能力和判断力都很强。因此，高校校园环境设计在满足基本的使用功能基础上，还应注重构思和主题的表达。应特别注重学校本身所具备的特有文化氛围和特点，并将其贯穿到环境设计中，创造出独具特色的校园环境。良好的校园环境不但可以给（师生们）提供必要的物质场所，还能够给他们提供不可或缺的精神空间。所

以，高校校园绿地的重要作用是不言而喻的。

高校校园有明显的分区，一般可以分为校前区、教学区、行政及科研生产区、文体区、生活区。设计前，要了解用地周围的环境和校园总体环境规划对该区的定位。校园内不同的功能区对环境的要求有所不同，如入口区和教学区讲究严整的秩序性，而生活区则比较强调活泼生动。掌握区域使用特征，就可以使方案构思有章可循，紧扣主题。同时，要因地制宜，传承学校风貌。校园绿地设计应注重充分利用现有自然条件形成自身特色，在满足功能需求的同时又使学校环境个性鲜明。各个分区绿地规划设计应各有特色，又要与整个校园风格保持一致。

1）校前区

校前区是学校的门户和标志，它应该具有该校园明显的特征（图 10-10）。该区绿地应以装饰性为主，布局多采用规则而开朗的手法，以突出校园宁静、美丽、庄重、大方的高等学府氛围。

图 10-10 校前区环境

2）教学区

教学区绿地设计一般包括教学楼周围绿地、实验楼周围绿地、图书馆周围绿地（图 10-11、图 10-12）。这些区域强调安静，体现有序的气氛。教学区环境以教学楼为主体建筑，绿地规划布局和种植设计形式要与大楼建筑风格相

协调。多采用整齐式的布局,在不妨碍楼内采光和通风的情况下,要多种植落叶大乔木和花灌木,以隔绝外界的噪声。为了满足学生课间休息的需要,教学楼附近可留出一定数量和面积的小型活动场地。

实验楼周围的环境,应根据不同性质的实验室对于绿化的不同要求进行设置,重点注意防火、防尘、减噪、采光、通风等方面的要求,选择适合的树种,合理地进行绿化配置。如在有防火要求的实验室外不种植油脂含量高及冬季有宿存果、叶的树种;在精密仪器实验室周围不种有飞絮及花粉多的树种;在产生强烈噪声的实验室周围,多种枝叶粗糙、枝多叶茂的树种等。

图书馆周围的环境,应以装饰性绿化为主,并应有利于人流集散。可用绿篱、常绿植物、色叶植物、开花灌木、花卉、草坪等进行合理配置,以衬托图书馆的建筑形象;周围还可以设置一些校园小品,创造多种适合学生学习、活动的场地。

3) 行政及科研生产区

行政及科研生产区是校园里的重要场所,不仅是行政管理人员、教师和科研人员工作的场所,也是学生集中活动之处,并成为对外交流和服务的重要窗口。行政办公区绿地规划效果直接影响到学校形象。

行政及科研生产区的主体建筑一般是行政办公楼或综合楼等,其环境绿地设计要与主体建筑风格一致,一般多采用规则式,以创造整洁而有条理的空间环境,使师生在其中工作和学习产生和谐感。植物种植设计除了衬托主体建筑、丰富环境景观和发挥生态功能以外,还要注

重艺术效果,在空间组织上多设开放空间,创造具有丰富景观内容和层次的"大庭院",给人以明朗、舒畅的景观感受。在靠近建筑墙体的地方种植一些攀缘植物,进行墙面的垂直绿化,同样也能产生较好的环境绿化美化效果。

4) 文体区

文体区绿地设计主要包含校园活动中心环境规划设计和体育活动中心环境规划设计。该区在学校占有十分重要的地位,是学生主要的休闲、活动、娱乐和交流的场所。

校园活动中心一般设在校园重要的位置,其绿地设计主要结合周围大环境考虑,以交通方便、环境优美、氛围亲切宜人为宜,应注意与学生居住区和教学区的联系。校园活动中心的环境设计要设置一些校园景观小品,增加师生学习、交流的氛围。由于这里是师生室外活动的主要场所,在植物配置方面,应当选用相对易于管理的树木和草坪品种,树木以体形高大、树冠丰满、具有美丽色彩的乔木为主。校园文体区绿地非常注重方案的构思立意,好的设计往往以形表意,将积极、取取的思想融入方案中,实现寓教于环境的目的。从平面构图开始,方案设计就应注重紧扣主题;小品运用和景点设置也要为主题服务,如常采用放置名人雕塑、刻名言警句等方式,营造带有启迪和教育意义的景点等。

体育活动中心的绿地设计相对于其他区域则较为简单,该区域远离教学区,靠近学生生活区,要注意周围的隔离带规划设计和各个场地间的隔离设计,以利于学生就近进行体育活动,另一方面可避免体育活动对其他功能区的影响。体育活动中心周围的植物配置应以高大乔木为主,提高遮阳和防噪效果。网球场、排球场周围常设有金属围网,可以种植一些攀缘植物进行垂直绿化,进一步美化球场环境;草坪通常以耐阴、耐践踏草种为主,如狗牙根、结缕草等。

体育馆周围的绿地设计应该布置得精细一些。在主要入口两侧可设置花台或花坛,种植树木和一二年生花草,以色彩鲜艳的花卉衬托体育运动的热烈气氛。

图 10-11 教学区环境一

图 10-12 教学区环境二

5) 生活区

为方便师生学习、工作、生活,高校内往往有各种服务设施(图 10-13、图 10-14)。生活区的绿地设计应该充分考虑学生的学习、休息,要求空气清新,环境优美舒适,花草树木品种丰富。注意选用一些树形优美的常绿乔木、开花灌木,使宿舍周围四季均有景可观,为学生提供宜人的室外学

习和休息场地。宿舍楼周围的基础绿带内应以封闭式的规则种植为主,其余绿地内可适当设置铺装场地,安放桌椅、坐凳或棚架、花台及树池;场地上方或边缘种植大乔木,既可为场地遮阳,又不影响场地的使用,保证了绿化的效果。

生活区绿地设计多采用自然手法,利用装饰性强的花木布置环境。还可以考虑在生活区开辟一些林间空地,设置小花坛,留出一定的活动场地等。生活区内通常有超市、邮局、报亭等设施,要充分考虑其绿地规划设计的要点,满足对生活环境的要求。

10.5.4　研发机构绿地设计

研发机构通常是进行科研开发、新产品研发的机构、单位或部门。这些机构单位的绿地设计目的是为科研开发提供良好的环境,为科研人员提供良好的室外休息和活动场所。研发机构内部的绿地设计体现出科研单位的特色,与其总体规划相统一、与周边环境相协调,达到最佳的绿地景观效果(图 10-15)。

图 10-13　生活区环境一
(http://www.whzchye.com)

图 10-14　生活区环境二
(http://www.whzchye.com)

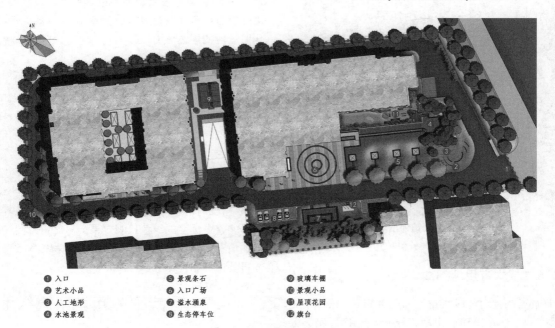

❶ 入口　　　❺ 景观条石　　　❾ 玻璃车棚
❷ 艺术小品　❻ 入口广场　　　❿ 景观小品
❸ 人工地形　❼ 溢水涌泉　　　⓫ 屋顶花园
❹ 水池景观　❽ 生态停车位　　⓬ 旗台

图 10-15　某软件园环境设计方案

267

科研机构周围的绿地设计旨在提高环境质量,植物配置要求不能影响内部产业的正常运转,以无飞絮、无异味、无种毛的树种为佳,以防污染、防尘、降低噪声的树种为主,注意设置防尘净化绿带,种植树冠庞大的树种,阻滞粉尘、减少空气的含尘量,常绿树种和落叶树种相结合,点缀一些花灌木,适当进行立体绿化。机构主体建筑要求自然采光良好,乔木要和建筑保持一定的距离。园区内部通常设有一些小型的游园,设置花坛、花台、雕塑和喷泉等园林小品以及坐凳,以方便工作人员利用工作间隙休憩、游玩、放松。总之,科研机构的绿地设计要提供科研开发的良好环境,使科研人员得以休憩和放松。

10.6　体育用地附属绿地

城市通常设有体育健身的场馆,为广大市民提供运动健身的场所。体育活动场馆外围常用隔离绿带与其他区域分隔开来,以减少相互之间的干扰(图 10-16)。

图 10-16　体育场馆外围环境
(https://www.njfu.edu.cn)

10.6.1　体育用地组成

体育场馆的用地一般根据不同的体育运动做相应的划分,通常包括体育馆建筑用地、各种球场用地、训练房、游泳池等,其中各种球场用地包含了足球场兼作田径场的

区域,以及篮球场、网球场、排球场等。

10.6.2　体育用地绿地设计

体育用地的绿地一般根据各个分区的具体要求进行设计,通常包含各类球场的绿地设计、游泳池周围的绿地设计、体育建筑设施周围的绿地设计等。

10.6.2.1　各类球场的绿地设计

各类球场包括篮球场、排球场、网球场、足球场等。篮球场、排球场周围主要种植高大挺拔、分枝点高的大乔木,以利于夏季遮阳,给锻炼者提供休息的林荫空间;不宜栽植带有刺激性气味、易落花落果或种毛飞扬的树种。树木种植的距离以成年树树冠不伸入球场上空为标准,树木下面可以设置坐凳,供人休息、观看比赛。林下草坪的铺设要注意草种的选择,要求能耐阴、耐践踏。网球场和排球场周围通常设置金属围网,可以考虑在围网上进行垂直绿化,例如种植茑萝、牵牛花、木通等攀缘植物,进一步美化球场环境。

足球场同时又是田径场,场地周围跑道的外侧可以种植一些高大乔木,方便人们在运动间隙休息。如果设置看台,则必须将树木种植在看台的后面以及左右两侧,以避免影响观看视线。场地内部的草坪,因为使用较为频繁,必须选用耐践踏的草种如狗牙根、结缕草等进行场地铺设。

10.6.2.2　游泳池周围的绿地设计

游泳池周围的绿地宜选用常绿的乔木为主,以避免落叶飞扬,影响游泳池的清洁卫生,不宜选用落花、落果、有毒、有刺的植物。在远离水池的地方可以适当地种植一些落叶或者半常绿的花灌木,结合外围的隔离绿带进一步美化游泳池的周边环境。

10.6.2.3　体育建筑设施周围的绿地设计

体育建筑设施如体育馆周围的绿地,可在入口两侧设置花坛或花台,种植一些色彩艳丽的花灌木以衬托体育运动的热烈气氛。绿地的地被植物可以使用麦冬、红花酢浆草、络石等或者铺设草坪。

各运动场地之间可以使用一些花灌木进行空间的隔离,减少相互之间的干扰。还要考虑体育运动给绿地带来的损坏,及时对损坏部位进行修复,使之快速恢复生长,而不影响整个环境的绿色景观效果。总之,在不影响体育活动的情况下,应尽量提高体育场馆的绿化率,进一步美化体育场馆的绿地环境。

10.7　医疗卫生用地附属绿地

医疗卫生用地附属绿地主要是指医疗机构用地中供

患病者、康复期患者及亚健康人群治疗与休养的室外公共绿地。其主要功能是满足患者或疗养人员休养的需要,起着辅助治疗和精神安慰的作用;同时可利用一些天然的疗养因子,达到预防和治疗疾病的目的,给医疗机构创造安静优雅的绿化环境(图10-17)。

图10-17　医院绿化环境

10.7.1　医疗机构的类型及其规划特点

10.7.1.1　医疗机构的类型

(1)综合型的医院一般设施比较齐全,包括各科室的门诊部和住院部以及急诊部门。

(2)专科医院是指只经营某一个或少数几个医学分科的医院,例如口腔医院、儿童医院、妇产医院、传染病医院等。

(3)休、疗养院是针对一些特殊情况患者,供他们休、疗养身心的专类医院。

(4)小型卫生所主要是指社区、农村的一些小型医疗机构,医疗设施相对较为简单。

10.7.1.2　医疗机构的规划特点

综合型的医院和专科医院由多个使用功能不同的部分组成,一般可分为医务区和总务区两大组成部分,医务区又可以分为门诊部、住院部、辅助医疗等部门。门诊部是接纳各种患者、诊断病情、确定门诊治疗或者住院的场所,以方便患者就诊为主要目的,通常靠近街道设置,还要满足医疗需要的卫生和安静的条件。住院部是医院重要的组成部分,要有专门区域,设置单独出入口,要求安排在总体规划中卫生条件和环境最好的区域,以保证患者能安静地休养,减少外界干扰和刺激。辅助医疗部门主要是由手术部、药房、化验室等组成,一般是和门诊部、住院部相结合设计。总务区属于服务性质的区域,包含厨房、洗衣房、锅炉房、制药间等,一般设在较为偏僻的地方,与医务区既有联系又有隔离。医疗机构的行政管理部门可以单独设立,也可以与门诊部相结合设置,主要针对全院的业务、行政和总务管理。

休、疗养院的规划一般要求周围的环境条件较好,通常设置在风景区边缘,为疗养人员提供良好的休养条件。小型卫生所的规划更为简单,主要针对某个范围内的人群设立,通常只有几间房屋,周围设计一些小块的绿地就可以满足要求。

10.7.2　医疗卫生用地附属绿地分区设计

医疗机构中的园林绿地,一方面可以创造安静的休养和医疗环境,另一方面也是医院卫生防护隔离的地带,可有效改善医院的周围环境,如调节小气候、降低噪声、阻挡灰尘、调节湿度、杀灭细菌等。一般医院中的绿地面积占总用地面积的50%左右;个别医院的绿地面积可能更大些,如疗养院、精神病医院等。

根据各组成部分不同的功能要求,医院各区域绿地也有不同的布局形式,通常可以分为门诊区绿地、住院区绿地、辅助医疗及总务区绿地、外围绿带等。

10.7.2.1　门诊区绿地

门诊区一般位于医院的出入口位置,人员流动比较集中,靠近街道,是医院和城市街道的结合区域,需要有较大面积的缓冲场地,形成开敞空间。门诊区绿地设计的主要目的是满足人流的集散、候诊、停车等多种功能需求,还要体现医院的风格与风貌。因此,门诊区绿地的设计应该重点装饰美化,做到与城市街景相协调。可以设置一些花坛、花台等,条件较好的地方还可以设置喷泉和主题性雕塑,形成开朗、明快的格调,喷泉的水流可以增加空气中的湿度,改善环境。入口场地的周围可以种植整形绿篱、开阔的草坪、花开四季的花灌木,以提高门诊区的景观效果,但是色彩不宜过于艳丽,以素雅常绿为宜;场地中还要稀疏种植一些高大乔木,设置一些坐凳供患者休息,但是要注意不影响门诊室的通风和采光,一般高大乔木应在门诊室8m以外的地方种植。医院临近街道的围墙通常采用通透式,使得医院内部的绿地草坪与街道上的绿化景观相互映衬。

10.7.2.2　住院区绿地

住院区一般设置在医院环境最好、地势较高、视野开阔的位置。住院区绿地设计的主要目的是为患者提供良好的室外活动场地,促进患者康复,同时还有一定的隔离作用,避免不同区域的相互影响。住院楼周围的绿化要精心设计,在住院楼的向阳面可以因地制宜布置小游园,为住院患者提供休息疗养的室外场所,园中的道路起伏不宜太大,不宜设置台阶踏步等,应充分考虑患者的使用便利。中心位置还可以布置小型广场,点缀些水池、喷泉等园林小品。广场内应多设置一些坐凳、花架等,方便患者休息。此外,广场可以作为亲属看望患者的室外接待处,还可以兼作日光浴场、空气浴场等。

住院区的植物配植应有明显的季节性,使长期住院患者能感受到自然界的变化。常绿树与花灌木应保持一定的比例,树种也可丰富多彩些,以利于患者的心理辅疗。住院楼的周围不宜采用垂直绿化,以免影响室内的卫生环境。整个住院区内的绿地除铺装地外,都应该铺设草坪,以保持环境的清洁卫生和优美自然。

在住院区内还应考虑分设不同的花园供一般患者和传染病患者分别使用,并设置一定宽度的隔离地带,选用具杀菌作用的植物品种。

10.7.2.3 辅助医疗及总务区绿地

单独设立的厨房、锅炉房等杂务院,周围可用树木作隔离。医院太平间、手术室要有专门的出入口,应在患者视野之外,设置良好的隔离绿带;特别是手术室、化验室、放射科等处,周围应精心绿化,同时注意避免种植会产生飞絮、飞毛的植物。

10.7.2.4 外围绿带

医疗机构的外围绿带通常可减少周围的烟尘和噪声对医院的影响,起到隔离外部干扰的作用。外围绿带的设计一般相对简单,常采用乔、灌、草相结合,密植 10～15 m宽的防护林带。

医疗机构的绿化,除了考虑其各部分的使用要求外,其庭院绿化还要起到分隔的作用,保证各区之间互不干扰。总之,医疗单位的绿化应多选用有杀菌能力的树种,起到美化和净化环境的作用。

10.7.3 特殊医疗机构的绿地设计

10.7.3.1 儿童医院

儿童医院主要接收年龄在 14 周岁以下的生病儿童。儿童医院绿地设计中需安排儿童活动的场地和设施,其外形、色彩、尺度均要符合儿童特征。树种选择要尽量避免种子飞扬、有异味、有毒、有刺的植物以及易引起过敏反应的植物。局部还可以布置一些装饰图案和园林小品。良好和优美的绿化环境可以减弱儿童对疾病和医院的恐惧感。

10.7.3.2 传染病医院

传染病医院主要接收有传染性疾病的患者。此类医院周围的防护绿带特别重要,一般外围应该设置宽度达到 30 m 的隔离绿带,并要保证常绿树木的数量,考虑冬季仍有防护效果。在不同病区之间用密林、绿篱隔离,防止不同疾病的患者交叉感染。室外要设置一些活动场地和设施,为患者提供良好的活动条件。

10.8 商业服务业设施用地附属绿地

10.8.1 酒店宾馆用地附属绿地设计

酒店宾馆是供游客住宿、就餐、娱乐和举行各种会议、宴会的场所,宾馆庭院绿地则是宾馆最重要的组成部分,它为游客提供幽静、舒适的休憩场所,常呈现花园式现代化空间环境和高质量的生态园林景观。宾馆绿地在创造丰富空间景观的同时,也要满足人员与车辆的频繁出入、停车、商务活动以及游客短期休憩等多功能的要求。

10.8.1.1 酒店宾馆用地附属绿地组成及其特点

酒店宾馆绿地组成大体上可以分为室内庭院绿地和室外庭院绿地。宾馆庭院绿地主要是为游客提供休息的空间,创造绿化景观,使宾馆建筑与绿化融为一体,营造幽雅宜人的环境,吸引游客前来。

10.8.1.2 酒店宾馆用地附属绿地设计要点

酒店宾馆用地附属绿地总体规划设计宜疏密相间、体量适宜,既要有清新开阔的大草坪,又要有小巧玲珑的小花园。绿化布局适宜简洁开阔,乔、灌、草以及色彩艳丽的花卉相结合,形成立体式绿地景观效果。在植物造景中,既要满足植物对环境生态条件的适应性,又要通过艺术化构图体现出植物个体和群体的形式美,以及游客在欣赏时产生的意境美(图 10-18～图 10-22)。

图 10-18 酒店宾馆入口环境

图 10-19 酒店宾馆室外环境一

图 10-20　酒店宾馆室外环境二

图 10-23　酒店宾馆室内庭院绿化
(https://www.meipian.cn)

图 10-21　酒店宾馆室外环境三

图 10-24　酒店屋顶花园环境
(https://www.ihg.com.cn)

10.8.2　零售商业用地附属绿地设计

零售商业用地附属绿地是集室内、室外环境于一体的综合性活动场所，它为各种商业活动提供公共社交空间，具有既完善又丰富的景观设施，集购物、娱乐、休闲为一体，使得生活中必要的购物活动变成愉快的休闲享受。商业设施绿地建设应立足于商业环境的设计，使之成为商业中心区的鲜明标志。商业设施绿地的设计与建设可以更好地辅助商业经营，在为消费者提供服务的同时，也满足了商家对经营环境的要求。

图 10-22　酒店宾馆室外环境四

酒店宾馆的室内庭院绿化（图 10-23）强调植物造景的效果，利用不同的植物组合、构建层次，形成与四周景物相融合的理想景观。在场地允许的条件下，还可以增加一些水景设置。室内庭院的绿化配置除着重平视效果外，还需要特别注意其景观的俯视效果。

酒店宾馆的室外庭院绿地设计要考虑酒店风格，利用借景和障景的手法，借取周围可以利用的景色，使绿化空间延伸扩展。整体绿化布置要形成宾馆良好的环境，有条件的可以考虑屋顶花园的设计（图 10-24），使之成为宾馆绿化空间的一部分，为旅客提供活动的场所，如开办露天歌舞会、茶座等，为宾馆环境增添魅力。

零售商业用地附属绿地的景观形态特征应呼应商业建筑，在景观设计上应突出商业主题，以利于吸引人驻足观看。考虑到现代城市中人们对自然环境的渴望，在景观设置的过程中不能忽视对自然因素的利用，如树木、花卉、草坪等；但在造型与布置方面，可考虑与商业性结合，展现自身特色。与其他绿地的另一不同点在于广告展示也是商业设施绿地的重要内容，在景观设计中应综合考虑；广告展示的形式、内容都可丰富绿地景观，从而创造出别具一格的商业文化氛围。结合景观设计，创造新颖多样的广告载体，更好地发挥广告的标识作用，进一步加强绿地的商业氛围，提高绿地的文化品位。

10.9 工业用地附属绿地

工业用地附属绿地指各类生产资料、生活资料制造或加工等工业单位的庭院绿地。这类附属绿地可以减轻因各种生产活动造成的环境污染,改善和提高企业生产与经营活动的环境质量。

10.9.1 工业用地组成

为了节约城市用地,工厂企业一般建造在城市边缘地段或者是填土地面上,建筑密度较大,尤其是位于老城区的工业场地,用地更加紧张。一般工厂企业用地包含主要建筑用地(指管理办公建筑)、生产区用地、仓库储藏用地、道路用地,还有一些预留用地供未来工厂扩建所需。工业用地附属绿地规划要根据这些用地的实际状况来设计,考虑到使用人群和工厂企业的性质,合理规划绿地布局。

10.9.2 工业用地附属绿地的功能

工业用地附属绿地是工厂环境的有机组成部分,也是城市园林绿地的重要组成部分,具有环境、社会和经济三方面的效益。

1)环境效益

净化空气,吸收有害气体,吸滞粉尘,减少空气中的含菌量和放射性物质;净化水质,降低噪声;保持水土,调节小气候,监测环境污染。

2)社会效益

美化厂区,改善工矿企业面貌;避灾防火;利于工矿企业精神文明建设,提高企业声誉,增强企业凝聚力。

3)经济效益

直接创造物质财富表现在树木的疏伐产生的植物原料;间接产生的经济效益表现为创设净美的环境,良好的工作条件有助于提高工作效率,甚至吸引投资。

工厂企业绿地既有工厂企业自行养护,也有养护外包。养护外包既可获得更好的绿化效果,又能减少企业投入。

10.9.3 工业用地附属绿地的特点

工业用地附属绿地在净化环境、改善小气候、减噪等许多方面的功能都与城市园林绿地相同,还具有一些独有的绿地特点。

(1)工厂企业绿地立地条件比较复杂,环境条件较差,不利于植物的生长。植物选择遵循适地适树的原则,根据立地条件中的有害气体烟尘选择具有相应抗性的树种。

(2)厂区内部用地紧凑,绿化用地面积较少,通常不会出现大面积的绿地。可以优先发展垂直绿化,多布置藤蔓植物,扩大立体覆盖面积,丰富绿化的层次和景观效果。

(3)绿化种植不能影响工厂的安全生产和正常运作。

(4)绿地景观要与厂区特色相结合,充分考虑职工的环境需求,创造具有人文特色、让职工有强烈归属感的工厂绿化景观。

10.9.4 工业用地附属绿地设计

工业用地附属绿地可以分为厂前区、生产区、仓储区、职工休闲区等。工业用地附属绿地设计包含厂前区绿地设计、生产区绿地设计、仓储区绿地设计、内部休憩绿地设计、工厂道路绿化设计、工厂防护林带设计等。

10.9.4.1 厂前区绿地设计

厂前区主要包括主要入口、厂前建筑群、广场等,一般位于上风向。这里是工人进出的主要场所,往往和城市主要道路相连接,体现着工厂的形象与面貌,其景观效果直接影响城市的环境面貌。厂前区绿地从设计形式到植物选择搭配以及养护管理都要求比较高,以期形成较好的景观效果(图10-25)。

图10-25 厂前区绿化

(1)入口 对于入口景观,首先,绿地设计要考虑方便交通,具有引导性和标志性;其次,绿地设计要与建筑的体形、色彩相协调,还要注意与厂外街道绿化相衔接。入口两侧可种植高大乔木,附近用一些观赏价值较高的矮小植物或建筑小品重点装饰,形成绿树成荫,多彩多姿的景观效果;最后,入口周围墙体绿化要充分满足卫生、防火、防污染、降低噪声的功能需求,并且要与周围景观相协调,可采用攀缘植物进行垂直绿化。

(2)厂前建筑群、广场 厂前建筑群和广场等是厂前区的空间中心,周围环境条件相对较好,有利于植物景观的布置。一般采用规则式布局,并结合花坛、雕塑、水池等小品。远离建筑的地带可以采用自然式的规划布局,设计草坪、花境、树丛等。根据不同建筑物的特点分别进行绿地设计,既要有一定的独立性,又与整个厂前区绿地环境相统一。

图 10-26　生产区绿化一

图 10-27　生产区绿化二

10.9.4.2　生产区绿地设计

生产区周围绿地设计较为复杂,因为这里是生产的重要场所,污染比较严重,管线分布较多,绿化空间相对较小,绿化条件较差。生产车间还要注意室内的采光和通风,对植物种类的要求比较高。根据生产的性质、种类和特点,一般将生产区分为有污染的生产车间、无污染的生产车间、有特殊要求的生产车间(图 10-26、图 10-27)。

1) 有污染的生产车间绿地环境设计

产生污染的多数是一些化工生产车间,区域中污染较为严重,产生大量的有害气体、粉尘、烟尘、噪声等,植物一般难以生长,必须选用一些抗污性强的、有特殊功能的植物品种。首先要针对有害气体的扩散,利用耐污染植物吸附有害物质,净化空气;其次对于土壤的污染,可以利用人工培土方式以及设计花坛、大型花盆等,以利于植物的正常生长。

在污染严重的车间周围,所栽植物种类是否合适是绿化成功的关键,不同的植物对环境的适应能力和要求也不同。树种的抗污染能力还和污染的程度有重要关系,也和林相的组成有关,复层混交林的抗污染能力明显强于单层疏林。

2) 无污染的生产车间绿地环境设计

无污染的生产车间本身对周围环境不会产生有害的污染物质。相对于有污染的生产车间,其周围的环境绿化除了不影响交通和管线外,没有其他的限制性要求。在厂区总体绿地规划设计的要求下,各个车间还要体现出各自不同的特点,充分考虑职工工余时间休息的需要,特别是在一些宣传栏前可以布置花坛、花台,种植花色艳丽、姿态优美的花木;设置一些座椅、水池、花架等园林小品,以形成良好的休息环境。

大多数生产车间还要考虑通风、采光、防尘、防噪。北方地区要注意防风,南方地区要考虑隔热等。在不影响生产的情况下,可以设置一些盆景,设计一些立体化的绿化形式,将车间内外连成一个整体,创造优美自然的休息和放松环境。

3) 有特殊要求的生产车间绿地环境设计

有些生产车间要求的洁净程度较高,例如精密仪器生产、工艺品生产、食品生产、电脑软件生产等,这些车间周围的环境质量影响到产品的质量,因而绿化要求非常高,包括防尘、清洁、隔热、美观等,还要有良好的采光和通风条件,所以对于植物的选择有严格要求,一般选择抗病力强、无飞絮、吸尘能力强的树种,同时还要考虑竖向绿地设计,形成乔木、灌木、草坪多层次的绿地景观效果。

综上所述,生产区绿地设计要点包括:①注意树种的选择,特别是有污染的车间附近;②注意不同性质的车间对于采光和通风的要求;③处理好植物种植和各种管线位置的关系;④满足生产运输、安全、维修方面的要求;⑤考虑职工对于车间周围绿地布局形式和观赏植物的喜好,以及植物的四季景观效果。

经济的迅速发展,生产车间的种类很多,对于环境的要求也有所差异。因此,实地考察工厂的生产特点、工艺流程、对环境的要求和影响、现状场地管线分布状况等,对于做好生产区绿地设计是十分必要的。

10.9.4.3　仓储区绿地设计

仓储区周围的绿地规划设计一般要根据仓库内的储存物品、交通运输条件而综合考虑,以不影响区域功能为前提、满足区域使用上的要求,务必使货物装卸运输方便;还要注意防火的要求,不宜种植针叶树和油脂较多的树种。绿化以稀疏种植乔木为主,一般树木的间距以 7～9 m 为宜,绿化布置追求简洁明快。

露天仓库应该在周围种植一些生长健壮、防火防尘效果好的落叶阔叶树,与周边环境进行隔离;地下仓库绿化装饰相对简单,应考虑土层厚度,栽植的草皮、乔灌木能起到装饰、隐蔽、降低温度、防止尘土飞扬的作用即可。

10.9.4.4 内部休憩绿地设计

内部休憩绿地供职工在工作之余恢复体力、放松精神、调剂心理,一般位于职工工间易于到达、环境条件较好的场地;面积一般不大,要求布局形式灵活,考虑使用需求。休憩绿地的设计要结合厂内的自然条件,如小溪、河流、池塘、洼地、山地以及现有的植被条件等,对现状加以改造和利用,创造自然优美的休息空间(图 10-28、图 10-29)。

图 10-28 内部休憩绿化一

图 10-29 内部休憩绿化二

内部休憩、绿地设计要点如下。
(1) 结合厂前区布置;
(2) 结合厂区内的公共设施或人防工程布置;
(3) 主要在生产车间附近布置;
(4) 利用现有条件,因地制宜开辟休息绿地。

10.9.4.5 工厂道路绿化

工厂道路连接工厂内外交通路线,道路绿化与工厂内部的小块绿地、游园、花坛等联系在一起,形成完整的厂区绿地系统,对改善厂区环境有着重要作用,也是工厂绿地景观的重点之一。

工厂道路绿化设计一般采用一板两带式;道路绿地景观通常设计成规则式和自然式相结合的形式。厂内主要道路绿化多采用规则式,采用统一的行道树或者其他列植树,通过与周围树木搭配形成层次,单株和丛植的交替产生变化感,一般变化幅度较小、节奏感较强。其他道路可以根据不同的要求来设计,确定道路绿化形式。工厂道路绿化首先要创造良好的道路环境,体现道路绿地的遮阳、降温、阻挡灰尘、降低噪声、吸收有害气体、净化空气的功能;其次,要保证车辆通行的安全,在限定车速的情况下,路口安全视距大约 20 m;再次,与工程管线相配合,按照树木与管线设施的规定距离进行种植设计,注意对树木的定期修剪;最后,不能影响车间的采光和通风。

对于厂区内部的铁路,通常设置隔离防护林带,防止工人随意穿行;隔离防护林带还具有固基、降噪、滞尘的作用。

10.9.4.6 工厂防护林带

工厂防护林带绿地的主要作用是降低工厂有害气体、烟尘等污染物质对周边环境的影响,减少有害物质、尘埃和噪声的传播,保持环境的清洁度。工厂防护林带在工厂绿化设计中占有重要地位。防护林带的宽度要根据污染危害程度、当地实际情况和绿化条件来综合考虑。按照国家卫生规范,防护林带的宽度定为 5 级:1 000 m、500 m、300 m、100 m、50 m;设置类型主要包括防污、防火、防风等林带。

传统工厂在工厂的上风方向通常设置二至数条防护林带,以减少风沙吹袭以及邻近企业所产生有害排出物的污染。在下风方向设置防护林带,必须根据有害排出物排放、降落和扩散的特点,选择适当的位置和种植类型,并设定宽度。一般情况下,污染物从工厂烟囱排出时并不立即降落,所以在靠近厂房的地段不必设置林带,而选择设置在污染物密集降落的范围和受影响的地段。防护林带内不宜布置可供散步休息的小道和广场、坐凳等,可在穿过防护林带的车行和人行道旁的林缘,用灌木、花卉或绿篱加以美化。

防护林带因其性质、作用的不同,一般可分为透风式、半透风式、封闭式三种结构。透风式防护林带一般由乔木组成,不配置灌木,主要起减弱风速、阻挡污染物质的作用,在距离污染源较近处使用。半透风式防护林带也是以乔木为主,在带两侧配置一些灌木,适合于防风或者是远离污染源的地方使用。封闭式防护林带由大乔木、小乔木、灌木多种树木组合而成,防护效果好,可有效降低有害气体的扩散。

10.9.5 工业用地附属绿地树种选择

10.9.5.1 抗烟尘树种

香榧、青冈栎、广玉兰、榉树、国槐、银杏、刺楸、榆树、朴树、重阳木、刺槐、苦楝、臭椿、三角枫、桑树、悬铃木、泡桐、五角枫、乌桕、青桐、麻栎、皂荚、女贞、冬青、桃叶珊瑚、枸骨、桂花、石楠、夹竹桃、栀子花、木槿、紫薇、蜡梅等。

10.9.5.2 滞尘能力较强的树种

榕树、青冈栎、广玉兰、臭椿、国槐、悬铃木、朴树、银杏、榆树、麻栎、柳树、榉树、刺槐、皂荚、海桐、女贞、珊瑚树、枸骨、夹竹桃、石楠等。

10.9.5.3 防火树种

青冈栎、栲、苦槠、银杏、泡桐、栓皮栎、麻栎、枫香、乌桕、柳树、国槐、刺槐、臭椿、珊瑚树、厚皮香、交让木、山茶、油茶、罗汉松、女贞、海桐、大叶黄杨、枸骨、蚊母树、夹竹桃等。

10.9.5.4 抗二氧化硫（SO_2）的树种

1）抗性强的树种

棕榈、木麻黄、青冈栎、相思树、榕树、侧柏、广玉兰、银杏、白蜡、北美鹅掌楸、梧桐、重阳木、合欢、皂荚、刺槐、国槐、海桐、蚊母树、山茶、女贞、小叶女贞、十大功劳、九里香、凤尾兰、夹竹桃、枸骨、枇杷、枸杞、紫穗槐等。

2）抗性较强的树种

华山松、白皮松、云杉、赤松、龙柏、侧柏、广玉兰、椰子、柳杉、日本柳杉、三尖杉、杉木、木麻黄、青桐、臭椿、桑树、楝树、椰榆、朴树、黄檀、榉树、枫杨、七叶树、板栗、无患子、柿树、垂柳、梓树、泡桐、国槐、银杏、乌桕、枫香、旱柳、垂柳、刺槐、杜仲、凹叶厚朴、毛白杨、罗汉松、冬青、珊瑚树、栀子花、胡颓子、卫矛、八角金盘、含笑、木槿、桃树、石榴、蜡梅、枣树、沙枣、丁香、八仙花、连翘、金银木、紫荆、紫薇、丝兰、地锦、紫藤等。

3）反应敏感的树种

雪松、油松、马尾松、湿地松、悬铃木、苹果、梨、郁李、毛樱桃、樱花、贴梗海棠、梅花、玫瑰、月季等。

10.9.5.5 抗氯（Cl_2）的树种

1）抗性强的树种

龙柏、侧柏、棕榈、广玉兰、合欢、皂荚、国槐、臭椿、苦楝、白蜡、杜仲、构树、桑树、柳树、海桐、蚊母树、山茶、女贞、夹竹桃、枸骨、小叶女贞、凤尾兰、丝兰、木槿、无花果、紫藤等。

2）抗性较强的树种

云杉、柳杉、桧柏、铅笔柏、榉树、青桐、楝树、朴树、板栗、乌桕、悬铃木、水杉、旱柳、天目木兰、凹叶厚朴、刺槐、毛白杨、泡桐、梧桐、重阳木、梓树、鹅掌楸、银杏、白榆、杜仲、君迁子、珊瑚树、栀子花、罗汉松、桂花、小叶女贞、卫矛、无花果、石榴、紫薇、紫荆、紫穗槐、柽柳、枇杷、山桃、石楠、地锦等。

3）反应敏感的树种

薄壳山核桃、枫杨等。

10.9.5.6 抗氟化氢（HF）的树种

1）抗性强的树种

棕榈、龙柏、侧柏、青冈栎、朴树、桑树、香椿、皂荚、国槐、白榆、杜仲、夹竹桃、海桐、蚊母树、山茶、枸骨、花石榴、凤尾兰等。

2）抗性较强的树种

云杉、柳杉、桧柏、白皮松、广玉兰、白玉兰、垂柳、榉树、青桐、楝树、臭椿、刺槐、合欢、杜仲、白蜡、梧桐、乌桕、小叶朴、梓树、泡桐、鹅掌楸、柿树、凹叶厚朴、银杏、女贞、小叶女贞、油茶、桂花、胡颓子、含笑、珊瑚树、无花果、枣树、木槿、紫薇、丁香、樱花、天目琼花、金银花、地锦、月季、丝兰等。

3）反应敏感的树种

杏、梅、榆叶梅、紫荆、葡萄、金丝桃等。

10.9.5.7 抗乙烯（C_2H_4）的树种

1）抗性强的树种

棕榈、悬铃木、夹竹桃、凤尾兰等。

2）抗性较强的树种

黑松、香榧、榆树、枫杨、重阳木、乌桕、白蜡、柳树、罗汉松、女贞、紫叶李等。

3）反应敏感的树种

刺槐、臭椿、合欢、月季等。

10.9.5.8 抗氨气（NH_3）的树种

1）抗性强的树种

杉木、柳杉、广玉兰、银杏、榉树、朴树、皂荚、白玉兰、女贞、蜡梅、紫荆、石楠、石榴、无花果、木槿、紫薇等。

2）反应敏感的树种

悬铃木、薄壳山核桃、杜仲、杨树、枫杨、刺槐、小叶女贞、珊瑚树、木芙蓉、紫藤等。

10.9.5.9 抗臭氧（O_3）的树种

柳杉、日本扁柏、黑松、青冈栎、悬铃木、枫杨、刺槐、银杏、榉树、鹅掌楸、女贞、夹竹桃、冬青、枇杷、连翘、八仙花等。

■ **讨论与思考**

1. 单位附属绿地空间布局受哪些因素的制约?
2. 行政办公用地附属绿地有何特点?
3. 工业用地附属绿地所包含的内容有哪些?
4. 高中校园绿地与高校绿地规划设计的区别是什么,各自应该突出的重点又是什么?

■ **参考文献**

宫明军,李瑞冬,翟宝华,等,2019.商业街区公共绿地微更新方法探讨:以南京西路街心花园塑造为例[J].中国园林,35(S2):51-55.

何翠萍,2012.上海吴泾工业区绿化现况和生态建设对策[J].中国园林,28(7):107-110.

胡楠,王宇泓,李雄,2018.绿色校园视角下的校园绿地建设:以北京林业大学为例[J].风景园林,25(3):25-31.

金云峰,张新然,2017.基于公共性视角的城市附属绿地景观设计策略[J].中国城市林业,15(5):12-15.

金云峰,钱翀,吴钰宾,等,2020.高密度城市建设下基于国标《城市绿地规划标准》的附属绿地优化[J].中国城市林业,18(1):20-25.

孙瑞,谭建辉,2014.工厂绿化景观设计对总图的要求[J].工业建筑,44(S1):22-25.

孙中党,赵勇,阎双喜,2002.郑州市单位附属绿地系统研究[J].河南科学(3):324-327.

周志翔,邵天一,周小青,等,2001.武钢厂区景观结构与绿地空间布局研究[J].应用生态学报(2):190-194.

11 道路绿地

【导读】 道路绿地系统在不同方向上联系和沟通不同类型、不同等级的绿地,构成了城市绿地系统的骨架,在改善城市环境、丰富城市景观、保持生态平衡和防灾等方面都起到了重要作用,形成具有交通、生态、休闲、景观等综合效益的绿色体系。

　　本章在讲述道路绿地功能、类型、构成等的基础上,重点讲述道路绿地的设计方法和各类道路绿地的设计要点。

11.1　知识框架思维导图

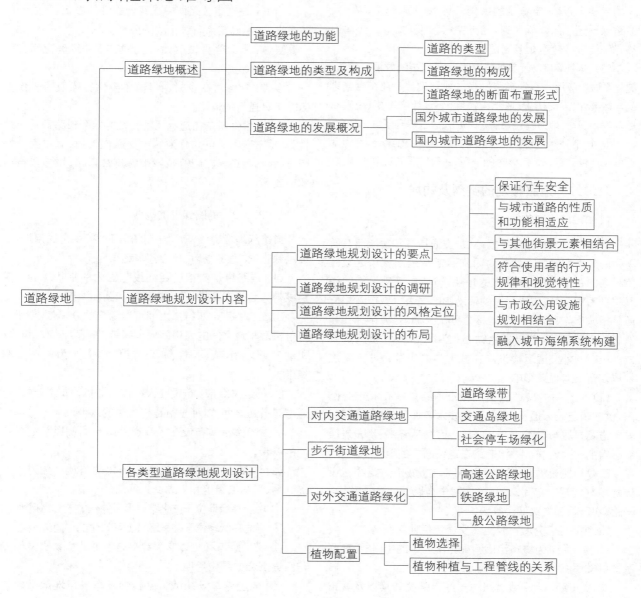

11.2 道路绿地概述

11.2.1 道路绿地的功能

道路绿地是城市园林绿化系统的重要组成部分,在改善城市环境、净化空气、防减噪声、调节气候、提升城市形象等方面具有重要作用。

(1)组织交通 道路的绿化带、交通岛、停车场等都可有效组织交通,保证行车安全。道路绿地的植物使人感觉柔和舒适,能起到防眩光、缓解驾车视觉疲劳等作用,减少交通事故的发生。

(2)卫生防护 道路绿地可以吸收街道上机动车辆排放的有害气体,净化空气,减少扬尘。街道也是产生噪声的主要场所,一定宽度的绿化带可以明显地减弱噪声。道路绿地还可以降低风速,增大空气湿度,减少日光辐射热,降低路面温度,延长道路的使用寿命。

(3)美化环境 优美的道路景观是城市的靓丽风景线,美化了城市环境。有的道路景观在规划设计时还结合当地的自然条件、人文历史、风土人情等因素,综合考虑,统筹布局,具有浓厚的地方特色,凸显了城市品位,提升了城市形象。

此外,道路绿地与其他类型的城市绿地相结合,可为附近居民提供健身、散步、休息的场所,还有助于防灾避难等。

11.2.2 道路绿地的类型及构成

11.2.2.1 道路的类型

道路根据其在城市中的地位、交通特性和功能而有着不同的分类和等级。城市对内交通道路是指城市建成区范围内的各种道路,是城市的骨架,与城市基础设施的设置关系密切,对城市内居民的活动影响很大。城市对外交通是指城市与其范围以外地区之间的交通,是城市存在和发展的必要条件,主要采用铁路、公路、水运和空运等方式。城市对外交通运输设施在城市中的布置对城市发展和规划布局有重要影响。

(1)城市对内交通道路 城市道路是指在城市范围内,供车辆及行人通行,具备一定技术条件和设施的道路。城市道路是城市组织生产、安排生活、搞活经济、物质流通所必需的交通设施。按照道路在道路网中的地位、交通功能以及对沿线设施服务功能的不同,在《城市道路绿化设计标准》(CJJ/T 75—2023)中将城市道路分为快速路、主干路、次干路和支路四个等级。

① 快速路:为城市长距离交通提供快速服务。

② 主干路:为城市组团间或组团内部的中、长距离联系提供交通服务。

③ 次干路:为干线道路与支线道路的转换以及城市内中、短距离的地方性活动提供交通服务。

④ 支路:为短距离地方性活动提供交通服务。

(2)城市对外交通道路 城市对外交通道路主要有高速公路、公路和铁路等。

① 高速公路:作为城市之间远距离高速交通服务道路,其行车速度在 80～120 km/h。行车全程的交叉口为立体交叉,行人不准使用。至少设有四车道(双向),中间有 2～6 m 分车带,外侧有停车道。

② 公路:指连接城市与乡村,主要供汽车行驶、具备一定技术条件和设施的道路。公路按其重要程度和使用性质可划分为国家级干线公路(简称"国道")、省级干线公路(简称"省道")、县级公路(简称"县道")和乡级公路(简称"乡道")。

国道:是在国家干线网中具有全国性的政治、经济和国防意义,并经确定为国家级干线的公路。

省道:是在省公路网中具有全省性的政治、经济和国防意义,并经确定为省级干线的公路。

县道:具有全县性政治、经济意义,并经确定为县级道路的公路。

乡道:指修建在乡村、农场,主要供行人及各种农业运输工具通行的道路。

另外,根据城市街道的景观特征并结合道路周边用地性质,城市道路又可划分为城市交通性街道、城市生活性街道(包括巷道和胡同等)、城市游览性道路、城市步行商业街道等。

11.2.2.2 道路绿地的构成

道路绿地指道路及广场范围内可进行绿化的用地,由道路绿带、交通岛绿地、社会停车场绿地。

(1)道路绿带 指道路红线范围内的带状绿地。道路绿带分为分车绿带、行道树绿带和路侧绿带。

① 分车绿带:车行道之间可以绿化的分隔带,位于上下行机动车道之间的为中间分车绿带;位于机动车道与非机动车道之间,或同方向机动车道之间的,为两侧分车绿带。

② 行道树绿带:布设在人行道与非机动车道,或人行道与车行道之间,以种植行道树为主的绿带。

③ 路侧绿带:布设在人行道外缘至同侧道路红线之间的绿带。

(2)交通岛绿地 交通岛可绿化的用地。分为中心岛绿地、导向岛绿地和立体交叉绿岛。

① 中心岛绿地位于交叉路口上可绿化的中心岛用地。

② 导向岛绿地位于交叉路口上可绿化的导向岛用地。

③ 交叉路口和立体交叉绿岛是互通式立体交叉干道与匝道围合的绿化用地。

(3)社会停车场绿地 是社会停车场用地范围内的绿化用地。

11.2.2.3 道路绿地的断面布置形式

道路绿地的断面布置形式取决于城市道路的断面形式,我国城市道路可分为单幅路(一板式)、两幅路(两板式)、三幅路(三板式)、四幅路(四板式)等,相应的道路绿地断面有一板两带式、两板三带式、三板四带式、四板五带式及其他形式。

(1)一板两带式 道路绿化中最常用的一种形式。车辆在同一条车行道上双向行驶(图11-1、图11-2),在车行道两侧人行道种植行道树,简单整齐,用地比较经济,管理方便。但在车行道过宽时行道树的遮阳效果较差,同时机动车辆与非机动车辆混合行驶,不利于组织交通。

(2)两板三带式 道路的中央绿带把车行道分成相反方向行驶的两条车行道,同向的机动车与非机动车仍混合行驶。道路两侧布置行道树,构成两板三带式绿带(图11-3、图11-4)。此种形式适于宽阔道路,绿带数量较多,生态效益较显著,对提升城市面貌有较好效果;同时中央绿带分隔相反方向行驶的车辆,减少了行车事故的发生;但由于同向的机动车与非机动车仍在同区域车道,还不能完全解决互相干扰的矛盾。

(3)三板四带式 用两条绿化分隔带把车行道分成三块,中间为机动车道,两侧为非机动车道,连同车道两侧的行道树共为四条绿带,故称为三板四带式(图11-5、图11-6)。此种形式虽然占地面积较大,却是城市道路绿化较理想的形式。其绿化量大,夏季蔽荫效果较好,组织

交通方便、安全,解决了机动车和非机动车混合行驶、互相干扰的矛盾,尤其在道路非机动车辆多的情况下是较适合的。

图 11-1 一板两带式道路绿地

图 11-2 一板两带式道路绿地断面图

图 11-3 两板三带式道路绿地

图 11-4 两板三带式道路绿地断面图

图 11-5 三板四带式道路绿地

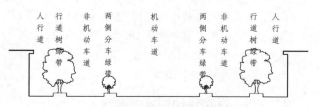

图 11-6 三板四带式道路绿地断面图

（4）四板五带式　利用三条绿化分隔带将车道分成四条，加上两侧的行道树绿带共有五条绿化带（图11-7、图11-8）。这种道路分割方式可以使机动车和非机动车分在不同方向行车带，互不干扰，保证了行车速度和行车安全；但用地面积较大，有时也用栏杆代替绿带以节约城市用地。

图11-7　四板五带式道路绿地

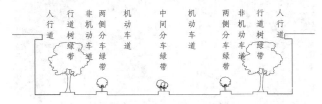

图11-8　四板五带式道路绿地断面图

（5）其他形式　根据现状和地形的限制，按道路所处地理位置、环境条件等特点设置绿带，形成不规则不对称的道路断面形式，如山坡旁道路、水边道路的绿化等。

道路的绿化断面形式多样，设计中应从实际出发，因地制宜地选择合适的绿化形式。

11.2.3　道路绿地的发展概况

道路绿地最初是以行道树种植的形式出现的。在近代，我国把城市中"在道路用地中列植乔木"称作"行道树"。我国从周朝开始即有"列树"之称，其后有道旁树、行树、宫树等名称。日本曾引用中国的名词称并木、并树、街道树、行道树等；在欧美早期称street tree、roadside tree、alley tree，也是行道树的意思，到近代出现了avenue（大道、林荫路）、mall（遮荫步道、林荫散步道）。

11.2.3.1　国外城市道路绿地的发展

据文献记载，世界上最古老的行道树种植于公元前10世纪的喜马拉雅山麓，在连接印度加尔各答和阿富汗的干道中央与左右两侧种植了三行树木，称为大树路（grand trunk）。传说亚历山大大帝曾率领大军由此进兵。此后，欧洲各国逐步开始在街道上进行简单的乔木种植，所选树种有意大利丝柏、松树、悬铃木、榆树、菩提树等。

大约公元前8世纪，在美索不达米亚由人工整地而成的丘陵上兴建宫殿，并以对称的规划布局在道路侧旁配置松树与意大利丝柏。

古希腊时代在斯巴达的户外体育场，其两侧列植法国梧桐作为绿荫树。

古罗马时代在神殿前广场（forum）与运动竞技场（stadium）前的散步道旁种植悬铃木。据载，当时罗马城主要街道侧旁种植意大利丝柏。

中世纪时期的欧洲，街道绿化主要选用当地的乡土树种，大都用意大利丝柏。

文艺复兴时期以后，欧洲一些国家街道绿化有了较大的发展。法国亨利二世依据1552年颁布的法律，命令国人在境内主要街道栽植行道树，因而在国道上有欧洲榆的记载。同一时期，德国有计划地在国内干道栽植悬铃木之类的行道树。1647年在柏林曾以特尔卡登为起点设计菩提树大道，在道路东侧配置了4～6列树木的林荫大道，对之后法国巴黎辟建园林大道有很大的影响。

1625年英国伦敦设置了公用散步道（public walk），兼作车道，长约1km，种植4～6排法国梧桐。这条林荫路是女王陪同国宾乘坐马车巡视时通行的街景优雅的迎宾道。这条路开创了都市散步道栽植的新理念，即所谓林荫散步道（mall），它成为闻名于世的美国华盛顿市林荫步道（具有四排美国榆树的园林大道）之原型，是美国各大都市设计林荫道的典范，也是日本购物街（shopping mall）的起源。

日本江户时代（17世纪至19世纪），以江户为中心所修建的五条街道，都栽植着松、杉等行道树，其中的一部分保存至今，形成了现在的街道。

18世纪后半期，奥匈帝国国王约瑟夫二世在1770年颁布法令：在国道种植苹果、樱桃、西洋梨、波斯胡桃等果树当行道树；至今匈牙利、南斯拉夫、德国和捷克等国仍延续这种传统。

18世纪末至19世纪初，法国政府正式制定了有关道路须栽植行道树的法令，相继颁布的有枢密院令（1720年）、勒令（1781年）、国道及县道行道树的管辖法令（1825年）、行道树栽植法令（1851年）等。这些法令对于栽植位置、树种选择、树苗检查、树权砍伐与修剪的手续等事宜均加以规范。这是法国自16世纪亨利二世以来，在欧洲各国中的道路行政，特别是行道树栽植方面最先进的法令。

工业革命之后，人口向都市集中，市区急速扩张；都市规划发展辟建干线，行道树栽植日渐盛行。

19世纪后半叶，欧洲各国拆除了中世纪的古城墙，填平了壕沟，建成环状街道或辟局部为园林大道，注重绿化景观，设置宽阔的游憩散步路，使城市面貌更加生动活泼。

1858年，由当时的塞纳县知事奥斯曼（Georges Eugène Haussmann）主持在巴黎修建了香榭丽舍大道，成为近代园林大道之经典，对欧美各国产生了极大的影响（图11-9）。

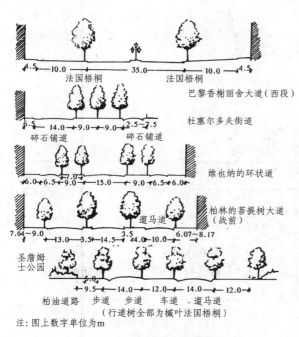

图11-9　近代欧洲园林大道图例

18世纪末，由法国建筑师皮埃尔·朗方（Pierre Charles L'Enfant）完成的美国华盛顿市规划，在多处配置了法国式的林荫大道。

十月革命后的苏联，在街道绿化方面取得了较大的成就。通过街道绿化的实践，在理论和法规方面都有所建树，强调将林荫道、防护林带联系起来组成"绿色走廊"；有关林荫道应具备的功能与最低规模也得以确定和完善。

现今，随着城市建设日新月异，作为城市建设组成部分的行道树种植更加普遍，行道树的布置形式和结构也发生了很大变化。许多西方国家的城市道路绿化讲究以自然的整体美为主要特征，以创造城市完整、连续的绿色空

间为主要目的，以卫生防护、组织交通、点缀街景和美化市容为主要功能，以简洁实用、体现城市特点为主要原则。特别是近几十年来，很多城市进行了重新规划，道路绿化逐渐被提升到道路绿地景观设计的层面上。随着城市园林建设的发展，道路绿地景观设计的理论也得到不断发展。

澳大利亚的堪培拉市是由美国建筑师所规划，曾在国际竞赛中获得头奖。这个规划中绿地总面积占城市总面积的58%，街道两旁种植行道树，道路中央的分车带宽十余米，全部铺种草皮；公园和私人花园一般不设围墙，使城市中的各种设施和园林融为一体。目前，堪培拉已成为一座非常美丽的城市，宽阔的道路侧旁桉树成林，浓荫蔽日，环境优美。

在花园城市新加坡，新建的高层建筑只占地35%，其余土地用于绿化，在道路和建筑物之间留下15m以上宽度的空地种树、栽花、种草。无论在街道两旁、道路分车带、交叉路口还是行人过街桥都是树木相间，缀满藤蔓，虽在闹市也可听到蝉鸣鸟叫之声，居民生活在舒适优美的环境中。

美国在19世纪开始建设公园系统，形成了大批城市公园和保护区。在此基础上，到20世纪掀起了绿道（greenway）规划，现在已经代替公园路成为美国公园系统的主要组成部分。绿道意义重大，可以解决生态廊道保护体系缺失的问题，满足人们亲近自然的迫切需求。

11.2.3.2　国内城市道路绿地的发展

我国城市道路绿地具有悠久的历史，在两千多年前的周秦时代就已沿道路种植行道树。

据《周礼》记载，公元前5世纪周朝由首都至洛阳的街道种有许多列树，来往的过客可以在树荫下休息。《汉书》记载："(秦)为驰道于天下，东穷燕齐，南极吴楚，江湖之上，滨海之观毕至。道广五十步，三丈而树，厚筑其外，隐以金椎，树以青松"（图11-10）。修驰道是秦代的功绩之一，"驰道"宽82.95m，中间天子走的道路宽7.29m。在当时这样大规模地沿路种青松，在世界上也是罕见的。

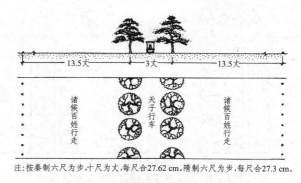

注：按秦制六尺为步，十尺合为丈，每尺合27.62cm。隋制六尺为步，每尺合27.3cm。

图11-10　秦代驰道布置推想图

西汉长安街道两侧种有成行的槐树，称"槐衙"。历史上古人对槐甚为推崇，被看作高贵的象征，同时还具有"中正"的品格，在各个朝代都广为种植。

东汉洛阳，除宫苑、官署外有闾里及24条街，街的两侧植栗、漆、梓、桐四种行道树。

西晋洛阳(今洛阳以东)宫门以及城中央大道"皆分作三，中央御道，两边筑土墙，高四尺余……夹道种榆槐树，此三道四通五达也"。

南北朝建康(今南京)的布局呈曲折不规则状，但中央御道砥直，御道两侧是御沟，沟旁种柳，形成"垂柳荫御沟"的城市风景(图11-11)。

隋朝东都在周王城故址，正对宫城正门的大街(天津街)宽一百步，道旁植樱桃和石榴两行，自端门至建国门南北长九里，树木成行(图11-12)。

唐代玄宗时期定有路树制度。首都长安南北11街，东西14街，布局严谨。城内街道两侧主要树种是槐树、垂柳以及桃、李、榆(图11-13)。唐宋时代，中国南方的行道树多用木棉。

北宋东京(今开封)是在后周都城基础上建成的。在宫城正门南的御街，用水沟把路分成三道，桃、李、梨、杏等

列植于沟边，沟外设木栅以限行人，沟内植以荷藻莲花(图11-14)。春夏繁花似锦，夏末荷花飘香，秋季果实累累。同时路边还设有御廊，为驻足小憩的行人遮阳挡雨。街道绿化形式比较丰富。

清中叶以后，沿海城市迅速兴起，一些新建街道引种刺槐、悬铃木、意大利黑杨等树种作为行道树。我国古代城市道路绿化的内容、形式和管理制度，对今天的城市道路绿地规划与设计仍有借鉴作用。

新中国成立以来，我国的城市建设发展很快，不少城市在街道绿化方面取得了很大成绩。尤其是近几年来，随着经济的发展，人们环保意识的提高、审美观念的变化，城市道路绿地的规划设计出现了新的理论和模式。道路绿地作为城市绿地系统的组成部分，要更加注重科学性和艺术性，全方位考虑道路沿线土地、建筑、景观、生态环保的融合，把单条道路的景观建设与城市综合发展相结合，使道路绿化不仅美化城市环境，而且成为城市形象的重要体现，如北京的朝阳路、王府井大街，上海的世纪大道、南京路商业街，深圳的深南大道、滨海大道，青岛的东海路、滨海景观大道等。

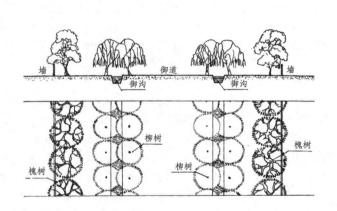

图11-11　南北朝建康中央御道布置推想图

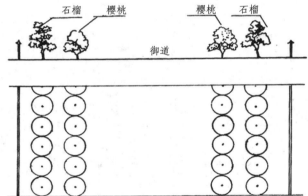

图11-12　隋东都天津街布置推想图

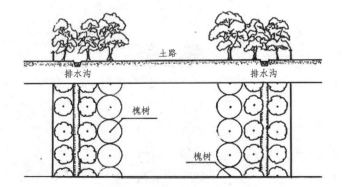

图11-13　唐长安朱雀门大街布置推想图

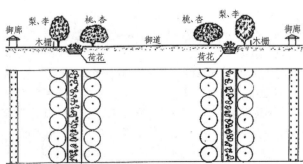

图11-14　北宋东京御街布置推想图

282

11.3　道路绿地规划设计内容

道路绿地的规划设计有一定的特殊性，不仅要考虑绿地本身功能方面的要求，更要注重和行车安全的结合，考量在现代交通条件下的视觉特点，综合多方面的因素进行协调规划。

11.3.1　道路绿地规划设计的要点

11.3.1.1　保证行车安全

道路绿地的设计必须满足交通行车安全，即道路上的汽车、自行车和行人均可安全地使用道路。具体有以下两方面的要求。

（1）交通组织要求、视线安全要求　首先，在道路交叉口视距三角形范围内和弯道内侧的规定范围内的植被，不应影响驾驶员的视线通透，保证行车视距；其次，在弯道外侧的灌木沿边缘应整齐连续栽植，预告道路线形变化，引导驾驶员行车视线。

（2）行车净空要求　在各种道路的一定宽度和高度范围内为车辆运行的空间，植被不得进入该空间。具体范围应根据道路交通设计部门提供的数据确定。

11.3.1.2　与城市道路的性质和功能相适应

现代化的城市道路交通是一个复杂的系统。在城市总体规划中确定道路的性质，在专项的城市绿地系统规划中确定道路的景观特征。因每条道路不同的特性，街旁建筑、绿地、小品以及道路自身设计都必须符合不同道路的特性。

市区交通干道的绿化应以提高车速、保证行车安全为主。重要的园林景观路应该集中体现城市绿化的特点，展现城市风貌与特色。商业街、步行街的绿化应突出商业性的繁华特点，在道路绿地中选择合适的位置为人们提供休息和活动的场所。

11.3.1.3　与其他街景元素相结合

街景由多种景观元素构成，有道路铺装、公交站台、街灯、标志牌、雕塑小品、道路两侧的建筑物等硬质景观，有植物、水体等软质景观，有道路周边的山地、河湖、丘陵、森林等自然景观，有道路本身所蕴含的历史人文等文化景观。在道路绿地景观规划设计中，要充分结合、利用多种街景元素，创造有特色的城市道路景观。

11.3.1.4　符合使用者的行为规律和视觉特性

道路使用人群由各自的交通目的和交通手段不同，会产生不同的行为规律和视觉特性。观赏速度的变化带来人们对于城市景观要素尺度感的变化。在步行的条件下，观赏者的观赏速度较慢，在绿化植物的选择与造型、道路小

品形态与色彩方面应该精心设计；在车行的条件下，运动速度和观赏速度较快，观赏者对于沿路景观的认识只能是整体概貌和轮廓，景观设计主要强调整体性、大尺度的气势感。因此，道路绿地景观的设计需要考虑现代交通条件下不同速度道路使用者的视觉特性，选择主导性道路使用者的行为规律和视觉特性作为道路绿地设计的考虑重点。

11.3.1.5　与市政公用设施规划相结合

道路沿线有许多市政附属设施和管理设施，如道路的照明、地下管线、停车场、加油站等。沿街的厕所、报刊亭、电话亭等要设置在合理的位置；道路绿地的设计要与人行过街天桥、地下通道出入口、电杆、路灯、各类通风口、垃圾运输出入口等地上设施，以及地下管线、地下构筑物及地下沟渠等有机结合。

11.3.1.6　融入城市海绵系统构建

道路绿地是实现海绵城市建设的重要载体，承担着游憩、景观、生态和防灾等多种功能，对于道路雨水调蓄、渗透和净化具有重要作用。在城市生态道路建设中，常将道路排水与绿地进行整合设计，由路面、边沟、集水井进行道路雨水的渗透、收集与储存，再通过道路绿地完成雨水的缓释、消纳与灌溉，从而优化绿地生态功能与城市雨洪管控，实现海绵城市生态景观塑造。道路绿地设计应结合场地地形与汇水空间形态，常见形式为雨水花园、植草沟、下沉式绿地、生态蓄水池等。植物种类应选择抗旱耐淹、根系发达、净化能力强、管理粗放的树种，优先选择乡土树种。

11.3.2　道路绿地规划设计的调研

与其他类型的绿地形式相比较，道路绿地呈线形贯穿于城市之中，沿路情况复杂，并且和交通关系密切，因此道路绿地规划设计调研的内容有一定的特殊性。

在接到设计任务后，首先要搜集相关基础资料，包括气象、土壤、水体、地形、植被等方面自然条件的资料；该条道路地上市政设施和地下管网、地下构筑物的分布情况；道路本身所蕴含的历史人文信息；该条道路的性质和景观特色定位；相关的道路设计规范、城市法规等设计规范资料。

其次，在现场调研时结合现场地形图进行标注，重点调查道路的现状结构、交通状况，道路绿地与交通的关系，人们的活动行为，道路沿线周边用地的性质、建筑的类型及风格，沿途景观的优劣等，以便进行该道路绿地设计时，能有效地结合周边环境，使绿地在保证交通安全的前提下充分利用道路沿线的优美景观。

最后，对以上相关资料进行整理，分析基地现状的优势和不足及发展潜力，并结合设计委托方的意见，提出规划设计的目标及指导思想，为下一步设计的定位和布局，以及方案的深化提供科学合理的依据。

11.3.3 道路绿地规划设计的风格定位

道路绿地景观的风格定位即确定道路的景观性质、需要体现的景观风格和特色、应该具有的功能和形式。明确了道路的风格定位，才能更好地结合现状合理地布局、进行方案的深化。

影响道路绿地规划设计风格定位的因素很多，包括城市的性质、道路的性质、历史文化、生活习俗等。在进行道路绿地景观定位时，首先要分析道路的现状、周边环境，提出合理的评价和规划思想；同时，也要结合城市总体规划和城市绿地系统规划一起考虑。一般来讲，在城市总体规划阶段，会进行专项的城市道路系统规划，明确城市各条道路的性质是主干道、次干道还是支路。在城市绿地系统规划中，主要是明确城市各条道路的景观特征。有些城市还会做城市道路绿地系统专项规划，更加清楚系统地为每条道路定性，是城市综合性景观路、绿化景观路还是一般林荫路。将对城市综合景观起重要作用的城市主干道及重要次干道规划为综合景观路，将城市对外交通主干道及城市快速路规划为绿化景观路，其余道路规划为林荫路。这些都为道路绿地景观进一步准确详细的定位提供了参考依据。

江苏省宿迁市是一座以轻型工业为主导，现代休闲旅游服务业为特色的生态型园林化滨湖城市，具有"湖光水色、楚风汉韵、酒都花乡、生态名城"的景观特色。宿迁市人民大道北端是市政府所在地，在《宿迁市城市总体规划（2003—2020）》中定位为城市主干道，在《宿迁绿地系统规划（2004—2020）》中定位为城市综合景观路。

在道路绿地系统专项规划中，将宿迁市内重要的八条道路和道路节点相结合，通过道路绿化和节点景观的营造，分别体现"宿迁精神""宿迁文化""宿迁未来""湖光山色""楚汉遗风""酒都醉人""花香宜人""楚歌留韵"的内涵。其中，"楚歌留韵"是人民大道要表达的主题，从而进一步详细明确了人民大道的风格定位。根据前期规划定位的思想指导，在进行人民大道的规划设计时，结合现状环境分析，最终定位为：以生态景观为主，重视其自身的人文氛围，强调自然与人文并重，创造一条集功能、生态、

景观三位一体的休闲、观赏性综合景观交通道路。设计风格强调传统与现代相结合，整体体现传统文化的内容和精神，在形式及材料的处理上呈现出一定的现代感；通过现代的设计手法，表达出对传统文化的理解和感悟。

11.3.4 道路绿地规划设计的布局

在了解了现状环境，明确了道路景观的风格定位后，就要考虑如何进行方案的布局。

城市的道路绿地一般随着道路的走向呈线状分布，在道路的交叉口、景观视线交融处、交通路线上的变化点等处会出现一些"点"状绿地。道路旁的各类公园、大面积的绿地等周围的景观则呈现出"面"状景观，作为点状、线状景观的重要背景。由此形成了点线面相结合的景观序列。道路绿地规划设计重在合理安排景观序列的表达，选择合适的点状绿地作为道路节点景观，达到"点"状绿地作为连续景观的变化点、"线"状绿地表达景观的序列变化、"面"状绿地作为道路景观的背景环境，以线串点、以线带面，形成景观、生态、文化相融合的合理布局。

宿迁市人民大道在有了明确的风格定位后，在布局结构上强调生态线和文化线（图11-15）。结合"楚歌留韵"的主题，整条道路由一条主线将四个节点"楚风广场""花雅广场""酒颂广场""水清广场"串联起来，依次体现了"楚""花""酒""水"的城市主题，结合楚文化中的"风""雅""颂"，反映宿迁市的城市特色。每段道路以各节点为依托，道路两侧的绿地景观围绕"楚之道""花之道""酒之道""水之道"展开。整个景观序列布局合理，很好地烘托了主题。

镇江市的南徐路位于镇江市南郊，东起林隐路，西止镇句路。所经区域土质肥沃，植被丰富，地形地貌变化多样，有山地、农田、水塘、河流，可利用景观资源丰富，目前作为南郊的交通主干线，以后将成为镇江市南环路。南徐路的景观布局根据整条道路穿越不同自然环境的特点，在景观序列的表达上充分结合和利用自然景观，不仅尊重了原有地形和地貌，而且形成了视线变化丰富的景观序列。在道路两侧景观不佳的地段，则景观集中在道路本身的植物造景，视线随之汇聚，为下一路段开阔的视觉景观做铺

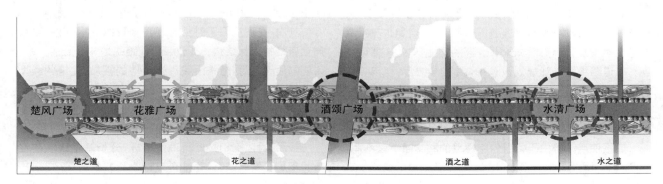

图11-15 宿迁市人民大道布局图

垫。道路两侧景观优美时,则充分打开视线,引向树林草地的开敞空间,景观收放有序、张弛自如。同时,选取道路的交叉口设计成六个景观迥异、各有特色但整体协调的景观节点(图 11-16)。六个节点虽均以植物造景为主要的设计手法,但却以不同的植物为主景元素,并配以恰当的园林小品,形成了一路多景的景观布局(图 11-17)。

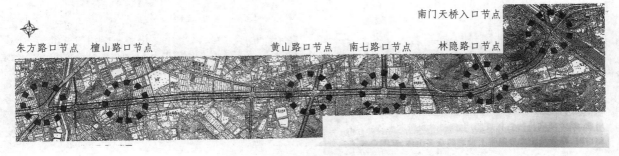

图 11-16 南徐路节点景观示意图

a 南门天桥入口节点

b 林隐路口节点

c 南七路口节点

d 黄山路口节点

e 檀山路口节点　　　　　　　　　　　　　　f 朱方路口节点

图 11-17　南徐路节点景观

图 11-18　中央分车绿带

（https://bbs.zhulong.com）

图 11-19　两侧分车绿带

11.4　各类型道路绿地规划设计

11.4.1　对内交通道路绿地

对内交通道路绿地由道路绿带、交通岛绿地、社会停车场绿地和立体交叉绿化组成。

11.4.1.1　道路绿带

道路绿化应以乔木为主，乔木、灌木、地被植物相结合，不宜裸露土壤。同一道路的绿化应和谐有序，不同路段的绿化可有所变化。

1）分车绿带

车行道之间可以绿化的分隔带，有中间分车绿带和两侧分车绿带两种形式（图 11-18、图 11-19）。

分车绿带起组织交通、防护和美化的作用，其宽度因道路状况而异，设计的目的是将人流与车流分开、机动车辆与非机动车辆分开，保证不同速度的车辆安全行驶，并

合理地处理好建筑、交通和绿化之间的关系，使街景统一而富于变化。分车绿带的设计要点如下。

① 分车绿带的植物配置应形式简洁，树形整齐，排列规整。分车绿带交净宽度小于 1.5 m 时，宜种植灌木和地被植物；净宽度大于或等于 1.5 m 时，宜种植乔木。采取自然式群落配置时的分车绿带净宽度不宜小于 4.0 m；乔木要选择分枝点高的品种，以免影响行车安全，树干中心至机动车道路外缘距离不宜小于 0.75 m。

② 主干路分车绿带宽度不宜小于 2.5 m。中间分车绿带绿化宜阻挡相向行驶车辆的眩光，在距相邻机动车道路面高度 0.6 m～1.5 m 范围内，应配置枝叶茂密的植物，且株距不得大于其冠幅的 5 倍。

③ 当分车绿带无防护隔离设施时，应采取通透式配置。种植乔木的分车绿带宽度达到 2.5 m 及以上时，应设置海绵设施；小于 2.5 m 时可设置海绵设施。仅种植灌木和草本植物的分车绿带宜设置海绵设施。

2）行道树绿带

行道树绿带是指布设在人行道与非机动车道，或人行

286

道与车行道之间,以种植行道树为主的绿带。植物以乔木为主,可配置灌木和地被植物,主要是为行人及非机动车提供庇荫。

(1)行道树种植方式 行道树种植方式有多种,常用的有树带式、树池式两种(图11-20)。

a 树池式种植方式

b 树带式种植方式

图11-20 行道树种植方式

①树带式:在人行道和车行道之间留出一条宽度不小于1.5 m的种植带,实际宽度视具体情况而定,可种植乔灌木,同绿篱、草坪搭配,留出铺装过道,以便人流通行或汽车停站。

②树池式:通常用在交通量大、行人多而人行道又窄的路段。表面根系发达的行道树宜采用连续树池,净宽度不宜小于2.0 m。在人流量大的路段,树池应覆盖树池算子,且应与人行路面齐平;在人流量小的路段宜采

用连续树池,并栽植灌木和草本植物。在行道树之间宜采用透水、透气性铺装。树池缘石高度宜与人行路面齐平。

(2)行道树绿带设计要点

① 行道树树种的选择:行道树应选择深根性、分枝点高、冠大荫浓、生长健壮、抗性强、无飞絮、适应道路环境条件,且落果不会对行人造成危害的树种。灌木和草坪应选萌芽力强、耐修剪、病虫害少和易于管理的种类。

② 行道树的株距:行道树种植株距应根据树种的青壮年期冠幅确定,最小种植株距宜为6.0 m,冠幅较小的乔木种植株距可为4.0 m。行道树种植点可根据路灯等设施适当调整,乔木与路灯最小距离不应小于2.0 m。

③ 行道树定干高度:应根据其功能要求、交通状况、道路性质和宽度,以及行道树与车行道距离、树木分枝角度而定。行道树的苗木胸径:快长树不小于5 cm,慢长树不宜小于8 cm。行道树进入人行道或非机动车道路面的枝下净高不应小于2.5 m,进入机动车道路面的枝下净高不应小于4.5 m。

3)路侧绿带

布设在人行道外缘至同侧道路红线之间的绿带。路侧绿带设计应与道路红线外侧绿地相协调。

(1)路侧绿带形式 路侧绿带常见的有三种:第一种是因建筑红线与道路红线重合,路侧绿带毗邻建筑布设;第二种是在建筑退让红线后留出人行道,路侧绿带位于两条人行道之间;第三种是在建筑退让红线后在道路红线外侧留出绿地,路侧绿带与道路红线外侧绿地结合。

(2)路侧绿带设计要点

① 路侧绿带应根据相邻用地性质、防护和景观要求进行设计,并应保持路段内连续与完整的景观效果。

② 当路侧绿带宽度在12 m以上时,内部铺设游步道后,仍能留有一定宽度的绿化用地,而不影响绿带的绿化效果,因此可以设计成开放式绿地,方便行人进入游览休息,提高绿地的利用率(图11-21)。

图11-21 优美的路侧绿带

③ 路侧绿带与沿路的用地性质或建筑物关系密切：有些建筑要求有绿化衬托；有些建筑要求有绿化防护；有些建筑需要在绿化带中留出入口。因此，路侧绿带设计要兼顾街景与沿街建筑需要，应在整体上保持绿带连续、完整、景观风格统一。

④ 濒临江、河、湖、海等水体的路侧绿地，应结合水面与岸线地形设计成滨水绿带。

⑤ 道路护坡绿化应结合工程措施栽植地被植物或攀缘植物，达到垂直绿化效果。

11.4.1.2 交通岛绿地

交通岛绿地分为中心岛绿地、导向岛绿地、交叉路口和立体交叉绿地，通常位于几条道路的相交处，起着引导行车方向、渠化交通的作用；交通岛的绿化应结合这些功能，通过在交通岛地带的合理种植，强化交通岛外缘的线形，引导驾驶员的行车视线，特别在雪天、雾天、雨天可弥补天气条件对交通标线、标志产生的影响。

（1）中心岛绿地　中心岛位于交叉路口的中心位置，多呈圆形，主要是组织环形交通：凡驶入交叉口的车辆，一律绕岛作逆时针单向行驶。中心岛的直径设置，必须保证车辆能按一定速度以交织方式行驶。目前，我国大中城市所采用的圆形交通岛一般直径为 40～60 m。由于受到环道上交织能力的限制，因此在交通量较大的主干道上，或具有大量非机动车交通或行人众多的交叉口上，不宜设置环形交通。

中心岛绿化是道路绿化的一种特殊形式。由于中心岛周边汇集了多处路口，原则上中心岛绿地只具有观赏作用，不许游人进入。为了便于绕行车辆的驾驶员准确快速识别各路口，中心岛内不宜过密种植乔木，应多选用地被植物栽植，保证各路口之间行车视线通透。绿化常以草坪、花卉、低矮的花灌木组成图案；同时，考虑到中心岛中心是视线的焦点，可在中心处放置雕塑、标志性小品、灯柱、大乔木、花坛等成为构图中心，但要协调好其体量与中心岛的尺度关系（图 11-22）。

图 11-22　南京市鼓楼广场中心岛绿化
（https://www.sohu.com）

另外，也可结合中心岛所在地的实际情况，使中心岛成为人们可进入休息、观赏的交通环岛。位于美国纽约中央

公园西大道、百老汇大街和第八大道交会处的哥伦布交通环岛经过改造后，由简洁规整的植物景观、喷泉水景、地面铺装和照明设施构成，游人可在环岛内休憩、玩耍，实用性大大增强，成为极具吸引力的市区公共空间（图 11-23）。

图 11-23　美国纽约哥伦布交通环岛
（常鑫，2007）

（2）导向岛绿地　导向岛用以指引行车方向，约束车道，使车辆减速转弯，保证行车安全。导向岛绿地是指可绿化的导向岛用地，常布置成绿地、花坛等。绿化植物以地被植物为主，不可遮挡驾驶员视线。植物的选择和种植形式可区分主次车道（图 11-24）。

图 11-24　导向岛绿化

（3）交叉路口绿地　在几条道路平交的路口处，为了保证行车安全，必须在道路转角空出一定的距离，使司机在进入道路的交叉口时，能看到对面来车，并有充分的刹车和停车时间而不致发生撞车。这种从发觉对方来车、立即刹车而刚够停车的距离，就称为"安全视距"。视距的大小，随着道路允许的行驶速度、道路的坡度、路面质量情况

而定,一般采用 30~35 m。

根据相交道路所选用的安全视距,可在交叉口平面图上绘出一个三角形,称为"视距三角形"(图 11-25)。在此三角形内不能有建筑物、构筑物、树木等遮挡司机视线的地面物。布置植物时,不得种植高于最外侧机动车车道中线处路面标高 1 m 的树木,宜选用低矮灌木或花草。

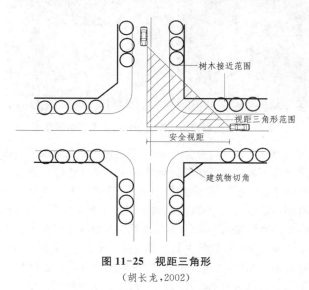

图 11-25 视距三角形
(胡长龙,2002)

(4) 立体交叉绿地 立体交叉主要分为两大类,即简单立体交叉和复杂立体交叉。简单立体交叉是指纵横两条道路在不同高程上交叉、点相互不连通,这种立体交叉一般不能形成专门的绿化地段,只能进行行道树的延续种植。复杂立体交叉又称互通式立体交叉,不同平面的车流可以通过匝道连通。

互通式立体交叉一般由主、次干道和匝道组成,匝道供车辆左、右转弯,把车流导向主、次干道。为了保证车辆安全和保持规定的转弯半径,匝道和主次干道之间往往会形成几块面积较大的空地,一般多作为绿化用地,称为绿岛。此外,从立体交叉的外围到建筑红线的整个地段,除根据城镇规划安排市政设施外,其中的绿地可称为外围绿地。绿岛和外围绿地构成互通式立体交叉绿地。立体交叉虽然避免了车流在同一平面上的十字交叉,但却避免不了汽车的顺行交叉(又称交织),因此绿化布置要保证司机有足够的安全视距,在立交进出道口、准备会车地段、立交匝道内侧有平曲线的地段不宜种植遮挡视线的树木;如种植绿篱和灌木时,其高度不能超过司机视高,以使其能通视前方的车辆。在弯道外侧,最好种植成行的乔木,视线要封闭,并预示道路方向和曲率,以引导行车方向、利于行车安全。绿岛是立体交叉中面积比较大的绿化地段,常有一定的坡度,可自然式配置树丛、花灌木等,形成疏朗开阔的效果;也可用宿根花卉、地被植物等组成模纹图样。

考虑到视觉观赏速度较快,绿岛中绿化构图宜简洁大方(图 11-26)。如果绿岛面积较大,在不影响交通安全的前提下,可按街心花园的形式进行布置,设置园路、亭、水池、雕塑、花坛、座椅等。

图 11-26 南京新庄立交桥绿化
(https://www.vjshi.com)

立体交叉外围绿化树种的选择和种植方式要和道路伸展方向、周围的建筑物和道路、路灯、地下设施等密切配合,才能取得较好的绿化效果。

另外,还应重视立体交叉道桥形成阴影部分的处理,可种植耐阴植物;也可处理成硬质铺装,作为停车场和小型服务设施。

11.4.1.3 社会停车场绿化

停车场是城市集中露天停放车辆的场所:按车辆性质可分为机动车和非机动车停车场;按使用对象可分为专用和公用停车场;按设置地点可分为路外和路上停车场。城市公共停车场是指在道路外独立地段为社会机动车和自行车设置的露天停车场地。它的位置和规模应符合城市规划布局和道路交通组织需要,设施设置符合行业规范。

本节所探讨的停车场是指道路红线范围内的停车场。

停车场的绿化可分为三种形式:周边式、树林式和建筑前的绿地兼停车场。在停车间隔带中种植乔木可以更好地为停车场庇荫,有效地避免车辆曝晒,但要不妨碍车辆停放。树种要具有深根性、分枝点高、冠大荫浓等特点,适合于停车场的栽植环境(图 11-27)。其树下高度应符

图 11-27 停车场绿化

合停车位净高度的规定：小型汽车为 2.5 m；中型汽车为 3.5 m；载货汽车为 4.5 m。停车场大多采用嵌草铺装，可起到改善和美化环境的作用；停车场可结合内部分隔绿带或者周边防护隔离绿带建设海绵设施。

11.4.2 步行街道绿地

在城市中心地区公共建筑、商业与文化生活服务设施集中的重要地段，设置专供人行、禁止或限制车辆通行的道路，称为步行街。其形式可分为两类：一类是只对部分车辆实行限制，允许公交车辆通行，或是平时作为普通街道，在假期中作为步行街，称为过渡性步行街或不完全步行街。这种步行街仍然沿用普通街道的布置方式，但为了创造良好的休闲环境，街道侧旁提供更多便利于行人的休息设施。如北京的王府井大街、前门大街，上海的南京路，沈阳的中街等。另一类是禁绝一切车辆的进入，称完全式步行街。由于消除了车辆的影响，可使人的活动更为自由和放松，原先留做车道的位置可布置装饰类与休憩类小品，用花坛、喷泉、水池、椅凳、雕塑等要素予以装点，为街道增添美感和舒适度。如沈阳的太原街、大连的天津街等。

自 20 世纪 50—60 年代以来，世界上许多国家在探讨步行街在城市中的作用和意义方面做出了巨大的努力，并进行了大量的实践。长期以来的实践证明，步行街较为有效地缓解了机动车的废气、噪声等污染问题以及人车争道状况；在为市民提供更多的游憩、休闲空间，在优化城市环境、美化城市景观等方面具有积极的作用。在商业区设置步行街则有利于促进销售，而历史文化地段的步行街还可以有效地对街道原有历史风貌进行必要的保护。

步行街包括以下三种类型。

（1）商业步行街 这是我国目前最为常见的步行街类型，设置在城市中心或商业、文化设施较为集中的路段，由于杜绝了人车混杂现象，从而消除了人们对发生交通事故的担心，使行人的活动更为自由和放松。步行街所具有的安全性和舒适感可以凝聚人气，对于促进商业活动也有积极的意义。

（2）历史街区步行街 国外有些城市为保护某些街区的历史文化风貌，将交通限制的范围扩大到一定区域，成为步行专用区。随着城市的发展，方便出行是人们普遍关心的问题。我国许多城市，包括历史悠久的古城，解决交通问题的主要方法就是拆除沿街建筑以拓宽道路，其结果是改变甚至破坏原有的城市结构和风貌；如果采用禁止车辆进入的方式，既可以在一定程度上缓解人车混杂的矛盾，同时也能避免损害城市的原有格局，达到保护历史环境的目的（图 11-28）。当然，与步行专用区相配套的是在其周边需要有方便、快捷的现代交通体系。

（3）居住区步行街 在城市居民活动频繁的居住区也可以设置步行街，国外称之为居住区专用步道。居住区

图 11-28 无锡市南长街清明桥历史文化街区景观

需要有整洁、宁静、安全的环境，而禁止机动车辆的通行很大程度上就能满足这样的环境要求。在居住区设置步行街除了达到舒适、安全的目的之外，还要考虑交通便利性和利用率的问题，所以当机动车流量不是太大时，采用完全或分时段禁止车辆通行，应根据实际情况予以考虑。

步行街两侧均集中商业和服务性建筑，不仅是人们购物的活动场所，也是人们交往、娱乐的空间。其设计目的就是创造以人为本，一切为"人"服务的城市空间。步行街的设计在空间尺度和环境气氛上要亲切、和谐，人们在这里可以感受到自我，完全放松和"随意"。可以通过控制街道宽度和两侧建筑物高度，以及将空间划分为几部分、采取骑楼的形式、采取建筑物逐层后退的形式等，来改善空间尺度和创造亲切宜人的街道环境。在步行街当中，充分的灯光照明可以为夜间活动提供方便，而借助灯光还可以突出建筑、雕塑、喷泉、花木以及各种小品的艺术形象，从而为夜景增添情趣。所以对灯光的精心设计也是提高步行街品质的重要方面。此外，步行街上的各种设施，包括装饰类小品、服务类小品以及铺装材料、山石植物等都要从人的行为模式及心理需求出发，经过周密规划和精心设计，从材料的选择到造型、风格、尺度、比例、色彩等方面都能尽可能达到完美，使人倍感亲切，形成良好景观。

与游憩林荫道不同，步行街需要更多地显现街道两侧的建筑形象，尤其是设置在商业、文化中心区域的步行街，还要将各种店面的橱窗展示在游人及行人的面前。所以步行街绿地种植要精心规划设计，与环境、建筑协调一致，使功能性和艺术性呈现出较好的效果。在绿化树种的选择上，步行街与普通街道一样，应首先考虑植物的适应性。当地的适生品种应该占有较大的比重，为丰富景观的需要，引种的新品种也应适量运用。其次，应当运用生态学方法进行植物的搭配，也就是模拟自然界的植被共生关系，设计出不同植物都能良好生长的人工群落，用以改善特定范围内的生态环境。一般在用地较为狭窄时，以布置规则式花坛、花境比较适宜，使用生命力强且花期较长的

草本花卉或耐修剪的花灌木，可以将游憩林荫道或步行街绿地装点得花团锦簇，但人工雕饰的痕迹较重。如果用地宽裕，则可考虑自然风景式布置，利用不同株形、不同花期和不同花色的乔木、灌木、林下植物自由搭配，则能让人们在其中的感觉更为放松和愉悦；这样的景观处理方式看似随意，其实对设计者的要求更高，因为在设计时不仅要把握各种植物的搭配形式，以使建成之后给人以自然、优美的感受，还需要考虑各种植物在四季更迭中的季相变化乃至数年或更长生长期之后的姿态、形状；再次，要特别注意植物形态、色彩要和街道环境相结合，树形要整齐，乔木要冠大荫浓、挺拔雄伟，花灌木无刺、无异味、花艳、花期长。特别需考虑遮阳与日照的要求，在休息空间应采用高大的落叶乔木，夏季茂盛的树冠可遮阳，冬季树叶脱落，又有充足的光照，能够为游人提供不同季节的舒适环境。最后，地区不同，绿化布置也有所区别。如在夏季时间长、气温较高的地区，绿化布置时可多用冷色调植物；而在北方则可多用暖色调植物布置，以改善人们的心理感受。

步行街的地面可采用装饰性铺装，通过材质的变化和细节的处理增加街景的趣味和特色；还可以布置花坛、小品、雕塑等，以及供人们休息的座椅、凉亭、电话间等，不仅能丰富景观，还能体现地方特色。例如，上海南京路商业步行街通过建筑风格的延续和街道设施及小品风格的创新，在保留了城市独有的历史文化特色基础上，显示了现代城市的景观特征。

总之，步行街绿化设计既要充分满足其功能需要，同时也要形成良好的景观效果。

11.4.3 对外交通道路绿化

城市对外交通绿地为铁路、公路、管道运输、港口和机场等城市对外交通运输及其附属设施用地内的绿地。对外交通绿地常常穿过农田和山林等自然环境，对城市复杂的地上、地下管网和建筑物等影响较小。

11.4.3.1 高速公路绿地

高速公路是当今标准最高、等级最高的现代交通公路，其设计车速为 80～120 km/h，几何线性要求较高，工程复杂。一般设有四条以上的行车道：车辆双向行驶，以中央分隔带分隔；全线封闭，路旁设有防护栏，严禁产生横向的交通干扰。在与铁路或其他公路相交时，全部设置立体交叉设施；并设有专用的自动化交通监控系统，以及必要的沿线服务设施。

由于受到高速公路特殊的断面形式、周边环境、立地条件、土方工程、行车要求等诸多条件的制约，对高速公路绿地景观规划设计也有着不同于一般道路的特殊要求。

高速公路绿地是在可绿化的路段以绿色植物合理覆盖公路两侧边坡、分隔带及公路用地范围内的一切可绿化空地。在我国一般的高速公路断面形式如图 11-29 所示。高速公路绿地的组成主要包括中央分隔带、路肩、边坡、隔离栏、林带，以及其附属设施，如管理站、互通区和服务区等的绿化。

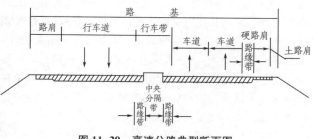

图 11-29 高速公路典型断面图
(崔文波，2003)

1) 高速公路绿地的功能作用

高速公路绿地除了能改善环境、增加道路景观外，更重要的是其能和行车安全结合，具体表现在以下几点。

（1）引导交通 在高速公路的不同路段和特定区域，如爬坡车道、变速车道、集散车道、辅助车道、进出口岔道以及接近服务区路段，可以利用不同植物的景观效果辅助提示、引导交通。

（2）防眩光，引导视线 司机对前方高速公路路面变化的判断，除了依靠路面本身的形态、走向变化外，还借助于视野中侧向要素的变化。如中央分隔带植物轮廓线的变化能形成良好的视觉引导，有助于提高行车的安全性。

（3）保持水土，稳定路基 在路堑、路堤等有大量土石方工程的地段，结合一些深根系的地被及爬藤植物，可辅助解决稳固路基的工程问题。

（4）保护路面畅通 在风沙和积雪等灾害较为严重的地区，高速公路两侧的宽阔林带可以结合防护林的建设，阻挡风沙和飞雪，以免沙、雪堆积在路面，影响高速公路的畅通。

2) 高速公路绿地规划设计原则

① 高速公路绿化应满足交通要求，保证行车安全，使司机视线畅通，通过绿化栽植以改善视觉环境，增加行车安全性。具体栽植方式有引导栽植、过渡栽植、防眩栽植、遮蔽栽植、标示栽植、隔离栽植。

② 高速公路绿化植物应选择适应性强、耐修剪、耐干旱、耐瘠薄、管理粗放、观赏期长、养护措施简单的品种。

③ 根据高速公路沿线区域环境特征或行政区划，将高速公路分为若干景观设计路段，道路绿化与不同路段沿线的地域景观相协调，形成其特有的风格。

④ 高速公路的互通式立交区、服务区应作景观绿化设计，与当地城市绿化风格及建筑风格协调一致。在绿化设计功能性基础上综合考虑绿化美学要求，力求有良好的景观效果。

3）高速公路绿地各组成部分规划设计

（1）中央分隔带绿化　中央分隔带是高速公路绿地景观中最重要的组成部分，设在两条对行的车道之间，主要有分隔对向行车车道、减轻夜间车灯眩光、引导司机视线、防止行车中任意转弯掉头等作用。设计合理的中央分隔带还能够减轻长途驾车产生的疲劳感，减轻精神过度集中而产生的紧张感。中央分隔带一般宽1～3 m，土层浅，因此不宜种植乔木，且乔木投射到路面上的树荫会影响驾驶人员的视觉，其断枝落叶也会影响快速交通。因而中央分隔带绿化通常选用耐修剪的常绿灌木，底层辅以地被。基本种植形式有整形式、树篱式、图案式、平植式等。

① 整形式：用同一种形式的树木（如蜀桧等）按照相同的株距列植，下层根据景观需要配以不同的灌木及地被（图11-30），形式比较简单，应用普遍。这种种植形式的缺点是：单一的形式容易给人乏味的感觉，不利于缓解驾驶疲劳。可以考虑相隔一定距离（5～8 km为宜），改变植物品种，间植高度、冠幅与主栽树种相当的花灌木，适当变化调节色彩和形式。

② 树篱式：用枝叶密实的植物形成连续的树篱，下层用花灌木或色叶灌木满铺或形成色块（图11-31）。其优点是遮光效果好，对撞击隔离栏的车辆有很强的缓冲作用，可减轻车体与驾驶人员的损伤，如京珠高速公路广珠段部分就采用了这种形式。缺点与整形式相似，同样具有视觉上单调呆板的缺陷，而且对树木需求量大。

③ 图案式：将灌木或绿篱修剪成几何图形，在平面和立面上适当变化，形成优美的景观绿化效果。缺点是其遮光效果不佳，若处理不当，多变的形式会过于吸引司机的注意力，而且增加管理工作量（图11-32）。

图11-30　高速公路整形式中央分隔带绿化

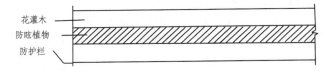

图11-31　高速公路树篱式中央分隔带绿化

图11-32　高速公路图案式中央分隔带绿化
（李铮生，2006）

④ 平植式：当中央分隔带较窄时或在管理受限的路段，可以用植物满铺密植，并修剪成形，这种形式常见于中央分隔带的开口处如京珠高速公路部分路段就采用了这种形式。

在具体的高速公路中央分隔带的设计中，可以结合道路线形及具体周边环境，综合运用这几种形式，将整形式的点状种植与树篱式、图案式、平植式种植组合，产生丰富多变的景观效果。

另外，高速公路中央分隔带的防眩设计很重要，对于植物间距有许多计算方法，都是基于根据车灯扩散角、所采用树木冠幅和单株间距三者之间的函数关系计算而得（图11-33）。

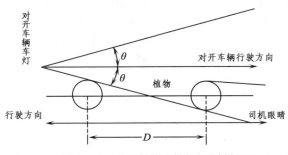

图11-33　前照灯的照射角和植树间距
（李铮生，金云峰，2019）

中央分隔带植物间距计算公式如下：

$$D = \frac{2r}{\sin\theta}$$

式中：D——单株间距；$2r$——树木冠幅；θ——车灯扩散角。

一般的汽车灯扩散角为12°，则$2r$与D之间的关系可见表11-1。由表中数据可知，防眩种植植物的株距不应大于植物冠幅的5倍。防眩种植植物的选择要求是常绿、树形整齐、生长缓慢、不需经常修剪的松柏类。

表11-1　株间距与树木冠幅

株间距 D/cm	树木冠幅 $2r$/cm
200	40
300	60
400	80
500	100
600*	120*

＊（新田伸山，1982）

（2）路肩绿化　高速公路要求有3.5 m以上的路肩，以供出故障的车辆停放（图11-34）。路肩不宜栽种大型乔木，可结合其外侧的边坡绿化和安全地带，种植低矮地被为主。

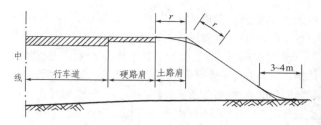

图 11-34 高速公路路肩断面图

（3）边坡绿化 边坡主要指路堑、路堤段填挖方的倾斜部分，它是高速公路重要的组成部分。在高速公路挖、填方施工中，边坡上原有地貌及植被遭到严重破坏，一旦受到雨水冲刷、浸蚀，就会造成水土流失甚至塌方、滑坡，破坏路面，堵塞交通。因此，边坡绿地在保护路基和坡面的稳定性、防止落石影响行车安全、减小水土流失、改善视觉环境等方面有着重要意义。

① 路堑边坡绿化设计：道路经过高地，由自然地面向下开挖而成的路基称为路堑。

路堑边坡挖方为自然岩石时，绿化设计可分级处理。第一级边坡一般用浆砌片石满铺，采用垂直绿化形式种植爬藤植物，使其沿坡面蔓爬，以达到视觉上软化岩石坡面的目的；或在石面上预设一些草绳和铁丝网，边坡下种植一些攀缘植物，绿化整个坡面并起到固土护坡作用。第二级及其以上的岩石边坡，可采用生物防护绿化技术，如喷混植生、三维网植草或安装刚性骨架回填土植草等办法（图 11-35）。

图 11-35 路堑边坡绿化示例一

边坡由碎石、土混杂构成时，可用拱形、菱形等网格或"人"字形浆砌片石骨架加三维网植草形成坡面绿化（图 11-36）。

边坡主要由壤土构成时，绿化主要目的是固土护坡。在边坡稳定的情况下，采用机械喷草防护绿化，在一些特殊景观处理的边坡可以草坪为底，用花灌木或硬质材料造景。

② 路堤边坡绿化设计：道路高于自然地面，用土或石填筑的路基称为路堤。路堤边坡所经地段多为农田、沼泽、丘陵及河湖溪流区，为平地上起路基、筑路面、挖边沟形成的高速公路路基两侧的边坡。在行驶中路堤边坡通

图 11-36 路堑边坡绿化示例二

常不在视线范围内，可采取一般绿化处理。

高路堤边坡景观绿化可采用浆砌片石骨架并在骨架内喷播小灌木种子或草籽，达到生物防护目的。为防止病虫害蔓延，每隔 3～4 km，可适当变换树种。低路堤边坡景观绿化可采用三维网植草的防护方式进行绿化（图 11-37）。

图 11-37 路堤边坡绿化

在边坡植物的选择上，应采用根系深且发达、适应性强、耐旱、耐贫瘠、管理粗放、覆盖度好、易于成活、同时景观效果好的草本植物和当地野生的低矮灌木和藤本植物。利用草本植物的生长优势，在较短的时期内形成良好的护坡景观效果，并逐步自然演变到稳定的灌草结合群落类型。如在华北地区则多选择易成活，能保持水土的紫穗槐、美国地锦、爬山虎等。在多山地区的高速公路边坡绿化中，应以耐旱、耐贫瘠、生长快、颜色鲜艳、花期长、常绿植物为主。如烟台新河高速公路边坡，选择结缕草、早熟禾、美国地锦、爬山虎等植物。西北地区则更应选择当地耐旱、耐瘠薄的植物，如青海的平（安）西（宁）高速公路在土质边坡上选用野生马莲、冰草与当地野生低矮灌木如野生枸杞、沙棘混播来固土，形成特色草灌群落景观。

（4）隔离栏绿化 隔离栏位于高速公路边沟外侧，作用是将高速公路与农田、村庄、城镇等隔离分开，并阻止人畜、非机动车辆或其他机动车辆进入高速公路界内。隔离栏绿地指从边沟外缘至隔离栏附近的狭窄地带。在公路运营初期，高速公路隔离栅多用水泥柱加铁丝网或钢结构网

构成;现常用绿色植物代替金属网隔离,不但具有隔离效果,还能美化公路景观,增加植物覆盖度,改善小气候。隔离栏绿地植物的选择,除了具备耐瘠薄和干旱、根系发达、成活率高、抗逆性强等特点外,还要具有带刺、枝叶密实等特点(图11-38)。

图 11-38　爬满攀援植物的隔离栏绿化

(5)互通立交区绿化　立体交叉路是两条或多条路线在不同平面上相互交叉连接的构造。互通式立体交叉是两条或多条道路在不同平面上互相交叉,并用匝道连接起来的构造。互通立交绿地是指互通立交用地范围内用来绿化的所有用地。

互通立交区是高速公路上的重要节点,也是与其他道路交叉行驶时的出入口,它是公路景观设计中场地最大、立地条件最好、景观设置可塑性最强的部位,是道路景观构成的重要区域(图11-39)。在进行绿化设计时,将互通立交绿地与高速公路以及周边绿地结合起来,尽量减少对周围自然生态的破坏,体现地方特色,与环境相协调,绿化设计中有以下要点。

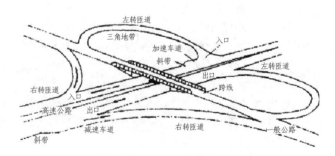

图 11-39　高速公路互通立交图示
(吴国雄,李方,2002)

① 立交绿化布置应服从立交的交通功能,使驾驶员有足够的安全视距,有利于行车视线的引导。

② 立交绿化应根据所在的位置环境、自然景观、功能及形式与结构的不同,选择合适的植物,采用不同的构图方式和配植方式。

③ 应考虑人对高速公路互通立交绿地的快速景观视觉感受,以草坪为主要基面,注重构图的整体性和尺度感,

给人以视线开敞、气魄宏大的效果。同时,植物色彩不宜过于丰富,以免分散驾驶员的注意力。

④ 可在适当的地方进行标志性设计,起到画龙点睛的作用。交通安全是必须考虑的因素,互通立交绿地景观应起到引导交通、提高交通安全性的作用。应根据互通立体交叉各组成部分的不同功能来进行绿化设计(图11-40)。

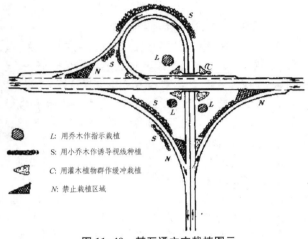

L: 用乔木作指示栽植
S: 用小乔木作诱导视线种植
C: 用灌木植物群作缓冲栽植
N: 禁止栽植区域

图 11-40　某互通立交栽植图示
(吴国雄,李方,2002)

指示栽植:采用高大乔木,配置在环形匝道和三角地带内,用来为驾驶员指示位置的栽植。

缓冲栽植:采用灌木,配置在桥台和分流处,起到缩小视野作用,间接引导驾驶员降低车速或在车辆因分流不及而失控时缓和冲击、减轻事故损失的栽植。跨线桥墩台前的灌木丛绿化栽植,还可以缓减撞墩事故的损失。

引导栽植:采用小乔木,配置在匝道平曲线外侧,为驾驶员预告匝道线形的变化,引导驾驶员视线的栽植。匝道平曲线的内侧一般不宜栽植乔木和高灌木,以防阻碍驾驶员的视线,在保证视距要求的条件下,可以栽植矮灌木或花丛。

禁止栽植区:在互通式立交的合流处,为了保证驾驶员的视线通畅和合流顺畅,不能栽植树林,但可以种植高度在 0.8 m 以下的草丛或花丛。

北京四元立交桥位于北京东北部,是首都机场高速公路、京顺公路和四环路三路交会的重要交通枢纽(图11-41),是一座特大级苜蓿叶型加定向型的复合式立交桥,四层结构,总占地面积 40 hm²,绿化面积 24 hm²。四元立交桥绿化的主体设计最终选择了四龙四凤的图案,将国门第一路的首都机场高速路比作一条象征着中华民族腾飞的巨龙,四元桥立交则为龙首。四元桥四龙四凤图案又是中华民俗中吉祥如意的象征,立交桥周围做了整体性处理,围绕着龙的外围是纯油松林,桥外围迎宾道外侧是 30 m 宽的毛白杨林带。

(6)服务区绿化　高速公路的服务区主要是供司乘人员作短暂停留、车辆加油的处所,设置有加油站、维修站、管理楼、餐厅、宾馆、停车场及一些娱乐设施。服务区

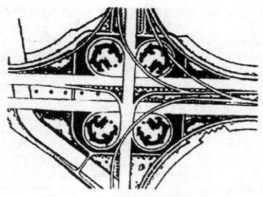

图 11-41　北京四元立交桥平面示意
（孙家驷，朱晓兵，2003）

建筑大多造型新颖，体现地方建筑特色，其绿化设计主要考虑改善环境、提供休闲场所等功能。通过植物造景、园林小品的景观设计，创造优美的环境，提供给司机与乘客放松休息处。服务区中心景观区可结合标志性景观小品设施，运用植物造景来营造层次丰富、富有特色的景观。

服务区停车场占地面积较大，可在满足停车、回车的基础上做绿化种植，用绿地分割不同的车辆停放区。加油站、维修站、管理楼等区域绿化要保证视线的通透，以草坪为主，适当种植乔木和花灌木以丰富景观。

餐厅、商店、宾馆等区域的景观绿化设计可分别结合建筑设施的功能、使用要求、造型和色彩等来考虑，适当突出主入口景观，周边做基础绿化种植，使建筑物与周围景观协调。

11.4.3.2　铁路绿地

铁路绿化是沿铁轨两侧进行的，目的是美化铁路沿线环境，减少噪声，保护铁轨枕木少受风、沙、雨、雪的侵袭，保护路基。铁路绿化必须在保证火车安全的前提下进行，具体绿化要点如下。

（1）在铁路两侧种植乔木，要离轨道至少 10 m；种植灌木要离开轨道 6 m 以上。

（2）在公路与铁路平交的地方，距铁路以外的 50 m、距公路中心向外的 400 m 之内不可种植遮挡视线的乔灌木，以平交点为中心构成 100 m×800 m 的安全视域，使汽车司机能及早发现过往的火车。

（3）铁路拐弯内径 150 m 以及距机车信号灯 1 200 m 内，不得种乔木，可种小灌木、草本地被。

（4）在铁路沿线的边坡不能种乔木，可采用草本或矮灌木护坡，防止雨水冲刷，以保证行车安全。

（5）铁路站台的绿化，在不妨碍交通运输、人流疏散的情况下可以布置花坛、小型绿地，供旅客休息并改善车站环境。

11.4.3.3　一般公路绿地

此处一般公路主要是指市郊、县、乡公路。为保证车辆行驶安全，在公路的两侧进行合理绿化，以防止沙化和水土流失对道路的破坏，改善生态环境条件。

公路绿化应根据公路的等级、宽度等因素来确定树木的种植位置及绿带的宽度（图 11-42）。

一般公路绿地规划设计要点如下。

（1）路面宽度小于或等于 9 m 时，树木不能种在路肩上，应种在边沟之外，距边沟外缘不小于 0.5 m；路面宽度大于 9 m 时，树木可以种在路肩，距边沟内缘不小于 0.5 m。

（2）在交叉口处必须留足安全视距，弯道内侧只能种低矮灌木和地被；桥梁、涵洞等构筑物附近 5 m 内不能种树。

（3）由于公路较长，为利于司机的视觉和心理状况，同时避免病虫害大面积感染，以及丰富景观变化，一般每 2～3 km 或利用地形的转换变换树种，并以病虫害少的乡土树种为佳，布置方式可乔、灌木结合。

（4）在公路干道通过村庄、小城镇时，绿地则应结合乡镇、村庄的绿地系统进行规划建设，注意绿化乔木的连续性。如果公路两侧有较优美的林地、农田、果园、花园、水体及地形景观时，应充分利用这些景观条件，留出适宜的透视线，供司机、乘客欣赏。

11.4.4　植物配置

道路绿地植物要适地适树，尤其是行道树的选择，关系到道路绿化的成败、绿化效果的快慢和绿化效应是否充分发挥等。要根据本地区气候、栽植地的小气候和地下环境条件，掌握各树种的生物学特性，选择适应道路环境条件、生长稳定、观赏价值高、抗性强、耐修剪、易管理的植物，保持较稳定的绿化成果。

11.4.4.1　植物选择

城市道路绿地空间有限，植物生长的自然环境差，人为干扰因素多，因此做好植物的选择，保证其健壮生长是首要条件。只有植物生长良好，才能充分发挥道路绿化的生态功能、美化作用和社会功能。在道路绿化的植物选择中应注意以下要点。

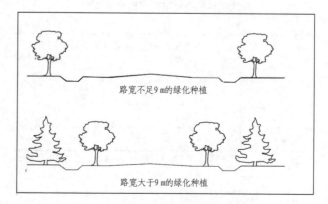

路宽不足9m的绿化种植

路宽大于9m的绿化种植

图 11-42　一般公路绿化形式

（1）道路绿化宜选择乡土树种和长寿树种，不得选用外来入侵物种。

（2）选择表现好、抗逆性强的树种。道路绿化既要考虑使用那些生长健壮，树形、树叶、花色、气味及其长势均有较好表现的树种，以发挥道路绿化的美化作用；又要选择抗病虫害、耐瘠薄及对城市"三废"适应性强的树种，以最大化发挥城市道路绿化的生态效益。

（3）行道树的选择要重视遮阳，生理及生态习性要符合绿化要求。在树形外观上，应选择那些树干通直挺拔、树形端正、体形优美、树繁叶茂、冠大荫浓的树种；在生长习性上，应考虑选择适应性强、大苗移植成活率高、生长迅速而健壮、根系分布较深、树龄长且材质优良的树种。

另外，也要考虑行道树的树体应无刺，避免扎伤行人；花果无毒，避免人畜误食；落果少而安全，不致砸伤树下行人和污染行人衣物；无飞毛飞絮，避免造成空气污浊、诱发行人呼吸道疾病；树根无板根现象，以免树根不断膨大，挤损市政管沟或拱抬路面铺装，造成路面材料松动、脱落及"翻浆"；避免树木根蘖侵占行人行走空间。

（4）花灌木应选择花繁叶茂、花期长、生长健壮和易于管理的树种；绿篱植物和观叶植物应具有萌芽力强、枝繁叶茂、耐修剪的特征；地被植物要求匍匐性好，覆盖度高，管理粗放；草坪应选萌蘖力强，耐修剪，抗践踏，覆盖率高，绿色期长的草种。

（5）分车绿带、行道树绿带内的树木不应采用造型树；分车绿带、行道树绿带内新栽植苗木胸径不宜大于15cm，行道树苗木胸径不宜小于8cm。

（6）道路绿化应根据树木生长规律考虑近远期效果。

11.4.4.2 植物种植与工程管线的关系

城市的许多地下管网和架空线路大多沿着道路走向设置，在进行道路绿化时，必须考虑植物的种植与工程管线的关系（表11-2～表11-5）。

表11-2 35kV及以上架空电力线路导线在最大弧垂或最大风偏后与树木之间的安全距离

单位：m

电压等级/kV	最大风偏安全距离	最大弧垂安全距离
35～110	3.5	4.0
220	4.0	4.5
330	5.0	5.5
500	7.0	7.0

《城市道路绿化规划与设计规范》(CJJ/T 75—2023)

表11-3 地下管线外缘与绿化树木之间的最小水平距离

单位：m

管线名称		最小水平距离	
		至乔木中心距离	至灌木中心距离
给水管线		1.50	1.00
污水管线、雨水管线		1.50	1.00
再生水管线		1.00	1.00
燃气管线	低压、中压	0.75	0.75
	次高压	1.20	1.20
电力管线	直埋	0.70	0.70
	保护管		
通信管线	直埋	1.50	1.00
	管道、通道		
直埋热力管线	热水	1.50	1.50
	蒸汽	2.00	2.00
管沟		1.50	1.00

《城市道路绿化规划与设计规范》(CJJ/T 75—2023)

表11-4 树木根颈中心至地下管线外缘的最小距离

单位：m

管线名称	至乔木根颈中心距离	至灌木根颈中心距离
电力电缆	1.0	1.0
通信管线	1.5	1.0
给水管线	1.5	1.0
雨水管线	1.5	1.0
污水管线	1.5	1.0

《城市道路绿化规划与设计规范》(CJJ/T 75—2023)

表11-5 树木与其他设施最小水平距离 单位：m

设施名称	至乔木中心距离	至灌木中心距离
低于2m的围墙	1.00	0.75
挡土墙顶内和墙角外	2.00	0.50
测量水准点	2.00	1.00
地上杆柱	2.00	—
楼房	5.00	1.50
平房	2.00	—
排水明沟	1.00	0.50

《城市道路绿化规划与设计规范》(CJJ/T 75—2023)

■ 讨论与思考

1. 城市道路绿地的组成部分有哪些？各组成部分设计要点是什么？

2. 道路绿地如何综合各类因素进行风格定位和景观布局？一条道路贯穿城市的各个区域，周边环境复杂，功能多样，道路自身根据规划又有不同的等级定位，因此如何结合城市性质、上位规划、街景元素、功能需求等各类因素进行规划布局？

3. 城市道路绿地设计如何体现所在城市特色？

4. 高速公路绿地的组成部分有哪些，在景观设计中如何与功能相结合？

■ 参考文献

常鑫,2007.美国纽约哥伦布环[J].城市环境设计(2):56-61.

崔文波,2003.高速公路景观研究初探[D].南京:南京林业大学.

盖尔,2002.交往与空间[M].何人可,译.北京:中国建筑工业出版社.

胡长龙,2002.园林规划设计[M].2版.北京:中国农业出版社.

李铮生,2006.城市园林绿地规划与设计[M].北京:中国建筑工业出版社.

李铮生,金云峰,2019.城市园林绿地规划设计原理[M].3版.北京:中国建筑工业出版社.

孙家驷,朱晓兵,2003.道路设计资料集6:交叉设计[M].北京:人民交通出版社.

王浩,1999.城市道路绿地景观设计[M].南京:东南大学出版社.

文友华,范俊芳,2003.城市道路绿地规划设计初探[J].湖南农业科学(1):59-60.

文增,2005.城市广场设计[M].沈阳:辽宁美术出版社.

吴国雄,李方,2002.互通式立体交叉设计范例[M].北京:人民交通出版社.

吴洪涛,1998.道路景观的模糊综合评价[J].公路(11):31-34.

吴良镛,2001.人居环境科学导论[M].北京:中国建筑工业出版社.

夏本安,2004.高速公路景观绿化设计研究[J].中外公路,24(2):99-102.

香港日瀚国际文化有限公司,2006.景观黑皮书2[M].香港:香港科文出版公司.

肖笃宁,李秀珍,高峻,2003.景观生态学[M].北京:科学出版社.

新田申三,1982.栽植的理论和技术[M].赵力正,译.北京:中国建筑工业出版社.

杨赉丽,2019.城市园林绿地规划[M].5版.北京:国林业出版社.

杨满宏,1998.高等级公路的景观设计[J].国外公路(1):1-4.

中国城市规划设计研究院,2023.城市道路绿化设计标准:CJJ/T 75—2023[S].北京:中国建筑工业出版社.

中华人民共和国住房和城乡建设部,2016.公园设计规范:GB 51192—2016[S].北京:中国建筑工业出版社.

中华人民共和国住房和城乡建设部,2017.城市绿地分类标准:CJJ/T 85—2017[S].北京:中国建筑工业出版社.

12 防护绿地

【导读】 防护绿地是城市绿地的形式之一,对自然灾害和城市公害起到一定的防护或减弱作用,其合理的布局结构可以在寸土寸金的城市中实现更综合的功能,形成动态稳定的绿地系统。

12.1 知识框架思维导图

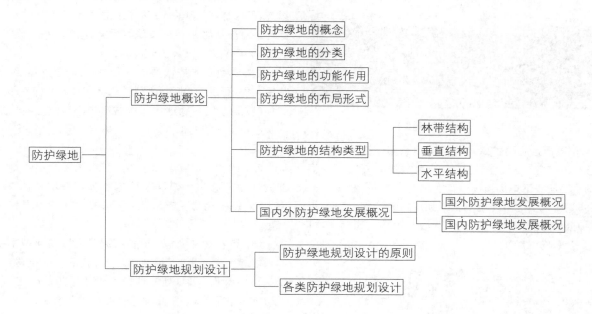

12.2 防护绿地概论

12.2.1 防护绿地的概念

防护绿地广义上指为保护一切公益项目而营造的防护林带,包括城市中具有防护功用的其他绿地,诸如公共、生产、庭院绿地等和城郊野外、城乡接合部及国土绿化中保持水土、治理沙漠、荒山植树,防护路基免受侵害,保护农田水利而在河岸、山谷、坡地栽植的防护林带,可以包括国家防护林体系林业生态工程规划建设。

防护绿地狭义上是指为改善城市自然条件和卫生条件而设的防护林,是城市园林绿地的一种形式,是城市绿地系统的重要组成部分,诸如城市防风林、工厂与居住区之间的卫生防护绿化地带,以及建成区内防止风沙、保护水源、隔离公墓、掩蔽防空及以城市公用设施防护为目的而营造的防护林。

中华人民共和国住房和城乡建设部 2017 年颁布的《风景园林基本术语标准》(CJJ/T 91—2017)和《城市绿地分类标准》(CJJ/T 85—2017)中对"防护绿地"定义为:用地独立,具有卫生、隔离、安全、生态防护功能,游人不宜进入的绿地。主要包括卫生隔离防护绿地、道路及铁路防护绿地、高压走廊防护绿地、公共设施防护绿地等。"防护绿地"是为了满足城市对卫生、隔离、安全的要求而设置的,其功能是对自然灾害或城市公害起到一定的防护或减弱作用。因受安全性、健康性等因素的影响,防护绿地不宜兼作公园绿地使用。

12.2.2 防护绿地的分类

依据《城市绿地分类标准》(CJJ/T 85—2017),防护绿地的类型包括:卫生隔离防护绿地、道路及铁路防护绿地、高压走廊防护绿地、公共设施防护绿地等。

(1)卫生隔离防护绿地 是指在城市非工业区(包括居住区、商业区、医院、文教区、机关行政区等)与工业用地、道路(街道)、石油气站、煤厂、垃圾处理场、水源地等之间规划建设的绿带,具有防护隔离的作用。由于城市的工业企业在生产中大量散发煤烟粉尘、金属粉末和有害气体,严重污染环境,危及居民身体健康,所以在工业企业与居民区之间营造卫生隔离林带是必不可少的。通过卫生隔离林带的过滤,能减少大气污染,净化环境。

(2)道路及铁路防护绿地 是位于道路红线之外的带状绿地,一般在城市快速干道或者城市外围道路两侧设置,包括建成区范围的公路、铁路两侧的绿地(图12-1)。

图 12-1 铁路防护绿地

(3)高压走廊防护绿地 高压线路属于高度危险设施,从几万到几十万伏的电压会产生较强的工频电场辐射,同一高压线下电场强度亦有规律性的变化。根据同一或不同高压线下的不同电场辐射强度,布置一定宽度、不同树种搭配的防护绿地来过滤、吸收和阻隔电磁辐射,可起到安全隔离作用(图12-2)。

图 12-2 高压走廊防护绿地

(4)公共设施防护绿地 公共设施是指针对由政府或其他社会组织提供给社会公众使用的公共建筑或设备。针对行政、文化、教育、体育、卫生等机构和各类公共设施的特点进行相应的防护,在生态、社会、形象服务等功能上为相邻片区提供过渡连接或者发挥隔离的作用。

12.2.3　防护绿地的功能作用

目前,环境污染严重威胁着人类的生存与发展,防护绿地规划建设已成为环境保护的一项重要措施。防护绿地是利用树木特有的绿化机能:如净化空气和土壤、涵养水源的作用,以及杀菌、降低噪声、改善小气候等生态功能,维护自然生态平衡,提高人类生活品质。同时,营造防护林体系还能产生一定的生产效益和社会效益。农田林网的保护可提高农产品收成,为发展工业、加工业、手工业提供原料和大量薪材、用材、饲料等产品,满足当地居民的基本需要。人们越来越认识到,在城市中建设防护林对维护生态平衡,减轻和避免自然灾害,保障工农业生产及安全起到非常重要的作用。

12.2.4　防护绿地的布局形式

防护绿地的布局是在整个建成区范围内合理布置防风林、引风林,以及与气象因子息息相关的大气污染防护绿地。对于其他污染源(如噪声污染、电磁辐射污染等)的防护,则需要进行具体的分析。

防护绿地的布局依据城镇的地形、地理位置、经济结构等条件,可规划成环状、网状、带状和放射环状等形式。

(1)环状防护绿地 是以城市中心为圆心向外按同心圆布置的环状林带。这种环状林带层层包围市区,防护作用最大。

(2)网状防护绿地 这种绿地多布置在平原地区的旧城镇,由于街道骨架早已形成,大面积开辟防护绿地难度大,只能沿街道扩充绿地,形成相互交织的网状防护绿地。

(3)带状防护绿地 这种布局多受城镇河湖水系和旧城墙等因素的影响,绿地沿水系、城墙方向布置,形成带状防护绿地。如地处海滨和滨临河湖的城市,在湖畔、江边上设防风带,可防止强风侵袭和水土流失。

(4)放射环状防护绿地 这是应用普遍的一种防护绿地形式。把环状绿带和放射状道路绿地有机地结合起来,绿地分布均匀,纵横交错,防护效果较好。

值得注意的是,对城镇起防护作用最大的绿地多在外围呈环状布置,有条件的城市还可以多设置几道环状防护绿带,其防护作用更为明显。如北京、天津、沈阳等一些城市结合环城道路规划,环城绿带都在三条以上,不但防护效果好,还有利于组织交通,起到分流作用。

12.2.5　防护绿地的结构类型

防护绿地结构是影响城市防护效益发挥的关键因素,防护林带的结构与防风效果有直接关系。理想空间布局的防护绿地是由结构合理的林带和网络组成。

12.2.5.1　林带结构

根据防护的需要,通常把林带结构划分为紧密结构、疏透结构和通风结构三种形式。这三种结构形式不仅涉及垂直结构,同时还涉及林带宽度、种植间距等水平结构。

（1）紧密结构　紧密结构林带在有叶期枝叶密集，几乎没有透光孔隙。中等气流遇到林带时，基本不能通过，大部分气流（含污染气体）从林带上部通过，在林下附近形成静风区，但气流速度会很快恢复，防风距离短。

一般该种结构的林带是由主乔木、亚乔木、灌木等搭配组成。搭配方式如下：大乔木＋小乔木＋灌＋草；大乔木＋小乔木＋高灌木＋矮灌木＋匍匐性灌木＋草。

（2）疏透结构　疏透结构的林带特点是透光孔隙在其纵断面上分布均匀，气流遇到林带时可分成两部分：一部分通过林带，在林带下形成小的旋涡；另一部分从林带上通过，在林下附近形成弱气流区，对于防风而言，效果最好。

该结构林带通常由乔木与灌木组成，或是由侧枝发达的乔木组成窄林带。搭配方式如下：灌＋草，适用于需要排放或需要引导扩散的污染源，进行初级阶段的治污；乔＋草，其功能更强，可以在灌＋草植物结构的后方的一段距离外布置，吸收引导来的污染；乔＋灌＋草；大乔木＋小乔木＋草。后两种结构林带在防护绿地当中运用最广。

（3）通风结构　通风结构林带明显分为上下两层。上层为林冠层，有较小而均匀的透光空隙或紧密而不透光；下层为树干层，有均匀的、大的透光孔隙。气流遇到林带可分成两部分，一部分从下层通过，另一部分从上层通过。下层穿过的气流有时会加强，但到背风面逐渐减弱；在较远的距离出现弱风区，对于防风而言防护距离较大。

该结构林带通常由单一乔木组成，且林带较窄。通常纯乔木林带生态效益不佳，运用较少。

12.2.5.2　垂直结构

（1）成层性　加上草本，植物配置模式垂直结构表现为一层层片、两层层片、三层层片、四层层片结构等。

一层层片结构包括：草坪、乔木、灌木三种单层配置模式；

两层层片结构包括：乔＋草搭配、灌＋草搭配、乔＋灌搭配、大乔木＋小乔木搭配；

三层层片结构包括：乔＋灌＋草搭配、大乔木＋小乔木＋草搭配；

四层层片结构包括：大乔木＋小乔木＋灌＋草搭配；

六层层片结构包括：大乔木＋小乔木＋高灌木＋矮灌木＋匍匐性灌木＋草搭配，去掉树木任一层为五层层片垂直结构模式。

（2）林带横断面形状　防风林带营造时由于乔木、亚乔木、灌木、地被等的搭配方式不同而形成不同的横断面形状。常见的横断面形状有矩形、三角形（背风面直角三角形、迎风面直角三角形、等边或不等边三角形）、对称或不对称屋脊形、梯形、凹槽形等（图12-3）。

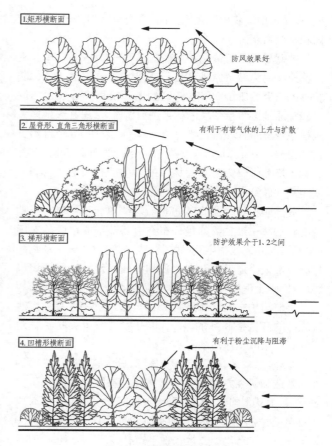

图12-3　林带横断面形状

矩形横断面防风效果好；屋脊形（三角形）横断面利于气体的上升与扩散；凹槽形横断面利于粉尘的沉降与阻滞。

12.2.5.3　水平结构

（1）隔株配置是两种以上树种彼此隔株或隔数株的配置。此法因不同树间种植间距相近，种间发生相互作用和影响较早，多用于乔灌搭配，树种间组合主要有矩形、"品"字形和随机形三种形式。

（2）隔行配置是两种以上树种彼此进行隔行配置，多用于耐阴和喜光树种隔行配置或乔灌木的隔行配置。

（3）隔带配置是一个树种连续种植2行以上构成一条绿带与另一树种构成的绿带依次配置的方法。隔带配置可以保证骨干或基调防护树种的优势。

（4）团状混配是把一种树种栽植成规则或不规则的块状，与另一树种的块植群交错配置。

12.2.6　国内外防护绿地发展概况

12.2.6.1　国外防护绿地发展概况

英国著名社会学家霍华德早在100年前提出了田园城市理论，其中有宽阔的森林、农田等组成的绿带包围着城市,城市中有农田和菜园分隔,市内有中心公园、住宅花园和林荫道路。

苏联是最早营造防护林的国家之一,从1843年起在俄罗斯和乌克兰草原地区进行了防护林的营造工作。防护林的研究始于1892年,苏联的道库恰耶夫通过对苏联南部荒原地区零星栽植的林带进行研究,提出在该地区大规模栽植林带,以改善这一地区的气候条件,减轻自然灾害的设想。到1931年苏联成立了专门的研究机构(全苏农林土壤科学研究所),对林带的类型、密度、宽度、结构、间距等问题给出了一些解答。

美国防护林营造的历史可追溯到19世纪中叶。早期美国防护林中最主要的是分布在中西部平原地区的农田防护林,此外还包括宅院防护林、牧场防护林、野生动物防护林以及太平洋沿岸及东北部和墨西哥湾等地区的海岸防风林、水土保持林和固沙林等多种类型。

丹麦防护林的营造是和1866年以来尤特兰岛广大沙荒地区的开垦相联系的,1911年开始进行有关防护林对气候和土壤改良作用的初步观察。

此外,加拿大、英国、法国、德国、日本等国家也在防护林的营造和研究方面做了大量工作。在防护林科学研究方面,各国从本国立地条件和生产实际出发重点进行有广泛应用前景的科学研究。如阿尔卑斯山区各国,从1950年开始主要进行高山立地条件下造林技术、森林防止泥石流作用、林牧复合生态系统、现有防护林经营技术等方面的研究。日本主要进行防护林在防沙、防止土壤侵蚀、防积雪、水源涵养方面的作用,海岸防护林的防浪护岸作用,以及治山工程等方面的研究。

12.2.6.2　国内防护绿地发展概况

我国劳动人民在农田周围种树具有悠久的历史。据《国语》记载,早在公元前550年,为防御风沙灾害,就已习惯在耕地边缘、房前屋后种植树木。以后通过世世代代的生产和生活实践总结,进一步发展到把林木成行地种植在田边,以堵风口。至今在我国风沙严重地区,仍可见到早期农民自然营造的原始防护林带。我国大规模有计划地发展防护林始于新中国成立之后。从新中国成立至今,我国防护林的发展大致分为三个阶段:

第一阶段始于1950年代,以防止风沙的机械作用为目的。由国家统一规划,在我国东北西部和黄河故道等风沙严重地区,营造近4 000 km长的防风固沙林,其结构多以宽林带、大网格为主。

第二阶段是从1960年代初开始,以改善农田小气候、防御自然灾害为目的,把营造防护林作为农田基本建设、"山、水、林、田、路"综合治理的重要内容之一。以窄林带、小网格为主要结构模式,不仅营建速度快,而且规模大,几乎遍布全国所有的农区。

第三阶段是自1970年代末,林木开始进入农田,把多层次的防护林与林粮间作有机地结合,在农区形成一个"空间上有层次"、"时间上有序"的农林复合经营系统。

如今,我国防护林体系建设,在防护林结构、功能及树种选择等关键技术方面均取得了理论与实践上的进展。

12.3　防护绿地规划设计

12.3.1　防护绿地规划设计的原则

防护绿地作为城市绿地系统组成的重要部分,其规划设计必须遵循城市总体规划和绿地系统规划,在其指导下全面安排,合理布局。

(1)满足防护绿地的防护要求　选择合适的植物种类,合理布置,满足防护绿地卫生、隔离、安全防护及景观功能,在防护宽度上达到防护要求,实现经济、社会、环境效益的平衡。

(2)结合城市特点,从实际出发　北方城市风沙大、冬季长,在城市四周设立防护林十分必要。南方城市设立防护林带除有防风作用外,还能引入郊区凉爽清新的冷风,起到降温通风作用。编制规划一定要结合实际考虑城市特点、绿地类型、布置方式、定额高低、树种选择等进行系统规划,并协调好与城市其他类型绿地之间的关系,使绿地的防护效果符合城市发展的需要。

(3)结合生产　由于防护绿地占地面积大,在不影响防护功能的前提下,可栽植用材树木,如杉木、红松、落叶松等果树、药用和油料植物,不但可达到防护目的,还能创造一定的经济价值。

(4)远近目标相结合　在城市现有绿地的基础上合理安排,同时通过规划预留一些土地,既有近期安排,又有远景目标。

12.3.2　各类防护绿地规划设计

(1)卫生隔离防护绿地的规划设计　卫生隔离带在城市通风、净化空气、生产氧气、健康人体、及时有效地防止疾病传播等方面起到重要的作用,如工厂区隔离绿带、居住区隔离绿带、城市水体隔离绿带。

① 工厂区隔离防护绿地:位于各类厂矿与城市非工业其他活动区之间,主要起到阻滞粉尘、净化空气、吸收有害气体、减弱工业噪声等综合防护作用。此类防护绿地一般采用多树种的群体配置,以乔灌草结构的配置方式为最佳,通常绿带宽度应大于50 m。防护林带的布局在理论上应该是以污染源为中心,在各个方向上以及以该方向上污染的最大落地浓度距排气筒距离(10 m)为半径布置数条,林带分维数相对较高。污染源周围的防护绿地应尽量封闭污染,采取封闭包围的方式吸收污染,避免污染的外

流;如有扩散到防护林带以外的污染,可通过城市公园、附属、生产等绿地,在吸污的同时迅速稀释污染。总之,应根据工厂性质、污染物内容、用地规划情况、绿带大小及其功能来对工厂区隔离防护绿地的配置模式做出合理设计。

②居住区隔离防护绿地:位于居住区与道路主干线、各类污染工业企业及其他污染源之间。与一般居民区绿化的配置不同,居住区隔离防护绿地更侧重于防护效能,防护绿地宽度应大于50 m。树种规划应重点选择净化力强、调节空气温湿度和降噪效果好的树种,配置形式可采用群植或林植,采用乔灌草相结合的模式。

在卫生隔离防护绿地建设中,充分考虑特征污染物对环境的影响,选择抗污和吸污能力强的植物按生态学原理进行配置。林带的总宽度可根据工业对空气污染程度和范围来定,最大限度防污及控污,形成良好的绿色生态循环体系。在污染区内不宜种植瓜、果、蔬菜、粮食和食用油类等作物,以免食用后引起慢性中毒(表12-1)。

表 12-1　卫生防护林带规划设计参考表

工业企业等级	卫生防护林带总宽度/m	卫生防护林带内林带数量	防护林带	
			宽度/m	距离/m
I	1 000	3~4	20~50	200~400
II	500	2~3	10~30	150~300
III	300	1~2	10~30	150~300
IV	100	1~2	10~30	50
V	50	1	10~20	—

(李铮生等,2019)

(2)道路及铁路防护绿地的规划设计　道路防护绿地具有多种生态功能,针对不同等级、不同车流量以及周围不同用地对交通污染的不同要求,需要考虑多种污染与绿地的相互作用,确定功能完善的绿地面积及结构形式。

道路及铁路防护绿地不但属于城市的重要自然景观体系,而且是城市的绿色通风走廊,可以将城市郊区的自然气流引入城市内部,为城市在炎热的夏季创造良好的通风条件,而在冬季可降低风速发挥防风作用。道路防护绿带和环城林带两者复合,可产生叠加效益。

道路是交通噪声的主要来源,噪声对其两侧的有害影响一般集中在30 m以内,沿路缘向外的30~40 m可作为绿色屏障的总宽度。林带走向与声源垂直,乔木和绿篱屏障隔行、隔带或带状混合紧密布置,株间成"品"字形交错配置,并在株间栽植灌木,避免缺株形成大通道的现象,同时与草坪相结合,消减噪声,还具有较好的滞尘能力。

(3)高压走廊防护绿地的规划设计　高压架空送电线路和高压变电站是产生电磁辐射(主要为50~60 Hz低频)的主要污染源。目前我国500 kV变电站围墙外和高压输电线路投影点几十米以外的工频电场强度和磁感应强度一般都能满足标准要求,但在高压输电线路最大弧垂

直处正下方有时电场强度超过标准限值,必须营造一定宽度的林带作为防护林。

不同高压走廊下的场强变化有所不同,在与输电线行走方向垂直相隔5~10 m处测得的电场强度最高。随着与输电线横向距离的增大,电场强度都有明显下降,而且输电线电压越高则电磁辐射强度随距离衰减越明显,在10~50 m处为急剧衰减区。

高压走廊下方林带宽度是一个变值,高压走廊一侧林带宽度 d 的计算方法:

$$d = \sqrt{L^2 - (h - r)^2}$$
$$总林带宽度 = 2d + D$$

式中:d ——高压走廊一侧林带宽度;
　　　L ——导线中心到电场强度最高处的距离;
　　　h ——导线对地面最小距离;
　　　r ——人体高度以上不受辐射的高度;
　　　D ——高压走廊垂直下方林带宽度。

根据《110~750 kV架空输电线路设计技术规范》(GB 50545—2010)中规定的最大计算弧垂情况下导线对地面最小距离(表12-2)以及导线与树木之间的净空距离(表12-3),前者与后者相减得到的差,确定最大计算弧垂情况下满足导线对地面最小距离要求的植物高度。

表 12-2　导线对地面最小距离　　　单位:m

线路经过地区	标称电压/kV				
	110	220	330	500	750
居民区	7.0	7.5	8.5	14	19.5
非居民区	6.0	6.5	7.5	11 (10.5*)	15.5** (13.7***)
交通困难地区	5.0	5.5	6.5	8.5	11.0

注:* 的值用于导线三角排列的单回路;
　　** 的值对应导线水平排列单回路的农业耕作区;
　　*** 的值对应导线水平排列单回路的非农业耕作区。
《110~750 kV架空输电线路设计技术规范》(GB 50545—2010)

表 12-3　导线与树木之间的最小净空距离

标称电压/kV	110	220	330	500	750
距离/m	3.5	4.0	5.0	7.0	8.5

《110~750 kV架空输电线路设计技术规范》(GB 50545—2010)

高压走廊一侧植物个体或群体的高度随着离垂直于高压导线方向的距离的增大而增高。随着导线向拉线塔杆方向的对地距离的增大,林带宽度逐渐变窄,同时植物向更高的高度配置,林缘处植物高度不小于人体高度以上不受辐射的高度。

高压线走廊绿地内可做以果园、花圃、草圃、苗圃、蔬菜等以绿色植物为主的观光园艺、休闲农业项目,切忌建造房屋等建筑物,也不能种植高大乔木,植物的高度应充分保障电力设施的安全防护。高压线走廊绿化应按规定

架空线路,每边保持一定的延伸距离。

(4)公共设施防护绿地的规划设计 主要针对行政、文化、教育、体育、卫生等机构和各类公共设施的特点进行相应的防护,比如:文教区防护绿带,医院防护绿带,机关行政区防护绿带,商业区防护绿带,其他各类通信、电力、燃气设施等防护绿带。

① 文教区隔离防护绿地:文教区包括各类大中专院校、中小学、幼儿园等。隔离防护绿地主要位于文教区与道路干线及其他工业企业等之间,主要目的是为文教活动创造一个安静、舒适、美观的绿色环境。规划选择的树种应具有常绿苍翠、枝叶繁茂、宽幅、抗风、滞尘和降噪声的特性,一般采用规则式或混合式配置,具体可根据文教机构的特点来确定配置树种数量、乔灌比例与树种的水平和垂直结构。

② 医院隔离防护绿地:位于医院与街道或道路干线、商业闹市区、工业企业及其他污染噪声源之间,目的主要在于提供绿色生态屏障、为医院创造幽雅安静的环境氛围,帮助患者治疗、康复和获得精神慰藉。树种规划时,有目的地选择枝叶浓密、杀菌力强、降噪声效果佳、净化效能好、滞尘量大的树种。其绿带不应少于15 m,可采用群植或林植的配置方式,营建防护绿带,增强生态康复功效。

③ 机关行政区隔离防护绿地:位于机关行政区与各类道路干线、街道、闹市区及其他污染源之间,为行政事业单位各类办公管理人员提供静谧、舒适和幽雅的工作环境,有利于提高工作效率。机关行政区一般多数与各类道路主干线、商业闹市区相邻,其污染物主要是机动车废气(NO_x、硫化物)、粉尘和噪声,因此树种的规划以降噪声效果显著、净化能力强、绿化景观效果好的树种为主,绿带宽度应大于15 m,一般多采取乔木+灌木+绿篱的配置方式。

④商业区隔离防护绿地:主要设置于商业活动区与街道、道路干线和其他污染源之间,结合商业区其他景点的绿化,选择滞尘能力强、净化能力好、调节空气温湿度效果佳、兼顾景观效果的树种,为商业区打造一个空气清新、景观佳的运营环境。

■ 讨论与思考

1. 防护绿地的主要内容有哪几方面?
2. 影响防护绿地防护性能的因素有哪些?
3. 防护绿地的设计要点有哪些? 防护性如何与景观性相结合?

■ 参考文献

金正道,2003.美国的防护林[J].国土绿化,(07):42.

李铮生,金云峰,2019.城市园林绿地规划设计原理[M].3 版.北京:中国建筑工业出版社.

张河辉,赵宗哲,1990.美国防护林发展概述[J].国外林业,(01):1-4.

中华人民共和国住房和城乡建设部,2010.110~750 kV架空输电线路设计规范 GB 50545—2010[S].北京:中国计划出版社.

中华人民共和国住房和城乡建设部,2017.城市绿地分类标准 CJJ/T 85—2017[S].北京:中国建筑工业出版社.

中华人民共和国住房和城乡建设部,2017.风景园林基本术语标准 CJJ/T 91—2017[S].北京:中国建筑工业出版社.

内 容 提 要

　　城市园林是城市中的"绿洲",不仅为城市居民提供了文化休憩等活动的场所,也为人们了解社会、亲近自然、享受现代科技带来种种便利。园林绿地在丰富市民生活、美化市容环境、平衡城市生态等诸多方面均有着积极的作用,在城市用地规划中占有重要的地位。

　　本书分为总论、各论两篇,共 12 个章节。在总论中概述了园林绿地的发展历程、功能作用、类型及相关指标,介绍了园林规划设计的内容、步骤及设计方法等;在各论中,依据我国最新城市绿地分类标准,概述了游园、城市广场、社区公园、专类公园、综合公园、居住用地附属绿地、单位附属绿地、道路绿地、城市防护绿地 9 类城市绿地的内涵、特征等,并结合国内外典例论述,评析各类绿地的规划设计理念、手法及过程。

　　全书图文并茂,理论结合实际,内容充实,并结合大量电子资源,以易于教学理解,适合高等院校园林、风景园林专业及相关专业教学使用,亦可供园林规划设计、环境艺术设计、城市规划、旅游规划等相关专业人员学习参考。

图书在版编目(CIP)数据

园林规划设计 / 王浩,谷康主编. —4 版. —南京:
东南大学出版社,2023.12
高等院校园林专业系列教材 / 王浩主编
ISBN 978-7-5766-1209-7

Ⅰ. ①园… Ⅱ. ①王… ②谷… Ⅲ. ①园林—规划—
高等学校—教材 ②园林设计—高等学校—教材 Ⅳ.
①TU986

中国国家版本馆 CIP 数据核字(2023)第 251240 号

责任编辑:姜 来　　责任校对:咸玉芳　　封面设计:余武莉　　责任印制:周荣虎

园林规划设计(第 4 版)
Yuanlin Guihua Sheji(Di 4 Ban)

主　　编:王 浩 谷 康	
出版发行:东南大学出版社	
出 版 人:白云飞	
社　　址:南京四牌楼 2 号　　邮编:210096　　电话:025 - 83793330	
网　　址:http://www.seupress.com	
电子邮件:press@ seupress.com	
经　　销:全国各地新华书店	
印　　刷:南京玉河印刷厂	
开　　本:889mm×1194mm　1/16	
印　　张:20	
字　　数:716 千字	
版　　次:2023 年 12 月第 4 版	
印　　次:2023 年 12 月第 1 次印刷	
书　　号:ISBN 978-7-5766-1209-7	
定　　价:49.00 元	

本社图书若有印装质量问题,请直接与营销部调换。电话(传真):025-83791830